高等职业教育“十四五”规划教材

动物解剖生理

第3版

余彦国　经有林　裴占阳　主编

中国农业大学出版社
·北京·

内容简介

本教材以培养高素质复合型技术技能人才为目标，以畜牧兽医类专业疾病防制方面的岗位能力需求为导向，依据学生认知规律和同质化原则，将动物解剖生理及动物组织与胚胎等知识和技能进行梳理，整合重构为"模块—项目—教学任务"的内容体系。主要内容包括上篇（动物解剖）和下篇（动物生理）两大部分。上篇包括"解剖基础知识""家畜解剖""家禽解剖""相关技能训练"四大模块，下篇包括"动物细胞生理基础""家畜生理""家禽生理""相关技能训练"四大模块，全书共计26个项目，包括91个教学任务。

本教材各部分均配有大量数字资源[视频、照片（图片）等资源]，可供高等职业院校畜牧兽医类专业及相关专业教学使用，又可作为企业技术人员和广大畜牧兽医工作者技能培训、技术服务和继续学习的参考用书。

图书在版编目(CIP)数据

动物解剖生理 / 余彦国，经有林，裴占阳主编. --3版. --北京：中国农业大学出版社，2022.8（2025.5重印）

ISBN 978-7-5655-2831-6

Ⅰ.①动… Ⅱ.①余…②经…③裴… Ⅲ.①动物解剖学-高等职业教育-教材 ②动物学-生理学-高等职业教育-教材 Ⅳ.①Q954.5②Q4

中国版本图书馆CIP数据核字(2022)第130604号

书　名　动物解剖生理　第3版
作　者　余彦国　经有林　裴占阳　主编

策划编辑　康昊婷　　**责任编辑**　康昊婷
封面设计　李尘工作室　郑　川
出版发行　中国农业大学出版社
社　址　北京市海淀区圆明园西路2号　　**邮政编码**　100193
电　话　发行部 010-62733489，1190　　读者服务部 010-62732336
编辑部 010-62732617，2618　　出　版　部 010-62733440
网　址　http://www.caupress.cn　　**E-mail** cbsszs@cau.edu.cn
经　销　新华书店
印　刷　运河（唐山）印务有限公司
版　次　2022年8月第3版　2025年5月第4次印刷
规　格　185 mm×260 mm　16开本　21.75印张　570千字
定　价　59.00元

图书如有质量问题本社发行部负责调换

编审人员

主　　编　余彦国（甘肃畜牧工程职业技术学院）

经有林（遵义职业技术学院）

裴占阳（贵州农业职业学院）

副 主 编　敬淑燕（甘肃农业职业技术学院）

庄向婷（杨凌职业技术学院）

陈富珍（大理农林职业技术学院）

编写人员　（按姓氏笔画排序）

庄向婷（杨凌职业技术学院）

刘立军（甘肃畜牧工程职业技术学院）

李月娇（阿坝州中等职业技术学校）

李幽幽（四川水利职业技术学院）

杨祎程（兰州现代职业学院）

余彦国（甘肃畜牧工程职业技术学院）

张亭亭（石家庄信息工程职业技术学院）

陈富珍（大理农林职业技术学院）

经有林（遵义职业技术学院）

桂国弘（贵州农业职业学院）

敬淑燕（甘肃农业职业技术学院）

裴占阳（贵州农业职业学院）

审　　稿　张进隆（甘肃畜牧工程职业技术学院）

前言

党的二十大报告指出，实施科教兴国战略，强化现代化建设人才支撑。为认真贯彻落实党的二十大精神和《国家职业教育改革实施方案》（简称“职教二十条”）、《“十四五”职业教育规划教材建设实施方案》等文件精神，切实做到专业设置与产业需求对接、课程内容与职业标准对接、教学过程与生产过程对接、毕业证书与职业（执业）资格证书对接、职业教育与终身学习对接，突出教学过程的实践性和职业性，我们组织了教学经验、生产实践经历丰富的校企结合的团队，依据教育部《高等职业学校专业教学标准（试行）》，在充分调研基础上，编写了这本实用性和适合性兼顾的《动物解剖生理》教材。

本教材以培养高素质复合型技术技能人才为目标，以畜牧兽医类专业群的岗位能力需求为导向，坚持适度、够用、实用及学生认知规律和同质化原则，以模块→项目→任务为主线，设“学习目标”“学习内容”“学习要求”“知识拓展”等教学组织单元，并以任务的形式展开叙述，明确学生通过学习应达到的识记、理解和应用等方面的基本要求。其中，识记是指学习后应当记住的内容，包括概念、原则、方法等，这是最低层次的要求；理解是指在识记的基础上，全面把握基本概念、基本原则、基本方法，并能以自己的语言阐述，能够说明与相关问题的区别及联系，这是较高层次的要求；应用是指能够运用所学的知识分析、解决涉及动物生产中的一般问题，包括简单应用和综合应用。有些项目的相关理论知识或实践技能，可通过扫描二维码、技能训练、知识拓展等形式学习，为实现课程的教学目标和提高学生的学习效果奠定基础。

本教材有机融入“岗课赛证”融通的综合育人理念，着力构建书证衔接育人模式，每一项目在设置“学习目标”“学习内容”等常规教学组织单元的同时，又以执业兽医资格考试相关高频知识点和核心技能点作为学习指引，结合技能训练、考核指标等形式，多维度用力，促使学生达成本课程所涉及的知识、能力、素质方面的教学目标。

本教材内容涵盖了畜牧兽医类专业方面的行业标准、技术规范和执业兽医资格考试相关高频知识点，文字精练，图文并茂，通俗易懂，并以二维码的形式提供了丰富的教学信息资源，编写体例新颖、职教特色明显，既可作为教师和学生开展“校企合作、工学结合”人才培养模式的特色教材，又可作为企业技术人员的培训教材，还可作为广大畜牧兽医工作者短期培训、技术服务和继续教育的参考用书。

本教材的编写分工为:绪论、项目一、项目四、项目六、项目七、项目八、项目十二、项目十六、项目十九、项目二十、项目二十一由余彦国编写;项目九、项目十一由经有林编写;项目十七、项目二十六由裴占阳编写;项目二十三、项目二十四由敬淑燕编写;项目十五由庄向婷编写;项目十三由陈富珍编写;项目五、项目二十五由刘立军编写;项目十、项目二十二由杨祎程编写;项目十四由李月娇编写;项目十八由李幽幽编写;项目二由张亭亭编写;项目三由桂国弘编写。全书由余彦国、经有林、裴占阳统稿。

本教材由甘肃畜牧工程职业技术学院张进隆教授悉心审阅,并提出了宝贵的意见;编写过程中得到编写人员所在学校的大力支持,在此表示感谢。同时也向参考文献的作者一并表示诚挚的谢意。

由于编者学术水平所限,难免存在不足之处,恳请专家和读者赐教指正。

编　者

2024 年 5 月

目 录

上篇 动物解剖

下篇 动物生理

绪论

一、课程简介

动物解剖生理是从事动物疾病防制、动物生产(畜牧业)、兽药、饲料生产及经营等工作人员需要学习和掌握的基本知识和基本理论,是畜牧兽医类专业群重要的专业基础课,包括动物解剖和动物生理两门学科。本教材按上、下两篇进行编写,既保证两学科的延续性,又保证各自的完整性和系统性。

动物解剖包括解剖基础知识、家畜解剖、家禽解剖和相关技能训练四大模块。

解剖基础知识主要阐明细胞、组织、器官的一般构造,简要介绍解剖学常用的方位术语,动物机体各系统的器官组成及其位置、形态和组织结构,使学习者从宏观到微观认知动物机体结构。

家畜解剖主要介绍牛(羊)、猪、马属动物各系统、器官的位置、形态结构及生理机能,该模块是本教材的主要内容之一。叙述方式采用系统解剖学的方法,从项目二至项目十一,依次分运动系统、被皮系统、消化系统、呼吸系统、泌尿系统、生殖系统、心血管系统、免疫系统、神经系统、内分泌系统等十大系统逐一进行阐述。以消化、呼吸、泌尿、生殖、免疫和心血管系统为重点,对运动、神经系统内容做了大量删减,使内容既紧密联系生产实际,又突出技能培养。

家禽解剖以鸡为代表主要介绍禽类动物各器官、系统的位置、形态结构,重点介绍内脏器官,其余做简要描述。

动物生理包括动物细胞生理基础、家畜生理、家禽生理和相关技能训练四大模块。

动物细胞生理基础主要从分子水平和细胞水平阐明动物机体内各种物质分子的结构、功能以及细胞内部进行的各种生理活动。

家畜生理为本教材的主要内容之一,从项目十六至项目二十四,依次为消化和吸收、呼吸、尿的产生与排出、生殖与泌乳、血液生理、心脏与血管生理、神经生理、内分泌、能量代谢与体温调节等逐一进行阐述,重点为消化和吸收、呼吸、尿的产生与排出、生殖生理、血液生理、心脏与血管生理。简要介绍了神经生理、内分泌、能量代谢与体温调节。

家禽生理以鸡为代表,简要介绍各系统的生理机能,突出与家畜生理机能的不同点。

相关技能训练力求与实践紧密结合,使学生在掌握相关理论的基础上动手实训,在实训中加深感性认识,对发生的现象进行比较、分析、得出结论,进而促进理论学习。

二、课程性质

动物解剖生理是畜牧兽医类专业群的专业基础课，具有较强的理论性和实践性。它与许多专业基础课和专业课都有密切联系，是学习这些课程的基础。

通过学习动物解剖生理，可以掌握动物各器官的形态、结构、机能及它们之间的相互关系；熟悉动物的消化与吸收、呼吸、循环、泌尿、生殖等生理过程。一方面，只有掌握这些基础知识和基本理论，才能合理的饲养、繁殖改良动物和防制动物疾病，从而推动畜牧业发展。另一方面，作为后续课程的基础，它所阐述的基础知识和基本理论具有更多的一般指导意义，能为后续专业课程的学习和学生毕业后从事畜牧兽医工作奠定扎实的理论基础。

三、课程内容

本课程内容编写是以技术技能人才培养为目标，以畜牧兽医专业群的岗位能力需求为导向，坚持适度、够用、实用，按照学生认知规律安排课程内容，尽量将陈述性知识与过程性知识整合、理论知识与实践知识整合，以过程性知识为主、陈述性知识为辅。依据教学内容的同质性和技术技能的相似性，进行归类和教学设计，划分为上、下两篇。上篇动物解剖和下篇动物生理都包括四大模块，将动物组织与胚胎相关主要内容在动物解剖中一并介绍。每一个模块下有不同的项目，每一项目又设"学习目标""学习内容""学习要求"三个教学组织单元，并以任务的形式展开叙述，明确学生通过学习应达到的识记、理解和应用等方面的基本要求；有些项目的相关理论知识，可通过扫描二维码、技能训练、知识拓展等形式学习。

四、课程目标

要求学生掌握动物解剖生理的基本知识和基本技能，能够识别动物各系统、器官、组织的正常形态、结构、位置及关系，为识别病理变化，进行兽医临床诊疗奠定基础。认知动物机体内发生的各项生命活动规律及其本质，为最大限度地发挥其生产性能，规范饲养及疾病诊治提供相应的理论基础。掌握动物解剖技术及常用生理指标的测定。

五、动物解剖生理的概念

动物解剖生理是研究正常动物体的形态结构及其生命活动规律的科学。动物解剖是研究正常动物体的形态结构及其发生发展规律的学科，具体根据研究对象不同分为大体解剖学、显微解剖学（组织学）、发生解剖学（胚胎学）；动物生理是研究活体内发生的基本生命活动及其规律的科学。

（一）大体解剖学

主要是借助刀、剪、钳等器械解剖动物尸体，通过肉眼、放大镜、立体显微镜等研究动物体各器官的形态、构造、位置及其相互关系，并比较、度量各器官的位置、形态、大小、重量和结构等。根据研究目的不同又分为以下几类。

1. 系统解剖学

根据动物的各个系统来研究其解剖结构。

2. 局部解剖学

把动物体分为若干个部位来研究每一个部位的所有结构。如颈部、胸部、腹部等。

3. 比较解剖学

研究不同动物同一器官的结构。

4. X 线解剖学

在 X 线下观察活体内部的解剖结构。

(二)显微解剖学(组织学)

借助显微镜等工具来研究器官的微细结构及其功能关系的科学。主要包括细胞、基本组织和器官组织三部分研究内容。

(三)发生解剖学(胚胎学)

研究动物个体发生发展规律的科学。既研究从受精开始到个体形成,整个胚胎发育过程中形态和功能变化的规律及其与环境条件的关系,又称胚胎学。内容包括胚胎的早期发育(卵裂、原肠形成、三胚层形成与分化等)、器官发生以及胎膜和胎盘等。

六、学习方法

动物机体的形态、结构和机能较为复杂,想要学好动物解剖生理,必须正确处理好以下四个方面的关系。

(一)局部和整体相统一的关系

为了扎实学好这门课程,可以分器官、分系统,从局部进行学习研究。但在神经和体液调节下,有机体是一个统一的整体,局部的结构和功能可以影响整体,整体的情况可以在局部得到反映。在学习中,必须有整体观念,充分注意各系统、器官之间结构与功能的相互联系,相互协调,相互影响。

(二)形态构造和生理机能相互联系的关系

生理机能以形态构造为基础,形态构造又必须与生理机能相适应。形态构造决定其器官的机能,而当生理机能改变时,可以影响器官的形态构造。所以器官的形态构造和生理机能是相互影响、相互适应的。

(三)有机体与外界环境对立统一的关系

任何有机体都不能离开外界环境而独立存在,外界环境对有机体的生存生长、发育繁殖有直接影响。外界环境在不断变化,动物体的机能和构造就会发生相应的变化,以适应新的环境,维持动物生命活动的正常进行。因此,在动物饲养、疾病防治中应注意适应环境。

(四)理论与实践的关系

动物解剖生理是一门实践性很强的课程。学习过程中,应充分利用模型、标本、组织切片、实图、视频、信息化、VR 等教具进行直观教学,重视实践技能训练,利用实训动物强化对其解剖结构的认知,做到理论联系实际,加强解剖技术技能训练,增强学生动手能力。

上篇

动物解剖

模块一
解剖基础知识

项目一　动物机体的基本结构

【学习目标】

熟悉细胞、组织、器官、系统、有机体等基本概念；掌握细胞、组织的形态、构造及组织的分类和分布；理解细胞的生命活动。

能熟练识别动物体各主要部位；掌握显微镜的正确使用方法。

【学习内容】

动物有机体尽管形态结构复杂，生理机能多样，但都是由细胞和细胞间质构成。细胞和细胞间质共同组成组织、器官、系统和完整的有机体。

任务一　细　　胞

细胞是动物有机体形态结构、生理机能和生长发育的基本单位。细胞的基本化学成分有糖类、脂类、蛋白质、核酸、水、无机盐、维生素和酶等。

一、细胞的形态和大小

动物体内的细胞形态多种多样，有圆形、椭圆形、立方形、柱状、梭形、星形等。细胞的形态与其所处的环境、执行的生理机能相适应。如在血液中执行运输机能的红细胞呈中央凹陷的椭圆形；接受刺激、传导神经冲动的神经细胞，呈多突起的星形；能收缩的肌细胞呈梭形或柱状（图 1-1）。

细胞的大小相差悬殊。一般动物的细胞直径为 10～30 μm。动物体内最小的细胞是小脑的小颗粒细胞，直径只有 4 μm，最大的是成熟的卵细胞，直径可达 200 μm（鸡的卵细胞直径为 2～3 cm，鸵鸟的卵细胞直径可达 10 cm），最长的细胞是神经细胞，其突起可为 1 m 左右。

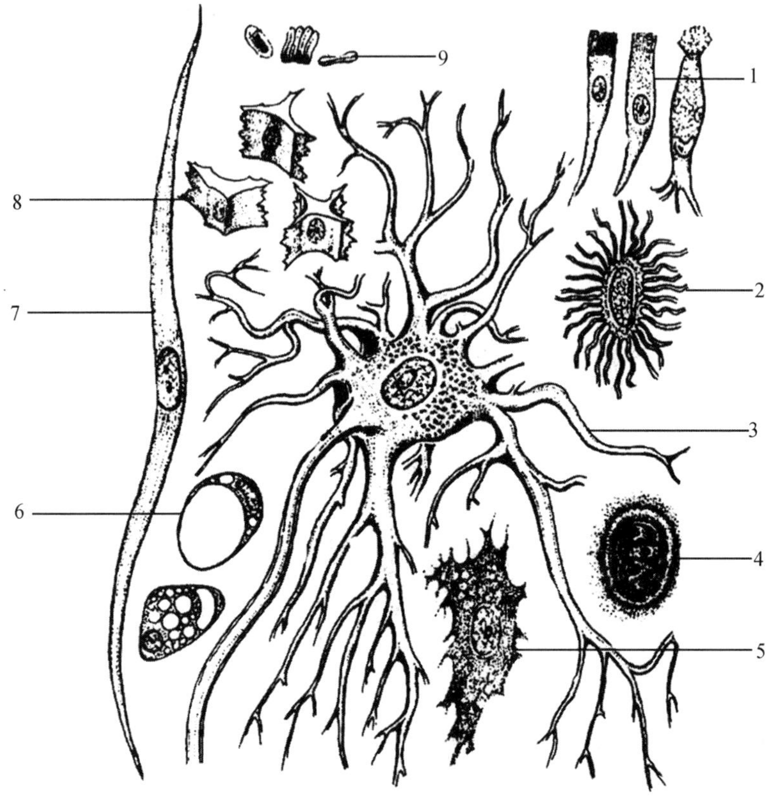

1. 上皮细胞　2. 骨细胞　3. 神经细胞　4. 软骨细胞　5. 成纤维细胞　6. 脂肪细胞
7. 平滑肌细胞　8. 腱细胞　9. 红细胞

图 1-1　细胞的形态

二、细胞的构造

细胞的形态和大小虽然千差万别，但都是由细胞膜、细胞质、细胞核 3 部分构成(图 1-2)。

(一)细胞膜

细胞膜是细胞外表面的一层薄膜，具有选择通透性，也叫质膜。

1. 细胞膜的化学成分和构造

细胞膜的化学成分主要是类脂(以磷脂为主)、蛋白质和少量多糖。

细胞膜在光学显微镜下，一般难以分辨。在电子显微镜下，细胞膜可分为明暗相间的三层结构。在细胞质内的某些细胞器，也具有这三层结构的膜，称为细胞内膜。细胞膜和细胞内膜统称为生物膜。

细胞膜由规则排列的双层类脂分子和嵌入其中的蛋白质构成。类脂以磷脂为主，磷脂分子是极性分子，每个磷脂分子的一端为亲水极，另一端为疏水极。因为细胞膜周围接触的均为水溶液环境，所以亲水端朝向膜内、外表面，而疏水端则朝向膜的内部，形成特有的类脂双分子层结构(图 1-3)。正常情况下，类脂分子处于液态。细胞膜内的蛋白质也叫膜蛋白，以不同的方式镶嵌在类脂双分子层之间或附着在表面。按其机能不同可分为受体蛋白和载体蛋白；按分布不同可分为表在蛋白和嵌入蛋白。不同的蛋白质有不同的功能。

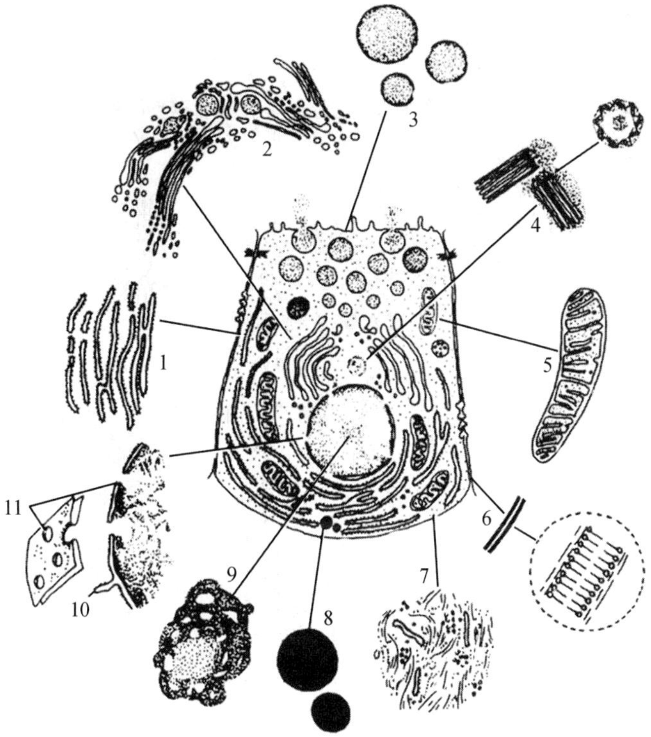

1. 内质网　2. 高尔基复合体　3. 分泌颗粒　4. 中心体　5. 线粒体
6. 细胞膜　7. 基质　8. 脂滴　9. 核仁　10. 核膜　11. 核孔

图 1-2　细胞构造模式图

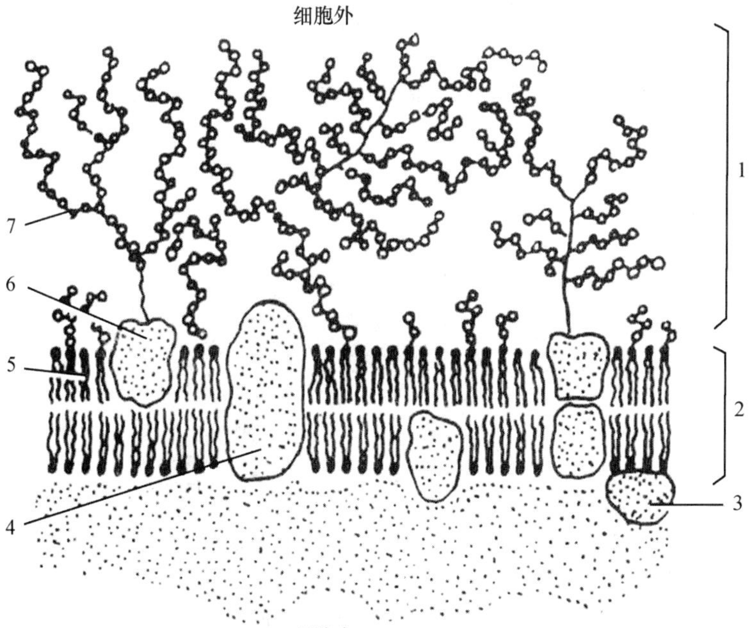

1. 糖衣　2. 脂质双层　3. 表在蛋白　4. 嵌入蛋白　5. 糖脂　6. 糖蛋白　7. 糖链

图 1-3　细胞膜液态镶嵌模式图

2. 细胞膜的功能

(1)维持细胞形态和结构的完整性。

(2)构成细胞屏障。保护细胞内含物,控制和调节细胞与周围环境间的物质交换,为细胞生命活动提供相对稳定的环境。

(3)参与细胞识别、细胞粘连、细胞运动和免疫反应。

(4)细胞膜内有镶嵌蛋白,可作为激素或药物受体、形成个体特异性抗原等。

(5)具有物质转运的功能,调节和控制细胞与周围环境间的物质交换。常见的物质转运形式有单纯扩散、异化扩散、主动运输、胞吞和胞吐作用等。

(二)细胞质

细胞质是填充在细胞膜与细胞核之间呈半透明的胶状物质。细胞质由细胞器、基质和内含物组成。

二维码 1-1 细胞器超微结构模式图

1. 细胞器

细胞器是位于细胞质内具有一定形态和执行一定生理机能的微型器官。动物细胞中常见的细胞器有内质网、线粒体、高尔基复合体、溶酶体、核蛋白体、中心体、微体、微丝和微管等(二维码 1-1)。

(1)内质网。内质网是由单位膜构成的互相连通、大小不等的扁平囊泡。表面附有核蛋白体的,称为粗面内质网,主要参与蛋白质的合成、分泌和运输;表面没有附着核蛋白体的,称为滑面内质网,其功能较复杂,参与糖原、脂类、固醇类激素的合成,以及具有解毒作用。

(2)线粒体。除了成熟的红细胞外,所有细胞都有线粒体。在光学显微镜下,线粒体成线状或粒状;在电子显微镜下,线粒体是由内外两层单位膜构成的大小不等的圆形或椭圆形小体,外膜光滑,内膜折叠成许多板状或管状的嵴(图 1-4)。线粒体内含有多种氧化酶,参与细胞内的物质氧化,释放能量,供细胞活动的需要,故线粒体被称为细胞的“能量供应站”。

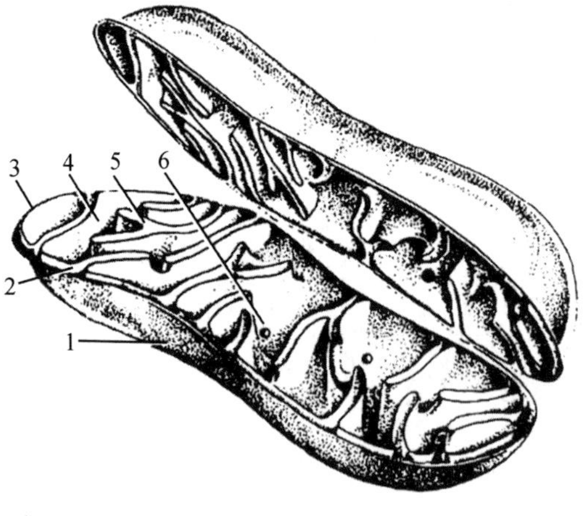

1. 外膜 2. 膜间腔 3. 内膜 4. 嵴间腔 5. 内膜突起形成的嵴 6. 基质颗粒

图 1-4 线粒体结构模式图

(3)高尔基复合体。在光镜下,高尔基复合体呈线状或网状结构,故又称内网器。在电镜下，高尔基复合体是由单位膜形成的扁平囊、大泡、小泡组成。其主要功能是进行糖蛋白、糖脂、多糖等的生物合成，参与细胞的分泌活动和溶酶体的形成。

(4)溶酶体。溶酶体是由单位膜围成的圆形或椭圆形小体，散于细胞质中。光镜下不易看到。溶酶体内含有多种水解酶，其主要功能是把进入细胞内的异物(如细菌、病毒等)和细胞本身衰老死亡的细胞器进行消化分解，因此，是细胞内重要的“消化器官”。

(5)核蛋白体(核糖体)。核蛋白体是由核糖核酸和蛋白质构成的致密小体，在电镜下，核蛋白体由大小两个亚基构成，呈不规则的哑铃状。有的核蛋白体散于细胞质中，称为游离核蛋白体；有的核蛋白体附着在内质网的表面，称为膜旁核蛋白体。它们都有合成蛋白质的功能。

(6)中心体。位于细胞核的附近。在光镜下，中心体是由两个中心粒和包绕在其周围的致密物质组成。在电镜下，两个中心粒是呈圆筒状的小体，互相垂直排列。其功能是参与细胞的分裂。

(7)微体。微体是由一层单位膜围成的圆形或卵圆形小泡，内含过氧化氢酶和多种氧化酶以及类脂和多糖等。其主要功能是过氧化氢酶将 H_2O_2 分解为 H_2O 和 O_2，起解毒作用；过氧化物酶还参与脂肪代谢、糖异生等。

(8)微丝和微管。微丝是直径为 5～7 nm 的细丝，与细胞的运动、吞噬等功能有关。微管是直径为 18～25 nm 的细管，与细胞的运动、支持、神经递质的运输有关。

2. 基质

基质是指细胞质内除细胞器、内含物以外的物质。基质呈均匀透明的胶状，是细胞的重要组成部分，约占细胞质体积的一半。内含有蛋白质、糖、无机盐、水和多种酶类，是细胞执行功能和化学反应的重要场所。

3. 内含物

内含物是细胞内贮存的营养物质和代谢产物。如脂类、糖原、蛋白质、色素等。其数量和形态可随细胞不同的生理状态而改变。

(三)细胞核

细胞核是细胞的重要组成部分，贮存着遗传信息，是细胞遗传和代谢活动的控制中心。细胞核一般位于细胞的中央，有的偏向一侧。细胞核的形态多样。大多数细胞中只有一个核，少数也有两个核或多个核。如肝细胞、心肌细胞偶有两个核，骨骼肌细胞则有几十个到几百个核。

细胞核由核膜、核仁、核基质和染色质组成。

1. 核膜

核膜是包在细胞核外面的一层界膜。核膜上有许多小孔，称为核孔。核孔是细胞核与细胞质之间进行物质交换的通道。

2. 核仁

核仁是细胞核内的球形小体，一个细胞核内通常有 1～2 个核仁。核仁的化学成分主要是核糖核酸(RNA)和蛋白质，主要功能是形成核蛋白体。

3. 核基质

核基质是无定形的液态基质，又叫核液，内含有水、糖蛋白、各种酶和无机盐等物质。

4. 染色质

染色质是指细胞核内能被碱性染料着色的物质。染色质呈长纤维状，由 DNA 和蛋白质组成，含有大量的遗传信息，可控制细胞的代谢、生长、分化和繁殖，决定着子代细胞的遗传性状。在细胞分裂时，长纤维状的染色质复制加倍，发生高度螺旋化，变粗变短，形成棒状的染色体。由此可见，染色质与染色体实际上是同一物质的不同功能状态。每种畜禽都有特定的染色体数目和形态。如猪 38 条、牛 60 条、绵羊 54 条、山羊 60 条、鸡 78 条、鸭 80 条、马 64 条、驴 62 条、家兔 44 条。

三、细胞的生命活动

凡是活的细胞，都具有下列生命活动现象。

(一)新陈代谢

每一个活细胞，在生命活动过程中，都必须不断地从外界摄取营养物质，合成本身需要的物质，这一过程称为同化作用(合成作用)；同时也分解自身物质，释放能量供细胞活动需要，并排出废物，这一过程称异化作用(分解作用)。上述两个过程的对立统一就是新陈代谢。细胞的一切生命活动，都建立在新陈代谢的基础上，如果新陈代谢停止，就意味着细胞的死亡。

(二)感应性

细胞对外界环境刺激做出应答性反应的能力，称为感应性。如神经细胞受到刺激后会产生兴奋和传导冲动，骨骼肌细胞受到刺激后会收缩，腺细胞受到刺激后会分泌等。

(三)运动

机体内的某些细胞，有一定的运动能力，在不同的环境下，可表现出不同的运动形式。如吞噬细胞的变形运动，骨骼肌细胞的收缩与舒张运动，精子的鞭毛运动，气管上皮的纤毛摆动等。

(四)生长与增殖

动物有机体的生长发育、创伤修复、细胞更新，都是细胞生长和增殖的结果。细胞的体积增大，称为生长。细胞生长到一定的阶段，在一定条件下，以分裂的方式进行增殖，产生新的细胞。机体通过细胞增殖促进机体生长发育和补充衰老死亡的细胞。细胞的增殖是通过分裂的方式进行的，分裂的方式有 2 种，即有丝分裂和无丝分裂。

(五)分化

细胞分化是指胚胎细胞或未分化细胞，转变为各种形态、功能不同细胞的过程。早期的胚胎细胞形态构造和机能都相似，随着胚胎的进一步生长发育，出现了形态、机能、生理特性的差异，最终形成形态和机能完全不同的细胞。

(六)衰老和死亡

1. 细胞衰老

细胞衰老是细胞生命过程中的必然规律。衰老细胞的主要表现为代谢活动下降，生理机能减弱，并表现出形态和结构的改变。具体表现为细胞体积缩小，细胞质浓缩、深染，嗜酸性增强；核浓缩，染色加深，结构不清楚等。不同类型的细胞，其衰老进程不同，寿命长的细胞衰老慢,如神经细胞;寿命短的细胞衰老快,如红细胞。

2. 细胞死亡

细胞死亡是细胞生命现象不可逆的终止。多细胞生物的细胞死亡的方式有细胞凋亡和细胞坏死两种。细胞凋亡是指细胞在一定的生理或病理条件下,遵循自身的程序,自己结束生命的过程。最后细胞脱离母体或裂解为若干凋亡小体,被其他细胞吞噬或自溶解体,随废物排出体外,体表死亡的细胞则自行脱落。细胞坏死则发生于急性、非生理性的损伤,机体会出现炎症反应。细胞坏死在形态学、生化代谢、分子机制等方面与细胞凋亡有本质的区别。如细胞凋亡时,机体不会有炎症反应,其所在组织有修复性反应。

任务二　组　　织

组织由来源相同、形态结构和机能相似的细胞群与细胞间质构成。动物体内的基本组织可分为上皮组织、结缔组织、肌肉组织和神经组织 4 大类。

一、上皮组织

(一)上皮组织的分布、结构特点和功能

1. 分布

上皮组织在体内分布广泛,主要覆盖在动物的体表和体内腔、管、囊、窦等内表面,此外,还分布在腺体和感觉器官内。

2. 结构特点

上皮细胞呈层状分布,细胞多,间质少,细胞排列密集;上皮组织具有极性,分为游离面和基底面,游离面朝向腔面或体表,基底面通过薄的一层基膜与深部的结缔组织相连;上皮组织无血管、淋巴管分布,其营养由深部的结缔组织中的毛细血管供给;上皮组织内神经末梢丰富。

3. 功能

主要对机体起保护作用,具有吸收、分泌、排泄和感觉等功能。

(二)上皮组织的分类

根据形态结构和机能特点,上皮组织可分为被覆上皮、腺上皮和特殊上皮 3 类。

1. 被覆上皮

被覆上皮为上皮组织中分布最广的一类,根据细胞的排列层数和形态可分为以下几种(表 1-1)。

(1)单层上皮。由一层上皮细胞构成,每一个细胞都与基膜相连。根据细胞的形态又分为如下 4 类。

单层扁平上皮:由一层扁平细胞构成。细胞从正面看呈不规则的多边形,侧面看呈梭形(图 1-5),分布在内脏器官的外表面和心脏、血管、淋巴管的腔面。衬在心、血管、淋巴管腔面的叫内皮,薄而光滑,有利于液体的流动;被覆在胸膜、腹膜、心包膜或某些脏器表面的叫间皮,光滑而湿润,可减少内脏器官在运动时的摩擦。

表 1-1 被覆上皮的分类、分布及功能

细胞层数	上皮分类	分布	功能
单层	扁平上皮	内衬心、血管及淋巴管的腔面(内皮),被覆体腔浆膜表面(间皮)等处	润滑
	立方上皮	被覆肾小管、腺导管等处	分泌和吸收
	柱状上皮	内衬胃肠管黏膜、子宫内膜及输卵管黏膜	保护、吸收和分泌
	假复层柱状纤毛上皮	内衬呼吸道黏膜	保护和分泌
复层	扁平上皮	表皮、口腔、食道、阴道等处黏膜	抵抗机械和化学刺激
	变移上皮	内衬泌尿道黏膜	保护

单层立方上皮:由一层立方细胞构成,核呈圆形,位于细胞中央(图 1-6)分布在甲状腺、肾小管等处,具有分泌机能。

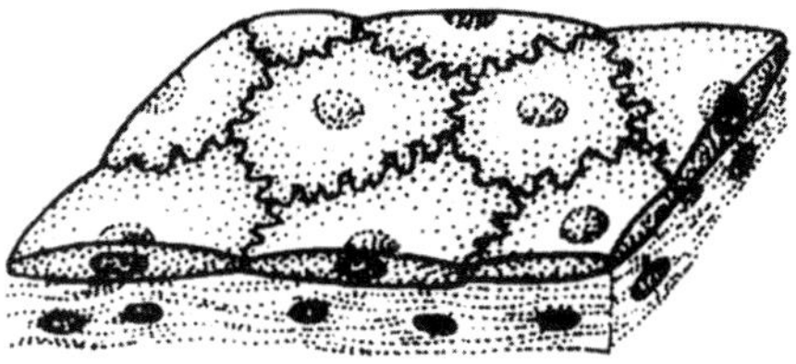

图 1-5 单层扁平上皮模式图

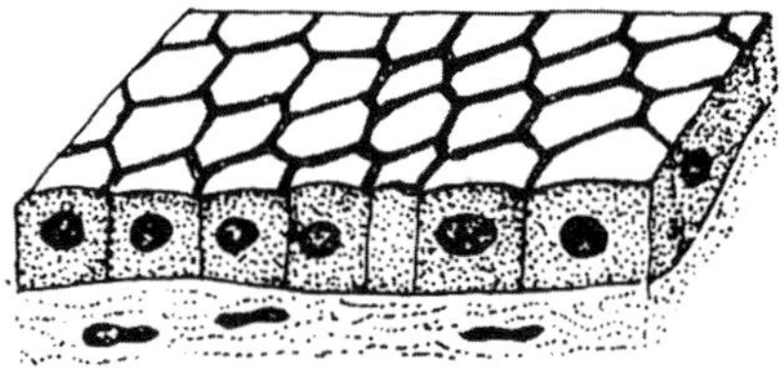

图 1-6 单层立方上皮模式图

单层柱状上皮:由一层高柱状细胞构成,核呈椭圆形,位于细胞的基部(图 1-7)。主要分布在胃、肠黏膜,具有吸收、保护作用。

假复层柱状纤毛上皮:由一层高矮不等、形态不同的上皮细胞构成。典型的假复层柱状纤毛上皮的细胞有柱状、杯状、梭形和锥形 4 种类型,柱状细胞的游离缘有纤毛。每一个细胞都与基底膜相连,但由于细胞高矮不等,核不在同一水平线上,看起来像复层,实为一层,故称为假复层柱状纤毛上皮(图 1-8)。主要分布在呼吸道黏膜,有保护和分泌作用。

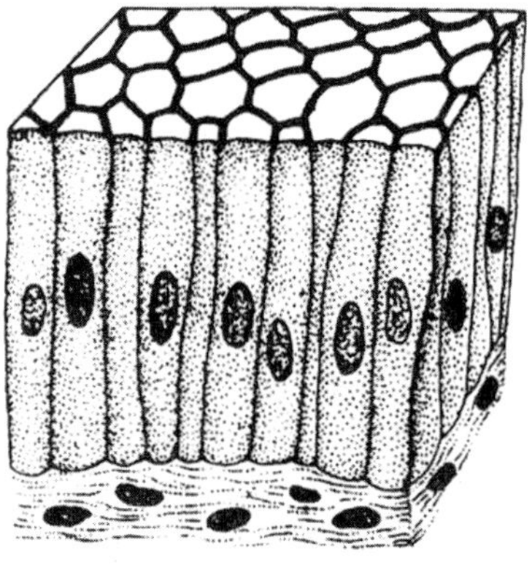

图 1-7 单层柱状上皮模式图

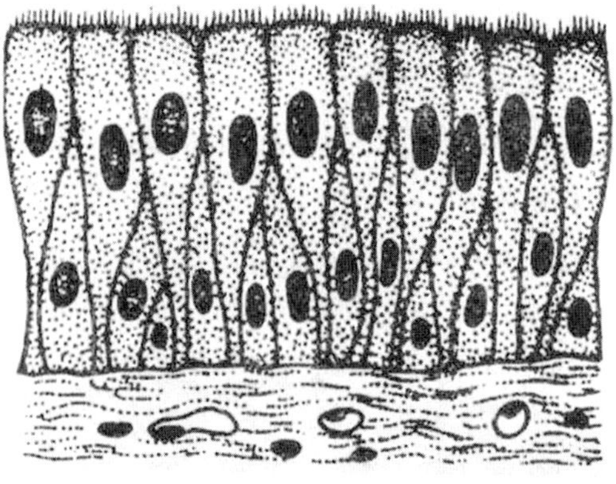

图 1-8 假复层柱状纤毛上皮模式图

(2)复层上皮。由两层以上的细胞构成,仅基底层细胞与基膜接触。根据细胞的形态不同分为 2 类。

复层扁平上皮：由数层细胞紧密排列而成，表层细胞呈扁平形，中间几层细胞呈多边形，深层细胞多为立方形（图 1-9）。深层细胞有分裂增殖的能力，可补充表层衰老死亡的细胞。主要分布在皮肤表面和口腔、食道、阴道的内表面，有保护作用。

变移上皮：由多层上皮细胞构成，其特点是上皮细胞的层数、形态可随器官的胀缩而发生改变。当所分布的器官空虚时，细胞的层数可达 5～6 层，表层细胞呈立方形；当器官扩张时，细胞的层数减少至 2～3 层，表层细胞呈扁平形（图 1-10）。主要分布在膀胱、输尿管、肾盂和肾盏等处，有保护作用。

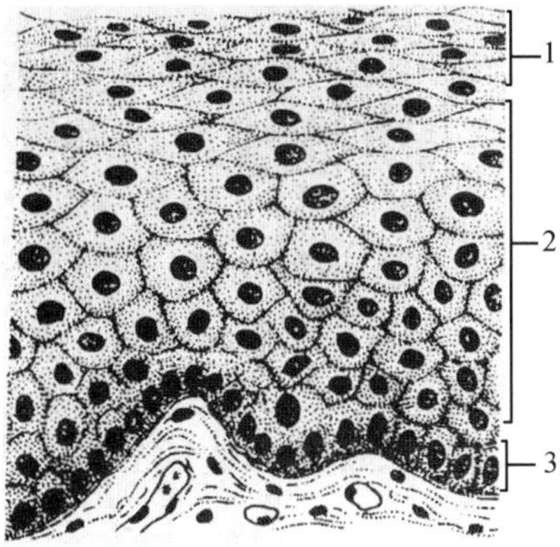

1. 表层　2. 中间层　3. 深层

图 1-9　复层扁平上皮模式图

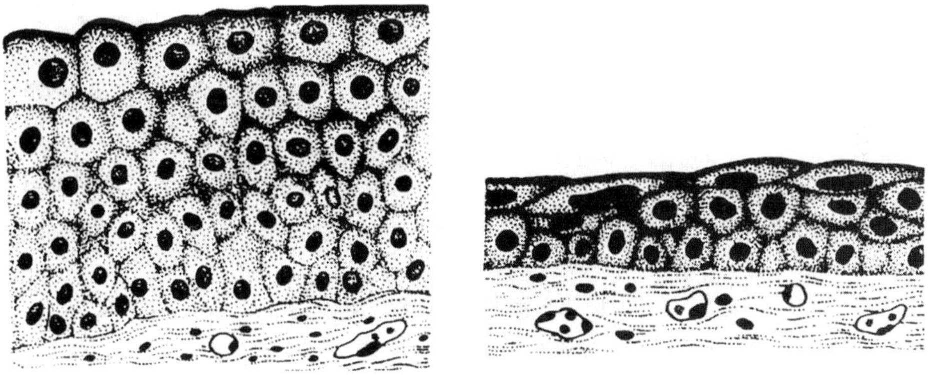

A　　B

A. 收缩状态　B. 舒张状态

图 1-10　变移上皮（膀胱）

2. 腺上皮

腺上皮由具有分泌机能的上皮细胞构成。腺上皮多排列成管状或泡状、团状、索状。有的也单个分散存在，如杯状细胞；或少量散在分布，如睾丸间质细胞。腺上皮分泌物有激素、酶、黏液、乳汁、汗液等。以腺上皮为主要成分构成的器官称为腺体，腺体可分为外分泌腺和内分泌腺。腺细胞多呈立方形，核较大，位于细胞中央。

3. 特殊上皮

特殊上皮是指具有特殊功能的上皮，包括感觉上皮、生殖上皮等。感觉上皮是与视觉、味觉、嗅觉和听觉有关的上皮；生殖上皮是与生殖有关的上皮。

二、结缔组织

（一）结缔组织的分布、结构特点和功能

1. 分布

结缔组织是动物体内分布最广、形态结构最为多样的一类组织。

2. 结构特点

结缔组织由细胞和细胞间质组成，其特点是细胞数量少，种类繁多，细胞分散在间质中，无极性；间质多，由纤维和基质所组成；不直接与外界接触，因而也称内环境组织。

3. 功能

具有连接、填充、支持、保护、营养、防御、修复和运输等作用。

（二）结缔组织的分类

根据结缔组织的形态结构和功能的不同，将其分为疏松结缔组织、致密结缔组织、脂肪组织、网状组织、软骨组织、骨组织、血液和淋巴（表 1-2）。

表 1-2　结缔组织分类

类型	细胞	基质状态	纤维	分布
疏松结缔组织	成纤维细胞、组织细胞、肥大细胞、浆细胞、脂肪细胞	胶状	胶原纤维、网状纤维、弹性纤维	细胞、组织、器官之间和器官内
致密结缔组织	成纤维细胞	胶状	胶原纤维、弹性纤维	真皮、器官被膜、腱及韧带
脂肪组织	脂肪细胞	胶状	胶原纤维、网状纤维、弹性纤维	皮下组织、器官之间和器官内
网状组织	网状细胞	胶状	网状纤维	淋巴组织、淋巴器官、骨髓
软骨组织	软骨细胞	固态	胶原纤维、弹性纤维	气管、肋软骨及会厌等
骨组织	骨细胞	固态、坚硬	胶原纤维	骨骼
血液和淋巴	血细胞	液态	纤维蛋白原	心血管、淋巴器官等

1. 疏松结缔组织

疏松结缔组织又称蜂窝组织，白色、带黏性、疏松柔软，细胞数量较少，细胞种类多，形态不固定。多位于皮下、浆膜和器官之间，并随血管、神经、淋巴管深入器官内部，具有支持、填充、连接、防御、贮存和保护等作用。疏松结缔组织由纤维、细胞和基质组成，其中纤维有胶原纤维、弹性纤维和网状纤维；细胞有浆细胞、组织细胞、肥大细胞、成纤维细胞和脂肪细胞等（图 1-11）；基质是无色透明的胶状物，黏性较强，主要成分是糖蛋白。

2. 致密结缔组织

致密结缔组织由大量紧密排列的纤维和细胞构成（图 1-12）。其特点是细胞和基质很少，纤维多，结构致密。纤维为胶原纤维和弹性纤维。根据基质中纤维的排列方向不同，可把致密结缔组织分为 2 类。

规则性致密结缔组织：纤维有规则的平行排列，在纤维间可见成行排列的成纤维细胞。如肌腱、项韧带等。

不规则性致密结缔组织：纤维排列不规则，互相交织，形成坚韧的纤维膜。如皮肤的真皮。

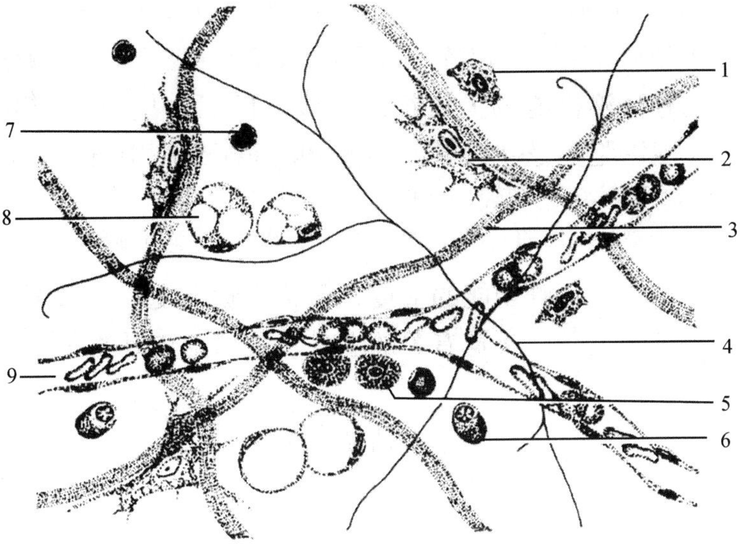

1.巨噬细胞　2.成纤维细胞　3.胶原纤维　4.弹性纤维　5.肥大细胞
6.浆细胞　7.淋巴细胞　8.脂肪细胞　9.毛细血管

图 1-11　疏松结缔组织

3.脂肪组织

脂肪组织由大量的脂肪细胞在疏松结缔组织中聚集而成。脂肪细胞呈圆形或多边形，细胞质中充满脂肪滴，细胞核被挤向细胞的一边(图 1-13)。脂肪组织主要分布于皮下、大网膜、肠系膜、腹膜等处。脂肪组织能贮脂并参与能量代谢，对机体有支持、保护、保温和缓冲等作用。

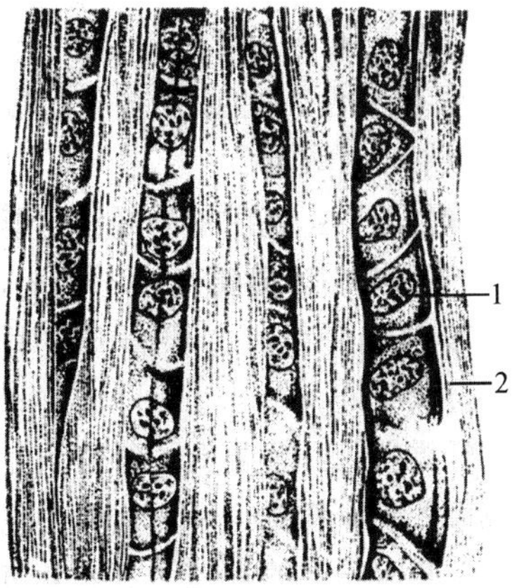

1.腱细胞　2.弹性纤维束

图 1-12　致密结缔组织(肌腱)

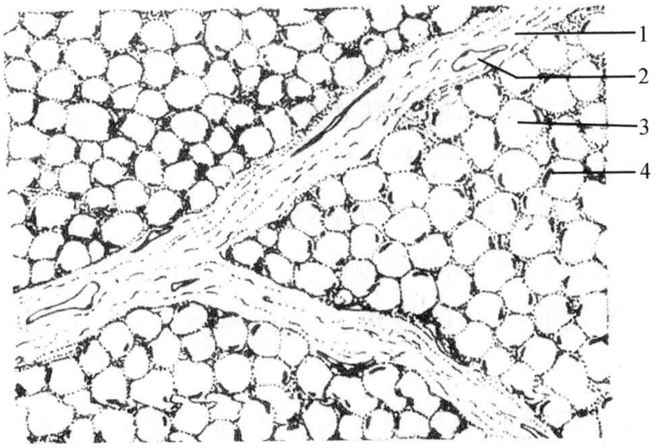

1.小叶间结缔组织　2.毛细血管　3.脂肪细胞　4.脂肪细胞核

图 1-13　脂肪组织

4.网状组织

网状组织由网状细胞、网状纤维和基质构成。网状细胞的突起互相连接成网，网状纤维紧贴在网状细胞的表面。在网眼内有淋巴细胞、巨噬细胞等。网状组织主要分布于骨髓、淋巴结、肝、脾等器官内，构成这些器官的支架。其功能可能参与免疫反应。

5. 软骨组织

软骨组织简称软骨，由少量的软骨细胞和大量的间质构成。根据纤维的性质和数量不同，软骨可分为透明软骨、纤维软骨和弹性软骨。

透明软骨：纤维主要是较细的胶原纤维，呈半透明状，坚韧而有弹性。主要分布在肋软骨、关节面、喉、气管、支气管处。

纤维软骨（二维码 1-2）：纤维主要是成束的胶原纤维，呈不透明的乳白色，具有较强的韧性。主要分布在椎间盘、半月板、耻骨联合处。

弹性软骨：纤维主要是弹性纤维，略显黄色，不透明，具有较强的弹性。主要分布在耳郭、会厌、咽鼓管处。

6. 骨组织

骨组织是一种较坚硬的结缔组织，由骨细胞和基质构成。基质由有机物和无机物两种成分构成。有机物比较少，主要是胶原纤维（又称骨胶原），决定骨组织的韧性；无机物较多，主要是钙盐，如碳酸钙、磷酸钙等，决定骨组织的硬度。动物体内 90%的钙以钙盐的形式贮存于骨内。

7. 血液和淋巴

血液和淋巴是存在于心脏、血管、淋巴管内的液体结缔组织，由血细胞和大量的细胞间质（血浆和淋巴浆）组成。

（1）血液。大多数哺乳动物的全身血量占体重的 7%～8%，其中血浆占血液成分的 55%～65%，血细胞（二维码 1-3）占 35%～45%。

二维码 1-2　纤维软骨(H.E 低倍)

二维码 1-3　鸡血细胞形态

（2）淋巴。由液态的淋巴液和悬浮于其中的血细胞构成。淋巴浆的成分和血浆相似，有凝固性，但较慢。细胞主要为小淋巴细胞，单核细胞较少，有时还有少量的嗜酸性粒细胞。

三、肌肉组织

肌肉组织由肌细胞构成。肌细胞多呈长纤维状，故称肌纤维。其细胞膜又称肌膜，细胞质又称肌浆。肌细胞具有收缩和舒张的机能，机体的各种运动，都是肌细胞收缩和舒张的结果。根据肌细胞的结构特点和机能，把肌组织分为骨骼肌（图 1-14）、平滑肌（图 1-15）、心肌（图 1-16）3 种（二维码 1-4、表 1-3）。

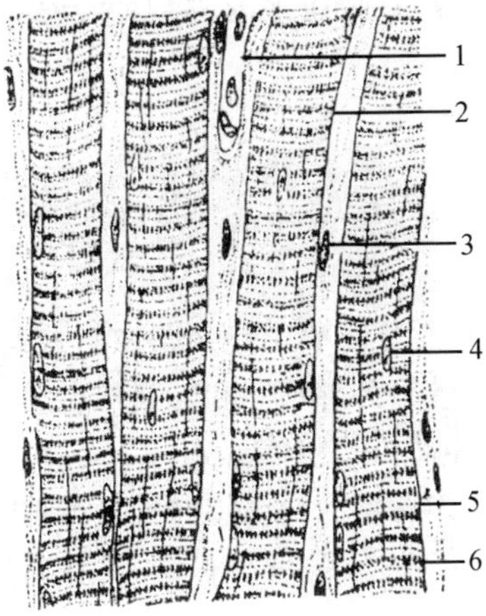

1. 毛细血管　2. 肌纤维膜　3. 成纤维细胞
4. 肌细胞核　5. 明带　6. 暗带

图 1-14　骨骼肌纵切面模式图

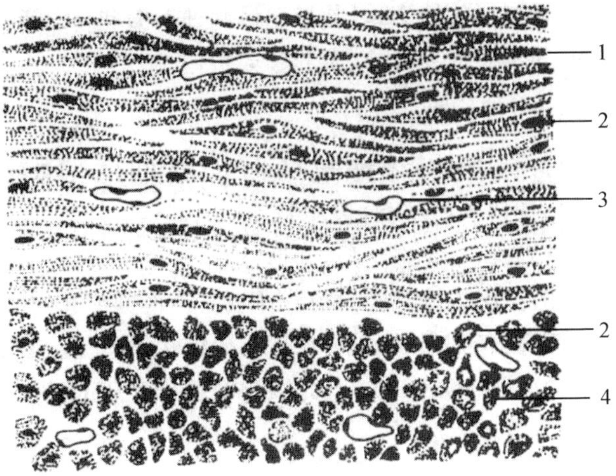

1. 肌纤维纵切面　2. 肌细胞核　3. 毛细血管
4. 肌纤维横断面

图 1-15　平滑肌纵切面及横断面模式图

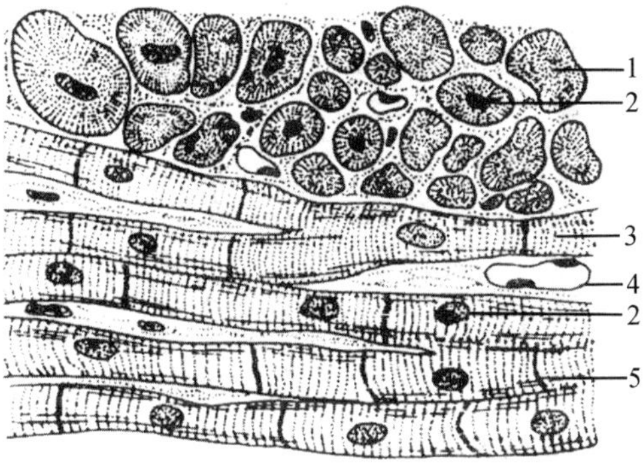

1. 肌纤维横断面　2. 肌细胞核　3. 肌纤维纵切面
4. 毛细血管　5. 闰盘

图 1-16　心肌纵切面及横断面模式图

二维码 1-4　三种肌纤维(H. E 高倍)

表 1-3　三种肌肉组织比较

类型	细胞形态	细胞核数量	生理特性	有无横纹	分布
骨骼肌	圆柱状	100 多个	受意识支配;收缩力强而有力,作用迅速,易疲劳,不持久	有横纹	骨骼上
平滑肌	长梭形	单核	不受意识支配;收缩缓慢,不易疲劳,作用持久	无横纹	内脏器官,血管壁等处
心肌	短圆柱状,有分支	1～2 个	不受意识支配;有很强的自动节律性	有横纹	心脏

四、神经组织

神经组织由神经细胞和神经胶质细胞构成。神经细胞又叫神经元,在体内分布广泛,分布于脑、脊髓和神经节，具有感受体内外刺激和传导冲动的作用。神经胶质细胞，分布于神经元之间，对神经元有支持、营养和保护作用。

(一)神经元

神经元是神经系统基本结构和功能单位，是神经组织的主要成分。

1. 神经元的结构(图 1-17)

(1)胞体。呈多角形、圆形，细胞核位于胞体中央。胞体主要存在于脑、脊髓和神经节内。

(2)突起。从神经元的胞体发出。根据突起的形态和机能不同，分为树突和轴突两种。

树突：有一个或多个，较短呈树枝状分支。能接受刺激，把冲动传给胞体。

轴突：轴突是一条长的突起，一般只有一个。轴突能把细胞体发出的冲动传向另一个神经元，或者传至效应器。

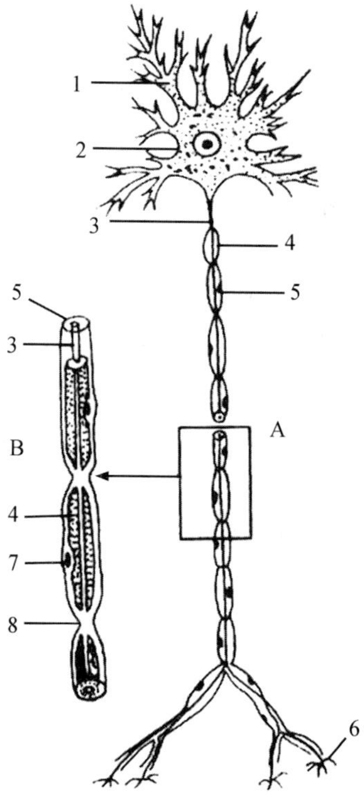

A. 典型神经元结构　B. 轴突及鞘的放大

1. 树突　2. 胞体　3. 轴突　4. 髓鞘　5. 雪旺氏细胞　6. 神经末梢　7. 雪旺氏细胞核　8. 郎飞氏结

图 1-17　神经元结构模式图

2. 神经元的类型

(1)按神经元突起的数目可将神经元分为假单极神经元、双极神经元和多极神经元 3 类(图 1-18)。

假单极神经元：从胞体发出一个突起，离胞体不远处分成两支，一支到外周器官，称为外周突；另一支走向脑和脊髓，称为中枢突。如脊神经节细胞。

双极神经元：有两个方向相反的突起从胞体发出，一个为树突，一个为轴突。如嗅觉细胞

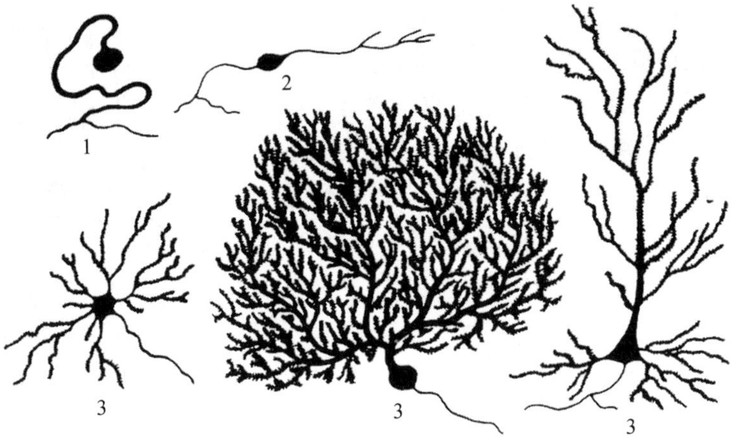

1.假单极神经元　2.双极神经元　3.多极神经元

图 1-18　神经元的类型

和视网膜小的双极细胞。

多极神经元:有 3 个以上的突起从细胞体发出。一个为轴突,其余均为树突。畜体内的大多数神经元为多极神经元。

(2)按神经元的机能,可将神经元分为传入神经元、传出神经元和中间神经元 3 类。

传入神经元:也叫感觉神经元,其胞体位于外周神经的神经节内,能接受内外环境的各种信息,并传入中枢。

传出神经元:也叫运动神经元。多位于脑和脊髓内,能将神经冲动从中枢沿其轴突传向外周,支配骨骼肌、平滑肌和腺体,引起肌肉收缩和腺体分泌等活动。

中间神经元:也叫联络神经元。多位于脑和脊髓内,作用是联系感觉神经元和运动神经元。

3.神经纤维

神经纤维是神经元的突起,主要功能是传导神经冲动。

根据髓鞘的有无,可把神经纤维分为 2 类:具有髓鞘的称为有髓神经纤维,其构造是以轴突为中轴,外面包有髓鞘和薄的神经膜,如脑神经、脊神经内的神经纤维;没有髓鞘的称为无髓神经纤维,如植物性神经的节后纤维。

根据机能不同,可把神经纤维分为感觉神经纤维和运动神经纤维。感觉神经纤维能把感受器接受的刺激传向中枢,故又称传入神经纤维;运动神经纤维能把中枢产生的兴奋传到效应器,故又称传出神经纤维。

4.神经末梢

神经末梢是外周神经纤维末端的分支,终止于其他组织内,并形成一定的结构。按其生理机能的不同,可分为感觉神经末梢和运动神经末梢。感觉神经末梢是感觉神经元外周突的末梢装置,又叫感受器,分布在皮肤、肌腱、胸膜、腹膜等处,能感受痛觉、压觉、本体感觉等。运动神经末梢是运动神经元轴突末梢,终止于肌肉和腺体内,并与之形成效应器。

5.神经元之间的联系——突触

(1)突触的结构。电镜下观察,突触结构分为 3 部分,即突触前膜、突触后膜、突触间隙。

突触前膜，是前一个神经元轴突末端的轴膜，与另一个神经元接触处特化增厚的部分。突触后膜，是后一个神经元的细胞膜。突触间隙，是突触前膜与突触后膜之间的间隙。在靠近突触前膜的轴突内有许多突触小泡和线粒体(图 1-19)。突触小泡内含有许多化学递质，如乙酰胆碱、去甲肾上腺素等。突触后膜上有多种能与化学递质结合的特异性受体，如胆碱受体、肾上腺素受体。

(2)突触的分类。突触按其形态结构分为轴-树突触、轴-体突触、轴-轴突触等。按机能分为化学性突触和电突触。化学性突触是以神经递质(化学物质)作为信息传递媒介，电突触是以电讯号(电流)传递信息。

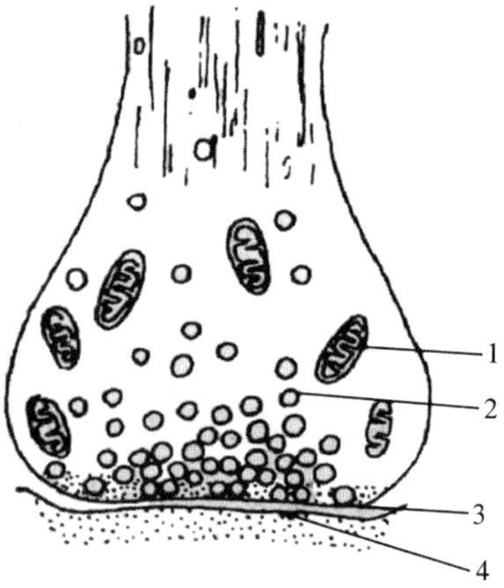

1.线粒体 2.突触小泡
3.突触前膜 4.突触后膜
图 1-19 突触超微结构模式图

(二)神经胶质

神经胶质即神经胶质细胞，分布在中枢和外周神经系统中，如星形胶质细胞、小胶质细胞等。神经胶质细胞的外形与神经细胞相似，其特点是突起不分树突和轴突，无尼氏体和神经原纤维，不能接受刺激、传导冲动。对神经细胞有支持、营养、保护和修复等作用。

任务三 器官、系统和有机体

一、器官

几种不同的组织按一定的规律结合在一起，形成的具有一定形态和机能的结构，称为器官。器官可分为 2 大类，即中空性器官和实质性器官。

(一)中空性器官

指内部有较大空腔的器官，一端或两端开口于外界，如食管、胃、肠、气管、膀胱、子宫等。不同的中空性器官在形态、机能上各有特点。但其管壁的组织结构，一般均可分为 4 层，由内向外依次为：黏膜层、黏膜下层、肌层、外膜(图 1-20)。

1.黏膜层

黏膜层是构成管壁的最内层，正常黏膜色泽淡红，富有延展性。当管腔空虚时，常形成皱褶。黏膜层具有保护、吸收和分泌等功能。可分为以下 3 层。

(1)上皮。由上皮组织构成，其类型因所在部位和功能不同而异。

(2)固有层。由疏松结缔组织构成，内含丰富的血管、神经、淋巴管、淋巴组织和腺体等。固有膜有支持和营养上皮的作用。

(3)黏膜肌层。它是固有膜深层的薄层平滑肌。收缩时可使黏膜形成皱褶，有利于物质吸收、血液流动和腺体分泌物的排出。

2.黏膜下层

位于黏膜和肌层之间的一层疏松结缔组织，内含有较大的血管、淋巴管、神经丛和腺体(食

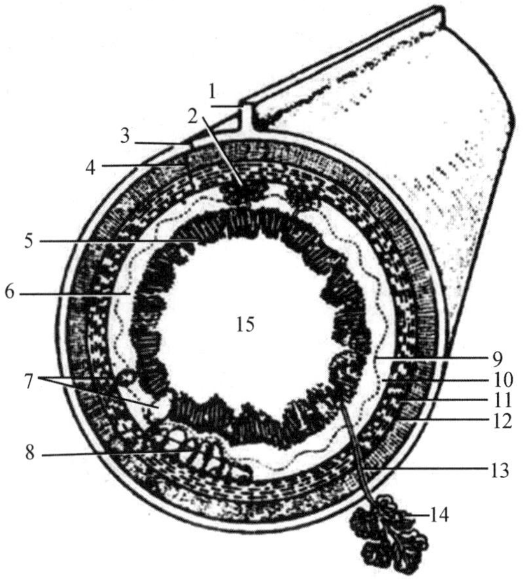

1. 肠系膜　2. 十二指肠腺　3. 浆膜　4. 外纵行肌　5. 黏膜上皮　6. 黏膜固有层　7. 淋巴孤结　8. 淋巴集结　9. 黏膜肌层　10. 黏膜下层　11. 内环行肌　12. 肌层　13. 腺管　14. 壁外腺　15. 肠腔

图 1-20　消化管(十二指肠)构造模式图

管腺和十二指肠腺)。有连接黏膜和肌层的作用。

3. 肌层

多为平滑肌,可分为内层的环行肌和外层的纵行肌。口、咽、食管上端和肛门外括约肌为横纹肌。

4. 外膜

位于管壁的最表面,是富有弹性纤维的疏松结缔组织。在食管前部、直肠后部与周围器官相连接处称为外膜;而在胃肠外膜表面有一层间皮覆盖,称为浆膜。浆膜表面光滑湿润,有减少摩擦的作用。

(二)实质性器官

实质性器官内部没有明显的腔体,是一团柔软的组织,如肝、胰、肾、肺、睾丸和卵巢等。

实质性器官均由实质和被膜两部分组成。实质是实质性器官实现其功能的主要部分,器官不同其实质也不同。被膜即结缔组织,被覆于器官的外表面,并伸入实质内构成支架,将器官分成许多小叶。分布于小叶之间的结缔组织为小叶间结缔组织内有血管、淋巴管、神经和导管通过。血管、神经、淋巴管和导管出入实质器官的部位,称为实质器官门,如肝门、肾门、肺门等。

二、系统

系统是由若干个形态构造不同,功能上密切相关的器官联合起来,彼此分工合作,共同完成机体某一方面的生理功能。如鼻腔、咽、喉、气管、支气管、肺等器官构成呼吸系统,共同完成呼吸功能;口腔、咽、食管、胃、肠、肝、胰等器官构成消化系统,共同完成消化和吸收功能。

动物体由十大系统组成:运动系统、被皮系统、消化系统、呼吸系统、泌尿系统、生殖系统、心血管系统、免疫系统、神经系统和内分泌系统。其中消化系统、呼吸系统、泌尿系统和生殖系统,合称为内脏。构成内脏的器官称为内脏器官,简称脏器。内脏器官大部分位于脊柱下方的体腔内,为直径大小不同的中空器官,有孔直接或间接与外界相通。

三、有机体

由器官、系统构成完整的有机体。有机体内器官、系统之间有着密切的联系,在机能上互相影响,协调配合构成一个有生命的完整统一体。同时,有机体与其生活的周围环境间也必须保持经常的动态平衡。这种统一,是通过神经调节、体液调节以及器官、组织、细胞的自身调节来实现的。

任务四　畜(禽)体表主要部位名称及方位术语

一、畜(禽)体表主要部位名称

为了便于说明家畜(禽)身体的各部分的位置,可将畜(禽)体划分为头部、躯干部、四肢3部分(图1-21至图1-23)。各部的划分和命名,都是以骨为基础。

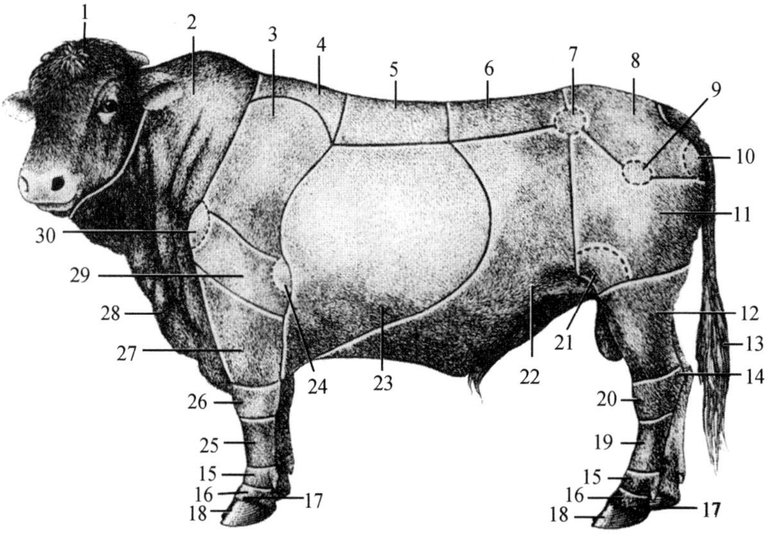

1.头部　2.颈部　3.肩部　4.鬐甲部　5.背部　6.腰部　7.髋结节(腰角)　8.臀部　9.髋关节
10.臀端　11.股(大腿)部　12.胫(小腿)部　13.尾部　14.飞端　15.球节　16.系部
17.冠部　18.蹄部　19.跖部　20.跗部　21.后膝　22.腹部　23.胸部　24.肘端
25.掌部　26.腕部　27.前臂部　28.肉垂　29.臂部　30.肩端

图1-21　牛体表各部位名称

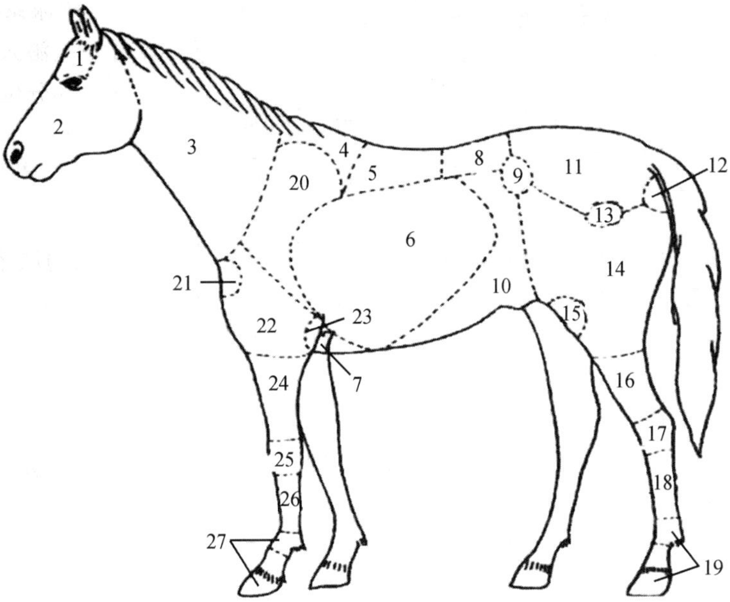

1.颅部　2.面部　3.颈部　4.鬐甲部　5.背部　6.肋部　7.胸骨部　8.腰部　9.髋结节　10.腹部　11.荐臀部　12.坐骨结节　13.髋关节　14.股部　15.膝部　16.小腿部　17.跗部　18.跖部　19.趾部　20.肩胛部　21.肩关节　22.臂部　23.肘部　24.前臂部　25.腕部　26.掌部　27.指部

图 1-22　马体表各部位名称

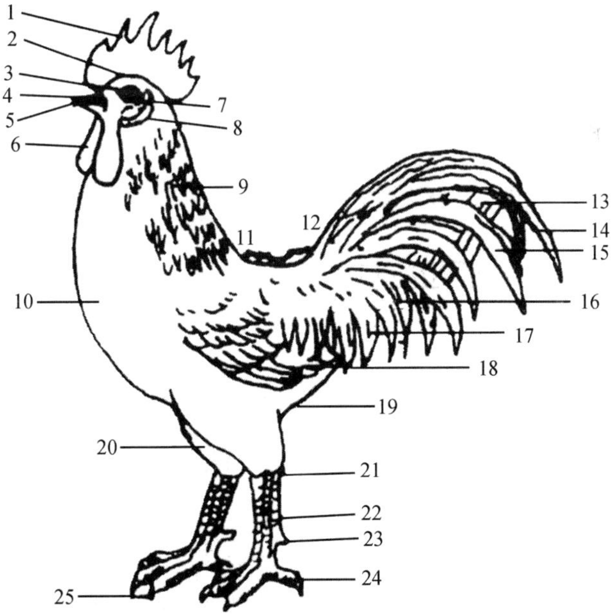

1.冠　2.头顶　3.眼　4.鼻孔　5.喙　6.肉髯　7.耳孔　8.耳叶　9.颈和颈羽　10.胸　11.背　12.腰　13.主尾羽　14.大翅羽　15.小翅羽　16.覆尾羽　17.鞍羽　18.翼羽　19.腹　20.胫　21.飞节　22.跖　23.距　24.趾　25.爪

图 1-23　鸡体表各部位名称

(一)家畜体表主要部位名称

1. 头部

颅部:位于颅腔周围。可分为枕部、顶部、额部、颞部等。

面部:位于口、鼻腔周围。分眼部、鼻部、咬肌部、颊部、唇部、下颌间隙部等。

2. 躯干部

除头和四肢以外的部分称躯干。包括颈部、背胸部、腰腹部、荐臀部和尾部。

颈部:以颈椎为基础,颈椎以上的部分称颈上部;颈椎以下的部分称颈下部。

背胸部:位于颈部和腰荐部之间,其外侧被前肢的肩胛部和臂部覆盖。前方较高的部位称为鬐甲部,后方为背部;侧面以肋骨为基础称为肋部;前下方称胸前部;下部称胸骨部。

腰腹部:位于胸部与荐臀部之间。上方为腰部,两侧和下面为腹部。

荐臀部:位于腰腹部后方,上方为荐部;侧面为臀部。后方与尾部相连。

尾部:分为尾根、尾体、尾尖。

3. 四肢部

前肢:前肢借肩胛部和臂部与躯干的背胸部相连,分为肩带部、臂部、前臂部、前脚部。前脚部包括腕部、掌部、指部。

后肢:由臀部与荐部相连,分为股部、小腿部、后脚部。后脚部包括跗部、跖部、趾部。

(二)家禽体表的主要部位名称

家禽也分为头部、躯干部、四肢部。头部又分为肉冠、肉髯、喙、鼻孔、眼、耳孔、睑等。躯干部分为颈部、胸部、腹部、背腰部、尾部等。前肢衍变成翼,分为臂部、前臂部等。后肢部又分为股、胫、飞节、跖、趾和爪等。

二、方位术语

(一)面

1. 矢状面

矢状面是与机体长轴平行且与地面垂直的面。可分为正中矢状面和侧矢状面。正中矢状面在动物机体的正中线上,将动物机体分为左右对称的 2 部分;侧矢状面位于正中矢状面的侧方,与正中矢状面平行,有无数个(图 1-24A)。

2. 横断面

横断面又称冠状面,是指横过动物体,与矢状面、额面都垂直的面。把动物体分为前、后 2 个部分的切面(图 1-24B)。

3. 额面

额面又称水平面,是与地面平行且与矢状面、横断面垂直的面。额面将动物体分为背、腹两个不对称部分的切面(图 1-24C)。

(二)轴

家畜都是四肢着地的,其身体长轴(或称纵轴)从头端至尾端,与地面平行的。长轴也可以用于四肢和各器官,均以纵长的方向为基准,如四肢的长轴是四肢的上端至四肢的下端与地面垂直。

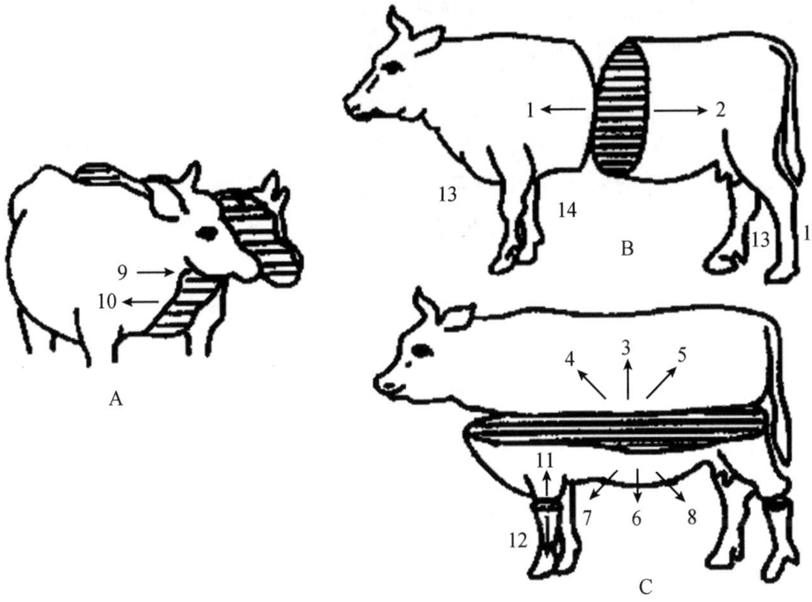

A. 正中矢状面　B. 横断面　C. 额面

1. 头侧　2. 尾侧　3. 背侧　4. 前背侧　5. 后背侧　6. 腹侧　7. 前腹侧　8. 后腹侧

9. 内侧　10. 外侧　11. 近端　12. 远端　13. 背侧　14. 掌侧　15. 跖侧

图 1-24　畜体的三个基本切面及方位

(三)方位术语

靠近畜体头端的称头侧;靠近尾端的称尾侧;靠近脊柱的一侧称背侧;靠近腹部的一侧称腹侧;靠近正中矢状面的一侧称内侧;远离正中矢状面的一侧称外侧。

在四肢部,近端为靠近躯干的一端;远端是远离躯干的一端。前肢和后肢的前面称背侧;前肢的后面称掌侧;后肢的后面称跖侧。

【学习要求】

识记　细胞的构造;纤维的类型;软骨的类型;细胞;生物膜;组织;器官;系统;突触;新陈代谢;感应性;有机体;矢状面;额面;横断面。

理解　上皮组织的特点、分类、分布和功能;结缔组织的特点、分类、分布和功能;肌肉组织的分类、分布及生理特性;畜(禽)体表部位的划分。

应用　显微镜有哪几部分组成? 如何使用?

【知识拓展】

细胞凋亡

细胞凋亡是指在一定的生理或病理条件下,为维持机体内环境的稳定,由基因控制的细胞自主地有序性的死亡。又称为程序性细胞死亡及基因调控的细胞自杀等。凋亡与 PCD 略有不同,凋亡是侧重于形态特点的概念,而 PCD 是侧重于机制特征的概念。

与有丝分裂的细胞增殖活动相对，细胞发生程序性死亡时，就像树叶或花的自然凋落一样，对于这种生物学现象，借用希腊词“apoptosis”来表示，意思是树叶或花的自然凋落。凋亡细胞如同自然凋谢的落叶一样，在本质上是一种生理性细胞死亡。

细胞凋亡的现象最早是 Kerr 在 1965 年观察到的。他发现大鼠肝细胞，在局部缺血条件下连续不断地转化为小的圆形的细胞质团，这些细胞质团是由膜包裹的细胞碎片（包括细胞器和染色质）组成。当时他称这种现象为“皱缩型坏死”。但后来，他觉得这一名称并不恰当，因为这些圆形细胞质团是在生理条件下产生的。经过深思熟虑后，他于 1972 年将这一现象重新定名为细胞凋亡。此后，细胞凋亡很快就受到各国科学家的重视，进行了深入的研究，1991 年 Ellis 在线虫体内发现几个参与细胞凋亡的基因后，人们才逐渐认识到凋亡的复杂机制特征及对于生命存在的特殊生物学意义。它与细胞分裂、增生、分化等理论一样，同属生物学和医学中重要的基本生命规律。抑制或诱导细胞凋亡均有重大的医学价值，因而已形成 20 世纪 90 年代的一个前沿研究热点。有关细胞凋亡的研究，每隔数周就有重要的突破性的报告发表，进展之快，不是一般的生物学领域能够相比的。2002 年 10 月悉尼・布伦纳（英国人）和约翰・E・萨尔斯顿（英国人）以及 H・罗伯特・霍维茨（美国人）三位科学家由于发现基因如何控制器官发育和程序性细胞死亡过程而共同获得了 2002 年的诺贝尔生理学或医学奖。

细胞凋亡与疾病关系的研究已取得长足的进展。关于细胞凋亡的研究成果，将为人类某些重大疾病的治疗和控制提供有力的武器。

执业兽医资格考试真题

1. 畜禽机体结构和功能的基本单位是（　　）【2009 年】

A. 细胞　B. 组织　C. 器官　D. 系统　E. 体系

2. 动物进行新陈代谢、生长发育和繁殖分化的形态学基础是（　　）【2010 年】

A. 细胞　B. 组织　C. 器官　D. 系统　E. 细胞器

3. 动物细胞的遗传信息主要储存于（　　）【2015 年】

A. 内质网　B. 高尔基复合体　C. 溶酶体　D. 细胞核　E. 过氧化物酶体

4. 动物机体的遗传信息主要贮存于（　　）【2016 年】

A. 细胞膜　B. 细胞质　C. 溶酶体　D. 细胞核　E. 中心体

5. 细胞质中具有合成蛋白质功能的细胞器是（　　）【2017 年】

A. 中心体　B. 核糖体　C. 高尔基复合体　D. 溶酶体　E. 过氧化物酶体

6. 细胞内固有的“消化功能”的细胞器是（　　）【2018 年】

A. 线粒体　B. 核蛋白体　C. 溶酶体　D. 过氧化物酶　E. 中心体

7. 细胞质内属于膜性结构的细胞器是（　　）【2019 年】

A. 中心粒　B. 核糖体　C. 微丝　D. 中间丝　E. 线粒体

8. 正中矢状面将畜体分为（　　）【2011 年】

A. 上下相等的两半　B. 左右相等的两半　C. 前后相等的两半

D. 水平相等的两半　E. 周长相等的两半

9. 膀胱的黏膜上皮是(　　)【2011 年】

A. 变移上皮　　B. 复层柱状上皮　　C. 单层柱状上皮

D. 单层立方上皮　　E. 假复层柱状纤毛上皮

10. 粗面内质网和滑面内质网在电镜下的主要区别是根据其表面是否附有(　　)【2012 年】

A. 中心体　　B. 核糖体　　C. 溶酶体

D. 微体　　E. 高尔基复合体

11. 属于生物膜组成成分的物质是(　　)【2013 年】

A. 丙酮酸　　B. 乳糖　　C. 磷脂

D. 乙酸　　E. 甘油

模块二
家畜解剖

项目二　运动系统

【学习目标】

熟悉运动系统的组成；了解骨及关节的位置、形态和构造；掌握动物全身骨的划分及全身主要肌肉的名称和位置；理解骨、关节和肌肉在运动中的作用。

能在活体上识别动物全身的主要骨性标志和肌性标志。

【学习内容】

动物的运动系统由骨、骨连结和肌肉 3 部分组成。全身骨通过骨连结连接成骨骼，构成动物体的支架、维持体型、保护内脏、支持体重和参与运动。肌肉附着在骨骼上，当肌肉收缩时所产生的力量以骨为杠杆、关节为枢纽进行传递，来推动动物机体发生位移。

骨骼和肌肉共同构成了动物体的轮廓，形成动物体的外形。位于皮下的一些骨性突起和肌肉，可以在体表看到和触摸到，在畜牧生产中常用来作为确定内脏器官位置和进行体尺测量的标志，也是中兽医在动物体表确定穴位的标志。

任务一　动物体骨骼构造

动物体的每一块骨都是一个器官，具有一定的形态和功能，都是由骨组织构成。骨坚硬而富有弹性，能不断地进行新陈代谢和生长发育。骨质中含有大量钙盐和磷酸盐，参与体内钙磷代谢平衡，同时骨髓具有造血和防御功能。

骨有丰富的血管和神经，具有再生、改建和修复能力。

一、骨

(一)骨的形态与分类

根据骨的形态可分为长骨、短骨、扁骨和不规则骨。

1. 长骨

长骨呈长管状，分布于四肢。长骨的中间较细部分为骨体，骨质致密，内有空腔，称骨髓腔，含有骨髓；骨的两端膨大部为骨骺，其表面光滑称为关节面，覆以关节软骨。幼年时，骨体和骨骺以骺软骨板相连，成年后，骺软骨板骨化，骨体和骨骺合为一体。长骨具有起支持体重和运动杠杆作用，如臂骨和股骨等。

2. 短骨

短骨呈不规则的立方形，成群地分布在四肢长骨之间，具有支持、分散压力和缓冲振动作用，如腕骨、跗骨等。

3. 扁骨

扁骨呈宽板状，常围成腔体，对腔内器官有支持和保护作用，如颅骨等。

4. 不规则骨

不规则骨呈不规则形，起支持、保护和供肌肉附着等作用，如椎骨。

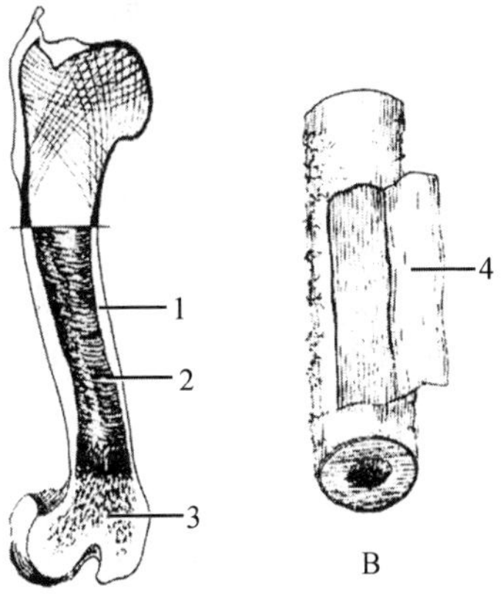

A. 臂骨纵切面　B. 长骨骨干示骨膜

1. 骨密质　2. 骨髓腔　3. 骨松质　4. 骨膜

图 2-1　骨的构造模式图

(二)骨的构造

骨由骨膜、骨质、骨髓以及血管和神经构成(图 2-1)。

1. 骨膜

骨膜是覆盖在骨表面(关节面除外)的一层结缔组织膜。覆盖在骨外表面的为骨外膜，衬在骨髓腔内表面的为骨内膜。骨膜分两层，外层为纤维层，主要是胶原纤维，起固定、营养和保护作用；内层为成骨层，富含成骨细胞及血管神经，成骨细胞在幼龄期非常活跃，直接参与骨的生长，到成年期转为静止状态，但它终生保持分化能力。骨膜呈粉红色，且有感觉。骨膜对骨有保护、营养、使骨生长等重要作用。因此，在处理骨折等手术时，要尽可能地保护骨膜。

2. 骨质

骨质是构成骨的主要成分，有骨密质和骨松质两种。骨密质坚硬，耐压性强，构成内骨板和外骨板，两板之间有骨松质；骨松质呈海绵状，分布在长骨两端和其他类型骨的内部，骨密质和骨松质的这种配合，使骨既坚固又轻便。

3. 骨髓

骨髓填充于长骨的骨髓腔和各类型骨的骨松质间隙内。正常成年动物的骨髓有红骨髓和黄骨髓两种(幼龄时全为红骨髓)。红骨髓分布在骨松质内，是重要的造血器官；黄骨髓填充在长骨的骨髓腔内，主要由脂肪组织构成，无造血功能，但终生保持分化能力，当机体贫血或大失血时，黄骨髓又转化为红骨髓而恢复造血功能。

4. 血管和神经

骨有非常丰富的血管和神经，血管经骨的滋养孔进入骨的内部，分布于骨髓。骨的神经随血管行走，分布于骨膜、骨髓等部位。

(三)骨的化学成分和物理性质

骨是动物体内最坚硬的组织，能承受相当大的压力和张力，且具有弹性。骨的这种物理特性不仅决定于骨的形状和内部结构，且与它的化学成分有很大的关系。

骨的化学成分包括有机质和无机质两种。有机质主要是骨胶原（蛋白质）和黏多糖，使骨具有弹性和韧性；无机质主要是钙盐（磷酸钙、碳酸钙等），使骨具有坚韧性和脆性。成年动物骨中，有机质约占骨重 1/3，无机质约占 2/3，这样的比例使骨具有最大的坚固性。幼龄动物的骨中有机质含量较多，骨弹性和韧性较大，不易骨折而易变形；老龄动物的骨则相反，无机质含量较多，故脆性较大而韧性较差，易发生骨折。雌性动物妊娠和泌乳期骨内的钙质可被胎儿吸收或随乳汁排出，或饲料调配失调时，可因无机质较少而发生软骨病。因此，应注意饲料成分的合理调配，以防软骨病的发生。

二、骨连结

骨与骨之间通过纤维结缔组织、软骨或骨组织相连称为骨连结。根据运动情况不同，分为直接连结和间接连结。

1. 直接连结

两骨的相对面或相对缘借结缔组织相连，其间无腔隙，不能活动或仅有较小范围的活动，称为直接连结。根据连接的组织不同，分为纤维连结和软骨连结。

(1)纤维连结。两骨之间以纤维结缔组织相连，其间无腔隙，不活动，以保护和支持为主。如头骨之间的连接、桡骨和尺骨之间的连接。这种连接随年龄的增长而骨化，转变为骨性结合。

(2)软骨连结。两骨借软骨相连，基本不活动。分为透明软骨结合和纤维软骨结合。透明软骨结合，如长骨的骨干和骨骺之间的结合，老龄时常转化为骨性结合；纤维软骨结合，如椎体间连接（椎间盘），正常情况下终生不骨化。

2. 间接连结

骨与骨不直接相连，其间有滑膜包围的腔隙，能进行灵活的活动，所以又叫滑膜连接，通常称为关节。

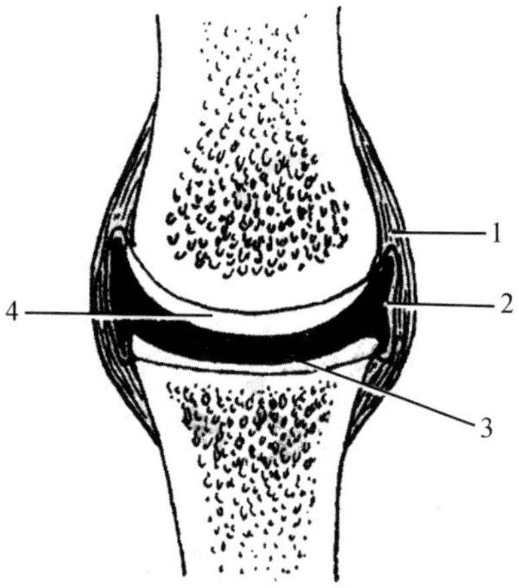

1. 关节囊纤维层 2. 关节囊滑膜层
3. 关节腔 4. 关节软骨
图 2-2 关节构造模式图

(1)关节的基本构造。包括关节面、关节软骨、关节囊和关节腔 4 部分（图 2-2）。

关节面：是骨与骨相接触的光滑面，骨质致密，彼此互相吻合，其中一个略凸或呈球形，称关节头；另一个略凹，称关节窝。

关节软骨：是附着在关节面上的一层透明软骨，光滑而有弹性和韧性，可减少运动时的冲击和摩擦。

关节囊：是包围在关节周围的结缔组织囊。囊壁分为内外两层，外层是纤维层，厚而坚韧，有支持和保护作用；内层是滑膜层，薄而柔润，有丰富的血管网，能分泌滑液。

关节腔：是关节软骨和关节囊之间的腔隙，内有少量淡黄色的滑液，起润滑关节和营养关节软骨的作用。

(2)关节的辅助结构。它是适应关节的功能而形成的一定结构。包括韧带、关节盘和关节唇。

韧带:由致密结缔组织构成,多见于复关节,增强关节的稳定性,且对关节的运动有限定作用。

关节盘:位于两关节面之间的软骨盘或致密结缔组织。具有减少冲击振荡,增加运动形式和扩大运动范围的作用,如椎间盘和半月板等。

关节唇:是附着于关节窝周缘的纤维软骨环,有加深关节窝,扩大关节面,增强关节稳定性的作用。如髋臼和肩臼周围的缘软骨。

(3)关节的类型。

根据组成关节骨的数目划分为单关节和复关节。

单关节:仅有两块骨组成,如肩关节。

复关节:有3块以上的骨组成,如腕关节;或由两骨间夹有关节盘组成,如膝关节。

根据关节运动轴的数目可分为单轴关节、双轴关节和多轴关节。

单轴关节:在一个平面上围绕一个轴运动的关节。如腕、肘、膝关节。

双轴关节:可以围绕两个轴运动的关节。如寰枕关节和颞下颌关节既能围绕横轴运动,又能围绕纵轴运动。

多轴关节:能围绕相互垂直的3个轴做运动的关节,关节面呈球形、窝状。如髋关节、肩关节。

三、动物体全身骨骼构成

牛的全身骨骼,见图2-3。

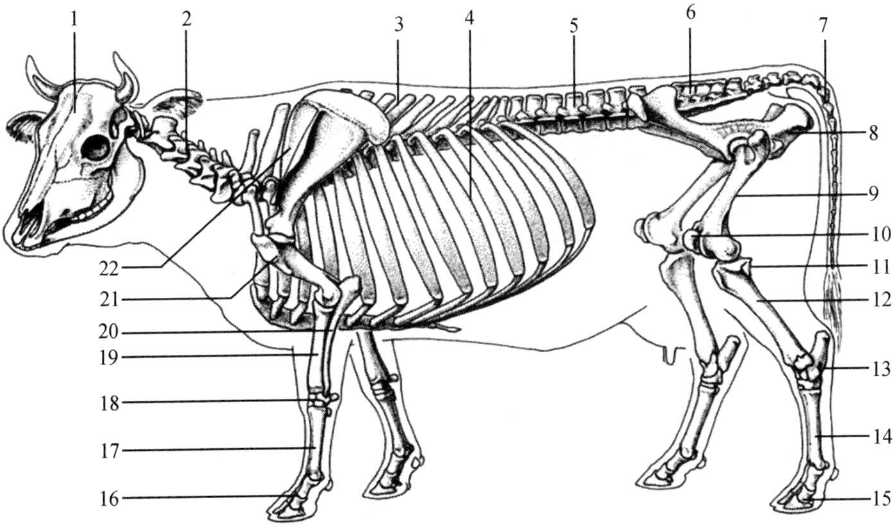

1.头骨 2.颈椎 3.胸椎 4.肋骨 5.腰椎 6.荐骨 7.尾椎 8.髋骨 9.股骨 10.髌骨 11.腓骨 12.胫骨 13.跗骨 14.跖骨 15.趾骨 16.指骨 17.掌骨 18.腕骨 19.桡骨 20.尺骨 21.臂骨 22.肩胛骨

图2-3 牛的全身骨骼

(一)头骨及其连结

头骨主要由扁骨和不规则骨组成,除下颌骨和舌骨外,均以缝或软骨互相紧密结合成为一个整体。一部分骨骼围成颅腔，容纳和保护脑，称颅骨；另一部分骨骼构成眼眶、鼻腔和口腔的骨性支架，称面骨(图 2-4)。

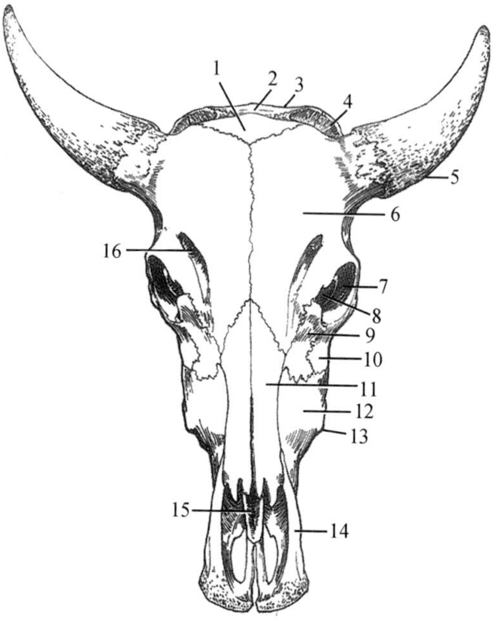

1.顶骨 2.顶间骨 3.枕嵴 4.颞骨 5.角突 6.额骨 7.眶窝 8.泪囊窝 9.泪骨
10.颧骨 11.鼻骨 12.上颌骨 13.面结节 14.切齿骨 15.犁骨 16.眶上孔

图 2-4 牛头骨的背侧面

1.颅骨

颅骨包括成对的额骨、颞骨、顶骨和不成对的顶间骨、枕骨、蝶骨以及筛骨。

额骨：位于鼻骨的后方，顶骨的前方，外侧接颞骨，构成颅腔顶壁。额骨的前部有向两侧伸出的眶上突，构成眼眶的上界。后方两侧形成角突。

颞骨：位于枕骨的前方，顶骨的外下方，构成颅腔两侧壁(图 2-5)。颞骨向外伸出颧突，与

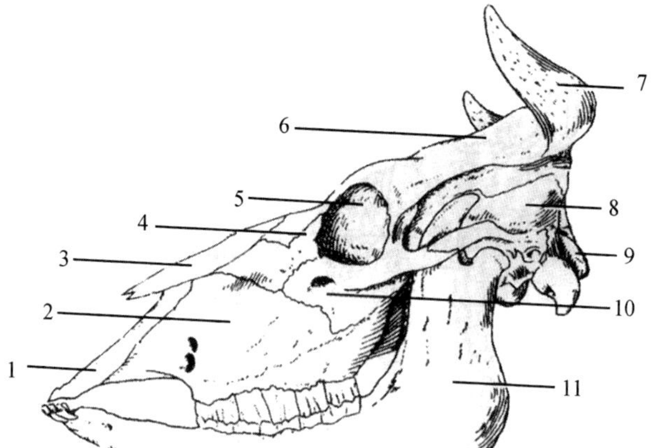

1.颌前骨 2.上颌骨 3.鼻骨 4.泪骨 5.眼眶 6.额骨
7.角突 8.颞骨 9.枕骨 10.颧骨 11.下颌骨

图 2-5 牛的头骨(左侧)

颧骨颞突相愈合，形成颧弓。颧突腹侧有关节结节，与下颌骨形成颞下颌关节，是头部唯一可活动的关节。

顶骨：位于枕骨背侧，额骨腹侧，构成颅腔后壁，并参与形成颞窝。

顶间骨：是1块小骨，位于左右顶骨和枕骨之间。出生前或出生后与顶骨和枕骨相愈合。

枕骨：位于颅后部，构成颅腔后壁和部分底壁。枕骨后端正中有枕骨大孔，前通颅腔，后接椎管。在枕骨大孔两侧有卵圆形关节面，称为枕髁，与寰椎形成寰枕关节。枕髁的外侧有粗大的颈静脉突。

蝶骨：位于颅腔底壁的前部，由一蝶骨体、两对翼（眶翼、颞翼）和一对翼突组成，形似展翅的蝴蝶。

筛骨：位于颅腔前壁，由筛板、垂直板和筛骨迷路组成。筛板将颅腔与鼻腔隔开，筛板上有许多小孔，为嗅觉神经纤维通路。筛板脑面左右分别有一个卵圆形的窝，称为筛窝，容纳嗅球。垂直板位于正中，伸向鼻腔，构成鼻中隔后部。筛骨迷路又称侧块，突向鼻腔，支持鼻黏膜。

2.面骨

面骨包括成对的泪骨、颧骨、鼻骨、上颌骨、颌前骨、腭骨、翼骨、上鼻甲骨、下鼻甲骨和不成对的下颌骨、犁骨以及舌骨。

(1)面骨中围成眼眶的有泪骨、颧骨和额骨（属颅骨）。

泪骨：位于眼眶的前内侧，眼眶内有漏斗状的泪囊窝，窝内有通向鼻腔的鼻泪管开口。

颧骨：位于泪骨的后下方，有两个明显的突起，额突朝向背侧，也称为垂直突，与额骨的颧突相连，构成眼眶的后界；颞突又称为水平突，与颞骨的颧突相连形成颧弓。

(2)构成鼻腔支架的有鼻骨、上颌骨、筛骨（属颅骨）、泪骨、犁骨、颌前骨、翼骨和上、下鼻甲骨。

鼻骨：位于额骨的前方，面部的中央。

上颌骨：位于面部的两侧，分为骨体和腭突。骨体构成鼻腔的侧壁，骨体的下缘称为齿槽缘；腭突是两侧向正中矢状面伸出的水平骨板相愈合而形成的，构成硬腭的骨质基础，将口腔和鼻腔分开。

犁骨：位于鼻腔底壁的中部。

颌前骨：也称切齿骨，位于上颌骨的前方，后端与上颌骨、犁骨相连，形成硬腭前部的骨性基础。

翼骨：是薄而窄，稍弯曲的骨板，构成鼻后孔侧壁后部的支架。

上、下鼻甲骨：鼻甲骨是两对卷曲的薄骨片，附着于鼻腔侧壁上。

(3)构成口腔支架的有上颌骨、颌前骨、下颌骨、颧骨、腭骨和舌骨。

下颌骨：是头骨中最大的骨，分为前部水平的骨体部和后部垂直的下颌支。骨体部前部每侧有切齿槽；后部每侧有臼齿槽。切齿槽与臼齿槽之间的间隙，称为齿槽间隙；下颌骨两半之间的间隙，称为下颌间隙。骨体后部转向背侧形成宽阔的骨板，称为下颌支，供咬肌附着。下颌支上端的前方是髁突，与颞骨成关节，后方有顶端尖而弯曲的冠状突。

腭骨：位于鼻后孔两侧，形成鼻后孔侧壁及硬腭后部的骨性支架。

舌骨：位于两下颌支之间，以短的软骨附着于颞骨的茎突，支持舌根、咽和喉。

副鼻窦：又称鼻旁窦，是鼻腔周围一些头骨内含气体的腔体总称。直接或间接与鼻腔相通，具有减轻头骨重量、温暖和湿润空气及参与发音的功能，主要有额窦、上颌窦、蝶腭窦和筛窦。

颞下颌关节：由下颌骨与颞骨构成，能做开口、闭口和左右活动等动作。

（二）躯干骨及其连结

躯干骨包括椎骨、肋骨、胸骨。

1. 椎骨

椎骨可分为颈椎、胸椎、腰椎、荐椎和尾椎，各椎骨相互连结，形成脊柱。脊柱中央有纵行的椎管，是由各椎骨的椎孔相连而成，内藏骨髓。各段椎骨的形态和构造虽有不同，但基本相似，每个椎骨均由椎体、椎弓和突起组成（图 2-6）。有的椎骨有前、后关节突。椎管两侧各有一排椎间孔，有脊神经通过。脊柱的背侧正中有一排棘突，脊柱的作用是支持体重，保护脊髓，传递推动力，参与胸腔、腹腔及骨盆腔的构成。

(1)颈椎。7 块，形状不规则，第 3～6 颈椎形态结构相似。第 1 颈椎呈环形，又称寰椎，无椎体、棘突和关节突。前端有关节窝，与枕髁成寰枕关节；后端有鞍状关节面与第 2 颈椎成关节。横突呈翼状，又叫寰椎翼，其外侧缘在体表可以触摸到。第 2 颈椎椎体最长，又称枢椎，前端形成齿突，与寰椎的鞍状关节面成可活动的关节，无前关节突，但有后关节突与第 3 颈椎前关节突成关节。横突长而不分支，伸向后方（图 2-7）。第 6 颈椎略短，棘突发达，横突的水平支窄而短，向外侧伸出，垂直支宽而厚，呈四边形，向腹侧伸出。第 7 颈椎形态酷似胸椎。

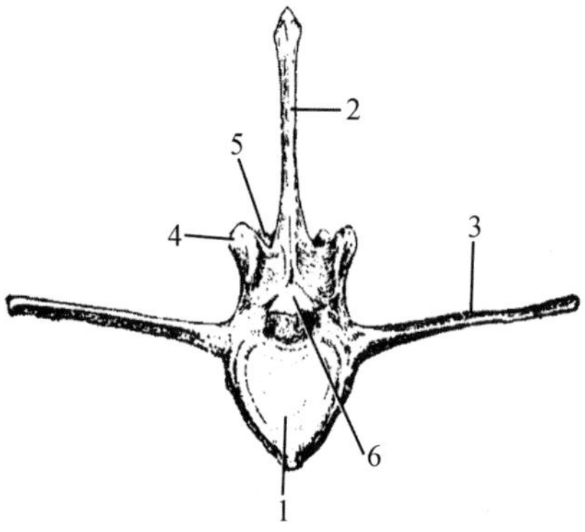

1. 椎头　2. 棘突　3. 横突　4. 前关节突
5. 后关节突　6. 椎孔

图 2-6　椎骨的构造

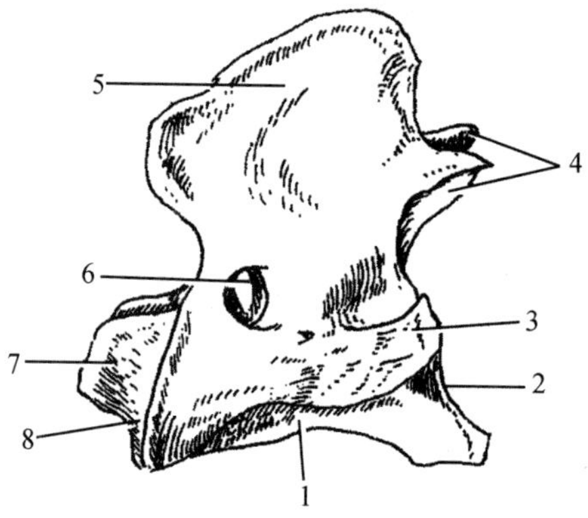

1. 椎体　2. 椎窝　3. 横突　4. 后关节突
5. 棘突　6. 椎外侧孔　7. 齿突　8. 鞍状关节面

图 2-7　牛的枢椎

(2)胸椎。牛(羊)13 块，猪 14～16 块，马 18 块。椎体近似三棱形，椎头、椎窝不明显，椎体前、后两端的两侧有前、后肋凹，与相应的肋头成关节，牛第 2～6(马为第 3～10)胸椎棘突最高，构成鬐甲的骨质基础。

(3)腰椎。牛 6 块，羊 6～7 块，猪 6～7 块（图 2-8），马 6 块。椎头和椎窝明显，其横突最长，可以在体表触摸到。

(4)荐椎。牛、马 5 块，羊、猪 4 块。构成骨盆腔顶壁的骨质基础。荐椎相互愈合在一起叫荐骨(牛)。荐骨棘突相互愈合形成荐正中嵴。荐骨横突相愈合，前部宽阔为荐骨翼，翼的背外侧有三角形的耳状关节面，与髂骨成关节。第 1 荐椎椎体前端的腹侧缘略突，为荐骨岬。荐骨的盆腔面正中有一明显的脉管沟，荐中动脉通过此沟。

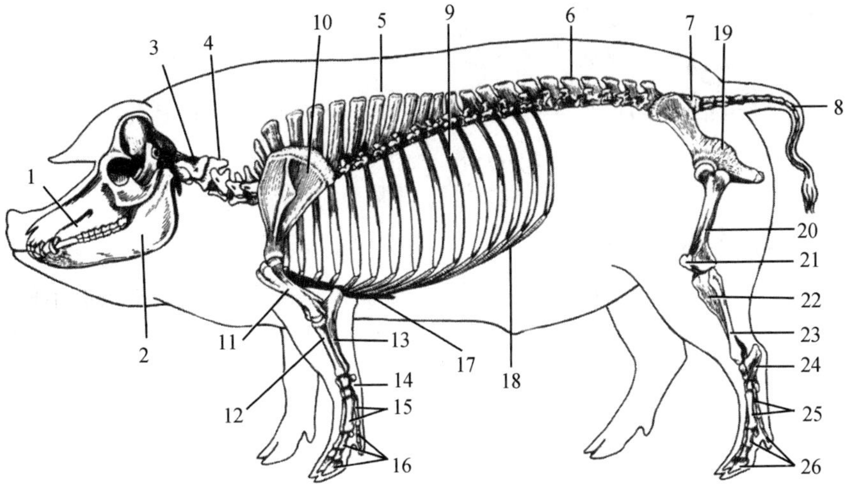

1.上颌骨 2.下颌骨 3.寰椎 4.枢椎 5.胸椎 6.腰椎 7.荐椎 8.尾椎 9.肋骨 10.肩胛骨 11.臂骨 12.桡骨 13.尺骨 14.腕骨 15.掌骨 16.指骨 17.胸骨 18.肋软骨 19.髋骨 20.股骨 21.膝盖骨 22.胫骨 23.腓骨 24.跗骨 25.跖骨 26.趾骨

图 2-8 猪的全身骨骼

(5)尾椎。各种动物尾椎数目差别较大,仅前 3(4)块尾椎具有一般的椎骨形态构造,越向后越退化,最后尾椎逐渐变为圆柱状。各种动物椎骨数目,如表 2-1 所示。

表 2-1 各种动物椎骨数目 块

动物名称	颈椎	胸椎	腰椎	荐椎	尾椎
牛	7	13	6	5	18～20
羊	7	13	6～7	4	3～24
猪	7	14～16	6～7	4	20～23
马	7	18	6	5	14～21

2. 肋骨

肋骨为左右成对的弓形扁骨,连于胸椎与胸骨之间,构成胸廓的侧壁。两相邻肋之间的间隙,称肋间隙。肋的对数与胸椎数目一致。每根肋包括肋骨体和肋软骨。肋骨体的上端与相邻胸椎成关节,肋骨的下端为肋软骨。第 1～8 对肋以肋软骨直接与胸骨相连,称真肋。其余的肋以肋软骨依次连于前位肋软骨上,称假肋。有的肋软骨末端游离,称为浮肋。最后肋的肋软骨与前位肋的肋软骨依次连结所形成的弓形结构,称为肋弓。

3. 胸骨和胸廓

胸骨位于胸廓底壁的正中,由 6～8 块胸骨片借软骨相连而成。胸骨由前向后分为胸骨柄、胸骨体和剑状软骨(剑突)3 部分。

胸廓由胸椎、肋和胸骨共同构成。呈前小后大的圆锥形,胸廓前口由第一胸椎、第一对肋和胸骨柄围成;胸廓后口由最后一个胸椎、左右肋弓和剑状软骨围成。胸廓前部的肋短而粗,具有较大的坚固性,以保护心、肺,并参与连接前肢;胸廓后部的肋细而长,具有较大的活动性,以适应呼吸运动。

4. 躯干骨的连结

躯干骨的连结包括脊柱连结(椎体间连结和椎弓间连结)和胸廓连结(肋椎关节和肋胸关节)。

躯干骨的骨性标志:腰椎横突、肋、肋弓、肋间隙及剑状软骨。

(三)前肢骨及其连结

前肢骨包括肩胛骨、臂骨(肱骨)、前臂骨(包括桡骨和尺骨)和前脚骨(包括腕骨、掌骨、指骨和籽骨)(图 2-9)。肩胛骨、锁骨和乌喙骨合称为肩带骨,牛及其他有蹄动物因四肢运动单纯化,锁骨和乌喙骨已退化,仅保留肩胛骨。

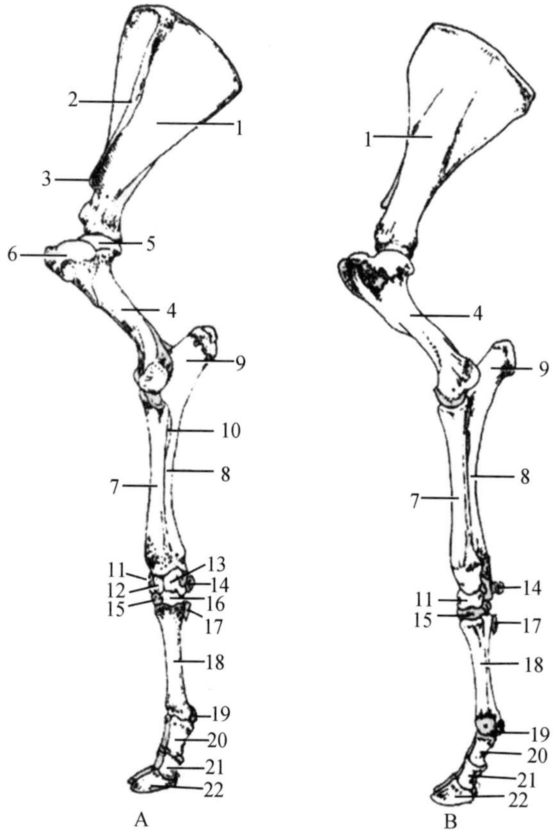

A. 外侧面(左) B. 内侧面(右)

1. 肩胛骨 2. 肩胛冈 3. 肩峰 4. 臂骨 5. 臂骨头 6. 外侧结 7. 桡骨 8. 尺骨 9. 肘突 10. 前臂骨间隙 11. 桡腕骨 12. 中间腕骨 13. 尺腕骨 14. 副腕骨 15. 第 2、第 3 腕骨 16. 第 4 腕骨 17. 第 5 腕骨 18. 大掌骨 19. 近籽骨 20. 系骨 21. 冠骨 22. 蹄骨

图 2-9 牛前肢骨

1. 前肢骨

(1)肩胛骨。肩胛骨为三角形扁骨,包括 3 个角、3 个缘和 3 个面。外侧面有一纵向隆起,称肩胛冈。肩胛冈中部较粗大处,称为冈结节;下端突出较高而形成尖锐的突起,称为肩峰。

猪的冈结节特别发达且弯向后方，肩峰不明显。肩胛冈前上方较小，称为冈上窝；后下方较大，称为冈下窝。肩胛骨内侧面的上部呈三角形粗糙面是锯肌面；中、下部凹窝称为肩胛下窝。骨的背侧缘附有肩胛软骨；前缘薄而锐，后缘钝而厚；前角与第1～2胸椎棘突相对；后角粗而厚，与第5～6胸椎棘突相对；俯角呈圆形浅窝称为肩臼，与肱骨头成关节，肩臼前方突出部为肩胛结节。

(2)臂骨。臂骨又称肱骨，为管状长骨，近端后部球状关节面是臂骨头(肱骨头)，与肩臼成肩关节；臂骨头前部内、外侧分别是小结节和大结节，大、小结节之间的深沟称为臂二头肌沟，有臂二头肌通过。骨干呈不规则的圆柱状，形成一螺旋状沟称为臂肌沟，外侧上部有三角肌粗隆。肱骨远端有内、外侧髁，髁间是肘窝(鹰嘴窝)，与肘突鹰嘴成关节。

(3)前臂骨。前臂骨包括位于前方较粗的桡骨和在后外侧较细的尺骨。在牛、羊和马等动物中，桡骨发达，尺骨显著退化。尺骨近端发达，骨体向下逐渐变细，与桡骨愈合，形成间隙，称为前臂骨间隙。尺骨近端突出部称为肘突；远端突出于桡骨的部分称为茎突。

(4)腕骨。牛(羊)由6块短骨组成。有两列，近列腕骨由内向外依次为桡腕骨、中间腕骨、尺腕骨和副腕骨；远列由内向外依次为第2、第3腕骨和第4腕骨。第2、第3腕骨愈合为一块四边形骨；第4腕骨呈方形。

猪的腕骨8块，分两列。近列4块，由内向外依次为桡腕骨、中间腕骨、尺腕骨、副腕骨；远列4块，由内向外依次为第1、第2、第3、第4腕骨。

马的腕骨有7块，分为两列。近列4块，由内向外依次为桡腕骨、中间腕骨、尺腕骨、副腕骨；远列3块，由内向外依次为第2、第3、第4腕骨。偶见第1腕骨。

(5)掌骨。掌骨，共有3块，由内向外依次为第3、第4掌骨愈合成大掌骨，第5掌骨为小掌骨。第1、第2掌骨完全退化。猪有4块掌骨，第3、第4掌骨大，第2、第5掌骨小，缺第1掌骨。马有3块掌骨，中间是大掌骨(第3掌骨)，内侧和外侧是小掌骨(即第2和第4掌骨)，第1和第5掌骨退化。

(6)指骨。指骨从上至下依次包括系骨、冠骨和蹄骨。牛、羊的第3、第4指发育完全，第2、第5指大部分退化，称悬蹄，不与地面接触。猪的第3、第4指发达，第2、第5指小。马只有第3指。

(7)籽骨。牛(羊)共6块，分为近籽骨和远籽骨，近籽骨4块，远籽骨2块。每指系关节的掌侧面有2块近籽骨、蹄关节掌侧面有1块远籽骨。

猪的每一主指有2个近籽骨和一个远籽骨；每一悬指有2个近籽骨，无远籽骨。

马每一指有2块近籽骨和1块远籽骨。

2.前肢关节

前肢关节包括肩关节、肘关节、腕关节和指关节(系关节、冠关节和蹄关节)。

(1)肩关节。由肩胛骨的肩臼和肱骨的肱骨头构成，为多轴单关节。没有侧韧带，具有松大的关节囊。关节角朝后方，主要做伸屈运动。

(2)肘关节。由肱骨远端和前臂骨近端构成的单轴复关节。关节囊后壁宽松，有关节内、外侧韧带，肘关节角朝前方，可做伸屈运动。

(3)腕关节。由桡骨远端、近列腕骨、远列腕骨以及掌骨近端构成，为单轴复关节。关节角朝后方，它包括桡腕关节、腕间关节和腕掌关节，其关节囊纤维层包住整个腕关节。关节囊后壁厚而紧，使之只能向掌侧屈；腕关节有长的侧韧带和短的腕骨间韧带。

(4)指关节。指关节包括系关节、冠关节和蹄关节。

(四)后肢骨及其连结

后肢骨包括髋骨(髂骨、坐骨和耻骨)、股骨、髌骨(膑骨)、小腿骨(胫骨和腓骨)和后脚骨(跗骨、跖骨、趾骨和籽骨)(图 2-10)。

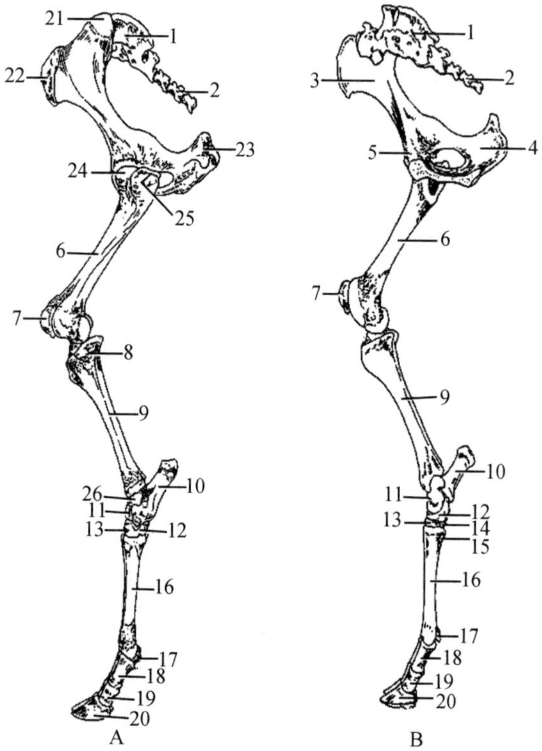

A. 外侧面(左)　B. 内侧面(右)

1. 荐骨　2. 尾椎　3. 髂骨　4. 坐骨　5. 耻骨　6. 股骨　7. 髌骨　8. 腓骨　9. 胫骨　10. 跟骨　11. 距骨　12. 中央、第 4 跗骨　13. 第 2、第 3 跗骨　14. 第 1 跗骨　15. 第 2 跖骨　16. 大跖骨　17. 近籽骨　18. 系骨　19. 冠骨　20. 蹄骨　21. 荐结节　22. 髋结节　23. 坐骨结节　24. 股骨头　25. 大转子　26. 踝骨

图 2-10　牛后肢骨

1. 后肢骨

(1)髋骨。由髂骨、坐骨和耻骨结合而成,3 块骨在外侧中部结合处形成杯状关节窝,称为髋臼,与股骨头成关节。左、右髋骨在骨盆中线处以软骨连结形成骨盆联合(图 2-11)。

髂骨为不规则骨,位于外上方,分髂骨体和髂骨翼。髂骨体为前、后宽扁,中间细的三棱柱状。其背侧缘有薄而高的坐骨嵴,凹陷处称为坐骨大切迹。髂骨前部称髂骨翼,呈宽而扁的三角形。翼的外侧面称臀肌面,内侧面为荐盆面。荐盆面内侧部有一粗糙的耳状关节面,与荐骨翼构成关节。髂骨翼外侧角称为髋结节,内侧角为荐结节。

坐骨位于后下方,构成骨盆底的后部。左、右坐骨的后缘连成坐骨弓,弓的两端突出部为坐骨结节。两侧坐骨在骨盆底壁正中由软骨结合在一起,称为坐骨联合,是骨盆联合的一部分。

耻骨位于前下方,构成骨盆底的前半部。两侧耻骨的内侧缘由软骨结合形成耻骨联合,耻骨联合和坐骨联合统称为骨盆联合;坐骨和耻骨共同围成闭孔。

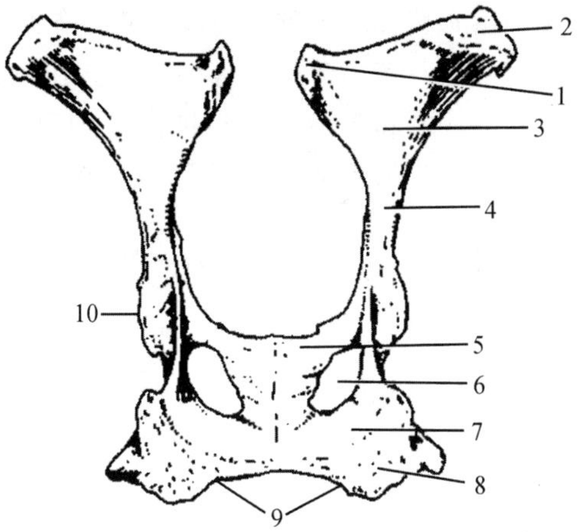

1. 荐结节　2. 髋结节　3. 臀肌面　4. 坐骨棘　5. 耻骨　6. 闭孔　7. 坐骨
8. 坐骨结节　9. 坐骨弓　10. 髋臼

图 2-11　牛的髋骨(背侧面)

由两侧髋骨、背侧的荐骨和前 4 块尾椎以及两侧的荐结节阔韧带共同围成的结构称为骨盆。雌性动物骨盆的底壁平而宽，雄性动物则较窄。

(2)股骨。股骨为动物体最大的管状长骨，近端内侧是球状的股骨头，头的外侧有粗大的突起称为大转子。骨干呈圆柱状，内侧近上 1/3 处的嵴称为小转子，外侧缘在与小转子相对处有不明显的第 3 转子。猪的第 3 转子不明显，马的第 3 转子明显。股骨远端前部是滑车状关节面，与髌骨成关节。后部为股骨内、外侧髁，与胫骨成关节，在两髁间有深的髁间窝。

(3)髌骨。髌骨又称膝盖骨，是体内最大的一块籽骨。呈顶端向下圆锥形，位于股骨远端的前方，与股骨滑车状关节面形成关节。

(4)小腿骨。小腿骨包括胫骨和腓骨。

胫骨发达，位于前方，呈三棱柱状，骨体近端粗大，有胫骨内、外侧髁，每一髁有鞍状关节面，与相应股骨髁、半月板成关节。髁前方呈嵴状隆起是胫骨嵴，供膝直韧带附着；远端较小，有滑车状关节面与相邻骨成关节。

腓骨细小，位于胫骨近端后外侧。牛、羊腓骨退化只剩近端的腓骨头。猪的腓骨发达。

(5)跗骨。一般分为 3 列。牛共 5 块，近列 2 块，内侧的称距骨，外侧的为跟骨。跟骨近端粗大，称跟结节，为跟腱附着处。中间列 1 块，为中央跗骨和第 4 跗骨的愈合体。远列 2 块，由内向外排列分别是第 1 跗骨(较小)和愈合的第 2、第 3 跗骨。

猪的跗骨有 7 块，分 3 列，近列 2 块，为跟骨和距骨。中间列 1 块，为中央跗骨；远列 4 块，为 1～4 跗骨。

马的跗骨 6 块，近列为跟骨和距骨，中间列为中央跗骨，远列为第 2、3、4 跗骨。

(6)跖骨。跖骨与前肢掌骨相似，但较细长。

(7)趾骨。趾骨分系骨、冠骨和蹄骨，与前肢指骨相似。

(8)籽骨。籽骨数目、位置、形态与前肢籽骨相似。

2. 后肢关节

后肢关节包括荐髂关节、髋关节、膝关节、跗关节和趾关节。

(1)荐髂关节。由荐骨翼和髂骨翼耳状关节面构成。周围有关节囊,并有短而强的荐髂腹侧韧带和荐髂骨间韧带固定。因此,荐髂关节运动范围很小。在荐骨与髋骨之间还有荐结节阔韧带(又称荐坐韧带),起自荐骨侧缘和第1、第2尾椎横突,止于坐骨。

(2)髋关节。由髋臼和股骨头构成的多轴关节,关节囊宽松。在髋臼与股骨头之间有一短而强的圆韧带。

(3)膝关节。膝关节包括股胫关节、股髌关节和胫腓关节。属单轴复关节,可做伸屈动作。

(4)跗关节。跗关节又称飞节,由小腿骨远端、跗骨和跖骨近端构成的单轴复关节,有内、外侧韧带和背侧韧带。

(5)趾关节。趾关节分为系关节、冠关节和蹄关节,其构造与前肢指关节相同。

任务二　动物体全身主要肌肉

运动系统的肌肉属于横纹肌,因其附着在骨上,故称骨骼肌。骨骼肌是运动系统的动力部分,其伸缩受意识支配,故又称随意肌。每一块肌肉都是一个器官,都具有一定的形态、构造和位置,执行一定的生理机能。

一、概述

(一)肌肉的形态和构造

肌肉的形态各种各样,主要有长肌、短肌、阔肌和环形肌4种。长肌多分布于四肢,短肌主要存在于脊柱相邻的椎骨之间;阔肌多见于胸、腹壁;环形肌环绕在自然孔的周围。肌肉可分为两个部分,即能收缩的部分——肌腹和不能收缩的部分——肌腱。

肌腹是肌肉器官的主要部分,由无数横纹肌纤维借结缔组织结合而成。肌纤维在肌肉内集合成从小肌束到大肌束的各级肌束。包围在肌肉表面的结缔组织称肌外膜,肌外膜向内延伸包裹着大小不等的肌束,称肌束膜。肌束膜向肌纤维之间延伸,最后包裹在个别肌纤维表面,称肌内膜。血管和神经就沿着这些结缔组织进入肌肉内,分布到肌纤维上。肌肉的一端或两端以肌腱牢固地附着于骨上。肌腱由平行排列的腱纤维构成,致密而坚韧,梭形肌的腱呈索状,阔肌呈薄板状。

(二)肌肉的起止点

肌肉的两端通常分别附着在两块或两块以上的骨上,跨过一个或数个关节。肌肉收缩时,不动的一端为起点,活动的一端为止点。起止点是相对的,随着活动的改变二者可以相互转换,如臂头肌,当头颈不动时可牵引前肢;前肢不动时,可拉动头颈向后下方。有些肌肉,如自然孔周围的环形肌,没有起止点。

(三)肌肉的种类及命名

肌肉一般是根据其作用、结构、形状、位置、肌纤维方向及其起止点等特征而命名的。如伸肌、屈肌、内收肌、咬肌等是根据其作用命名;三头肌等是根据其结构命名;三角肌、锯肌是根据其形状命名;舌肌、颞肌等是根据其位置命名;直肌、斜肌、横肌等是根据肌纤维方向命名;臂头肌、胸头肌等是根据其起止点命名。大多数肌肉是结合数个特征而命名的,如指外侧伸肌、股四头肌、腹外斜肌等。

(四)肌肉的辅助器官

肌肉的辅助器官包括筋膜、黏液囊和腱鞘。

1. 筋膜

筋膜有深浅筋膜两种。浅筋膜位于皮下，由疏松结缔组织构成，营养良好的动物浅筋膜内有大量的脂肪；深筋膜由致密结缔组织构成，位于浅筋膜深面，遍布全身，包裹在肌肉表面并深入肌群之间，形成肌间隙，并附着于骨膜上；有的作为肌肉附着点，以扩大附着面，增强收缩力；有的在关节附近形成环状韧带以固定腱的位置。牛、马腹部的深筋膜含有大量的弹性纤维，呈黄色，故称腹黄筋膜，对腹腔脏器起着重要的支持作用。

2. 黏液囊

黏液囊是封闭的结缔组织囊。壁内衬有滑膜，腔内有滑液。多位于骨的突起与肌肉、腱和皮肤之间，起到减小摩擦的作用。位于关节附近的黏液囊多与关节腔相通。

3. 腱鞘

腱鞘是围套在某些长肌腱表面的黏液囊，呈长筒状，多位于四肢关节部。分为纤维层和滑膜层。滑膜层能分泌滑液，润滑肌腱，以减少肌腱运动时的摩擦。纤维层将腱鞘固定在特定位置处。

二、动物体全身肌肉的分布

动物体全身肌肉按部位分为头部肌肉、躯干肌肉、前肢肌肉和后肢肌肉(图 2-12)。在头颈等部位还有皮肌。

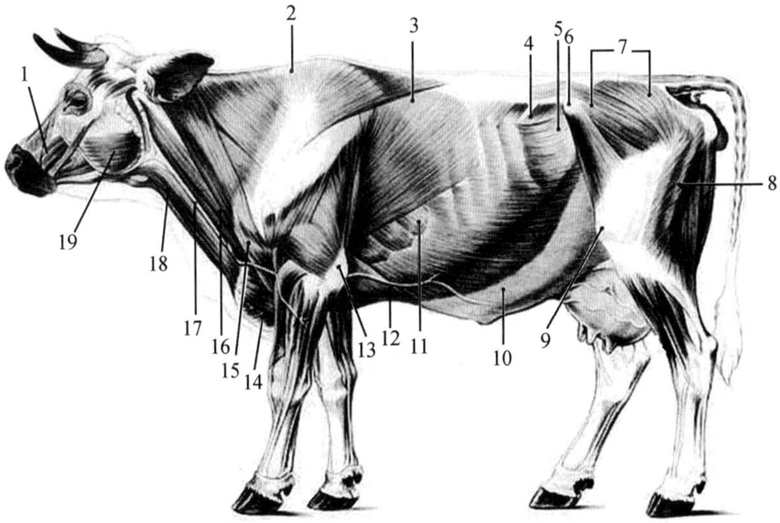

1. 上唇提肌　2. 斜方肌　3. 背阔肌　4. 腹内斜肌　5. 腹外斜肌　6. 髋结节　7. 臀中肌　8. 臀股二头肌　9. 阔筋膜张肌　10. 腹直肌　11. 胸锯肌　12. 胸深后肌　13. 臂三头肌　14. 胸前浅肌　15. 肩胛横突肌　16. 臂头肌　17. 颈静脉沟　18. 胸头肌　19. 咬肌

图 2-12　牛的全身浅层肌肉

(一)皮肌

皮肌分布于皮肤下浅筋膜中的薄层骨骼肌,间接附着于骨骼上,大部分与深筋膜相连。皮肌并不覆盖全身,根据分布部位可分为面皮肌、颈皮肌、肩臂皮肌和胸腹皮肌。皮肌收缩时,可使皮肤震颤,以驱赶蚊蝇和抖落皮肤上的灰尘水滴。

(二)头部主要肌肉

头部主要肌肉分为面部肌和咀嚼肌。面部肌位于口腔、鼻孔和眼眶周围,主要有鼻唇提肌、上唇提肌、鼻翼开肌、下唇降肌、口轮匝肌和颊肌。

咀嚼肌包括闭口肌和开口肌。闭口肌有咬肌、颞肌和翼肌,较发达,是咀嚼食物的动力来源。开口肌是二腹肌,作用是开张口腔。

(三)躯干部主要肌肉

躯干部主要肌肉包括脊柱肌、颈腹侧肌、胸壁肌和腹壁肌。

1.脊柱肌

脊柱肌是支配脊柱活动的肌肉,数目众多,根据分布部位分为脊柱背侧肌群和脊柱腹侧肌群。

(1)脊柱背侧肌群。主要有背最长肌、髂肋肌和夹肌等。

背最长肌:为全身最长的肌肉,呈三棱形,位于胸腰椎棘突与横突之间的夹角内。作用是伸展腰背,提举躯干前部和后部。

髂肋肌:由许多小肌束构成的长肌,位于背最长肌的腹外侧。作用是牵引肋骨,协助呼吸。髂肋肌与背最长肌之间的沟,称髂肋肌沟,在髂肋肌沟中有较多穴位点。

夹肌:位于颈两侧的薄而阔的三角形肌肉。

(2)脊柱腹侧肌群。不发达,仅位于颈部和腰部脊柱的腹侧,作用是向腹侧弯曲脊柱。包括颈长肌、腰小肌和腰大肌等。

颈长肌:位于颈椎及前几个胸椎的腹侧面,由一些短肌束构成,有屈头颈作用。

腰小肌和腰大肌:位于腰椎腹侧和腰椎两旁。腰小肌位于腰椎椎体腹侧面的两侧,腰大肌位于腰小肌的外侧。作用是屈腰、屈髋关节等。

2.颈腹侧肌

位于颈部腹侧,主要有胸头肌、胸骨甲状舌骨肌和肩胛舌骨肌。

胸头肌:为长带状肌,位于气管下外侧,自胸骨柄至下颌骨,是头颈的屈肌。

胸骨甲状舌骨肌:位于颈部气管的腹侧。吞咽时向后牵引舌和喉。

肩胛舌骨肌:带状,颈侧部,臂头肌深面,从颈静脉和颈动脉之间通过,走向舌骨。

3.胸壁肌

胸壁肌又叫呼吸肌,主要有肋间肌和膈肌。

肋间肌:位于肋间隙,有肋间外肌和肋间内肌两层。肋间外肌在浅层,肌纤维从前上方斜向后下方,收缩时牵引肋骨向上抬举,使胸腔扩大,帮助吸气。肋间内肌位于肋间外肌的深层,肌纤维从后上方斜向前下方,收缩时,牵引肋骨向后内方移动,使胸腔缩小,帮助呼气。

膈肌:位于胸、腹腔之间,呈圆顶状,突向胸腔。膈肌周围为肌质,中央为腱膜。膈上有3个裂孔:上方是主动脉裂孔,下方是腔静脉裂孔,中间是食管裂孔。膈肌是主要的呼吸肌,收缩时，膈肌后移，扩大胸腔，助吸气；舒张时，恢复原形，助呼气。膈肌和腹壁肌同时收缩，可以增加腹压，协助排便和分娩等作用。

4. 腹壁肌

腹壁肌是构成腹腔侧壁和下壁的板状肌。有 4 层，由外向内依次为腹外斜肌、腹内斜肌、腹直肌和腹横肌。

腹外斜肌：是腹壁肌的最外层，覆盖腹壁的两侧和底部及胸侧壁的一部分。肌纤维由前上方斜向后下方，在肋弓后方移行为腱膜。

腹内斜肌：位于腹外斜肌深面，肌纤维由后上方斜向前下方，呈扇形向前下方扩展。在腹直肌外侧移行为腱膜。

腹直肌：位于腹下正中线两侧，呈带状，肌纤维纵行。

腹横肌：为腹壁肌最深层，肌纤维横行，向内移行为腱膜。

腹白线和腹股沟管是腹壁肌构成的重要肌性标志。①腹白线：位于腹壁腹侧的正中线上，剑状软骨与耻骨联合之间，由两侧腹肌的腱膜交织而成。在白线中部稍后方有一瘢痕叫脐，公牛尿道开口于此。②腹股沟管：位于股内侧，为腹外斜肌和腹内斜肌之间的一个斜行裂隙。管的内口通腹腔称内环（腹环）；管的外口称外环（皮下环）。腹股沟管是胎儿时期睾丸从腹腔下降到阴囊的通道，管内有精索。动物出生后如果腹环过大，小肠可进入管内，形成疝。

（四）前肢主要肌肉

前肢肌肉可分为前肢与躯干相连的肩带肌及作用于前肢各关节的肌肉（图 2-13）。

1. 肩带肌

肩带肌是动物的前臂部借助于该肌肉群与躯干连接起来，将躯干支持于两前肢之间，并形成了在快步时减轻振动的作用，这一肌群多为扇形板状肌。根据其分布部位不同，可分为背侧肌群和腹侧肌群。

(1)背侧肌群。起于躯干的背侧（项韧带索状部和胸腰椎棘突等），止于肩胛骨和臂骨。主要有斜方肌、菱形肌、臂头肌和背阔肌。

斜方肌：是薄的三角肌。位于项韧带索状部和肩胛冈之间，分为颈、胸两部，有提举及前后牵引肩胛骨的作用。

菱形肌：位于斜方肌深面。由项韧带索状部走向肩胛软骨内侧，有提举肩胛骨和伸头颈的作用。

臂头肌：呈带状，位于颈两侧皮下，起于枕骨、颞骨和下颌骨，止于臂骨，具有牵引前肢和偏侧头颈的作用。此肌与颈腹侧的胸头肌构成颈静脉沟，沟内有颈静脉通过。

背阔肌：是起于躯干胸腰部而止于臂骨内侧的宽扇形肌肉。部分被臂三头肌和躯干皮肌覆盖，有牵引前肢向后和屈肩关节的作用。

(2)腹侧肌群。起于肋骨和胸骨，止于肩胛骨、臂骨和前臂骨内侧，本肌群有腹侧锯肌和胸肌。

腹侧锯肌：位于颈、胸外侧面和肩胛骨内侧之间强大的扇形肌，富腱质，下段呈锯齿状。腹侧锯肌有负担躯体前部重量、提举躯干和摆动肩胛骨的作用。

胸肌：位于胸壁腹侧与肩臂内侧之间的强大肌肉，分胸浅屈肌和胸深屈肌两层。有内收前肢和摆动前肢等作用。

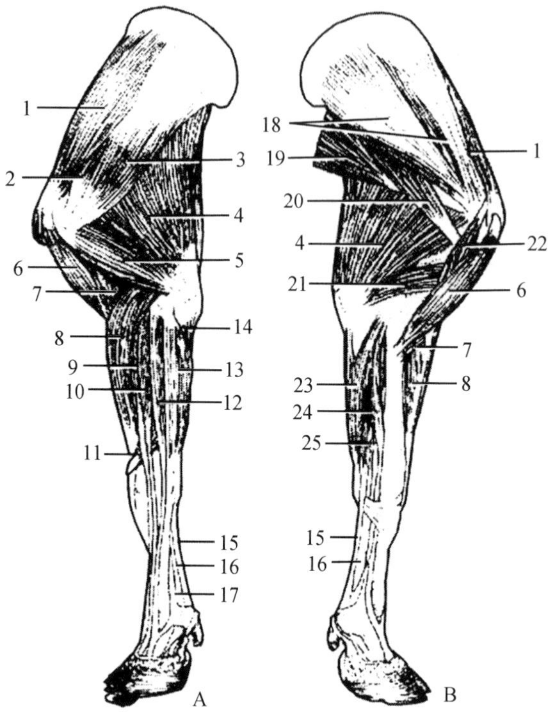

A.外侧　B.内侧

1.冈上肌　2.三角肌　3.冈下肌　4.臂三头肌　5.臂三头肌外侧头　6.臂二头肌　7.臂肌　8.腕桡侧伸肌　9.指内侧伸肌　10.指总伸肌　11.腕斜伸肌　12.指外侧伸肌　13.腕外侧伸肌　14.指深屈肌　15.指浅屈肌腱　16.指深屈肌腱　17.悬韧带　18.肩胛下肌　19.背阔肌　20.大圆肌　21.臂三头肌内侧头　22.喙臂肌　23.腕尺侧屈肌　24.腕桡侧屈肌　25.指浅屈肌

图 2-13　牛前肢肌肉

2.作用于肩关节的肌肉

作用于肩关节的肌肉有胸肌、大圆肌、屈肌、伸肌、内收肌和外展肌等肌群。该肌群均起于肩胛骨止于臂骨。由于肩关节角顶向前，故伸肌位于肩关节前方，屈肌位于后方，外展肌位于外侧，内收肌位于内侧。

伸肌(冈上肌)：位于冈上窝中，起自冈上窝，止于臂骨近端两侧。

屈肌(三角肌)：呈三角形，位于冈下肌和臂三头肌外侧。

内收肌(肩胛下肌)：位于肩胛骨下侧的肩胛下窝中。

外展肌(冈下肌)：位于冈下窝中。

大圆肌：为一扁平肌，位于肩胛下肌后方，臂三头肌内侧。

3.作用于肘关节的肌肉

作用于肘关节的肌肉有伸肌和屈肌，伸肌包括臂三头肌和前臂筋膜张肌，屈肌包括臂二头肌和臂肌。由于肘关节角顶向后，故伸肌位于肘关节后方，而屈肌位于前方，均起于肩胛骨和臂骨，止于前臂骨。除作用于肘关节外，有些作用于肩关节。

臂三头肌：很强大，呈三角形，起于肩胛骨后缘和臂骨，止于肘突。

前臂筋膜张肌：位于臂三头肌内侧和后缘。

臂二头肌：呈纺锤形，起于肩胛结节，止于桡骨粗隆。

臂肌：位于臂骨螺旋形臂肌沟内。起于臂骨后上部，止于桡骨内侧缘。

4. 作用于腕关节、指关节的肌肉

作用于腕关节、指关节的肌肉有屈肌和伸肌。伸肌位于腕、指关节背侧，屈肌位于腕、指关节掌侧。作用于腕、指关节的肌肉，在前臂部均有明显的肌腹，在近腕关节处转变为腱，且大多数包有腱鞘。

背侧肌群是腕、指关节的伸肌。由前向后依次是腕桡侧伸肌、指内侧伸肌、指总伸肌、指外侧伸肌和腕斜伸肌。

掌侧肌群是腕、指关节的屈肌。肌腹位于前臂骨的掌侧面，包括腕外侧屈肌、腕尺侧屈肌、腕桡侧屈肌、指浅屈肌和指深屈肌。

(五)后肢主要肌肉

后肢肌可分为作用于髋、膝、跗和趾关节的肌肉(图 2-14)。后肢肌肉较发达，是推动身体前行的主要动力，伸肌最强大。

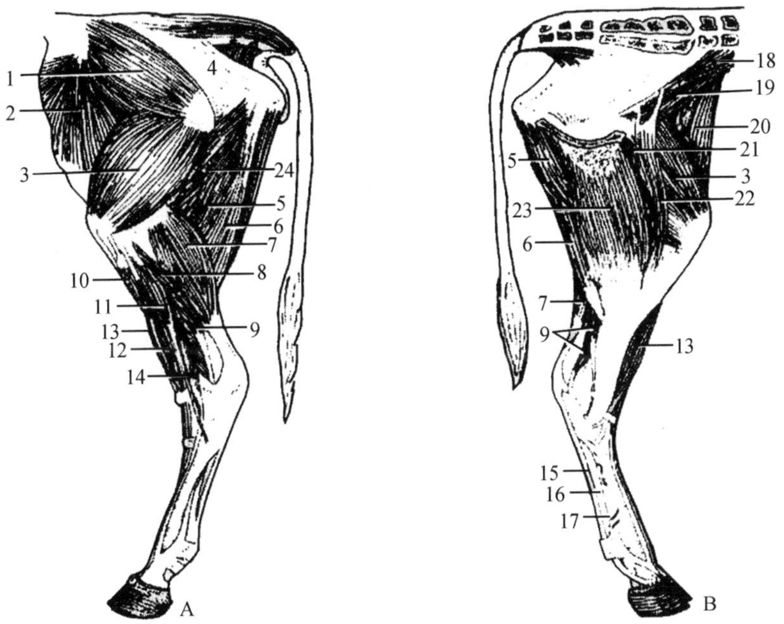

A. 外侧　B. 内侧

1. 臀中肌　2. 腹内斜肌　3. 股四头肌　4. 荐结节阔韧带　5. 半膜肌　6. 半腱肌　7. 腓肠肌　8. 比目鱼肌　9. 趾深屈肌　10. 胫骨前肌　11. 腓骨长肌　12. 趾长伸肌及趾内侧伸肌　13. 第三腓骨肌　14. 趾外侧伸肌　15. 趾浅屈肌腱　16. 趾深屈肌腱　17. 悬韧带　18. 腰小肌　19. 髂腰肌　20. 阔筋膜张肌　21. 趾骨肌　22. 缝匠肌　23. 股薄肌　24. 内收肌

图 2-14　牛的后肢肌(外侧股二头肌已切除)

1. 作用于髋关节的肌肉

作用于髋关节的肌肉按肌群作用可分为伸肌和屈肌。髋关节的关节角顶向后，故伸肌群位于关节后方，屈肌群位于前方，内收肌群位于内侧面。均起于髋骨，止于股骨、小腿骨和跗骨等。该肌群除作用于髋关节外，对膝关节和跗关节也有作用。

(1)伸肌。它是后肢上最强大的肌肉，为构成臀部和股后部外形的基础，是推动躯干前进的主要动力肌。由前向后依次为臀肌、股二头肌、半腱肌和半膜肌。

臀肌：位于臀部皮下，厚而强大，起于髂骨翼和荐坐韧带，止于股骨大转子。臀肌具有伸髋关节、竖立、踢蹴和推动躯干的作用。

股二头肌：强大肌肉，位于臀肌后方，起于荐结节阔韧带和坐骨结节，止于膝部、胫部和跟结节，有竖立、踢蹴和推动躯干的作用。

半腱肌：为一长肌，股二头肌后方，构成股部的后缘。

半膜肌：长而宽的三棱形肌，位于半腱肌后内侧。可伸髋关节和内收后肢。

(2)屈肌。位于大腿背侧表层和股内侧皮下，主要有阔筋膜张肌、股四头肌、股薄肌和内收肌。

阔筋膜张肌：位于股部的前外侧皮下，呈三角形，起于髋结节，借阔筋膜止于髌骨和胫骨近端。

股四头肌：该肌是一块大而厚的肌肉，位于股骨前方和两侧，被阔筋膜张肌所覆盖。有4个头，分别叫股直肌、股内侧肌、股外侧肌和股中间肌。

股薄肌：四边形，位于股内侧皮下。

内收肌：位于股薄肌深面，在耻骨肌与半膜肌之间。

2.作用于膝关节的肌肉

作用于膝关节的肌肉有伸肌、屈肌两部分，伸肌主要有股四头肌和阔筋膜张肌，屈肌为腘肌。由于膝关节的关节角顶向前，故伸肌群位于膝关节前方，起于髂骨和股骨，止于髌骨、小腿骨和跗骨。除作用于膝关节外，对髋关节也有作用。

阔筋膜张肌：呈三角形，位于股部前外侧皮下。起于髋结节，向下呈扇形展开，借阔筋膜至于髌骨和胫骨近端。

腘肌：较小，位于胫骨后面。

3.作用于跗关节的肌肉

作用于跗关节的肌肉由于跗关节角顶向后，伸肌位于后方，屈肌位于前方，起于股骨和小腿骨，止于跗骨和跖骨。除对跗关节有作用外，对膝关节也有作用。

伸肌：腓肠肌位于小腿后方，有两个纺锤形肌腹，肌腹的下部在小腿中部变为一总腱，止于跟结节。腓肠肌腱和附着于跟结节的指浅屈肌腱、股二头肌腱、半腱肌腱合成一非常坚韧的腱索，称为跟腱。

屈肌：主要有胫骨前肌、腓骨长肌和第三腓骨肌。

胫骨前肌：位于胫骨背侧。起始部为肌质，在跗关节上方转变为扁腱并被腱鞘包围。

第三腓骨肌：位于胫前肌前方，较大，有一梭形肌腹。马的为一强腱。

腓骨长肌：位于小腿背外侧，呈三角形，在趾长伸肌后方。马无此肌肉。

4.作用于趾关节的肌肉

作用于趾关节的肌肉有伸肌和屈肌，起于股骨和小腿骨，经过跗骨和跖骨，止于趾骨。除作用于趾关节外，对跗关节也有作用。趾关节的肌肉含腱质较多，在跗关节附近变为腱，大多数被腱鞘包围。

伸肌主要有趾长伸肌和趾外侧伸肌。趾长伸肌肌腹位于小腿部背外侧皮下，肌腱延伸于跖部背侧。趾外侧伸肌肌腹位于趾长伸肌的后方，肌腱在跖骨上 1/3 处与趾长伸肌合并。牛的趾外侧伸肌为第 4 趾固有肌，牛还有第 3 趾固有肌，肌腹位于趾长伸肌的深面。

屈肌主要有趾浅屈肌和趾深屈肌。趾浅屈肌肌腹位于腓肠肌两头之间，几乎全为腱质，下行时与腓肠肌腱缠组在一起，通过跟结节后，沿跖部后下行至趾部。趾深屈肌肌腹位于胫骨后方，在胫骨下 1/3 处为腱，沿跟骨内侧下行到跖部，趾浅屈肌的深面，止于跖骨。

二维码 2-1　羊体全身肌肉解剖观察(视频)

【学习要求】

识记　运动系统的组成；副鼻窦；骨盆腔；骨盆联合；胸廓；真肋；假肋；肋弓；动物体全身骨骼、肌肉的构成及重要的骨性、肌性标志。

理解　理解骨的化学成分及其理化特性；肌肉在运动中的作用。

应用　(1)动物发生关节骨错位应如何处理？(2)动物剖腹产手术中，切开腹侧壁肌肉由外向内肌肉名称是什么，应注意哪些事项？(3)为什么泌乳性能好的雌性动物易发生软骨病？

【知识拓展】

骨的生长发育机制

骨发生于胚胎时的间质。约在胎龄第 8 周，脊索的周围以及其他部分由间质分化出胚性结缔组织，形成膜性骨。此后膜性骨的大部分被软骨所取代，再由软骨发展成骨；小部分则直接从膜性骨衍化为骨。由结缔组织膜或软骨衍化为骨的过程叫骨化。这一过程从胚胎时期开始，直至出生后骨的发育完成为止。由膜性骨衍化的骨叫原骨；由软骨衍化的骨叫次骨。

1. 膜骨化

颅骨和面骨的发生属于此型。胚胎时期膜性骨的一定部位的细胞，分化出成团的成骨细胞，成骨细胞产生胶原纤维和基质，基质内钙盐逐渐沉积，形成骨组织小岛，称为骨化中心。再由此中心向周围生成辐射状的骨梁，骨梁再生成骨小梁并相互吻合成网状，网眼内充以胚性造血组织骨髓。膜性骨的表层部分形成骨膜，骨膜深层还分化出一种破骨细胞，在成骨细胞不断造骨的同时，破骨细胞破坏已建成的骨质并将之吸收，在这样不断造骨又不断破坏骨的相反相成的矛盾运动过程中，骨不断生长的同时被改建和重建，使骨达到成体的形态。颅骨一般均由几个骨化点骨化，然后愈合成骨，其骨质的外层不断生成，内层不断破坏、吸收和改建，使颅腔的容积不断扩大。

2. 软骨骨化

四肢骨(锁骨除外)和构成颅腔底的骨发生发育属于此型。胚胎早期在膜性骨的基础上形成与成年骨形状相似的软骨性骨，表面覆盖软骨膜。软骨骨化由软骨膜和软骨内同时进行。软骨膜骨化形成骨密质及其外层的骨膜；软骨内骨化形成骨松质及充填于其内的骨髓。长管状骨的骨化，首先是软骨体中间部的软骨膜内层分化出成骨细胞，由它产生细胞间质并有钙盐沉积，形成圆筒状的骨干。此时内部充满间质和血管，并侵入软骨体中央，分化出造骨与破骨细胞，形成初级骨化中心，并由此向两端不断发展，在最初骨化中心部位由于破骨细胞将骨质破坏、吸收而产生空腔，即骨髓腔，骨髓腔内的间质转化为红骨髓。到出生前后，软骨的两端也出现初级骨化中心，先进行软骨内骨化，然后进行软骨膜骨化，形成骨骺。当骨干和骨骺两者的骨化都接近完成时，中间仍保留一层软骨，称为骺软骨。骨的发育基于两种机制：一是骺软骨不断增生，骨干端又不断骨化，使骨得以不断长长，直至体成熟，骺软骨不再增长也被骨化，骨干与骨骺相连，二者的嵌接处形成一条粗糙的骺线；另一是骨膜内层不断地层层造骨与改建，其内部骨髓腔也不断造骨、破骨与改建，从而使骨干不断增粗、骨髓腔也不断地扩大。由于造骨和破骨互相矛盾互相制约的作用，使骨在长长变粗的同时，依据内、外环境诸多因素的影响，骨质的构筑得到不断地改建，使骨以最少的原料而达到具有高度的韧性和硬度。骨的骨化过程与长骨骨骺相似，但首先从软骨膜开始骨化，然后再进行软骨内骨化。

执业兽医资格考试真题

1. 关节的基本构造包括(　　)【2009 年】
   A. 关节囊、关节腔、关节韧带、籽骨
   B. 关节囊、关节腔、关节软骨、籽骨
   C. 关节囊、关节面、关节软骨、籽骨
   D. 关节囊、关节腔、关节盘、关节软骨
   E. 关节囊、关节腔、关节面、关节软骨
2. 组成家畜颈静脉沟的肌肉是(　　)【2009 年】
   A. 胸肌和斜角肌
   B. 胸头肌和臂头肌
   C. 肋间肌和胸头肌
   D. 斜角肌和臂头肌
   E. 背最长肌和胸头肌
3. 牛常用于采血的静脉是(　　)【2009 年】
   A. 头静脉　B. 颈外静脉　C. 颈内静脉　D. 颈深静脉　E. 颈浅静脉
4. 鼻腔黏膜发炎常波及的腔窦是(　　)【2009 年】
   A. 血窦　B. 淋巴窦　C. 上颌窦　D. 冠状窦　E. 静脉窦
5. 组成胸廓的骨骼包括(　　)【2010 年】
   A. 胸椎、肋和胸骨
   B. 胸椎、肋和肱骨
   C. 胸椎、肋和腰椎
   D. 胸椎、肋和肩胛骨
   E. 胸骨、肋和肩胛骨
6. 关节中分泌滑液的部位是(　　)【2010 年】
   A. 韧带　B. 黏液囊　C. 滑膜层　D. 纤维层　E. 关节软骨
7. 组成腹股沟管的肌肉是(　　)【2010 年】
   A. 腹直肌与腹横肌
   B. 腹内斜肌与腹直肌
   C. 腹外斜肌与腹直肌
   D. 腹横肌与腹内斜肌
   E. 腹内斜肌与腹外斜肌
8. 在临床上，给羊静脉输液常用的血管是(　　)【2010 年】
   A. 前腔静脉　B. 后腔静脉　C. 颈外静脉　D. 颈内静脉　E. 臂头静脉
9. 牛肩关节的特点是(　　)【2015 年】
   A. 有十字韧带
   B. 有悬韧带
   C. 有侧(副)韧带
   D. 无侧(副)韧带
   E. 无关节囊

10. 组成髂肋肌沟的肌肉是(　　)【2015 年】

A. 头半棘肌与髂肋肌　　B. 头寰最长肌与髂肋肌

C. 髂肋肌与夹肌　　D. 背腰最长肌与髂肋肌

E. 髂肋肌与颈多裂肌

11. 马胸骨的形态特点是(　　)【2016 年】

A. 胸骨体上压下扁,有胸骨嵴　　B. 胸骨体上压下扁,无胸骨嵴

C. 胸骨体前部左右压扁,后部上下压扁,有胸骨嵴

D. 胸骨体前部上下压扁,后部左右压扁

E. 胸骨体左右压扁,无胸骨嵴

12. 构成牛肘关节的骨骼是(　　)【2016 年】

A. 肱骨和前臂骨　　B. 肱骨和肩胛骨

C. 前臂骨、腕骨和掌骨　　C. 掌骨、近指节骨和近籽骨

E. 前臂骨和腕骨

13. 牛腓肠肌腱、趾浅屈肌腱、臀股二头肌腱和半腱肌腱合成一粗而坚硬的腱索称(　　)【2016 年】

A. 跟(总)腱　　B. 中心腱　　C. 悬韧带

D. 侧韧带　　E. 趾前腱

14. 关于牛髋骨的描述,错误的是(　　)【2017 年】

A. 由髂骨、坐骨和耻骨组成　　B. 耻骨和坐骨共同组成闭孔

C. 坐骨后外侧角粗大称坐骨结节　　D. 髂骨内侧角称荐结节

E. 髂骨翼外侧角称髂骨结节

15. 寰枕关节的类型属于(　　)【2017 年】

A. 单轴单关节　　B. 单轴复关节　　C. 双轴关节

D. 多轴单关节　　E. 多轴复关节

16. 与臂头肌共同组成家畜颈静脉沟的肌肉是(　　)【2017 年】

A. 肩胛横突肌　　B. 肩胛舌骨肌　　C. 胸骨甲状肌

D. 胸骨舌骨肌　　E. 胸头肌

17. 犬膝(直)韧带有(　　)【2018 年】

A. 1 条　　B. 2 条　　C. 3 条　　D. 4 条　　E. 5 条

(18～20 题共用备选答案)【2018 年】

A. 斜方肌　　B. 背阔肌　　C. 臂三头肌

D. 肩胛横突肌　　E. 臂头肌

18. 犬,起于肩胛冈上部,腰背筋膜及最后两肋骨,止于大圆肌肉粗隆的肌肉是(　　)

19. 犬,起于寰椎翼,止于肩胛冈下部的肌肉是(　　)

20. 犬,起于锁骨,止于颈部中线、乳突和肱骨的肌肉是(　　)

21. 肩胛骨的冈上肌附着部称为(　　)【2019 年】

A. 盂上结节　　B. 冈结节　　C. 关节盂

D. 冈上窝　　E. 冈下窝

22. 家畜后肢关节活动性最小的关节是(　　)【2019 年】

A. 荐髂关节　　B. 髋关节　　C. 膝关节

D. 跗关节　　E. 趾关节

23. 荐骨翼与髂骨耳状关节面构成的关节称为(　　)【2019 年】

A. 腰荐关节　　B. 髋关节　　C. 荐髂关节

D. 耻骨联合　　E. 坐骨联合

24. 马小腿后脚部背外侧肌群中不包括(　　)【2019 年】

A. 趾长伸肌　　B. 趾外侧伸肌　　C. 腓骨长肌

D. 腓骨第三肌　　E. 胫骨前肌

25. 该关节结构模式图中,标注“5”所指的是(　　)【2020 年】

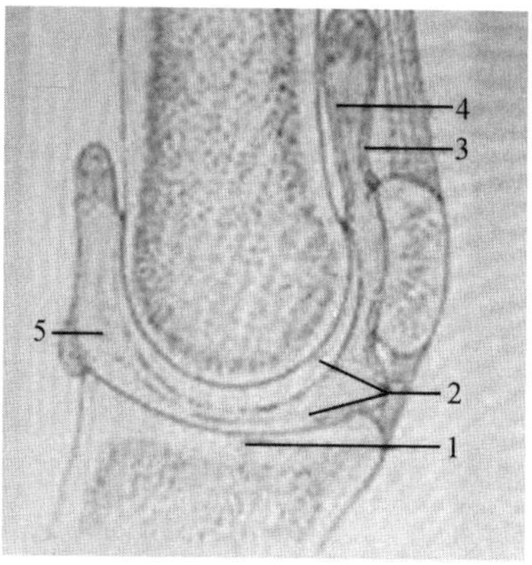

A. 关节囊纤维膜　　B. 关节腔　　C. 关节软骨

D. 关节面　　E. 关节囊滑膜层

26. 围成关节腔的结构是关节囊滑膜层和(　　)【2020 年】

A. 关节盘　　B. 韧带　　C. 关节软骨

D. 关节囊纤维层　　E. 关节唇

27. 图中的椎骨是(　　)【2020 年】

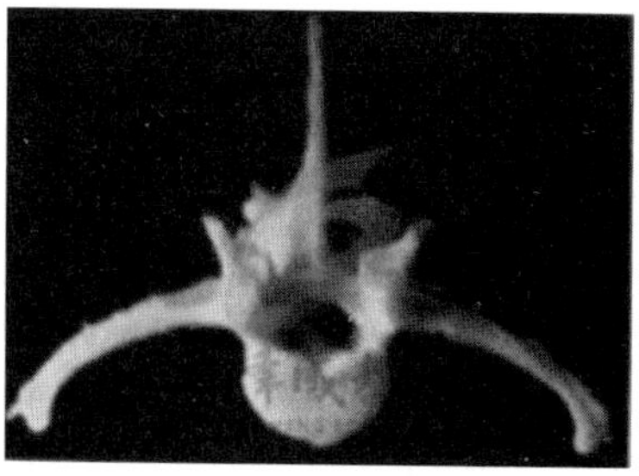

A. 荐椎　　B. 腰椎　　C. 颈椎　　D. 胸椎　　E. 尾椎

28. 牛的肋骨数目是(　　)【2011 年】

A. 18 对　　B. 15 对　　C. 14 对　　D. 13 对　　E. 12 对

29. 髋关节具有副韧带的家畜是(　　)【2011 年】

A. 猪　　B. 马　　C. 犬　　D. 羊　　E. 牛

30. 牛腹腔侧壁肌由内向外依次为(　　)【2011 年】

A. 膈肌、腹横肌、腹斜肌　　B. 腹直肌、腹横肌、腹斜肌

C. 腹外斜肌、腹内斜肌、腹横肌　　D. 腹直肌、腹斜肌、腹横肌

E 腹横肌、腹内斜肌、腹外斜肌

31. 牛胸椎的椎弓和椎体围成(　　)【2012 年】

A. 椎管　B. 椎孔　C. 椎间孔

D. 横突孔　E. 椎骨切迹

32. 牛股膝关节前方具有(　　)【2012 年】

A. 3 条膝直韧带　B. 2 条膝直韧带　C. 1 条膝直韧带

D. 十字韧带　E. 圆韧带

33. 草食家畜腹壁肌外面被覆的深筋膜含有大量的弹性纤维,称为(　　)【2012 年】

A. 腹白膜　B. 腹黄膜　C. 腹横筋膜

D. 腹膜壁层　E. 腹膜脏层

34. 家畜的髋骨包括(　　)【2013 年】

A. 髂骨、股骨、坐骨　B. 髂骨、坐骨、膝盖骨　C. 髂骨、膝盖骨、耻骨

D. 膝盖骨、耻骨、坐骨　E. 髂骨、坐骨、耻骨

35. 构成哺乳动物肩关节的骨骼是(　　)【2013 年】

A. 肱骨和前臂骨　B. 前臂骨和腕骨　C. 腕骨和掌骨

D. 掌骨和指骨　E. 肩胛骨和肱骨

36. 组成牛腿(总)腱的肌肉是(　　)【2013 年】

A. 腓肠肌、趾浅屈肌、臀股二头肌　B. 腓肠肌、趾深屈肌、臀股二头肌

C. 腓肠肌、趾浅屈肌、股四头肌　D. 腓肠肌、趾深屈肌、股四头肌

E. 腓肠肌、趾浅屈肌、趾深屈肌

37. 组成骨盆腔的骨骼是(　　)【2014 年】

A. 髋骨、荐骨和前 3(4)个尾椎　B. 髋骨、腰椎和荐骨

C. 髋骨、股骨和前 3(4)个尾椎　D. 髂骨、坐骨和耻骨

E. 髂骨、耻骨和荐骨

38. 羊股四头肌有 4 个肌头,除了股内侧、股外侧肌和股中间肌外,还有(　　)【2014 年】

A. 半腱肌　B. 股方肌　C. 股直肌

D. 半膜机　E. 股二头肌

项目三　被皮系统

【学习目标】

掌握皮肤及蹄、毛、角、枕、皮肤腺等皮肤衍生物的构造;理解皮肤的生理特点。

能在皮肤和蹄上识别其结构。

【学习内容】

被皮系统由皮肤和皮肤衍生物组成,皮肤衍生物是皮肤演化而成的一些特殊器官,如毛、蹄、角、枕和皮肤腺等。

任务一　皮　　肤

皮肤覆盖在动物体表,是直接与外界接触的天然屏障。皮肤的薄厚因畜种、年龄、性别及身体的不同部位而不同。牛的皮肤最厚,羊的皮肤最薄;同一畜体,前后肢背侧部较厚,掌侧部和腹部较薄。

一、皮肤的构造

皮肤由外向内依次由表皮、真皮和皮下组织 3 层构成(图 3-1)。

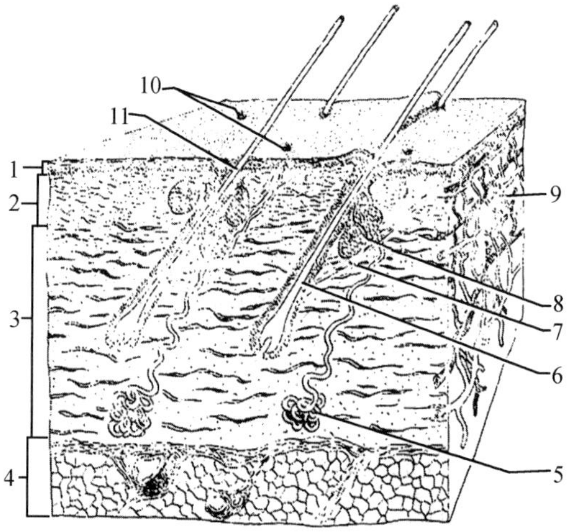

1. 表皮　2. 乳头层　3. 网状层　4. 皮下组织　5. 汗腺　6. 毛和毛囊
7. 竖毛肌　8. 皮脂腺　9. 真皮内的血管层　10. 汗腺开口　11. 毛

图 3-1　皮肤结构模式图

(一)表皮

表皮为皮肤的最外层,由角化的复层扁平上皮构成。表皮内有丰富的神经末梢,无血管和淋巴管,表皮所需营养物质由真皮提供。表皮由外向内分 4 层:角质层、透明层、颗粒层和生发层。

1. 角质层

角质层为表皮的浅层,由大量角质化的扁平细胞构成,细胞内充满角质蛋白。浅层角质化细胞不断死亡,形成皮屑而脱落,可清除皮肤上的污物和寄生虫。

2. 透明层

透明层位于角质层和颗粒层之间,由数层无核扁平细胞组成,均质透明。在鼻镜、乳头等无毛区最发达,其他部位较薄或不存在。

3. 颗粒层

颗粒层位于透明层的深层,由 1～5 层梭形细胞构成,胞质含透明角质颗粒。

4. 生发层

生发层为表皮的最深层,由数层细胞构成,其深层细胞直接与真皮相连。该层细胞增殖能力很强,能不断分裂产生新细胞,以补充角质层脱落的细胞。

(二)真皮

它是皮肤最厚的一层,由致密结缔组织构成,含有大量的胶原纤维和弹性纤维,坚韧而富有弹性,皮革就是用真皮鞣制而成的。真皮由乳头层、网状层构成。

1. 乳头层

乳头层与表皮的深面相接,有结缔组织形成真皮乳头,并向表皮伸入。乳头层富有毛细血管、淋巴管和感觉神经末梢。

2. 网状层

网状层位于乳头层深面,较厚,由粗大的胶原纤维和弹性纤维交织而成。其中有较大的血管、淋巴管和神经,并有汗腺、皮脂腺、竖毛肌和毛囊等结构。临床上的皮内注射就是把药液注入真皮的网状层。

(三)皮下组织

皮下组织又称为浅筋膜,位于皮肤的最深层,由疏松结缔组织构成。皮下组织内常含有大量的脂肪组织、较大的血管、淋巴管和神经,具有保温,贮存能量和缓冲作用。营养良好的动物,皮下组织内含有大量的脂肪细胞,形成脂肪组织。皮肤借皮下组织与深部的肌肉或骨膜相连。临床上皮下注射就是将药液注入此层。

二、皮肤的机能

皮肤是畜体最大的器官,包被在动物体表,是有机体与外界环境的天然屏障,皮肤有着以下重要功能。

1. 屏障功能

皮肤能保护机体免受各种外界损伤,也能避免有害因素(病原微生物、寄生虫等)侵入,阻止营养物质、电解质和水分的流失。

2. 感觉功能

皮肤存在着各种感受器,能感受触、压、温、冷、痛等不同刺激,并由此做出相应的反应以适应周围环境。

3. 吸收功能

皮肤吸收一些脂类、挥发性液体(如醚类、酒精等)和溶解在这些液体中的物质,但不吸收水和水溶性物质。因此,在使用外用药物治疗皮肤病时,应注意药物浓度和擦药面积的大小。

4. 分泌和排泄功能

皮肤能分泌汗液和皮脂,通过排汗排出体内代谢产物。

皮肤还具有调节体温、合成维生素 D 等功能。

任务二 皮肤衍生物

一、毛

毛是表皮的衍生物,由角化的上皮细胞构成,分毛干、毛根 2 部分。裸露于皮肤表面的部分称毛干,埋在皮肤内的部分称毛根。

1. 毛的结构

毛根外包有毛囊，毛根末端膨大部称为毛球，毛球的细胞分裂能力强，是毛的生长点。毛球底部凹陷，真皮结缔组织突入毛球陷窝内形成毛乳头，内含丰富的血管、神经，可营养毛。毛根周围包有由上皮组织和结缔组织形成的管状鞘，称毛囊。在毛囊一侧有斜行的平滑肌，称竖毛肌，该肌收缩可使毛竖立。

2. 换毛

若毛乳头的血管退化，血流停止，毛球的细胞停止分裂生长，逐渐角化，与毛乳头分离向外移动，当新毛长出时，将旧毛推出而发生换毛现象。

二、皮肤腺

皮肤腺包括汗腺、皮脂腺和乳腺。

1. 汗腺

汗腺是位于真皮（有的可深达皮下组织）内盘曲的单管状腺。能连续不断地分泌汗液，排泄管多开口于毛囊，或直接开口于皮肤表面。马和绵羊的汗腺发达，猪次之；牛的汗腺以面部和颈部显著，其他部位则不发达；犬没有汗腺。汗腺的主要功能是分泌汗液，以散发热量调节体温。汗液中除水分（占 98%）外，还含有盐和尿素、尿酸、氨等代谢产物，故汗腺分泌还是畜体排泄代谢产物的一个重要途径。汗液的排出量及成分随体内代谢水平和环境温度而变化。

2. 皮脂腺

皮脂腺位于真皮内，在毛囊和竖毛肌之间，呈囊泡状，能分泌皮脂。皮脂是一种脂肪性物质，有滋润皮肤和被毛的作用。绵羊分泌的皮脂与汗液混合成脂汗，对羊毛质量影响很大，若脂汗缺乏，则被毛粗糙、无光泽，而且易断。从洗毛废液中可回收并纯化胆固醇（精毛脂），为医药软膏底剂、化妆品和皮革润滑剂的高级用料。羊和马的皮脂腺发达，而猪的皮脂腺不发达。

3. 乳腺

详见“项目七生殖系统”。

三、蹄

蹄为牛、羊、猪和马等有蹄动物的指（趾）端着地的部分，由皮肤演变而成。蹄包括蹄匣和肉蹄两部分，蹄匣是蹄的角质层；肉蹄套于蹄匣的内面，为蹄的真皮和皮下层，内含丰富的血管、神经，呈鲜红色，可给蹄匣提供营养，并有感觉作用。蹄有单蹄和偶蹄两种类型。

牛、羊、猪是偶蹄动物，每肢有 4 个蹄，其中 2 个与地面接触，叫主蹄；另外 2 个位于主蹄的后方称悬蹄。主蹄位于第 3 指（趾）和第 4 指（趾）端，与地面接触，其形态和蹄骨相似，呈三棱形。它的蹄匣由蹄壁、蹄底和蹄球 3 部分组成。肉蹄的形态与蹄匣相似，分肉壁、肉底和肉球 3 部分（图 3-2）。母牛在产犊季节常发生肉蹄的真菌性炎症，称为蹄叶炎。

悬蹄小而呈圆锥状，位于主蹄的后上方，不与地面接触，其构造与主蹄相似。

马属动物为单蹄，每肢只有一个蹄。蹄匣可分蹄壁、蹄底和蹄叉 3 部分，蹄壁底缘与蹄底交界处有一圈白色环状线，称蹄白线，是装蹄时蹄钉进入的分界线；肉蹄的形态与蹄匣相似，可分为肉壁、肉底和肉叉 3 部分。

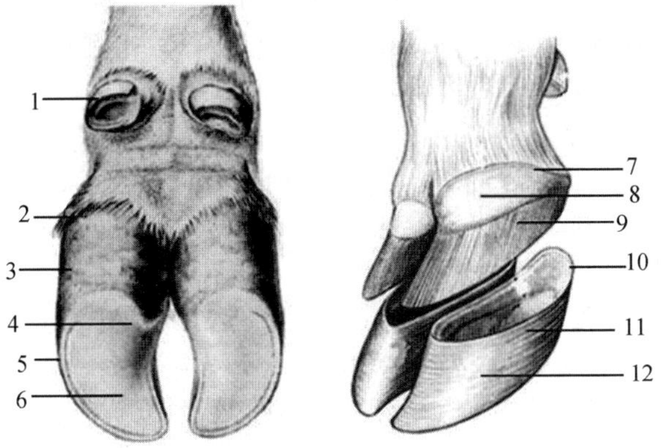

1.悬蹄 2.蹄缘 3.蹄壁 4.蹄球 5.蹄底缘 6.蹄底 7.缘真皮 8.冠真皮 9.蹄壁真皮 10.蹄缘角质 11.蹄冠角质 12.蹄壁角质

图 3-2 牛蹄形态与构造

四、角

角是反刍动物额骨角突表面覆盖的皮肤衍生物，由角表皮和真皮构成。角的表面有呈环状的隆起，称角轮。母牛角轮的出现与怀孕有关，每一次产犊之后，角根就出现新的角轮。水牛和羊的角轮明显，几乎遍及全角。

五、枕

枕是动物指（趾）端由皮肤衍生而成的一种减震装置，由枕表皮、枕真皮和枕皮下组织构成。枕表皮角化，柔软而有弹性；枕真皮有发达的乳头、丰富的血管和神经；枕皮下组织发达，由胶原纤维、弹性纤维和脂肪构成。枕又分为腕（跗）枕、掌（跖）枕和指（趾）枕，分别位于腕（跗）部、掌（跖）部和指（趾）部的内侧面、后面和底面。掌行动物的腕（跗）枕、掌（跖）枕和指（趾）枕均很发达，如犬的枕；蹄行动物仅指（趾）枕发达，其他枕退化或消失，如牛、羊只有指（趾）枕，位于蹄底面的后部，又称蹄枕，即蹄球。

【学习要求】

识记　角轮；毛乳头；毛囊；竖毛肌；换毛；皮脂腺；蹄白线。

理解　皮肤的构造；皮肤的作用；皮肤衍生物有哪些；毛的形态和结构特点；皮肤的构造特点。

应用　角轮、蹄白线在生产实际中的应用。

【知识拓展】

奶牛腐蹄病发病原因

奶牛养殖中，随着产奶量的不断提高，近年来，奶牛肢蹄病已成为影响奶牛产业发展的重要疾病。有关资料表明，腐蹄病占奶牛肢蹄病的 40%～60%，舍饲牛群中发病率高达 30%～40%。患腐蹄病奶牛的淘汰率占总淘汰率的 19%，比其他疾病的淘汰率高出 4%～6%。

造成该病发生的原因很多。其一是精料与粗料分开饲喂，精料适口性较好，采食量较多，而粗料适口性较差，采食量相对较少，长期以来造成精粗饲料比例不当。过量精料中含有大量碳水化合物，通过发酵使瘤胃内乳酸蓄积，pH 降低。当瘤胃 pH 降到 5.5 以下时，瘤胃内短链脂肪酸产量降低，内毒素含量增多，内毒素通过血液循环到达蹄部组织，对中性粒细胞的氧化作用、吞噬和形态等方面产生影响，进而使真皮对细菌的抵抗力下降、细菌感染导致了腐蹄病的发生。其二是饲料中钙、磷比例失调、一些微量元素的缺乏。当日粮中钙、磷不足时，奶牛为了维持泌乳和血钙含量的需要，会动用骨骼中贮存的钙、磷，致使其发生营养不良、骨质疏松、蹄部变形等变化。日粮中高钙高磷时，会对锌等元素起拮抗作用，而使机体对锌等元素吸收减少，从而使蹄的角质化程度下降，容易发生腐蹄病。机体中锌与皮肤的健康有关，而蹄是皮肤的衍生物，日粮中缺锌，影响蹄角化过程，易发生腐蹄病；锰、硒、碘、维生素 A、维生素 D 和生物素等缺乏，也会引起腐蹄病的发生。其三是病原微生物侵入感染。研究发现，从奶牛的蹄部能分离出坏死杆菌、节瘤拟杆菌、化脓性棒状杆菌、葡萄球菌和链球菌等。节瘤拟杆菌为腐蹄病的原发性病原菌。该菌的损害作用很小，但它能产生蛋白酶强烈的消化角质，使奶牛蹄的表面及基层受到侵害。因此，在坏死梭杆菌等的协同作用下，能产生明显的腐蹄病损害。其四是牛场、牛舍环境卫生差、护蹄不力及疾病、遗传因素的影响。厩舍及运动场坑洼不平，沙石，粪尿污染，排水不畅，多雨潮湿季节，饲养环境恶劣，细菌滋生繁殖，高温高湿诱发了腐蹄病的发生。长期拴养，奶牛缺少运动，抵抗力差，不及时修蹄，护蹄不力都可引起该病发生；畜舍的设计及舍内地面状态也会间接导致奶牛腐蹄病的发生。乳腺炎、子宫炎、酮病、指(趾)间皮炎、疣状皮炎、黏膜病等也能够继发该病。

执业兽医资格考试真题

1. 皮内注射是把药物注入(　　)【2009 年】

A. 表皮　　B. 真皮　　C. 基底层　　D. 网状层　　E. 皮下组织

2. 给马钉蹄铁的标志位置是(　　)【2010 年】

A. 蹄壁　　B. 蹄球　　C. 蹄叉　　D. 蹄白线　　E. 蹄真皮

3. 肉蹄是指(　　)【2011 年】

A. 悬蹄　　B. 蹄表皮　　C. 蹄真皮　　D. 蹄白线　　E. 蹄皮下组织

4. 皮下注射是将药物注入(　　)【2015 年】

A. 表皮内　　B. 真皮乳头层内　　C. 真皮网状层

D. 表皮与真皮之间　　E. 浅筋膜

5. 奶牛乳房每个乳头的乳头管数是(　　)【2016 年】

A. 5 条　　B. 4 条　　C. 3 条　　D. 2 条　　E. 1 条

6. 皮肤的结构包括(　　)【2017 年】

A. 表皮、真皮和基底层　　B. 表皮、真皮和网状层

C. 表皮、网状层和皮下组织　　D. 表皮、真皮和皮下组织

E. 真皮、网状层和皮下组织

7. 属于奇蹄的动物是(　　)【2019 年】

A. 马　　B. 牛　　C. 羊　　D. 猪　　E. 驼

8. 具有蹄叉的动物是(　　)【2020 年】

A. 猪　　B. 马　　C. 牛　　D. 羊　　E. 犬

项目四　消化系统

【学习目标】

熟悉消化系统的组成；掌握口腔、咽、食管、胃、肠、肝和胰的形态、位置和构造；掌握胃、肠体表投影部位的确定方法；掌握胃、肠、肝、胰的组织构造。

【学习内容】

任务一　概　　述

一、腹腔

腹腔是最大的体腔，其前壁为膈肌，后与骨盆腔相通，两侧和底壁为腹肌与腱膜，顶壁是腰椎、腰肌。腹腔内有大部分消化器官和脾、肾、输尿管、卵巢、输卵管、部分子宫和大血管等。

为了准确地表明腹腔内各器官的位置，将腹腔划分为10个部分(图4-1)。首先通过最后肋骨后缘的最突出点和髋结节前缘各做一个横断面，将腹腔划分为腹前部、腹中部、腹后部3部分。

1.腹前部

腹前部又分为3部分，以肋弓为界，背侧部称季肋部，腹侧部称剑状软骨部；背侧部又以正中矢状面为界分为左、右季肋部。

2.腹中部

腹中部又分为4部分，沿腰椎两侧横突顶点各做一个侧矢面，将腹中部分为左、右髂部和

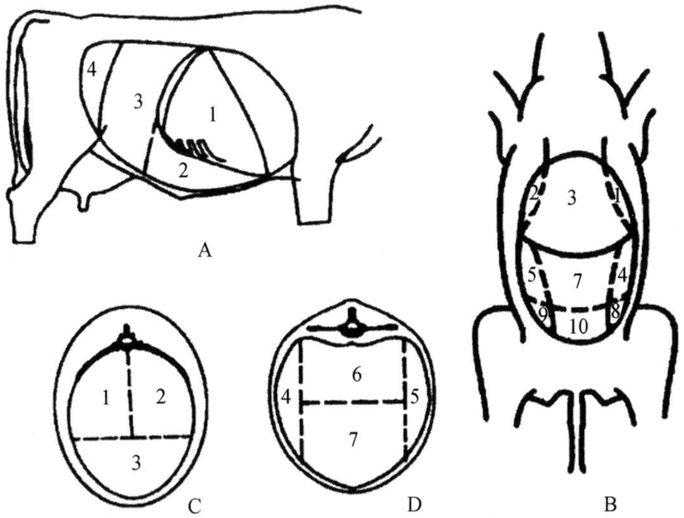

A.右侧面(1.右季肋部　2.剑状软骨部　3.腹中部　4.腹后部)　B.腹面(1.左季肋部　2.右季肋部　3.剑状软骨部　4.左髂部　5.右髂部　7.脐部　8.左腹股沟部　9.右腹股沟部　10.耻骨部)　C.腹前部横断面(1.左季肋部　2.右季肋部　3.剑状软骨部)　D.腹中部横断面(4.左髂部　5.右髂部　6.腰部　7.脐部)

图4-1　腹腔分区

腹中间部；在腹中间部沿第一肋骨的中点做额面，又将其分为背侧的腰部和腹侧的脐部。

3. 腹后部

腹后部又分为 3 部分，以腹中部相同的两个侧矢面，将腹后部分为左、右腹股沟部和中间的耻骨部。

二、骨盆腔

骨盆腔为腹腔向后延续的部分。其背侧壁为荐骨和前 3～4 个尾椎；侧壁主要为髂骨和荐坐韧带；底壁为耻骨和坐骨，呈前大后小的截顶圆锥形。前口由荐骨岬、髂骨体及耻骨前缘围成；后口由前几个尾椎、荐坐韧带及坐骨弓围成。骨盆腔内有直肠、输尿管、膀胱及雌性动物的子宫后部和阴道或雄性动物的输精管、尿生殖道和副性腺。

三、腹膜

腹腔和骨盆腔内的浆膜称腹膜。其中紧贴于腹腔和骨盆腔内壁表面的部分为腹膜壁层；壁层从腹腔的顶壁折转而覆盖在内脏器官外表面的为腹膜脏层。壁层与脏层之间的腔隙称腹膜腔，内有少量浆液，具有润滑作用，可减少脏器运动时相互间的摩擦。

腹膜从腹腔、骨盆腔内壁移行到脏器，或从某一脏器移行到另一脏器，形成了许多皱褶，分别称为系膜、网膜、韧带。系膜为连于腹腔顶壁与肠管之间宽而长的腹膜褶，将内脏器官悬吊在腹腔内；韧带为连于腹腔、骨盆腔与脏器之间或脏器与脏器之间短而窄的腹膜褶；网膜是连于胃与其他脏器之间的腹膜褶。3 类腹膜褶中含有结缔组织、脂肪、淋巴结及分布到脏器的血管、神经等，起着联系和固定脏器的作用。

任务二　消化器官的构造

消化系统包括消化管和消化腺两部分(图 4-2、二维码 4-1)。消化管为食物通过的管道和消化、吸收的场所，起于口腔，经咽、食管、胃、小肠(十二指肠、空肠和回肠)、大肠(盲肠、结肠和直肠)，止于肛门。消化腺为分泌消化液的腺体，按分布部位不同分为壁内腺和壁外腺，壁内腺广泛分布于消化管壁内，包括小型唾液腺、食管腺、胃腺、肠腺等。其中食管腺和十二指肠腺分布于黏膜下组织内，其余均分布于黏膜层内。壁外腺为 3 对大型唾液腺、肝和胰。在消化管外形成独立的腺体，其分泌物经腺导管进入消化管。

二维码 4-1　猪的消化系统

一、口腔

口腔为消化管起始部。其前壁为唇，两侧壁为颊，顶壁为硬腭，底壁为下颌骨和舌，后壁为软腭。前由口裂与外界相通，后以咽峡与咽相连。口腔以齿弓为界分为口腔前庭和固有口腔。口腔前庭为齿弓与唇、颊之间的间隙；固有口腔为齿弓以内至咽峡之间的部分(图 4-3)。

口腔内壁衬有黏膜，在唇缘处与皮肤相接。口腔黏膜较厚，富有血管，呈粉红色，常有色素沉着。如果口腔黏膜潮红、苍白、黄染、干燥以及破损等可能预示着某些疾病，因此是临床检查的可视黏膜之一。

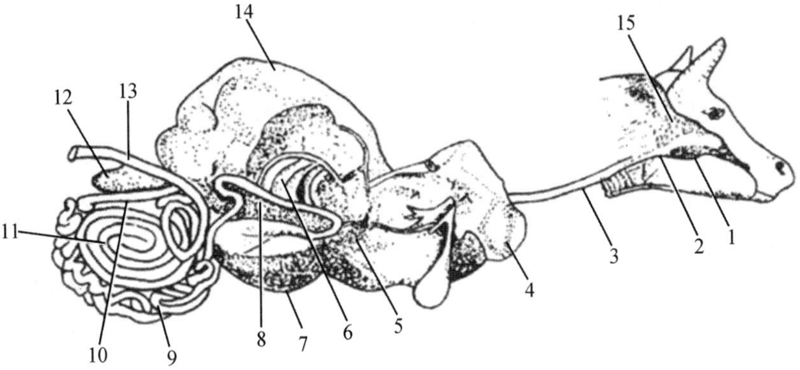

1.口腔　2.咽　3.食管　4.肝　5.网胃　6.瓣胃　7.皱胃　8.十二指肠　9.空肠　10.回肠　11.结肠　12.盲肠　13.直肠　14.瘤胃　15.腮腺

图 4-2　牛消化系统模式图

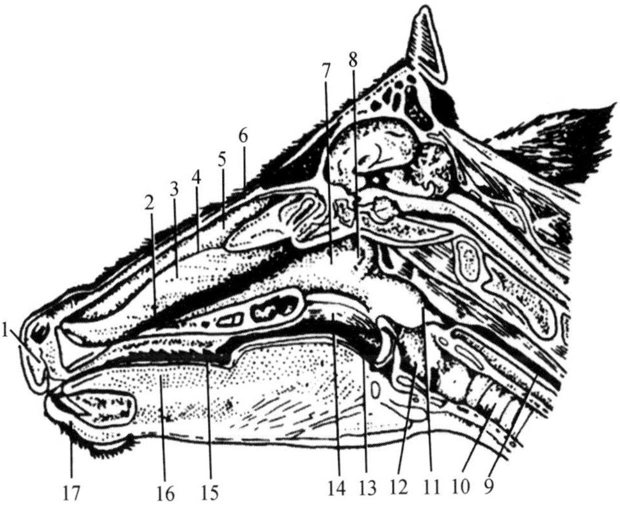

1.上唇　2.下鼻道　3.下鼻甲　4.中鼻道　5.上鼻甲　6.上鼻道　7.鼻咽部　8.咽鼓管口　9.食管　10.气管　11.喉咽部　12.喉　13.口咽部　14.软腭　15.硬腭　16.舌　17.下唇

图 4-3　牛头纵剖面

(一)唇

唇分上、下唇,上、下唇的游离缘共同围成口裂。唇以口轮匝肌为基础,内衬黏膜,外被皮肤。唇黏膜内分布有唇腺,开口于唇黏膜上。

牛唇短厚、坚实、不灵活。上唇中部和两鼻孔之间光滑湿润的无毛区,称鼻唇镜。鼻唇镜表面有鼻唇腺分泌的液体,故其表面常湿润而温度较低。羊唇薄而灵活,上唇中间有明显的纵沟,在鼻孔间形成无毛的鼻镜。猪上唇宽厚,下唇短小,上唇与鼻端构成吻突,有掘地觅食作用。马唇长而灵活,上唇表面正中有一纵沟。

(二)颊

颊以颊肌为基础,内衬黏膜、外覆皮肤。颊黏膜上有颊腺和腮腺管开口。

牛、羊的颊黏膜上有尖端朝后的锥状乳头,猪、马颊黏膜平滑,马的颊黏膜常有黑色素沉着。

(三)硬腭

硬腭构成固有口腔的顶壁。上颌骨和颌前骨的腭突、腭骨水平部是硬腭的骨质基础。硬腭黏膜厚而坚实,上皮高度角质化。硬腭正中有一纵行的腭缝,腭缝两侧为横行的腭褶,腭褶上有角质化的锯齿状乳头,利于磨碎食物。在硬腭前端有一突起,称切齿乳头,牛、猪在其两侧各有一个鼻腭管的开口,管的一端通鼻腔。

(四)软腭

软腭由硬腭延续而来,构成口腔后壁。软腭由肌肉和黏膜构成,黏膜内分布有淋巴组织和腺体。软腭与舌根之间的腔隙为咽峡,是口腔与咽之间的通道。马的软腭长,咽峡很小,因此很难用口呼吸,也不易呕吐。

(五)舌

舌附着在舌骨上,占据固有口腔的大部分,参与采食、吸吮、咀嚼、吞咽、感受味觉等功能。

1. 形态

舌可分舌尖、舌体和舌根 3 部分。舌尖是舌前端游离的部分;舌体位于两侧臼齿之间,附着于口腔底;舌根为舌体后部附着于舌骨上的部分,其背侧黏膜内含有大量的淋巴组织,称为舌扁桃体。舌尖和舌体交界处的腹侧有黏膜褶与口腔底相连,称为舌系带。舌系带两侧各有一突起称为舌下肉阜(俗称卧蚕),是颌下腺管的开口处。

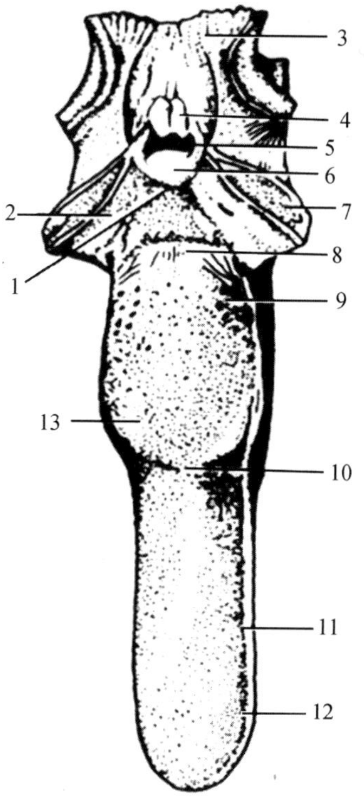

1. 舌扁桃体 2. 腭扁桃体 3. 食管 4. 勺状软骨 5. 喉口 6. 会厌 7. 软腭 8. 舌根 9. 轮廓乳头 10. 舌体 11. 菌状乳头 12. 舌尖 13. 舌圆枕

图 4-4 牛的舌

2. 舌黏膜

舌表面被覆黏膜,其上皮为复层扁平上皮,角质化程度高,形成许多形态和大小不同的舌乳头,有的舌乳头上有味觉感受器,称为味蕾。舌乳头根据形态的不同可分为 6 种:分别是丝状乳头、锥状乳头、豆状乳头、菌状乳头、轮廓乳头和叶状乳头,其中前两种无味蕾,后四种有味蕾。

3. 舌肌

舌肌为横纹肌,由固有肌和外来肌构成,参与舌的运动。舌固有肌由横肌、纵肌和垂直肌 3 种走向不同的肌纤维互相交错组成。

4. 各种动物舌的特点

(1)牛舌。宽厚有力,是采食的主要器官。舌背后部有一隆起,称舌圆枕(图 4-4)。舌尖和舌体交界处的腹侧有 2 条舌系带。舌黏膜上有 4 种舌乳头,分别为锥状乳头、豆状乳头、菌状乳头和轮廓乳头。

(2)马舌。没有舌圆枕,有 1 条舌系带。舌黏膜上有 4 种舌乳头,分别为丝状乳头、菌状乳头、轮廓乳头和叶状乳头。

(3)猪舌。没有舌圆枕,口腔底也无舌下肉阜,有2条舌系带。舌黏膜上有5种舌乳头,分别为丝状乳头、锥状乳头、菌状乳头、轮廓乳头和叶状乳头。

(六)齿

齿是咀嚼和采食的器官,镶嵌于上、下颌骨与切齿骨的齿槽内,排列成弓形,分成上齿弓和下齿弓。每侧齿弓由前向后依次排列为切齿、犬齿和臼齿。其中切齿由内向外又分别为门齿、内中间切齿、外中间切齿、隅齿,臼齿可分为前臼齿和后臼齿(图4-5)。

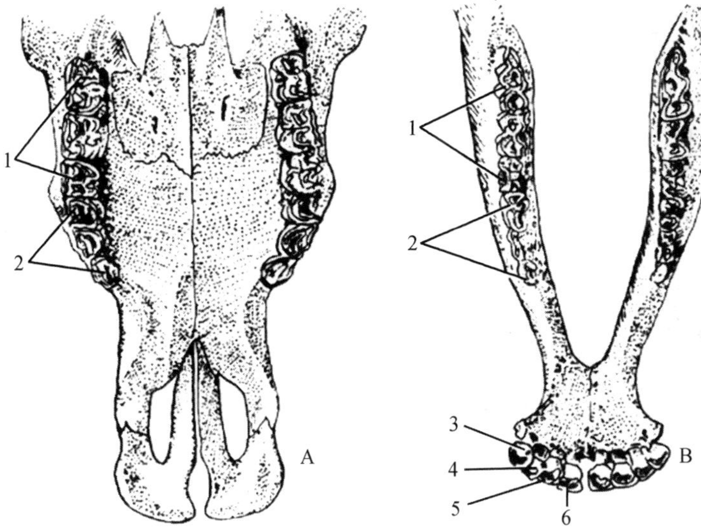

A.上颌 B.下颌

1.后臼齿 2.前臼齿 3.隅齿 4.外中间切齿 5.内中间切齿 6.门齿

图4-5 牛的齿

1.齿式

动物齿的排列方式称为齿式,表示方法如下。

$$\left[\frac{\text{上切齿、犬齿、前臼齿、后臼齿}}{\text{下切齿、犬齿、前臼齿、后臼齿}}\right]\times 2=\text{齿总数}$$

齿在出生后逐个长出。除后臼齿外,其余齿到一定年龄时均按一定顺序进行脱换。脱换前的齿称为乳齿,个体较小、乳白色,磨损较快;脱换后的齿称恒齿,相对较大,坚硬、颜色较白。

牛、猪、马的齿式如下。

(1)恒齿式。

$$\text{牛}:2\left[\frac{0\quad 0\quad 3\quad 3}{4\quad 0\quad 3\quad 3}\right]=32$$

$$\text{猪}:2\left[\frac{3\quad 1\quad 4\quad 3}{3\quad 1\quad 4\quad 3}\right]=44$$

$$\text{马}(\male):2\left[\frac{3\quad 1\quad 3\quad 3}{3\quad 1\quad 3\quad 3}\right]=40$$

$$马(♀):2\left[\frac{3\quad 0\quad 3\quad 3}{3\quad 0\quad 3\quad 3}\right]=36$$

(2)乳齿式。

$$牛:2\left[\frac{0\quad 0\quad 3\quad 0}{4\quad 0\quad 3\quad 0}\right]=20$$

$$猪:2\left[\frac{3\quad 1\quad 3\quad 0}{3\quad 1\quad 3\quad 0}\right]=28$$

$$马:2\left[\frac{3\quad 0\quad 3\quad 0}{3\quad 0\quad 3\quad 0}\right]=24$$

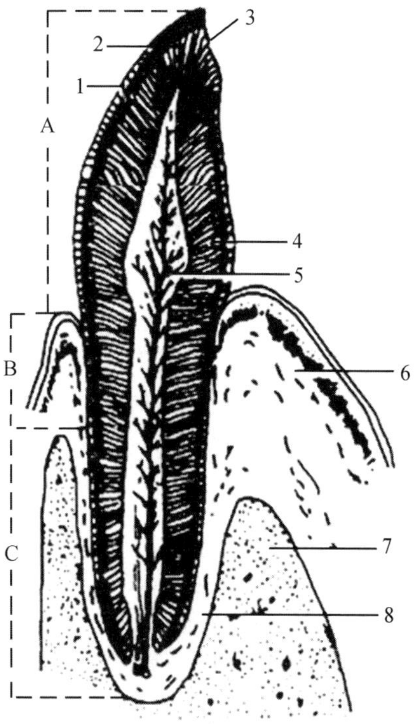

A. 齿冠　B. 齿颈　C. 齿根

1. 釉质　2、4. 齿质　3. 磨面　5. 齿髓

6. 齿龈　7. 下颌骨　8. 齿周膜

图 4-6　切齿构造

2. 齿的结构

齿在外形上可分 3 部分，埋在齿槽内的部分称齿根；露于齿龈外的部分称齿冠；二者之间被齿龈包埋的部分称为齿颈。齿龈为包在齿颈外的一层黏膜，与骨膜紧密相连，呈淡红色，有固定齿的作用。当齿龈发生紫色或潮红等现象时，是一种病理变化。

齿壁由齿质、釉质和齿骨质构成(图 4-6)。齿质位于内层，呈淡黄色，构成齿的主体；齿冠部齿质的外面包以光滑、坚硬、乳白色的釉质，是体内最坚硬的组织；齿根部齿质的外面则被覆有略呈黄色的齿骨质；齿的中心部为齿髓腔，内有富含血管、神经的齿髓，齿髓的作用是生长齿质和营养齿组织，发炎时会引起剧烈的疼痛。

3. 各种动物齿的特点

(1)牛的齿。牛无上切齿和犬齿，代之以坚硬角质化的齿板，下切齿的齿冠呈铲形，齿根细圆。

(2)猪的齿。除犬齿是长冠齿外，其他均为短冠齿。公猪犬齿呈弯曲的三棱形，尖而锐利，可持续生长而伸出口腔之外，俗称獠牙。上犬齿向外向上弯曲，下犬齿特别长，露出于口裂外。母猪的犬齿不发达。犬齿与切齿和前臼齿之间均形成较宽的齿间隙。

(3)马的齿。属长冠齿，齿冠很长，齿颈不明显。切齿呈弯曲的楔形，磨面上有一个凹陷，称为齿漏斗(齿坎)。随着年龄的增长，齿不断磨损，齿漏斗逐渐变小变浅，最后消失，齿质暴露成为一黄褐色的斑痕，称为齿星。

在生产上，可根据切齿的出齿、换齿以及齿面磨损程度来判断家畜的年龄。牛在 1.5 岁乳门齿开始脱换，此后每年按顺序脱换 1 对乳切齿，到 5 岁时，4 对乳切齿全部换成恒齿，俗称“齐口”。5 岁以后主要依据切齿的磨面形状大致判定牛的年龄，如初呈线状或带状，进而呈横椭圆形、近圆形、圆形、三角形，最后呈中间凸起的纵椭圆形等。

(七)唾液腺

唾液腺为分泌唾液的腺体，分布于口腔周围，腺管开口于口腔黏膜上。主要有腮腺、颌下腺和舌下腺 3 对(图 4-7),另外还有一些小的壁内腺,如唇腺、颊腺、舌腺等。

腮腺:位于耳根下方,下颌骨后缘,其腺管开口于第 5 上臼齿相对的颊黏膜上。牛的腮腺呈狭长的倒三角形,淡红褐色;猪的呈三角形,淡黄色,很发达;马的呈长四边形,灰黄色。

颌下腺:位于腮腺的深层,腺管开口于舌下肉阜(牛、马)或舌系带两侧的口腔底面。牛的颌下腺长而弯曲,淡黄色;猪的呈扁圆形,淡红色;马的狭长而弯曲,茶褐色。

舌下腺:位于舌体和下颌骨之间的黏膜下,腺管很多,分别开口于口腔底部黏膜上。

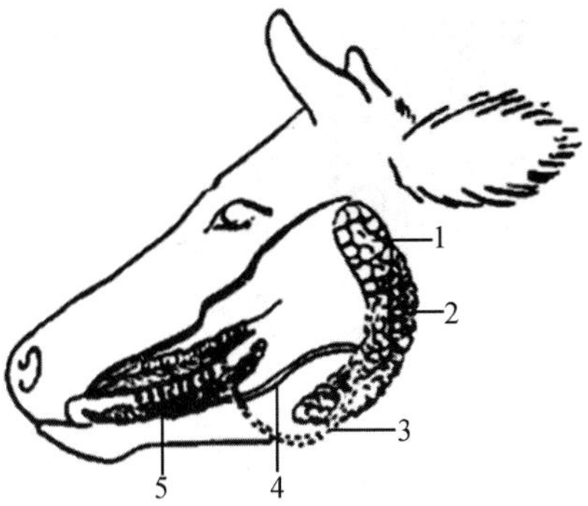

1.腮腺　2.下颌腺　3.腮腺管
4.颌下腺管　5.舌下腺
图 4-7　牛唾液腺模式图

二、咽

咽是消化和呼吸的共同通道,位于口腔和鼻腔的后方、喉和食管的前上方。可分为鼻咽部、口咽部和喉咽部 3 部分。鼻咽部位于鼻腔后方软腭背侧,是鼻腔向后的延续;口咽部位于软腭和舌根之间;喉咽部位于喉口背侧,很短。

咽有 7 个孔与周围邻近器官相通:前上方经 2 个鼻后孔通鼻腔;前下方经咽峡通口腔;后背侧经食管口通食管;后腹侧经喉口通气管;两侧壁各有 1 个咽鼓管口通中耳。

咽壁由黏膜、肌肉和外膜 3 层构成。咽黏膜衬于咽腔内表面,在咽、舌根背侧和软腭的黏膜内分布有淋巴组织,称扁桃体;咽的肌肉为横纹肌,有缩小和开张咽腔的作用;外膜为覆盖在咽肌外面的一层纤维膜。

三、食管

食管是将食物由咽运送入胃的肌质性管道,分为颈、胸和腹 3 段。牛、马的食管颈段起始于喉和气管的背侧,至颈中部逐渐转向气管的左侧,经胸腔前口入胸腔;胸段又转向气管的背侧并继续向后延伸,经纵隔到达膈,经膈的食管裂孔进入腹腔与胃的贲门相连。猪的食管短而直,其颈段沿气管的背侧向后延伸时不发生偏转。

食管管壁的结构分为黏膜层、黏膜下层、肌层和外膜层(胸、腹段为浆膜)。黏膜上皮为复层扁平上皮,耐摩擦。黏膜表面形成许多纵行的皱襞,食团通过时管腔扩大,皱襞展平,利于食团下行。黏膜下层很发达,含有丰富的食管腺,能分泌黏液,润滑食管,有利于食团通过。肌层主要是横纹肌,呈红色,故食管也俗称“红肠”。牛(羊)的食管肌层全由横纹肌构成。马的食管前 4/5 为横纹肌,后 1/5 为平滑肌。猪的食管几乎全部为横纹肌,仅接近胃的部分为平滑肌。

四、胃

胃位于腹腔内,为消化管的膨大部分,前以贲门与食管相接,后以幽门与十二指肠相通,具有暂时贮存食物、进行初步消化和推送食物进入十二指肠的作用。贲门和幽门处有括约肌,可控制食物的通过。胃可分为单室胃(猪、马)和多室胃(牛、羊)两种类型。胃壁的结构分为黏膜、黏膜下层、肌层和浆膜。

(一)多室胃

二维码 4-2 羊胃

多室胃也称为复胃、反刍胃。牛、羊的胃为多室胃,可分为瘤胃、网胃、瓣胃和皱胃 4 个胃室(图 4-8、图 4-9、二维码 4-2)。前 3 个胃没有腺体分布,主要起贮存食物和发酵、分解粗纤维的作用,通常称为前胃。皱胃黏膜内分布有消化腺,能分泌消化液,具有化学性消化的作用,所以也称为真胃。

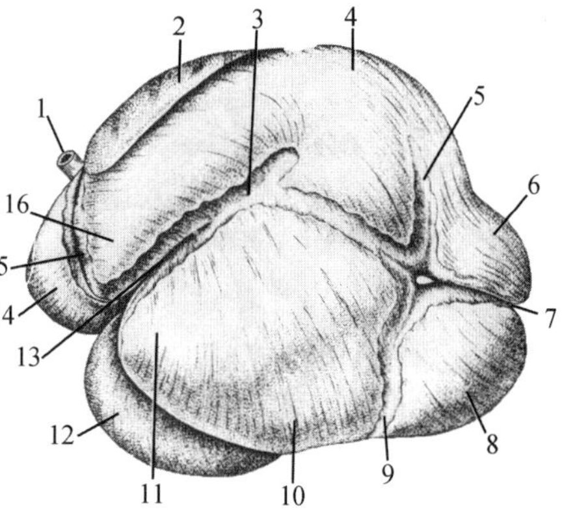

1.食管 2.脾 3.左纵沟 4.牛胃背囊 5.背冠状沟 6.后背盲囊 7.后沟 8.后腹盲囊 9.腹冠状沟 10.瘤胃腹囊 11.前腹盲囊 12.皱胃 13.前沟 14.网胃 15.瘤网沟 16.前背盲囊

图 4-8 牛胃(左侧)

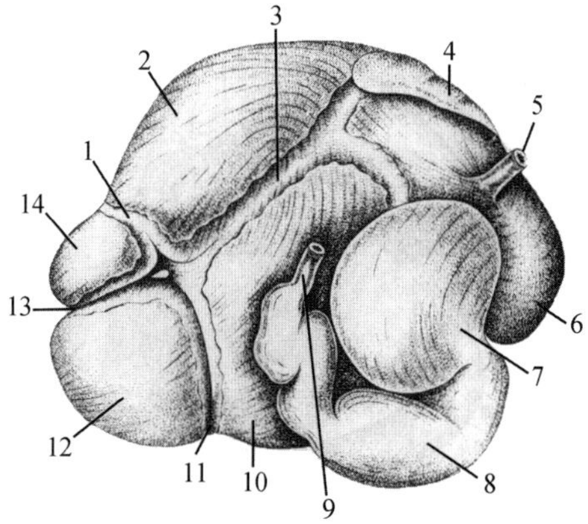

1.背冠状沟 2.瘤胃背囊 3.右纵沟 4.脾 5.食管 6.网胃 7.瓣胃 8.皱胃 9.十二指肠 10.瘤胃盲囊 11.腹冠状沟 12.后腹盲囊 13.后沟 14.后背盲囊

图 4-9 牛胃(右侧)

1.瘤胃

瘤胃最大,成年牛的瘤胃约占四个胃总容积的 80%,呈前后稍长、左右略扁的椭圆形,占据整个腹腔的左半部,下部还伸向腹腔右侧。其前端与第 7~8 肋间隙相对,后端达骨盆腔前口。左侧面与脾、膈和腹壁相邻,称为壁面;右侧面与瓣胃、皱胃、肠、肝、胰等器官相邻,称为脏面;背侧借腹膜和结缔组织附于膈脚和腰肌的腹侧面,腹侧缘隔着大网膜与腹腔底相接触。瘤胃叩诊、触诊或听诊一般在左肷部进行。

瘤胃的前端和后端可见到较深的前沟和后沟,左、右侧面有较浅的左、右纵沟。前、后沟与左、右纵沟在瘤胃壁围成环状,将瘤胃分为背囊和腹囊。背囊和腹囊的后部有较明显的后背冠状沟和后腹冠状沟将背囊和腹囊的后部分为后背盲囊和后腹盲囊。背囊和腹囊的前部只有较浅的前背冠状沟,前背盲囊不明显,其基部称为瘤胃前庭,有贲门和食管相连,向前以瘤网口与网胃相同,瘤网口很大。在与瘤胃各沟相对应的内侧面,有光滑的肉柱。肉柱是以环行肌和纵行肌为基础,内含有大量的弹性纤维,有加固瘤胃壁和促进瘤胃运动的作用。

二维码 4-3 羊胃黏膜

瘤胃壁的黏膜呈棕黑色或棕黄色,无腺体,表面有密集的长约 1 cm 的瘤胃乳头,含丰富的血管(二维码 4-3)。但在肉柱和瘤胃前庭黏膜上无乳头。

2.网胃及食管沟

(1)网胃。位置最靠前,容积最小(牛),约占四个胃总容积的 5%(羊 7%~8%),呈梨状。网胃位于季肋部的正中矢状面上，与第 6～8 肋骨相对，肩关节水平线的上方，后上方与瓣胃相连，前方与心包之间仅以膈相隔，当牛吞食尖锐金属异物停留在网胃中时，常可穿透网胃壁，引起创伤性网胃炎，严重时还穿过膈而伤及心包和心脏，继发创伤性心包炎和心肌炎。可在网胃区（剑状软骨部后方）强行叩诊或用拳冲顶进行检查。瘤网口的右下方有网瓣口，与瓣胃相通。

网胃黏膜形成许多网格状的皱褶，呈蜂巢状，故又称蜂巢胃。皱褶上密布角质乳头。

二维码 4-4 羊胃食管沟和瓣胃沟

（2）食管沟（二维码 4-4、图 4-10）。起于瘤胃贲门，沿瘤胃前庭和网胃右侧壁伸延到网瓣口，扭转成螺旋状。沟的两侧缘有黏膜褶，称为食管沟唇，两唇之间为沟底。犊牛的食管沟发育完全，可合并成管，乳汁可由贲门经食管沟和瓣胃沟直达皱胃。随着年龄的增大、饲料性质的改变，食管沟闭合的功能逐渐减退。成年牛的食管沟闭合不严。

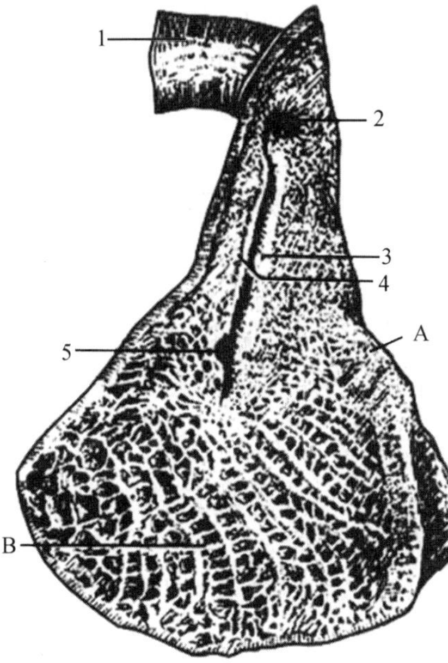

A. 瘤胃褶　B. 网胃
1. 食管　2. 贲门　3. 食管沟右唇　4. 食管沟左唇　5. 网胃沟
图 4-10　牛的食管沟

3. 瓣胃

总容积的 7%～8%（羊 5%），呈两侧稍扁的椭圆形，很坚实。位于右季肋部，与 7～11 肋骨下半部相对，肩关节水平线通过瓣胃中心。在右侧 7～9 肋间，沿肩关节水平线上下 2～3 cm 范围内进行听诊或强触诊检查瓣胃。临床通过瓣胃给药治疗瓣胃阻塞，通常选择右腹壁第 9 肋间隙与肩关节水平线交点上下 2 cm 的部位进针，将药物直接注入瓣胃中，使瓣胃内容物软化。

羊的瓣胃最小（5%），呈卵圆形，位于右季肋部，与第 9～10 肋相对。位置比牛高一些，与肝脏的脏面相切，不与腹壁接触。

瓣胃的黏膜形成百余片大小、宽窄不同的叶片，故又称百叶胃。瓣叶上有许多角质化的乳头。在瓣胃底部有一瓣胃沟，前接网瓣口与食管沟相连，后接瓣皱口与皱胃相通，液态饲料可经此沟直接进入皱胃。

4. 皱胃

皱胃容积占四个胃总容积的7%～8%，呈长囊状。其前端粗大称为胃底部，与瓣胃相连；后端狭窄称幽门部，与十二指肠相连。皱胃位于右季肋部和剑状软骨部，左邻网胃和瘤胃的腹囊，下贴腹腔底壁，与第8～12肋相对。在右腹壁9～11肋间，沿肋弓下缘进行视诊、触诊和听诊检查皱胃。临床上皱胃容易发生变位和扭转，一般选在右腹壁第12～13肋骨后下缘作为穿刺点。

皱胃胃壁的黏膜光滑、柔软，有12～14条螺旋形的大皱褶。胃壁由黏膜层、黏膜下层、肌层和浆膜构成。黏膜上皮为单层柱状上皮，黏膜内含有大量腺体，因而黏膜层厚。根据黏膜位置、颜色和腺体的不同，可分为贲门腺区（靠近瓣皱口，色较淡）、胃底腺区（位于胃底部，色深红）和幽门腺区（靠近幽门，色黄），可分泌消化液，对食物进行消化。

（二）单室胃

单室胃也叫单胃。猪和马的胃仅有一个胃室，呈弯曲的囊状。胃的入口为贲门，与食管相连；出口为幽门，与十二指肠相连。

1. 猪胃（图4-11）

猪胃横卧于腹前部，大部分在左季肋部，小部分在剑状软骨部，仅幽门端位于右季肋部。前与膈、肝接触，后与大网膜、肠、肠系膜及胰接触。

猪胃容积相对较大，5～7 L。呈弯曲的囊状，凸缘称胃大弯，凹缘称胃小弯。胃的左侧部大而圆，在近贲门处有一盲囊，称胃憩室。猪胃贲门与幽门距离较近，在幽门小弯处，有一纵长的鞍状隆起，称幽门圆枕，与对侧唇形隆起相对，有关闭幽门的作用。

胃黏膜分为无腺部和有腺部。无腺部面积小，位于贲门周围，黏膜表面上皮角化而粗糙，色苍白。其余为有腺部，分为3个腺区：贲门腺区最大，呈淡黄色，占胃的左半部；胃底腺区次之，色棕红，位于贲门腺区的右侧，沿胃大弯分布，是分泌胃液的主要腺体；幽门腺区最小，色淡，位于幽门部（图4-12）。

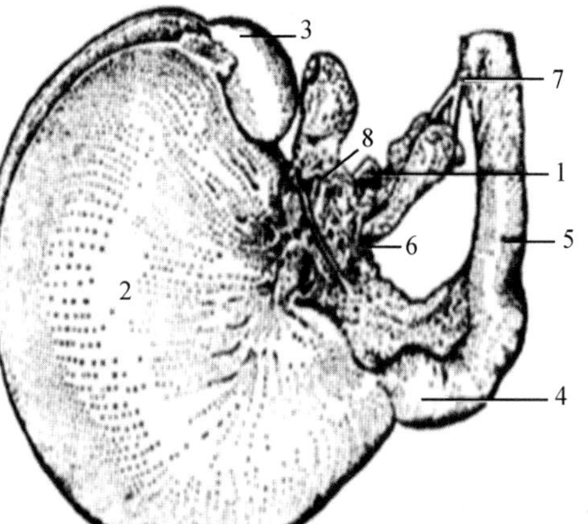

1. 食管　2. 胃　3. 胃憩室　4. 幽门　5. 十二指肠
6. 胰脏　7. 胰管　8. 门静脉

图4-11　猪胃

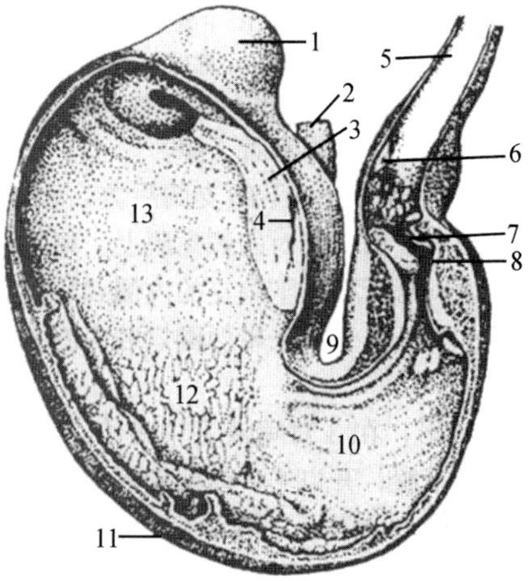

1. 胃憩室　2. 食管　3 无腺部　4. 贲门　5. 十二指肠
6. 十二指肠憩室　7. 幽门　8. 幽门圆枕　9. 胃小弯
10. 幽门腺区　11. 胃大弯　12. 胃底腺区　13. 贲门腺区

图4-12　猪胃黏膜

2. 马胃

马胃位于膈、肝之后，大部分位于左季肋部，小部分位于右季肋部，左上大结肠的背侧。形状似猪胃，胃容积 5～8 L，大的可达 12 L。胃左端向后上方膨大形成胃盲囊；右端靠近幽门处较细，称幽门窦。幽门处的黏膜形成一环形褶，称为幽门瓣。

马胃的黏膜被一明显的褶缘分为两部分，褶缘以上称为无腺部，褶缘以下称为有腺部。有腺部小，也分为贲门腺区、胃底腺区和幽门腺区 3 部分(图 4-13)。

(三)胃的组织构造

胃壁从内向外依次由黏膜、黏膜下层、肌层和浆膜构成。

黏膜：由黏膜上皮、固有层和黏膜基层组成(图 4-14)。

根据黏膜内有无腺体分为无腺部(牛、羊为前胃)和有腺部(牛、羊为真胃)。无腺部的黏膜上皮为复层扁平上皮，颜色苍白。有腺部黏膜为单层柱状上皮，黏膜有腺体，其表面形成许多凹陷，称为胃小凹，是胃腺的开口。

有腺部根据其位置、颜色和腺体的不同又分为贲门腺区、胃底腺区和幽门腺区。其中贲门腺区和幽门腺区主要由黏液细胞分泌碱性黏液，以润滑和保护胃黏膜；胃底腺区最大，位于胃底部(牛、羊皱胃)，是分泌胃消化液的主要部位，主要有 4 种腺细胞：主细胞、壁细胞(盐酸细胞)、颈黏液细胞、银亲和细胞。主细胞，呈矮柱状或锥体形，数量较多，个体较小，可分泌胃蛋白酶原和胃脂肪酶，幼龄动物还能分泌凝乳酶；壁细胞，呈圆形或钝三角形，数量较少，个体较大，能分泌盐酸；颈黏液细胞，成群分布在腺体的颈部，较小，分泌碱性黏液，保护胃黏膜；银亲和细胞，广泛存在于动物的消化道，具有内分泌功能。

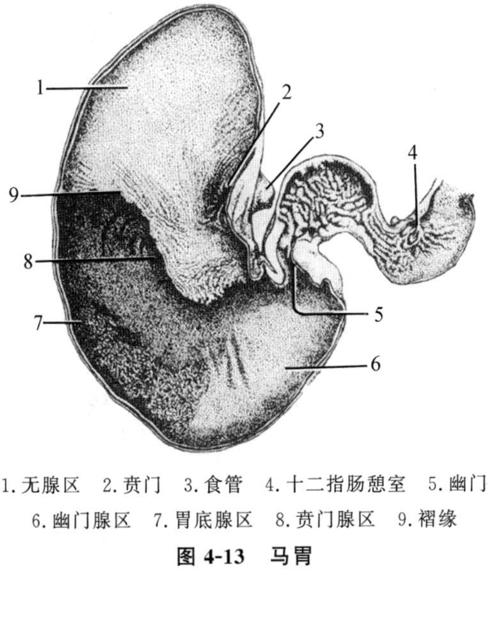

1. 无腺区 2. 贲门 3. 食管 4. 十二指肠憩室 5. 幽门 6. 幽门腺区 7. 胃底腺区 8. 贲门腺区 9. 褶缘

图 4-13 马胃

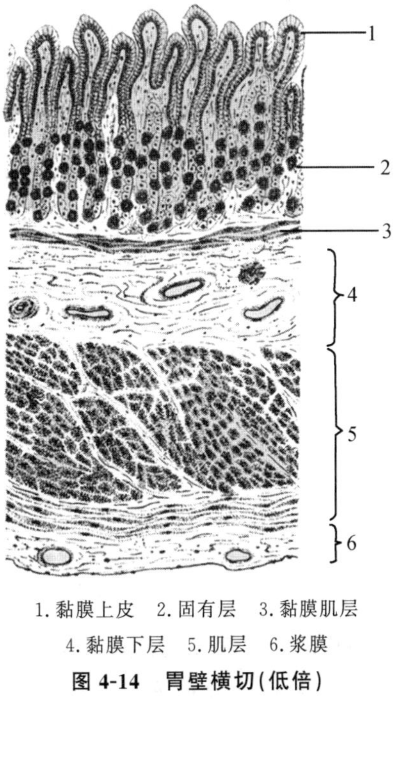

1. 黏膜上皮 2. 固有层 3. 黏膜肌层 4. 黏膜下层 5. 肌层 6. 浆膜

图 4-14 胃壁横切(低倍)

黏膜下层：很厚，为疏松结缔组织，含有较大的血管、淋巴管和神经丛。

肌层：在各段消化管中，胃的肌层最厚，可分为 3 层。内层为斜行肌，仅分布于无腺部，在贲门部最发达，形成贲门括约肌；中层为环行肌，很发达，在胃的幽门部特别增厚，形成幽门括约肌；外层为不完整的纵行肌，主要分布于胃的大弯和小弯处。

浆膜：为最外层，光滑而湿润，被覆于胃的表面。

五、肠

肠始于胃的幽门，止于肛门，分大肠和小肠两部分。小肠前接胃的幽门，后以回盲口通盲肠，可分十二指肠、空肠和回肠 3 段；大肠前接回肠，后通肛门，分盲肠、结肠和直肠 3 段。

(一)肠的形态位置

1. 牛(羊)肠(图 4-15)

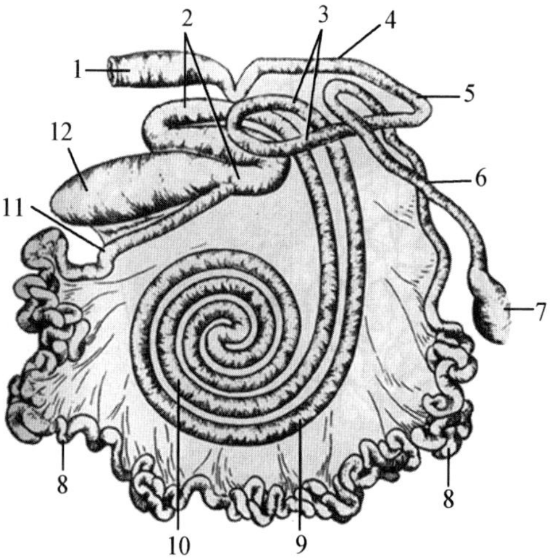

1. 直肠 2. 结肠初袢 3. 结肠终袢 4. 降结肠 5. 横结肠 6. 十二指肠 7. 胃
8. 空肠 9. 结肠旋袢离心回 10. 结肠旋袢向心回 11. 回肠 12. 盲肠

图 4-15 牛肠模式图

(1)小肠。

十二指肠：长约 1 m，位于右季肋部和腰部。从胃的幽门起始后，向前上方伸延，在肝的脏面形成“乙”状弯曲；然后再向后上方伸延，到髋结节前方折转向左前方伸延，形成一髂曲；由此再向前伸延，到右肾腹侧，移行为空肠。在十二指肠“乙”状弯曲第 2 曲的黏膜乳头上有胆管和胰管的开口。

空肠：为小肠最长的一段，位于腹腔右侧，形成无数肠圈，借助空肠系膜悬挂于结肠圆盘周围，形似花环状。其外侧隔着大网膜与右侧腹壁相邻，背侧为大肠，前部为瓣胃和皱胃。小肠中空肠最长，在临床上常选择右侧腹壁偏下听诊空肠音，即小肠音。

回肠：短而直，长约 50 cm，借较窄的三角形回盲韧带与盲肠腹侧相连。回肠自空肠的最后肠圈起向前上方伸延，止于回盲口。回盲口位于盲肠与结肠交界处的腹侧，此处黏膜形成回盲瓣。

(2)大肠。

盲肠:管径较大,呈圆筒状,长约 75 cm,位于右髂部。起自于回盲口,沿右髂部的上部向后下方延伸,盲端可达骨盆腔入口处(羊的可伸入骨盆腔内)。

结肠:是大肠中最长的一段,借总肠系膜附着于腹腔顶壁,可分为初袢、旋袢、终袢 3 段。初袢粗细程度与盲肠接近,旋袢和终袢明显变细,且终袢肠壁增厚。初袢起自盲结口,呈“乙”状弯曲,大部分位于右髂部。旋袢为结肠中段,最长,位于瘤胃的右侧,盘曲成一平面的圆盘状,称结肠圆盘,分为向心回和离心回。向心回以顺时针方向向内旋转约 2 圈(羊约 3 圈)至中心曲。离心回自中心曲起,以逆时针方向旋转约 2 圈(羊约 3 圈),移行为终袢。终袢是结肠的末段向后延伸到骨盆腔入口处,再折转向前延伸,到肝附近,向左绕过肠系膜前动脉后向后延伸,再到骨盆腔入口处移行为直肠。临床上大肠音即结肠音,听诊在右肷窝处。

直肠:短而直,长约 40 cm,以直肠系膜连于骨盆腔顶壁,后端以肛门与外界相通,无直肠壶腹(膨大部)。

2. 猪肠(图 4-16 至图 4-18)

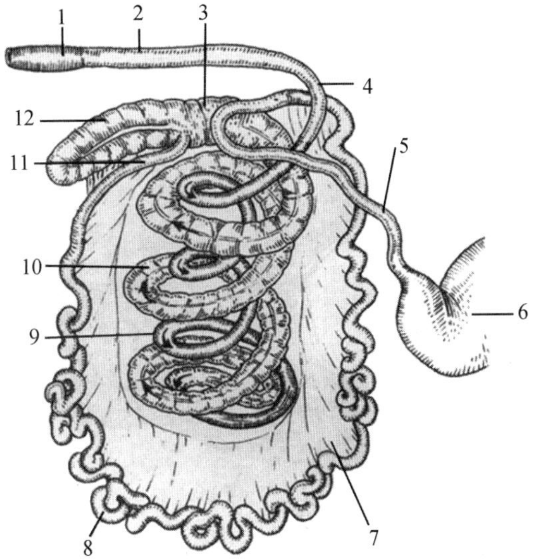

1. 直肠　2. 降结肠　3. 结肠初袢　4. 横结肠　5. 十二指肠　6. 胃　7. 肠系膜　8. 空肠
9. 结肠圆锥离心回　10. 结肠圆锥向心回　11. 回肠　12. 盲肠

图 4-16　猪肠模式图

(1)小肠。

十二指肠:长 40～90 cm,位于右季肋部和腰部,肠系膜短,位置较固定。十二指肠起始段形成“乙”状弯曲,然后沿右季肋部向后上方伸延至右肾后端,转而向左再向前伸延移行为空肠。后段有胆总管、胰管的开口,胆总管开口于距幽门 2.5 cm 处的十二指肠憩室,而胰管的开口距幽门约 10 cm。

空肠:形成许多肠袢,以较宽的空肠系膜与总肠系膜相连。空肠大部分位于腹腔右半部,在结肠圆锥右侧,与右髂部腹壁和腹底壁后部相接触,小部分位于腹腔左侧后部。

回肠:短而直,管壁较厚,末端斜向突入盲肠和结肠交界处的肠腔内,形成发达的回盲瓣。

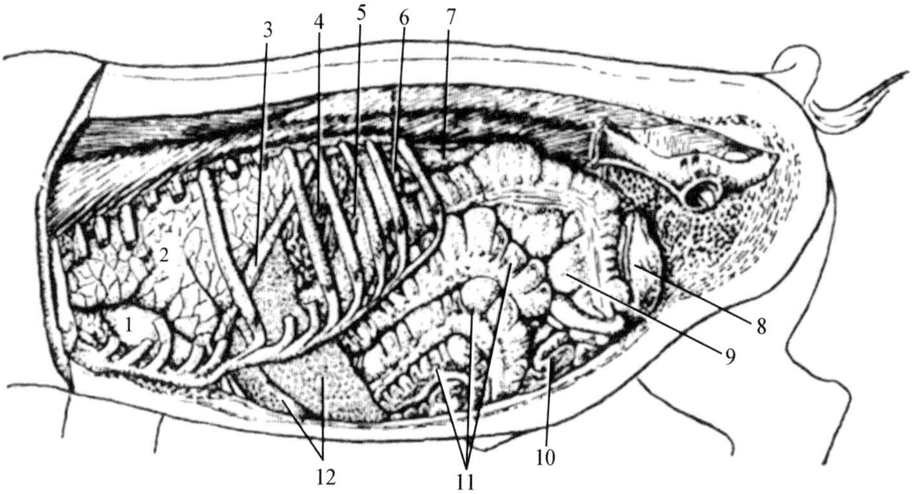

1.心　2.肺　3.膈　4.大网膜　5.脾　6.胰　7.左肾　8.膀胱
9.盲肠　10.空肠　11.结肠　12.肝

图 4-17　猪的内脏(左侧)

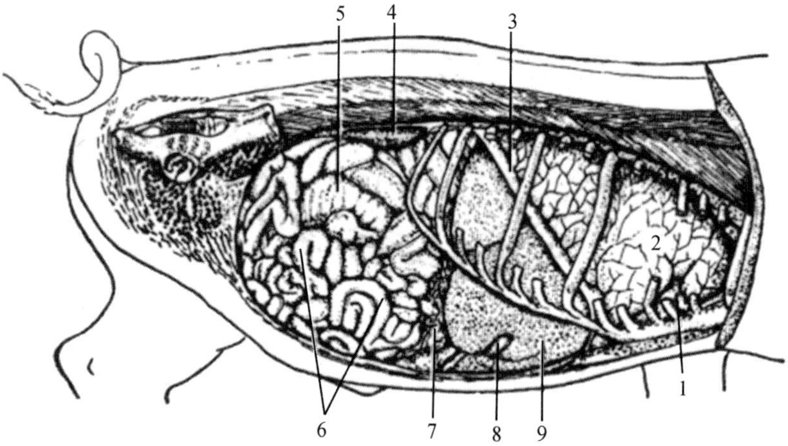

1.心　2.肺　3.膈　4.右肾　5.结肠　6.空肠　7.大网膜　8.胆囊　9.肝

图 4-18　猪的内脏(右侧)

(2)大肠。

盲肠:呈短而粗的圆锥状盲囊。位于左髂部,从左肾的后下部起,向后下方伸延,到结肠圆锥的后方,盲端位于盆腔入口与脐之间的腹底壁上。肠壁形成 3 条纵肌带和 3 列肠袋。

结肠:由盲结口开始,在结肠系膜中盘曲成圆锥状,称为结肠圆锥。结肠圆锥位于左髂部和腰部;锥底朝向背侧,锥尖朝向脐部,由向心回和离心回组成。向心回位于结肠圆锥的外围,肠管较粗,有 2 条纵肌带和 2 列肠袋。离心回位于结肠圆锥的里面,肠管较细,无纵肌带和肠袋。终袢在荐骨岬处转为直肠。

直肠:位于骨盆腔内,有直肠壶腹。

3. 马肠

(1)小肠。

十二指肠：长约 1 m，位于右季肋部和腰部。起始部形成“乙”状弯曲，肝管和胰管在“乙”状弯曲处开口于十二指肠。向后延伸到右肾的后方绕过肠系膜转向左侧，在左肾下面移行为空肠。

空肠：长约 22 m，常与小结肠混在一起，占据腹腔左半部的背侧，位于左季肋部、左髂部、左腹股沟部、耻骨部和右腹股沟部，但由于其肠系膜很长，移动范围广，向前可抵达胃、肝，向后可入骨盆腔，向后可到右髂部。

回肠：长约 50 cm，以回盲韧带与盲肠相连，从左髂部斜向右后上方，在第 3～4 腰椎下方进入盲肠。

(2)大肠(图 4-19)。

盲肠：很发达，位于腹腔右侧，自右髂部的上部向前下方沿腹壁伸延至剑状软骨部。外形呈逗点状，可分为盲肠底、盲肠体和盲肠尖 3 部分。盲肠底是盲肠后上方膨大的部分，位于右髂部，是盲肠听诊、穿刺最适宜的部位，盲肠尖距剑状软骨 10～15 cm，此处是腹腔穿刺的适宜部位。盲肠凸缘称为盲肠大弯，朝向背侧，附着于腹腔的顶壁；凹缘称为盲肠小弯，朝向腹侧，偏向内。在小弯处有回盲口和盲结口分别与回肠和结肠相连。在盲肠底和盲肠体上有 4 条纵肌带和 4 列肠袋。

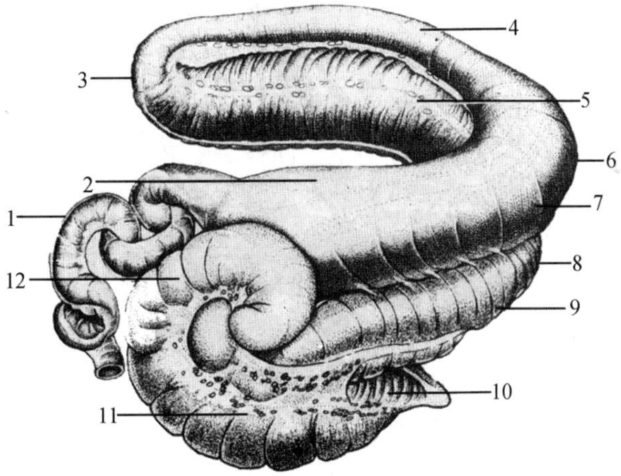

1. 小结肠　2. 胃状膨大部　3. 骨盆曲　4. 左上大结肠　5. 左下大结肠　6. 膈曲
7. 右上大结肠　8. 胸骨曲　9. 右下大结肠　10. 盲肠尖　11. 盲肠体　12. 盲肠底

图 4-19　马的大肠

结肠：可分为大结肠和小结肠。

①大结肠：起始于盲结口，长约 3 m，管径粗大，几乎占据整个腹腔下部。呈双层马蹄铁形，可分为四段三曲，从盲结口开始顺次为右下大结肠→胸骨曲→左下大结肠→骨盆曲→左上大结肠→膈曲→右上大结肠。

大结肠管径的变化很大，下层大结肠除起始部外都较粗，骨盆曲处突然变细，马属动物易在此处发生结肠阻塞。右上大结肠逐渐变粗，后段形成一胃状膨大部。

下层大结肠都有 4 条纵肌带和 4 列肠袋。骨盆曲有 1 条纵肌带。左上大结肠开始有 1 条纵肌带，到中部增加至 3 条，经膈曲延续到右上大结肠。

上、下大结肠之间有短的结肠系膜相连；右下大结肠与盲肠小弯之间有盲结韧带相连；右上大结肠末段的背侧有疏松结缔组织及浆膜与胰的腹侧面相连，右侧与盲肠底、胰、膈和十二指肠等相连。此外，整个左大结肠和 3 个曲都是游离的，与腹壁及其他内脏器官均无联系，因此，肠扭转可发生在此处。

②小结肠：长约 3 m，管径较细，有 2 条纵肌带和 2 列肠袋，借小结肠系膜(后肠系膜)悬吊于第 3～6 腰椎腹侧。与空肠混合在一起，移动性大，在骨盆前口管径变细移行为直肠。

直肠：直肠长约 30 cm，位于骨盆腔部。其前段管径小，称直肠狭部(中兽医称玉女关)；后段膨大，称直肠壶腹。

(二)肠的组织构造

二维码 4-5　肠壁的组织结构

1. 小肠的组织构造

小肠壁由内向外分为黏膜层、黏膜下层、肌层和浆膜 4 层(二维码 4-5)。

(1)黏膜层。小肠黏膜形成许多环形皱褶和微细的肠绒毛，突入肠腔内，以增加与食物接触的面积。

①上皮：被覆于黏膜表面，由单层柱状上皮构成。上皮细胞之间夹有杯状细胞和内分泌细胞。柱状细胞游离面有微绒毛，构成明显的纹状缘，这种结构大大增加了每个细胞的吸收面积。

②固有层：由富含网状纤维的结缔组织构成，固有层内除有大量的肠腺外，还有毛细血管、淋巴管、神经和一些淋巴组织构成的淋巴小结。固有层中央有 1 条毛细淋巴管(绵羊有 2 条)，它的起始端为盲端，称为中央乳糜管。中央乳糜管管壁由一层内皮细胞构成，无基膜，通透性很大，一些较大分子的物质可进入管内。

③黏膜肌层：为平滑肌构成，部分平滑肌纤维随同固有层伸入肠绒毛和肠腺之间，收缩时有助于肠绒毛对营养物质的吸收和肠腺分泌物的排出。

(2)黏膜下层。由疏松结缔组织构成，内有较大的血管、淋巴管、神经丛以及淋巴小结等。在十二指肠黏膜下层内有十二指肠腺，其分泌物可在十二指肠黏膜表面形成屏障，以对抗胃酸对十二指肠黏膜的侵蚀。

(3)肌层。由内层的环行和外层的纵行两层平滑肌构成。

(4)浆膜。由薄层结缔组织和间皮构成。

2. 大肠的组织构造

大肠壁也由 4 层构成，与小肠壁相比主要的特点有：①大肠黏膜没有环行皱襞，黏膜表面没有绒毛。②黏膜上皮中杯状细胞多，无纹状缘。③大肠腺比较发达，直而长；杯状细胞较多，分泌碱性黏液，可中和粪便发酵的酸性产物；分泌物不含消化酶，但有溶菌酶。④孤立淋巴小结较多，集合淋巴小结却很少。⑤肌层特别发达。

六、肛门

肛门是消化管末端，外为皮肤，内为黏膜。黏膜衬以复层扁平上皮。皮肤与黏膜之间有平滑肌形成的内括约肌和横纹肌形成的外括约肌，控制肛门的开闭。

七、肝

(一)肝的一般形态及位置

肝是动物体内最大的腺体，位于腹前部，膈的后方，大部分偏右侧或全部位于右侧。一般呈红褐色，扁平状。背侧缘较厚，腹侧缘薄锐。在腹侧缘上有深浅不同的切迹，将肝分成大小不等的肝叶。一般以胆囊和肝圆韧带为界将肝分为左、中、右 3 叶；其中中叶又以肝门为界，分为背侧的尾叶和腹侧的方叶，尾叶向右突出的部分称为尾状突(图 4-20)。

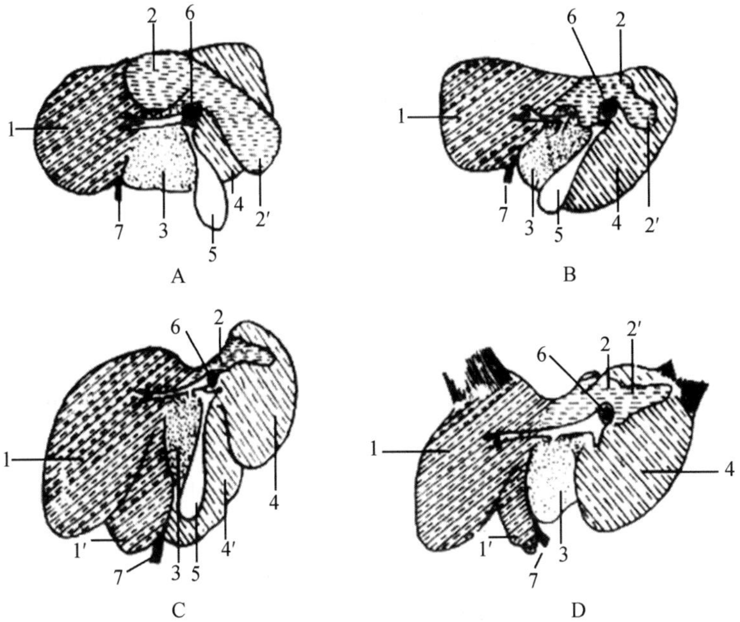

A. 牛肝　B. 羊肝　C. 猪肝　D. 马肝

1. 左叶　1′. 左内叶　2. 尾叶　2′. 尾状突　3. 方叶　4. 右叶　4′. 右内叶

5. 胆囊　6. 门静脉　7. 肝圆韧带

图 4-20　肝分叶模式图

前面稍隆突为膈面，有后腔静脉通过；后面凹陷为脏面，脏面中央有肝门，门静脉、肝动脉和肝神经由此入肝，肝管、淋巴管由此出肝。肝各叶的输出管合并在一起形成肝管。没有胆囊的动物，肝管和胰管一起开口于十二指肠。有胆囊的动物，胆囊的胆囊管与肝管合并，称为胆总管，开口于十二指肠。

(二)各种动物肝的特点

1. 牛(羊)肝

位于右季肋部，棕红色或棕黄色，略呈长方形，分叶虽不明显，但也可分为左叶、右叶、方叶和尾叶。肝的实质较厚实，有胆囊，以胆总管开口于十二指肠的“乙”状弯曲，距幽门 50～70 cm。

2.猪肝

位于腹腔最前部，以左、右三角韧带和左、右冠状韧带附着在膈的后面。大部分位于右季肋部，小部分位于左季肋部和剑状软骨部。

猪肝呈红褐色，肝的中央厚而边缘薄锐，分叶明显，以三个深的切迹分为左外叶、左内叶、右内叶和右外叶。右内叶的内侧有不发达的中叶，又以肝门为界分为背侧的尾叶和腹侧的方叶。胆囊位于肝右叶与方叶之间的胆囊窝内。肝管在肝门处与胆囊管汇合成胆总管，开口于距幽门 2～5 cm 处的十二指肠憩室。

3.马肝

大部分位于右季肋部，小部分位于左季肋部。

马肝呈棕红色，厚板状，分叶明显，以肝圆韧带和叶间切迹为界，将肝分为左叶(又分左内叶和左外叶)、中叶和右叶 3 叶。

马无胆囊，胆汁沿肝管出肝门后，由肝管直接注入十二指肠。

(三)肝的组织构造

肝的表面被覆一层浆膜，其深面为一层富含弹性纤维的结缔组织，浆膜下结缔组织随血管、神经、淋巴管等一起进入肝脏，构成肝的支架，并将肝分隔成许多肝小叶。

1.肝小叶

肝小叶是肝的基本结构单位，呈不规则的多边棱柱状。其中轴贯穿一条静脉，称中央静脉。在肝小叶的切片上，肝细胞以中央静脉为轴心，呈放射状排列成索状，称为肝细胞索，从立体结构上看，肝细胞呈不规则的互相连接的板状，称为肝板。肝板互相吻合连接成网，网眼内为窦状隙。窦状隙极不规则，并通过肝板上的孔彼此沟通(二维码 4-6)。

(1)肝细胞。呈多面形，胞体较大，界限清楚。细胞核有 1～2 个，大而圆，位于细胞中央。

(2)窦状隙。实际上是不规则膨大的毛细血管，即血窦。窦壁由内皮细胞构成，窦腔内有许多形状不规则的星形细胞(又称肝巨噬细胞)，该细胞具有吞噬功能，可吞噬细菌和异物。

二维码 4-6　肝的组织结构(低倍镜下)

二维码 4-7　兔肝脏解剖观察(视频)

(3)胆小管。由相邻肝细胞的细胞膜围成。位于肝板内，并互相通连成网，从肝小叶中央向边缘行走，在肝小叶边缘胆小管与小叶内胆管连接。

2.门管区

由肝门进出肝的 3 个主要管道(门静脉、肝动脉和肝管)，以结缔组织包裹，总称为肝门管。3 个管道在肝内分支，分别称为小叶间静脉、小叶间动脉和小叶间胆管，并在几个肝小叶之间区域内的结缔组织中相伴而行，此区称为门管区。在门管区内还有淋巴管、神经伴行。

3.胆汁排出途径

肝细胞分泌的胆汁排入胆小管内。在肝小叶边缘，胆小管汇合成短小的小叶内胆管。小叶内胆管穿出肝小叶，汇入小叶间胆管。小叶间胆管向肝门汇集，最后形成肝管出肝，直接开口于十二指肠（马），或与胆囊管汇合成胆总管后，再通入十二指肠内（牛、羊和猪等）。

4.肝的血液循环

肝脏的血液供应有两个来源，其一是门静脉；其二是肝动脉。

（1）门静脉。汇集胃、肠、脾、胰的静脉血液，经肝门入肝，在肝小叶间分支形成小叶间静脉，再分支进入肝小叶内，开口于窦状隙，然后血液流向小叶中心的中央静脉，再汇合成小叶下静脉（在小叶间结缔组织内单独行走），最后汇集成数支肝静脉经肝门出肝入后腔静脉。由于门静脉的血主要来自胃肠，既含有胃肠消化吸收的营养物质，又含有消化吸收过程中产生的毒素、代谢产物及细菌、异物等有害物质。其中，营养物质在窦状隙处可被吸收、贮存或经加工、改造后再排入血液中，通过血液运输到机体各组织细胞利用；而代谢产物、细菌、异物等有毒有害物质，则可被肝细胞结合或转化为无毒、无害物质，细菌、异物可被肝巨噬细胞吞噬。因此，门静脉属于肝的功能性血管。

（2）肝动脉。来自腹主动脉的分支，经肝门入肝后，在肝小叶间分支形成小叶间动脉，并伴随小叶间静脉分支后，进入窦状隙和门静脉血混合。部分分支还可到被膜和小叶间结缔组织等处。由于该血管是来自主动脉，含有丰富的 O_2 和营养物质，可供肝本身物质代谢利用，所以肝动脉是肝的营养血管。

肝的血液循环和胆汁的排出途径简表如下。

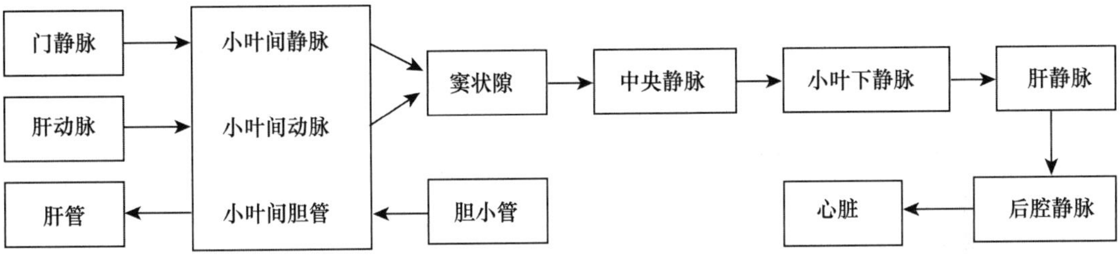

八、胰

（一）形态位置

胰呈淡红黄色，形态不规则。位于腹腔顶部，靠近十二指肠（图 4-21）。胰分 3 叶，靠近十二指肠的部分叫中叶（或胰头），左侧的部分为左叶，右侧的部位叫右叶。胰的输出管有一条（牛、猪）或两条（马），其中一条叫胰管，另一条叫副胰管，均开口于十二指肠。

（二）各种动物胰的特点

1.牛胰

牛胰呈不规则的四边形，分叶不明显，位于右季肋部和腰部。胰头靠近肝门附近。左叶背侧附着于膈脚，腹侧与瘤胃背囊相连。右叶较长，向后伸延到肝尾叶附近，背侧与右肾邻接，腹侧与十二指肠和结肠为邻。

2.猪胰

猪胰脂肪含量较多，故呈灰黄色。胰头稍偏右侧，位于门静脉和后腔静脉腹侧，右叶沿十二指肠向后方伸延到右肾的内侧缘；左叶位于左肾的下方和脾的后方，整个胰位于最后两个胸椎和前两个腰椎的腹侧。胰管由右叶末端发出，开口于距幽门 10～12 cm 处的十二指肠内。

3. 马胰

马胰呈扁三角形，横位于腹腔顶壁的下面，大部分位于右季肋部，第 16～18 胸椎的腹侧。

(三)胰的组织构造

胰的外面包有一层薄层结缔组织被膜，结缔组织伸入腺体实质，将腺体分成许多小叶。胰的实质可分为外分泌部和内分泌部(图 4-22)。

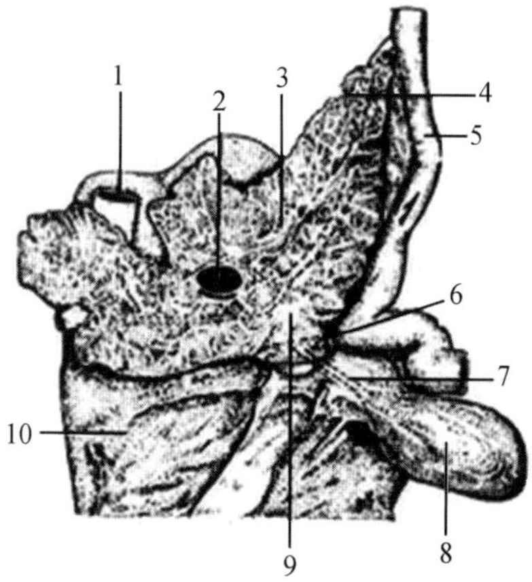

1. 后腔静脉　2. 门静脉　3. 胰　4. 胰管
5. 十二指肠　6. 胆总管　7. 胆囊管
8. 胆囊　9. 肝管　10. 肝

图 4-21　牛的胰(腹侧面)

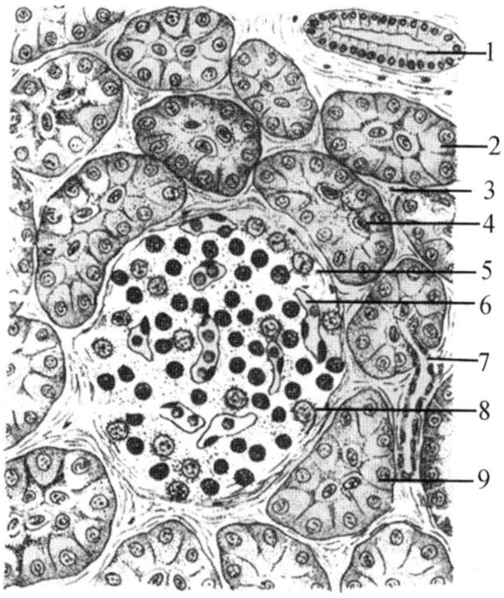

1. 小叶间导管　2. 分泌细胞　3. 疏松结缔组织
4. 泡心细胞　5. 胰岛　6. 毛细血管　7. 闰管
8. 胰岛细胞　9. 腺泡

图 4-22　胰腺切面示意图

1. 外分泌部

属消化腺，由许多腺泡和导管组成，占腺体的绝大部分。腺泡分泌胰液，经胰管注入十二指肠。

2. 内分泌部

位于外分泌部的腺泡之间，由大小不等的细胞群组成，形似小岛，故称为胰岛。胰岛细胞呈不规则索状排列，且互相吻合成网状，网眼内有丰富的毛细血管和血窦。胰岛细胞主要有 α 细胞和 β 细胞，分别分泌胰高血糖素和胰岛素，经毛细血管进入血液，有调节血糖代谢的作用。

二维码 4-8　羊消化系统解剖观察(视频)

二维码 4-9　兔消化系统解剖观察(视频)

二维码 4-10 羊胸腹腔主要器官分布解剖观察(视频)

二维码 4-11 兔胸腹腔主要器官分布解剖观察(视频)

【学习要求】

识记 消化系统的组成;消化管的一般构造;牛、猪、马的齿式;比较牛(羊)、猪、马的胃、肠、肝、胰等消化器官的位置、形态和结构特点;胃、肠的组织结构。

理解 牛(羊)瘤胃、网胃、瓣胃、皱胃及马、猪结肠的体表投影部位的确定;小肠和大肠组织构造上的差异;腹腔划分为“三大区、十小区”的方法。

应用 (1)兽医临床上牛为什么易得创伤性网胃炎和创伤性网胃心包炎?(2)犊牛为什么不能用桶直接进行喂乳?

【知识拓展】

犊牛胃的特点

新生犊牛因哺乳,皱胃发达,瘤、网胃之和仅相当皱胃的1/2。经10～12周,瘤胃逐渐发育,皱胃仅为其容积的一半。出生后4个月左右,随着消化植物饲料能力的不断增强,前胃迅速增大,前两胃之和约达皱胃的4倍,到1.5岁时,瓣胃和皱胃的容积几乎相等,4个胃的容积达成年时的比例(图4-23)。

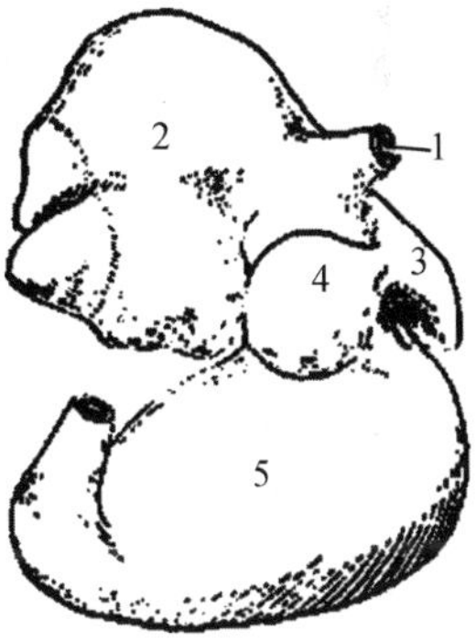

1.食管 2.瘤胃 3.网胃 4.瓣胃 5.皱胃

图 4-23 犊牛的胃

执业兽医资格考试真题

(1～2题共用备选答案)【2009年】

A.主细胞 B.壁细胞 C.银亲和细胞 D.颈黏液细胞 E.内分泌细胞

1.胃底腺中能分泌盐酸的细胞是( )

2.胃底腺中能分泌胃蛋白酶原的细胞是( )

(3～4题共用备选答案)【2010年】

A.主细胞 B.壁细胞 C.柱状细胞 D.银亲和细胞 E、颈黏液细胞

3.胃腺细胞中,细胞大而圆,胞质呈嗜酸性染色,分泌盐酸的细胞是( )

4.胃腺细胞中,细胞呈柱状,细胞质为嗜碱性染色,分泌胃蛋白酶原的细胞是( )

5.不属于消化腺的是( )【2011年】

A.肝 B.胰 C.肠腺 D.舌下腺 E.舌扁桃体

6.网胃位于( )【2011年】

A.脐部 B.腰部 C.左季肋部 D.右季肋部 E.季肋部的正中矢状面上

7. 犬胃黏膜的特征之一是(　　)【2011 年】

A. 胃黏膜只有有腺部　　B. 胃黏膜只有无腺部

C. 胃黏膜分有腺部和无腺部,有腺部大无腺部小

D. 胃黏膜分有腺部和无腺部,有腺部小无腺部大

E. 胃黏膜分有腺部和无腺部,有腺部和无腺部大小相当

(8～9 题共用备选答案)【2012 年】

A. 马　B. 牛　C. 猪　D. 犬　E. 兔

8. 升结肠形成圆锥状肠袢的动物是(　　)

9. 升结肠形成圆盘状肠袢的动物是(　　)

(10～12 题共用备选答案)【2015 年】

A. 马　B. 牛　C. 猪　D. 犬　E. 兔

10. 盲肠呈逗点状的动物是(　　)

11. 盲肠呈螺旋状弯曲的动物是(　　)

12. 回肠与盲肠交界处有圆小囊的动物是(　　)

(13～15 题共用备选答案)【2016 年】

A. 十二指肠　B. 空肠　C. 回肠　D. 盲肠　E. 结肠

13. 羊肠的黏膜下层有腺体的肠段是(　　)

14. 牛小肠中最长,弯曲最多的一段是(　　)

15. 马大肠有一段形态特殊,盘曲成双层马蹄铁形的是(　　)

16. 牛有 4 个胃室,顺序依次为(　　)【2017 年】

A. 瘤胃、瓣胃、皱胃、网胃　　B. 网胃、瓣胃、皱胃、瘤胃

C. 瓣胃、瘤胃、网胃、皱胃　　D. 皱胃、瓣胃、瘤胃、网胃

E. 瘤胃、网胃、瓣胃、皱胃

17. 盲肠发达、外形似逗号,盲肠尖位于剑状软骨部的家畜是(　　)【2017 年】

A. 马　B. 牛　C. 羊　D. 猪　E. 犬

(18～20 题共用备选答案)【2018 年】

A. 左侧腹壁　　B. 右侧 5～7 肋

C. 左侧前下方 6～8 肋　　D. 右侧 7～11 肋

E. 右侧 8～12 肋

18. 成年牛瘤胃的体表投影位于(　　)

19. 成年牛皱胃体表投影位于(　　)

20. 成年牛网胃体表投影位于(　　)

(21～23 题共用备选答案)【2019 年】

A. 马　B. 驴　C. 牛　D. 猪　E. 骡

21. 舌上具有舌圆枕的动物是(　　)

22. 舌下肉阜小,位于舌系带处的动物是(　　)

23. 上切齿缺失的动物是(　　)

24. 牛上唇中部与两鼻孔之间形成的特殊结构为(　　)【2013 年】

A. 唇裂　B. 鼻镜　C. 吻突　D. 鼻唇镜　E. 人中

25. 牛为多室胃动物，成年牛容积最大的胃是（　　）【2013 年】

A. 腺胃　　B. 瓣胃　　C. 网胃　　D. 瘤胃　　E. 皱胃

26. 牛皱胃的黏膜上皮类型为（　　）【2013 年】

A. 单层扁平上皮　　B. 单层柱状上皮　　C. 单层立方上皮

D. 复层扁平上皮　　E. 假复层纤毛皮

27. 固有鼻腔呼吸区黏膜上皮类型是（　　）【2013 年】

A. 复层扁平上皮　　B. 单层扁平上皮　　C. 单层柱状上皮

D. 假复层柱状纤毛上皮　　E. 变移上皮

（28～29 题共用备选答案）【2014 年】

A. 马　　B. 牛　　C. 兔　　D. 猪　　E. 犬

28. 升结肠分初袢、旋袢和终袢，其旋袢呈圆盘状的动物是（　　）

29. 升结肠在肠系膜中盘曲成结肠圆锥，锥底朝向背侧锥尖朝向左腹侧的动物是（　　）

项目五　呼吸系统

【学习目标】

熟悉呼吸系统的组成；掌握鼻、咽、喉、气管、支气管和肺的形态、位置及构造。

能在浸泡的标本中识别喉软骨；能在显微镜下认识肺的基本构造。

【学习内容】

任务一　呼吸器官的构造

呼吸器官主要包括鼻、咽、喉、气管、支气管和肺（图 5-1），胸膜和胸膜腔为呼吸系统的辅助器官。鼻、咽、喉、气管、支气管是气体出入肺的通道，称为呼吸道。临床上通常将鼻、咽、喉、气管称上呼吸道。肺是呼吸的核心器官，主要作用是发生气体交换。呼吸道和肺在辅助器官协助下共同完成呼吸运动。

一、呼吸道

（一）鼻

鼻位于口腔背侧，面部中央，为呼吸的起始部，又是嗅觉器官，也有辅助发声的作用。鼻包括外鼻、鼻腔和副鼻窦。

1. 外鼻

外鼻与周围器官分界不明显，通常将其分为前端鼻尖，后部鼻根，介于两者之间的鼻体。鼻尖的两侧有一对鼻孔为鼻腔的入口，由内、外侧鼻翼围成，鼻翼含有软骨，形成鼻孔支架。鼻体分为鼻背部和鼻侧部。

2. 鼻腔

为呼吸道的起始部，以面骨为支架，内衬黏膜构成的长圆筒状。被鼻中隔分为左、右两半，每侧鼻腔都分为鼻孔、鼻前庭和固有鼻腔3部分(图5-2)。

(1)鼻孔。鼻孔是鼻腔的入口,由内外侧鼻翼围成,鼻翼为包有软骨和肌肉的皮肤褶,有一定的弹性和活动性。

(2)鼻前庭。鼻前庭是由鼻翼所围成的腔体,即鼻腔前部衬有皮肤的部分。前庭区的皮肤由面部皮肤折转而来,着生鼻毛,可滤过空气。

(3)固有鼻腔。固有鼻腔位于鼻前庭之后,为骨性鼻腔。其侧壁上有上、下鼻甲骨,将每侧鼻腔分为上、中、下3个鼻道。上鼻道较窄,位于鼻腔顶壁与上鼻甲骨之间,通嗅区。中鼻道位于上、下鼻甲骨之间,通副鼻窦。下鼻道最宽大,位于下鼻甲与鼻腔底壁之间,经鼻后孔通咽部。鼻中隔两侧与鼻甲骨之间的腔隙,称总鼻道。

固有鼻腔内表面被覆鼻黏膜,按功能分为呼吸区和嗅区。呼吸区位于鼻腔中部,黏膜内含有丰富的血管和腺体,呈粉红色,能温暖、湿润和清洁吸入的空气。嗅区位于鼻腔的后上方,内有大量的嗅觉细胞,具有嗅觉作用。

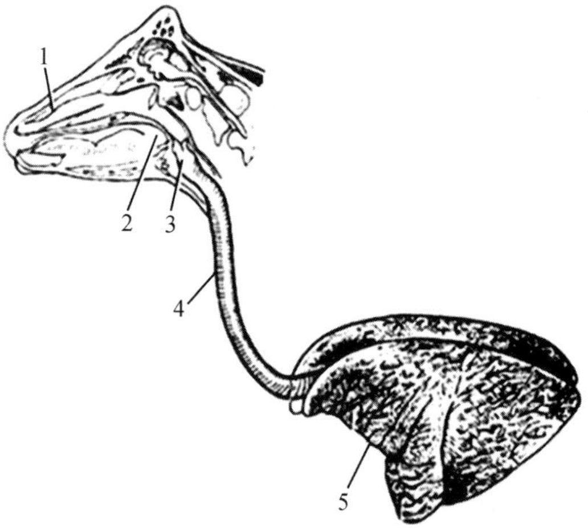

1.鼻腔 2.咽 3.喉 4.气管 5.肺

图5-1 呼吸系统模式图

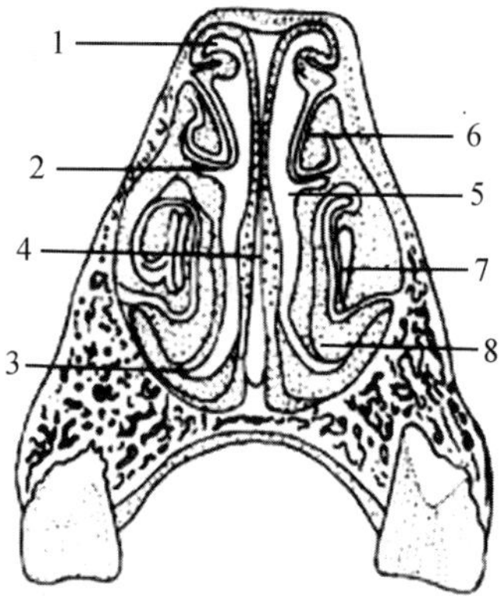

1.上鼻道 2.中鼻道 3.下鼻道 4.鼻中隔 5.总鼻道
6.上鼻甲骨 7.下鼻甲骨 8.鼻静脉丛

图5-2 鼻腔横断面

牛的鼻翼厚而不灵活,两鼻孔间与上唇中部形成光滑湿润的鼻唇镜。羊的两鼻翼间形成鼻镜。猪的鼻尖与上唇一起形成特殊的吻突,前面为盘状的吻镜,分布有短而稀的触毛。马的鼻孔大,鼻翼薄而灵活,马的鼻前庭背侧皮下有一盲囊,为其特有。

3.副鼻窦

副鼻窦也称鼻旁窦,是鼻腔周围头骨内的一些含气空腔,包括额窦、上颌窦、筛窦和蝶腭窦。它们直接或间接与鼻腔相通,窦黏膜与鼻黏膜相延续。副鼻窦有减轻头骨重量、温暖和湿润空气及发音共鸣作用。牛的额窦较大,与角突的腔相通。

(二)咽

详见“项目四消化系统”。

(三)喉

喉既是呼吸通道,也是发音器官。位于下颌间隙的后方,头颈交界的腹侧,前端通咽,后接气管。由喉软骨、喉肌、喉腔与喉黏膜构成。

1. 喉软骨

喉软骨共由 4 种 5 枚软骨构成(图 5-3),即 1 枚甲状软骨、1 枚会厌软骨、1 枚环状软骨和 1 对杓状软骨。其中会厌软骨与杓状软骨位于喉前部,共同围成喉口。会厌软骨的表面覆盖有黏膜,称为会厌。会厌前端游离且向舌根翻转,吞咽时可盖住喉口,防止食物误入喉和气管。勺状软骨位于环状软骨的前缘两侧、甲状软骨板的内侧,构成喉腔背侧壁的前部。甲状软骨最大,构成喉的底壁,腹侧面后部有一隆凸,称喉结。环状软骨位于喉的后部,呈环形,其前缘和后缘借环韧带分别与甲状软骨和气管软骨相连。

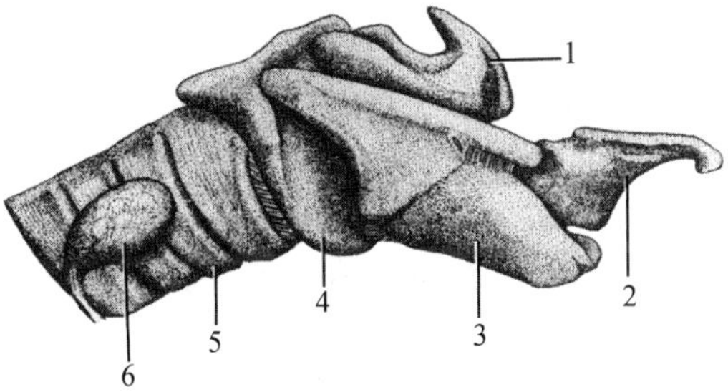

1. 勺状软骨　2. 会厌软骨　3. 甲状软骨　4. 环状软骨　5. 气管软骨环　6. 甲状腺

图 5-3　喉软骨与器官软骨

2. 喉肌

喉肌属于骨骼肌,分为固有肌和外来肌两种,附着于喉软骨的外侧,收缩时可改变喉的形态,参与吞咽、呼吸及发音等活动。

3. 喉腔与喉黏膜

喉软骨彼此借关节和韧带连成支架,内衬黏膜所围成的腔隙,称喉腔。喉黏膜衬在喉腔内表面,有丰富的感觉神经末梢,受到刺激会引起强烈地咳嗽,从而将异物排出。在喉腔中部的侧壁上有一对黏膜褶称为声带,两声带之间为声门裂,气流通过声门裂使声带振动便可发声。

(四)气管和支气管

气管和支气管为连接喉与肺之间的气体通道,支气管为气管的分支,二者形态和结构基本相似。

1. 气管和支气管的形态位置

气管为一条气管软骨环作为支架的圆筒状长管,沿颈部腹侧正中线进入胸腔,可分颈、胸两段。胸段气管约在第 3 对肋骨相对处分为右尖叶支气管,进入右肺尖叶,约在第 5 对肋骨处分出左、右支气管(马属动物仅有左、右支气管),分别经肺门进入左、右肺。

2. 气管的构造

气管壁从内向外由黏膜层、黏膜下层、外膜层构成(图 5-4)。

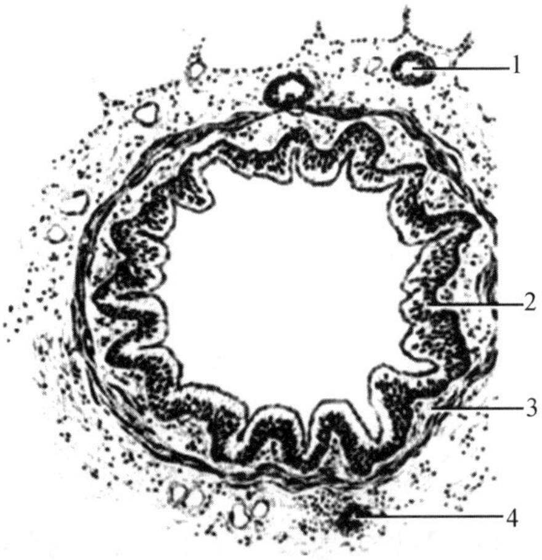

1. 血管　2. 黏膜　3. 黏膜下层　4. 气管腺

图 5-4　气管构造模式图

黏膜层：包括黏膜上皮和固有层。黏膜上皮是假复层柱状纤毛上皮，其中的杯状细胞可分泌黏液。纤毛则向喉部摆动，将黏液排向喉腔，经咳嗽排出。

黏膜下层：为疏松结缔组织，含有丰富的血管、神经和气管腺。气管腺分泌物排入管腔，与杯状细胞分泌的黏液共同在黏膜表面形成黏液层，可黏附异物和细菌，并可溶解吸入的有害气体。

外膜层：由气管软骨环和环韧带构成。软骨环为"C"形透明软骨，软骨环的缺口朝向背侧，缺口之间有弹性纤维膜连接。膜内有平滑肌束，可使气管适度舒缩。相邻软骨环借韧带相连使气管适度延长。

二、肺

(一)肺的形态特点

健康的肺呈粉红色，海绵状，质地柔软而富有弹性。右肺比左肺大(体积比约 4∶3)，左、右肺略似锥体形，锥底朝向后方。各有三个面和三个缘，且分叶明显。

1. 三个面

即肋面、纵隔面和膈面。

肋面在外侧，略凸，与胸腔侧壁接触，有肋压迹。

纵隔面在内侧，较平，与纵隔接触，有心压迹(左肺深、右肺浅)、食管压迹和主动脉压迹。在心压迹的后方有肺门，是支气管、肺动脉、肺静脉、淋巴管和神经出入肺的门户；这些结构被结缔组织包裹在一起，称肺根。

膈面在后下方，较凹，与膈接触。

2. 三个缘即背缘、腹缘和后缘。

背缘钝而圆，位于肋椎沟中。

腹缘薄而锐，位于胸外侧壁和纵隔间的沟中。腹缘有豁口状的心切迹和叶间裂，是肺分叶的依据。左肺心切迹大，右肺心切迹小，故心脏在左肺外侧面暴露出来的面积大，兽医临床常将左肺心切迹围绕区域作为心脏听诊部位。

后缘薄而锐，位于胸外侧壁与膈之间的沟中。

3. 肺的分叶(图 5-5)

(1)牛(羊)、猪肺的分叶。左肺分为 3 叶，由前向后依次为左尖叶、左心叶和左膈叶。右肺分为 4 叶，依次为右尖叶(牛和羊又以叶间裂分前、后两部)、右心叶、右膈叶和纵隔面上的副叶。

(2)马肺的分叶。马肺分叶不明显，左肺分为 2 叶，由前向后顺次为左尖叶、左心膈叶。右肺分为 3 叶，依次为右尖叶、右心膈叶和纵隔面上的副叶。

(二)肺体表投影位置的确定

临床听诊或叩诊一般可根据肺的背缘和后缘来确定其体表投影位置。

1. 牛肺体表投影

背缘线是第 1 肋骨中点至第 12 肋骨上端的连线，或距脊柱背线 10 cm；后缘线由四点连

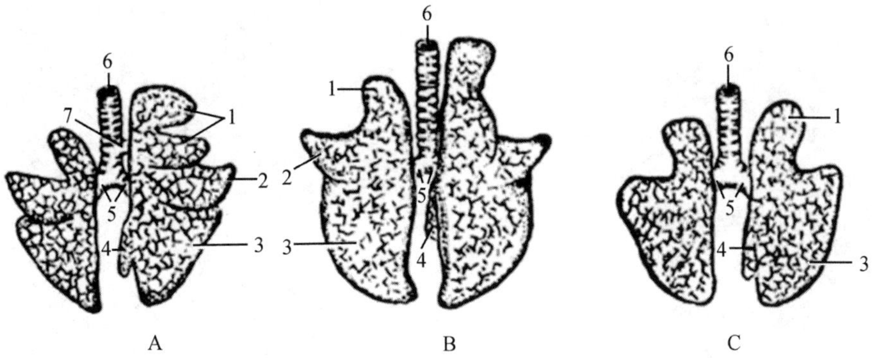

A. 牛肺　B. 猪肺　C. 马肺

1. 尖叶　2. 心叶　3. 膈叶　4. 副叶　5. 支气管　6. 气管　7. 右尖叶支气管

图 5-5　动物肺分叶模式图

成的弧线来定，分别是第 12 肋骨上端、髋结节水平线与第 11 肋骨交点、肩关节水平线与第 8 肋骨的交点和第 4 肋间隙下缘。

2. 猪肺体表投影

背缘线是第 1 肋骨中点至第 11 肋骨上端的连线，或距脊柱背线 4～5 cm；后缘线由四点连成的弧线来定，分别是第 11 肋骨上端、坐骨结节水平线与第 9 肋骨交点、肩关节水平线与第 7 肋骨交点和第 4 肋间隙下缘。

3. 马肺体表投影

背缘线是第 1 肋骨中点至第 17 肋骨上端的连线，或距脊柱背线 10 cm；后缘线由五点连成的弧线来定，分别是第 17 肋骨上端、髋结节水平线与第 16 肋骨交点、坐骨结节水平线与第 14 肋骨交点、肩关节水平线与第 10 肋骨的交点和第 5 肋间隙下缘。

(三)肺的组织构造

肺由被膜和实质构成。被膜是指覆盖在肺表面的一层光滑、湿润的浆膜(肺胸膜)，其结缔组织伸入肺内，将肺实质分隔成众多肉眼可见的肺小叶。肺小叶是以细支气管为轴心，由更细的逐级支气管和所属肺泡管、肺泡囊、肺泡构成的相对独立的肺结构单位。肺小叶一般呈锥体形，锥底朝肺表面，锥尖朝肺门(图 5-6)。动物小叶性肺炎是单个肺小叶或一群肺小叶的炎症，而大叶性肺炎常侵犯一个肺叶、一侧肺叶或全肺。

肺的实质由肺内各级支气管和无数肺泡组成。支气管经肺门入肺后，反复分支，呈树枝状，故称为支气管树(图 5-7)。支气管分支进入每个肺叶，称肺叶支气管；肺叶支气管进而分支进入每个肺段，称肺段支气管。肺段支气管以下多次分支，统称小支气管。小支气管分支到管径为 1 mm 以下时，称为细支气管；细支气管再分支，管径为 0.35～0.5 mm 时，称为终末细支气管；终末细支气管继续分支为呼吸性细支气管，管壁上出现散在的肺泡，开始有呼吸功能。呼吸性细支气管再分支为肺泡管，肺泡管再分支为肺泡囊，肺泡管和肺泡囊上有更多的肺泡。

终末细支气管以上的各级支气管是空气进出的通道，无气体交换机能，称为导管部。呼吸性细支气管以下有肺泡存在，肺泡壁与紧贴其外的毛细血管壁构成气体分子可自由透过的气-血屏障(呼吸膜)，具有气体交换机能，称为肺的呼吸部。

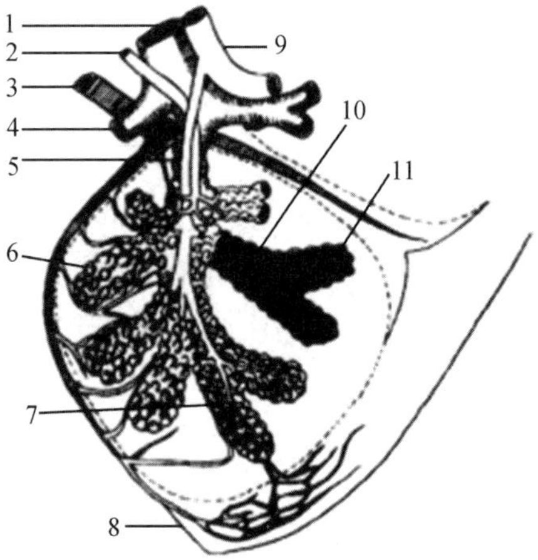

1. 细支气管 2. 支气管动脉 3. 肺静脉 4. 终末细支气管
5. 呼吸性细支气管 6. 肺泡 7. 毛细血管网 8. 肺胸膜
9. 肺动脉 10. 肺泡管 11. 肺泡囊

图 5-6 肺小叶模式图

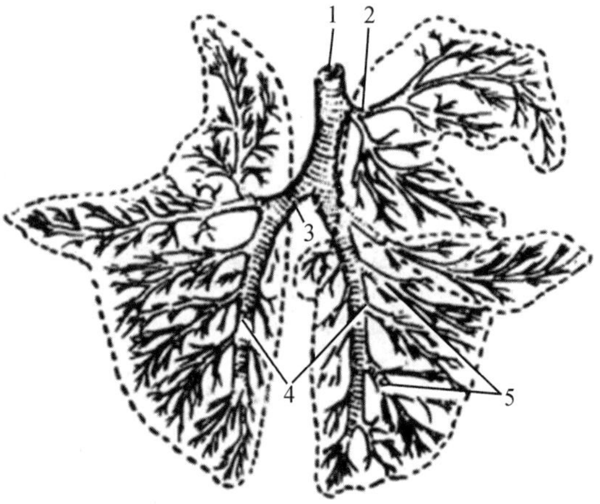

1. 气管 2. 右尖叶支气管
3. 支气管 4. 主支气管
5. 小支气管

图 5-7 牛的支气管树模式图

1. 肺的导管部

肺的导管部组织结构与气管、支气管基本相似，只是管径逐渐变小，管壁随之变薄，结构相继简化，其变化情况见表 5-1。

表 5-1 肺导管部的构造

项目	肺内支气管(肺叶支气管、肺段支气管、小支气管)	细支气管	终末细支气管
黏膜上皮	假复层柱状纤毛上皮，夹有杯状细胞	单层柱状或立方纤毛上皮，杯状细胞减少	单层立方上皮，杯状细胞消失
气管腺	逐渐减少	无	无
平滑肌	环行肌束，逐渐增多	环行肌束，逐渐增多	完整的环行肌层
软骨	片状，逐渐减少至消失	无	无

从细支气管远段到终末细支气管，具有控制进入肺泡内气流的作用。在某些病理情况下，这部分管壁内的平滑肌发生痉挛时，加上黏膜水肿，可以导致管腔变窄甚至阻塞，影响通气，从而发生呼吸困难。临床上常见的哮喘病，即由此而发生。

2. 肺的呼吸部(图 5-8、图 5-9)

(1)呼吸性支气管。开始具有气体交换的作用，其上段管壁仍为单层立方上皮，接近肺泡开口处变为单层扁平上皮。上皮下有薄层固有膜，内有弹性纤维和不完整的平滑肌纤维。

(2)肺泡管。管壁上有许多肺泡开口，末端与肺泡囊相通。管壁不完整，在相邻肺泡开口之间，固有层内有少量平滑肌束，上皮为单层立方上皮或扁平上皮。

(3)肺泡囊。呈梅花状，是由数个肺泡围成的公共腔体，囊壁为肺泡壁。

(4)肺泡。呈半球状，一面开口于肺泡囊、肺泡管或呼吸性支气管，另一面借肺泡隔与相邻肺泡连接。肺泡是气体交换的场所。肺泡壁很薄，仅由单层肺泡上皮细胞和肌膜构成。肺泡上皮细胞分Ⅰ型细胞和Ⅱ型细胞两类。

Ⅰ型细胞：呈扁平形，参与构成气-血屏障，进行气体交换。

Ⅱ型细胞：呈圆形或立方形，位于Ⅰ型细胞之间。该细胞分泌的表面活性物质可降低肺泡表面张力，稳定肺泡直径，使肺泡不致因表面张力而塌陷。当动物机体发生创伤、休克、中毒时，表面活性物质的合成与分泌受抑制或破坏，可导致肺泡萎缩，影响气体交换。

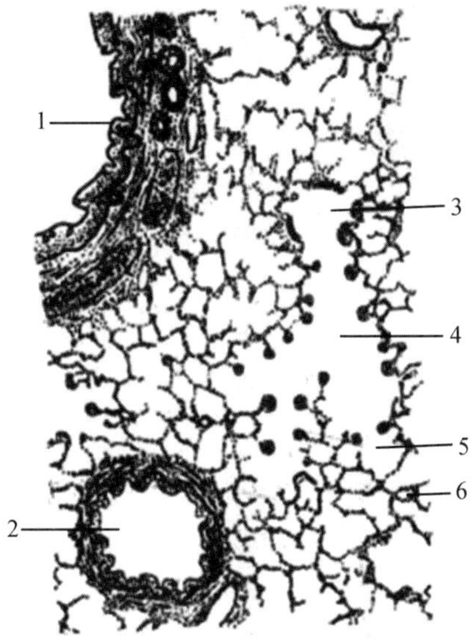

1. 小支气管　2. 细支气管　3. 呼吸性细支气管
4. 肺泡管　5. 肺泡囊　6. 肺泡

图 5-8　肺组织结构模式图

- 肺
  - 间质
    - 肺胸膜
    - 叶间、小叶间结缔组织及血管、神经
  - 实质
    - 肺内支气管
    - 细支气管
    - 终末细支气管
    - 吸性细支气管
    - 肺泡管
    - 肺泡囊
    - 肺泡
    - （以上）肺小叶

图 5-9　肺的组织结构

(5)肺泡隔。位于相邻肺泡壁之间的薄层结缔组织，隔内有丰富的毛细血管网、大量的弹性纤维，此结构有利于肺泡与血液之间发生气体交换，也使肺泡具有良好的弹性，吸气时能扩张，呼气时能回缩。肺泡隔内还有一种巨噬细胞，这种细胞可进入肺泡腔内，吞噬肺泡内灰尘、病菌、异物和渗出的红细胞。吞噬有大量尘粒的巨噬细胞又称为尘细胞。

三、胸腔、胸膜腔和纵隔

(一)胸腔

以胸廓为框架并附着胸壁肌和皮肤的截顶圆锥状体腔，该腔在胸壁肌群的帮助下可扩大和缩小。

(二)胸膜腔

胸腔内的浆膜称为胸膜，可分为脏层和壁层，两层之间构成胸膜腔(图 5-10)。脏层覆盖在肺的表面，又称肺胸膜。壁层衬贴于胸腔壁和纵隔，按所在部位可分为 3 部分：肋胸膜，衬贴于胸腔壁内面；膈胸膜，衬贴于膈胸腔面；纵隔胸膜，贴在纵隔两侧，参与构成纵隔。

胸膜腔是胸膜壁层与脏层之间的腔隙，腔内为负压，并有少量浆液，有润滑作用。胸膜炎时，胸膜腔出现大量渗出液(胸水)，或者胸膜壁层与脏层间发生粘连，影响动物的呼吸运动。

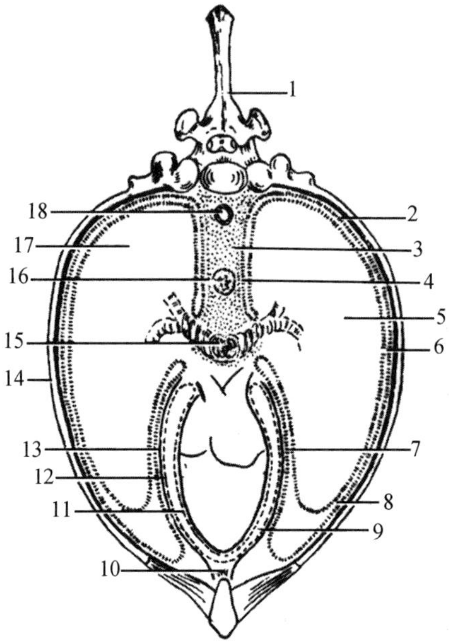

1.胸椎　2.肋胸膜　3.纵隔　4.纵隔胸膜　5.左肺　6.肺胸膜　7.心包胸膜　8.胸膜腔
9.心包腔　10.胸骨心包韧带　11.心包浆膜脏层　12.心包浆膜壁层　13.心包纤维层
14.肋骨　15.气管　16.食管　17.右肺　18.主动脉

图 5-10　胸膜腔横断面模式图

(三)纵隔

纵隔位于胸腔正中，是两侧纵隔胸膜及其之间器官和组织的总称。纵隔内夹有胸腺、心包、心脏、气管、食管、大血管、胸导管和淋巴结等。除马属动物外，纵隔将胸腔分为左右两个互不相通的腔。

二维码 5-1　羊呼吸系统解剖观察(视频)　　**二维码 5-2　兔呼吸系统解剖观察(视频)**

【学习要求】

识记　呼吸系统的组成；鼻的构造；喉软骨的组成；肺的形态特点及体表投影位置。

理解　肺的组织构造。

应用　肺的呼吸音听诊部位确定；气管注射部位的确定。

【知识拓展】

牛肺对疾病的防御作用

牛肺具有机械性、分泌性和吞噬性防御作用，从而保持肺内环境的恒定。

(一)机械性防御作用

呼吸道的黏液对其下层组织具有防止失水和避免与沉积的气源性致病因子直接接触的机械性保护作用。一旦黏液发生改变则患畜对再感染是敏感的。

加了纯胃黏液的细菌性培养物给动物做气管内接种,其细菌的致病性比不加黏液者明显地增强。这一试验表明,呼吸道内某一细菌的致病性可能与呼吸道的黏液以及黏膜防御作用之间的相互作用有着重要的关系。

家畜的黏液具有2个可分辨的层,外层是黏稠的凝胶,而内层是溶胶。牛鼻黏膜下腺体具有较多能产生黏液和浆液性分泌物的腺上皮。黏膜下腺体的分泌物主要形成溶胶层,而杯状(黏液)细胞产生的黏稠的黏液则形成凝胶层。黏液和纤毛上皮细胞共同组成黏液纤毛结构。溶胶层中纤毛的活动可使呼吸道外层凝胶上的物质向喉头移动。

(二)分泌性防御作用

这里所讲的分泌性防御作用指的是出现于呼吸道黏液或上皮细胞内具有保护功能的物质,其中包括呼吸道免疫球蛋白、干扰素和溶菌酶。

1.免疫球蛋白

牛呼吸道能产生免疫球蛋白(Ig),主要是IgA、IgG和少量IgM。

2.干扰素

干扰素由呼吸道上皮和肺泡巨噬细胞产生并释放于呼吸道分泌物中。各种病毒疫苗、病毒和合成的聚合物都能引起干扰素释放。受刺激细胞产生的干扰素被释出后可进入未受感染的细胞,使其具有抗病毒的能力。

3.溶菌酶

溶菌酶是一组具有相似活性的酶,对一些革兰阳性菌的细胞壁的破坏特别明显。血清溶菌酶可能参与补体-抗体复合物溶解靶细胞的过程。溶菌酶参与降解细菌细胞壁,从而使免疫物质对细菌的作用更为有效。

(三)吞噬性防御作用

在正常的哺乳动物肺清除作用中,肺泡巨噬细胞是最重要的吞噬细胞。单核细胞进入血液循环并可到达肺毛细血管内皮。在犊牛的肺毛细血管中可见大量巨噬细胞。部分单核细胞和巨噬细胞可从肺毛细血管进入肺泡隔,并在间隔里分裂和分化为肺泡巨噬细胞。

执业兽医资格考试真题

1.肺进行气体交换的最主要场所是(　　)【2009年】

A.肺泡　B.肺泡囊　C.肺泡管　D.细支气管　E.呼吸性细支气管

2.固有鼻腔呼吸区黏膜上皮类型是(　　)【2010年】

A.变移上皮　B.单层扁平上皮　C.单层柱状上皮

D.复层扁平上皮　E.假复层纤毛柱状上皮

(3～4题共用备选答案)【2011年】

A.肺泡隔　B.尘细胞　C.Ⅰ型肺细胞　D.Ⅱ型肺细胞　E.Ⅲ型肺细胞

3.能分泌肺泡表面活性物质的细胞是(　　)

4.位于相邻的肺泡之间,具有吞噬功能的细胞是(　　)

5. 喉软骨中成对的是(　　)【2013 年】

A. 会厌软骨　B. 甲状软骨　C. 环状软骨　D. 杓状软骨　E. 盘状软骨

6. 家畜的肺分为左肺和右肺，而右肺(　　)【2015 年】

A. 较小　B. 较大　C. 较圆　D. 较钝　E. 较尖

7. 家畜喉软骨中，最大的是(　　)【2017 年】

A. 甲状软骨　B. 会厌软骨　C. 环状软骨　D. 勺状软骨　E. 剑状软骨

8. 马鼻泪管开口于(　　)【2018 年】

A. 鼻盲囊　B. 上鼻道　C. 鼻前庭　D. 下鼻道　E. 中鼻道

9. 能关闭喉口的软骨是(　　)【2019 年】

A. 会厌软骨　B. 甲状软骨　C. 环状软骨　D. 勺状软骨　E. 剑状软骨

10 肺的呼吸部不包括(　　)【2020 年】

A. 终末细支气管　B. 肺泡管　C. 肺泡

D. 呼吸性细支气管　E. 肺泡囊

11. 呼吸系统中，真正执行气体交换功能的器官是(　　)【2014 年】

A. 鼻　B. 咽　C. 喉　D. 肺　E. 气管

项目六　泌尿系统

【学习目标】

了解泌尿系统的组成；掌握肾、膀胱的形态、位置及构造；熟悉输尿管、尿道的位置。

能在显微镜下识别肾的组织构造。

【学习内容】

任务一　泌尿器官的构造

动物机体在新陈代谢过程中，不断产生的代谢产物和多余的水分，必须及时排出体外，才能维持正常的生命活动。这些代谢产物除小部分经皮肤、呼吸器官和消化器官排出外，其余大部分经泌尿器官通过泌尿排出。因此，泌尿器官是机体非常重要的排泄器官，同时还具有调节体液、维持电解质平衡的作用。

泌尿系统由肾、输尿管、膀胱和尿道构成(图 6-1)。其中肾是生成尿液的器官，输尿管、膀胱和尿道则分别是输尿、贮尿和排尿的器官。

一、肾

(一)肾的形态、位置

肾是成对的实质性器官，左右各一，位于腹腔上部，腰椎横突腹侧，腹主动脉和后腔静脉两侧，一般为红褐色。其形态和位置因家畜种类而略有不同。肾的周围包有脂肪，称为肾脂肪囊，具有保护、固定肾的作用。肾的内侧缘中部凹陷叫肾门，是肾动脉、肾静脉、输尿管、神经和淋巴管出入肾的地方。肾门里面是一个空隙，称为肾窦。肾窦内有输尿管的起始部、肾盏、血管、淋巴管和神经等。肾的表面紧贴一层薄而坚韧的纤维膜，称为肾包膜，健康时易剥离。

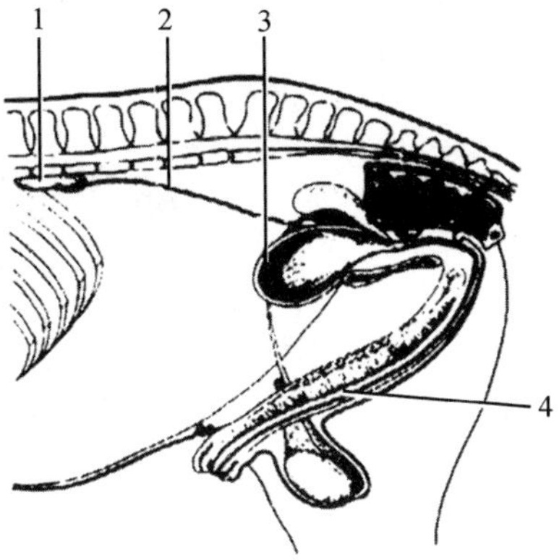

1.肾　2.输尿管　3.膀胱　4.尿道

图 6-1　泌尿系统的组成

(二)肾的一般构造

肾由被膜和实质组成。被膜为致密结缔组织形成的纤维囊；实质由若干个肾叶组成，每个肾叶分为浅层的皮质和深层的髓质。皮质颜色较深，由髓放线和皮质迷路构成，新鲜标本呈红褐色，切面上有许多细小颗粒，即肾小体。髓质颜色较浅，位于皮质深层，切面上可见许多放射状条纹，是成束的肾小管和集合管。髓质由许多呈圆锥形的肾锥体和位于肾锥体之间的肾柱构成，锥底朝向皮质并与皮质相连，锥尖朝向肾窦，呈乳头状，称为肾乳头。肾乳头突入肾窦内，与相应的肾小盏相连，几个肾小盏汇合，形成肾大盏。肾大盏汇合形成两条集收管，接输尿管。

皮质与髓质互相穿插，皮质伸入髓质锥体之间的部分称为肾柱，髓质伸入皮质的部分呈放射状分布称为髓放线，髓放线之间的皮质称为皮质迷路。

(三)肾的类型

肾脏的类型不同，根据外形和愈合程度不同，可将动物的肾分为复肾、有沟多乳头肾、光滑单乳头肾、光滑多乳头肾 4 种类型。

复肾由许多完全分开的肾叶聚集形成的葡萄串状，如大象的肾、鲸的肾；有沟多乳头肾，各肾叶仅中部合并，肾表面以沟分开，肾内部保留有若干肾乳头，如牛肾；光滑多乳头肾，各肾叶进一步合并，肾表面无分界，但在切面上仍可见到显示各个肾叶髓质部的肾锥体，其末端为肾乳头，如猪肾；光滑单乳头肾各肾叶的皮质和髓质完全合并，肾乳头也合并为一个总乳头，如马肾、羊肾。

(四)各种动物肾的特点

1. 牛肾

成年牛肾呈红褐色，左、右肾不对称。右肾呈上下稍扁的长椭圆形，位于最后 2 个胸椎至第 2～3 腰椎横突的腹侧。其背侧面略隆凸，与腰肌接触；腹侧面较平，与肝、胰、十二指肠及结肠相邻；前端突入肝的肾压迹内；肾门位于肾腹侧面的前部。左肾呈厚三棱形，肾门位于被侧面的前外部。肾的位置不固定，一般位于第 2～5 腰椎横突的腹面。往往随瘤胃充盈程度的不同而前后左右移动。

牛肾属于有沟多乳头肾，表面有深浅不一的叶间沟，将肾分为 16～22 个大小不等的肾叶，肾乳头单个存在。肾乳头孔流出的尿液汇入输尿管的起始部，在肾窦内形成前、后 2 条集收管。每条集收管又分出许多分支，分支的末端膨大形成肾小盏，每个肾小盏包围着 1 个肾乳头。牛肾无肾盂(图 6-2)。

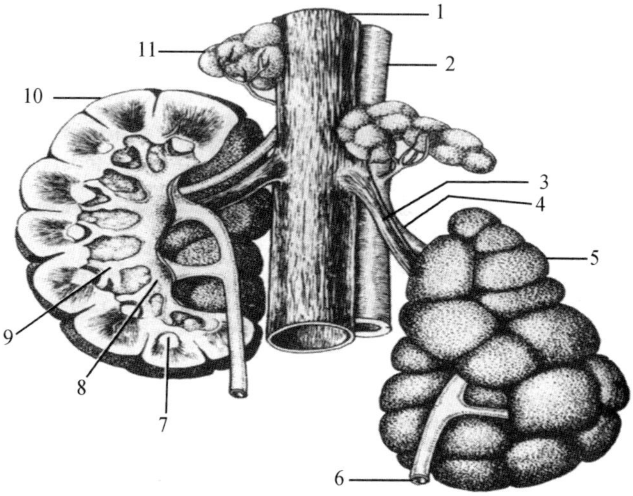

1.后腔静脉 2.腹主动脉 3.肾静脉 4.肾动脉 5.肾 6.输尿管
7.肾乳头 8.肾大盏 9.肾小盏 10.右肾 11.肾上腺

图 6-2 牛肾的构造

2.猪肾

左、右两肾呈豆形,上下扁平较长。两侧位置对称,位于最后胸椎和前 3 个腰椎横突腹侧。猪肾属于光滑多乳头肾。肾叶的皮质部完全合并,但髓质分开,肾乳头单独存在。每个肾乳头与 1 个肾小盏相对,肾小盏汇入两个肾大盏,后者汇成肾盂,连接输尿管(图 6-3)。

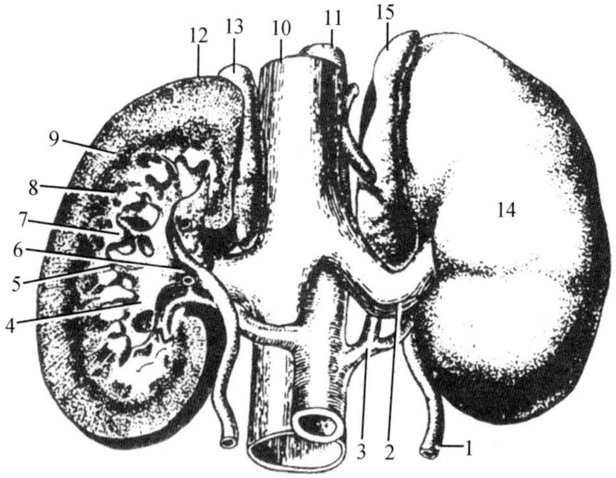

1.左输尿管 2.肾静脉 3.肾动脉 4.肾大盏 5.肾小盏 6.肾盂 7.肾乳头 8.髓质 9.皮质
10.后腔静脉 11.腹主动脉 12.右肾 13.右肾上腺 14.左肾 15.左肾上腺

图 6-3 猪肾的构造

3.马肾

马肾为光滑单乳头肾,呈红褐色。右肾略大,呈钝角三角形,左肾为豆形。肾门向内凹陷为肾窦，肾窦内有肾盂、血管、神经、淋巴管和脂肪(图 6-4)。

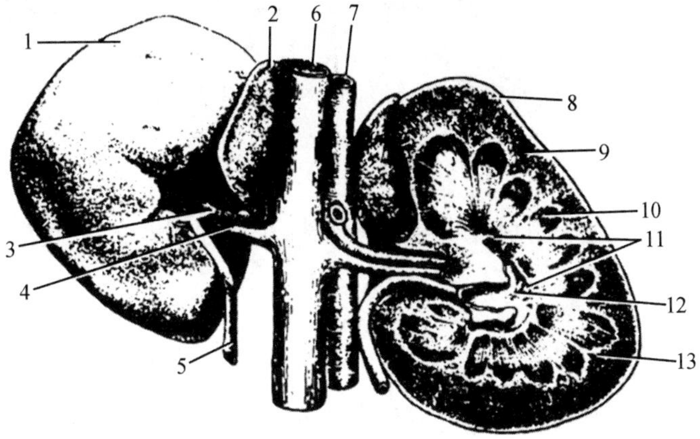

1.右肾　2.右肾上腺　3.肾动脉　4.肾静脉　5.输尿管　6.后腔静脉　7.腹主动脉
8.左肾　9.皮质　10.髓质　11.肾总乳头　12.肾盂　13.弓状血管

图 6-4　马肾的构造

4.羊肾

羊肾的位置与牛相似。形态结构与牛有很大差别。羊肾呈豆形，表面平滑，肾乳头合并成一个肾总乳头，与肾盂相接。故羊肾属于光滑单乳头肾。

(五)肾的组织构造

肾的实质由肾叶组成，肾叶由肾单位、集合管系和肾小球旁器等组成。

1.肾单位

肾单位是肾的基本结构和功能单位。按其所在部位的不同，可分为皮质肾单位和髓旁肾单位。皮质肾单位主要分布于皮质浅层和中部，数量较多，占肾单位总数的绝大多数；髓旁肾单位分布于靠近髓质的皮质深层。每个肾单位都由肾小体和肾小管两部分构成(二维码 6-1)。

二维码 6-1　肾组织结构

(1)肾小体。肾小体是肾单位的起始部，位于皮质内，呈球形，由肾小球和肾小囊两部分组成。肾小体的一侧为血管极，是血管进出血管球的部位；血管极的对侧为尿极，是肾小囊连接近曲小管处。

肾小球是一团毛细血管，位于肾小囊中。进入肾小体的血管叫入球小动脉，离开肾小球的血管叫出球小动脉，入球小动脉较粗，出球小动脉较细。

肾小囊是肾小管起始部盲端膨大凹陷形成的杯状囊，分为脏层和壁层。脏层上皮细胞为多突起的细胞，又称足细胞。足细胞紧贴在肾小球毛细血管外面，参与构成滤过膜；壁层细胞为单层扁平上皮。脏层与壁层之间的腔隙叫肾小囊腔，与肾小管的管腔直接相通。

(2)肾小管。它是一条细长而弯曲的小管，起始于肾小囊，顺次可分为近曲小管、髓袢和远曲小管。

近曲小管是肾小管中长而弯曲的部分，位于肾小体附近。管壁由单层锥体形细胞构成，腔面有刷状缘。

髓袢是从皮质进入髓质，又从髓质返回皮质的U形小管，前接近曲小管，后接远曲小管。髓袢可分为降支和升支。皮质肾单位髓袢降支有一细段；髓旁肾单位细段较长，参与形成髓袢降支和升支。

远曲小管位于皮质内，比近曲小管短且弯曲少，管壁由单层立方上皮构成。其末端汇入集合管。

2. 集合管系

由许多远曲小管末端汇合形成较粗的集合管系，包括弓形集合管、直集合管和乳头管。乳头管在肾乳头上开口于肾盏或肾盂。

3. 肾小球旁器

肾小球旁器包括球旁细胞和致密斑。

(1)球旁细胞。入球小动脉进入肾小囊处，由动脉管壁中的平滑肌细胞移变为上皮样细胞，称为球旁细胞。细胞呈立方形或多角形，核为球形，胞质内有分泌颗粒，颗粒内含肾素。

(2)致密斑。在靠近肾小体血管极一侧，远曲小管的上皮细胞由立方形变为高柱状细胞，呈斑状隆起，称为致密斑。致密斑是一种化学感受器，可感受肾小管原尿中 Na^{+} 浓度的变化，并将信息传递至球旁细胞，调节肾素的释放。

(六)肾的血液循环

1. 肾血液循环的途径

由腹主动脉发出的肾动脉，入肾门后分出若干条叶间动脉，走向锥体之间，在皮质与髓质交界处形成弯曲的弓形动脉。弓形动脉向皮质发出许多小叶间动脉，小叶间动脉又分支为入球小动脉。入球小动脉进入肾小球后分为数支毛细血管，盘曲形成肾小球，之后汇合成出球小动脉。出球小动脉离开肾小囊后，在皮质和髓质的肾小管周围再次分支，形成毛细血管网，称为球后毛细血管网。肾小管周围的毛细血管网逐渐汇集成小叶间静脉，小叶间静脉汇集成弓形静脉、叶间静脉，最后经肾静脉开口于后腔静脉。

2. 肾血液循环的主要特点

肾动脉直接来自腹主动脉，口径粗、行程短、血流量大；入球小动脉短而粗，出球小动脉长而细，血液流经肾小球时阻力大，血压高，有利于原尿的生成；动脉在肾内2次形成毛细血管网，即血管球(肾小球)和球后毛细血管网。前者形成原尿，后者血压很低，便于物质的重吸收和物质的交换。

二、输尿管

输尿管是一对输送尿液到膀胱的细长管道。它起于集合管，经肾门出肾，沿腹腔顶壁向后伸延，进入骨盆腔，在尿生殖褶中(公畜)或沿子宫阔韧带背侧缘(母畜)继续向后延伸，最后斜穿过膀胱背侧壁而开口于膀胱颈。输尿管末端突入膀胱内，斜走35 cm，这种结构有利于防止尿液逆流。输尿管壁由黏膜、肌层和外膜3层构成。

三、膀胱

膀胱是暂时贮存尿液的器官，呈梨形，位于骨盆腔前部。其前端钝圆叫膀胱顶，中部膨大叫膀胱体，后端狭窄叫膀胱颈。膀胱颈向后与尿道相通，交界口叫尿道内口，内有括约肌。公畜膀胱背侧是直肠、尿生殖褶和精囊腺，母畜的膀胱背侧是子宫和阴道。

膀胱壁由黏膜、黏膜下层、肌层和外膜构成。黏膜上皮为变移上皮，空虚时有许多皱褶。肌层较厚，在膀胱颈部形成括约肌。

四、尿道

尿道起于膀胱颈的尿道内口，后段并入生殖道中。公畜的尿道为一细而长的管道，除有排尿功能外，还有排精的功能，故又称为尿生殖道。母畜尿道短而宽，开口于尿生殖前庭端底壁。在开口处的腹侧面有一凹陷，称尿道下憩室(图 6-5)。导尿时切忌将导尿管误插入尿道下憩室。

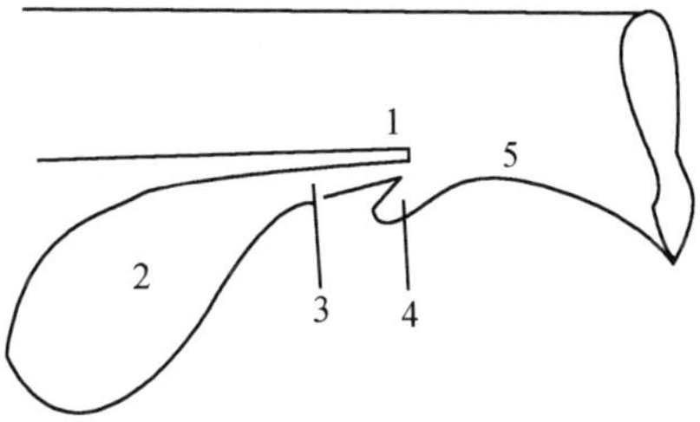

1. 阴道　2. 膀胱　3. 尿道　4. 尿道下憩室　5. 尿生殖道前庭

图 6-5　母牛尿道憩室位置示意图

二维码 6-2　羊泌尿系统解剖观察(视频)

二维码 6-3　兔泌尿系统解剖观察(视频)

【学习要求】

识记　泌尿系统的组成；肾的组织构造；输尿管、膀胱、尿道的构造；肾的形态特点及体表投影位置。

理解　肾的血液循环特点；肾单位的组成。

应用　(1)临床上如何给不同动物进行导尿？(2)如何检查动物膀胱尿液充盈程度？(3)如何确定肾上腺素的准确位置？

【知识拓展】

肾脏自述：我是一名排除毒素的过滤工

我叫肾脏，我的主要工作是从机体的血液中不断地清除毒素和多余的水分，莫看我体形矮小，但我每天都能滤过和清洁 200 L 的血液，其数量相当于 10 桶饮用水。正是我这种特殊的功能，才被人们誉为不知劳累的“过滤工”。

我们是“孪生”兄弟，分别是左肾和右肾，虽然各在一左一右，但担负着同样的工作，坚守着同样的职责。

1. 生成尿液，维持水的平衡

我身上的肾小球就像筛网一样，当血液流过时，体积大的红细胞、白细胞、血小板、蛋白质等没能被通过，它们经过滤过后仍然留在血管里，而体积小的钠离子、氯离子、糖分子、水、尿素等，通过滤过后便进入肾小管里，成为机体中的原尿，其中99%的水分和营养被重新吸收回体内，剩下的代谢废物和少数水分便形成尿液，被排出体外。

2. 排泄代谢物和有毒物

机体的新陈代谢会产生一些代谢产物，如尿素、尿酸、肌酐等，我通过肾小球筛网把这些代谢物滤过后，随着肾小管的重吸收、分泌作用，将有用的物质和营养重新吸收回到体内来，通过"吐故纳新"的滤过功能转换，将废物和有毒物从尿液中排出体外，确保了身体的健康。

我作为内分泌器官，另一个功能就是分泌红细胞生成素、肾素、前列腺素，生成活性维生素D，发挥肾功能的降解与灭活作用，维持机体内环境的平衡稳定。我每天默默无闻地工作，其功能作用虽然很大，但有时也很脆弱，容易受到伤害，如肾毒性药物：氨基糖苷类、头孢菌素类非甾体抗炎药、马兜铃类中草药等，它能引起急、慢性肾炎、急性肾小管坏死、肾功能衰竭等疾病的发生；环境污染、缺氧、中毒等都会对肾功能健康带来伤害。

执业兽医资格考试真题

1. 牛肾类型属于(　　)【2009年】

A. 复肾　B. 有沟多乳头肾　C. 有沟单乳头肾　D. 光滑多乳头肾　E. 光滑单乳头肾

2. 肾外表面坚韧的结缔组织膜构成(　　)【2010年】

A. 滑膜　B. 浆膜　C. 上皮　D. 纤维囊　E. 脂肪囊

3. 牛肾的类型为(　　)【2016年】

A. 复肾　B. 有沟多乳头肾　C. 光滑多乳头肾　D. 光滑单乳头肾　E. 有沟单乳头肾

4. 肾组织结构中有肾大盏(收集管)而无肾盂的家畜是(　　)【2017年】

A. 牛　B. 马　C. 羊　D. 猪　E. 犬

5. 与母畜膀胱背侧紧邻的器官是(　　)【2018年】

A. 卵巢和输卵管　B. 卵巢和子宫　C. 子宫和阴道　D. 阴道和阴道前庭　E. 子宫和阴道前庭

6. 属于有沟多乳头肾的动物是(　　)【2019年】

A. 猪　B. 马　C. 羊　D. 牛　E. 犬

7. 暂时贮存尿液的器官是(　　)【2020年】

A. 雌性尿道　B. 雄性尿道　C. 膀胱　D. 输尿管　E. 肾

8. 犬肾为(　　)【2012年】

A. 复肾　B. 光滑多乳头肾　C. 光滑单乳头肾　D. 有沟单乳头肾　E. 有沟多乳头肾

9. 具有肾大盏和肾小盏，但无肾盂的家畜是(　　)【2013年】

A. 羊　B. 牛　C. 猪　D. 马　E. 犬

项目七 生殖系统

【学习目标】

熟悉动物生殖系统的组成；掌握睾丸、附睾、精索、副性腺、阴囊等主要雄性生殖器官和卵巢、输卵管和子宫等主要雌性生殖器官的形态、位置和构造；掌握牛、羊、猪、马生殖器官的特点。

【学习内容】

生殖系统包括雄性生殖系统和雌性生殖系统两类，是产生生殖细胞（精子和卵子）、分泌性激素和繁殖后代的一个系统。

任务一 雄性生殖器官的构造

雄性生殖器官包括睾丸、附睾、输精管、精索、阴囊、尿生殖道、副性腺、阴茎和包皮（图 7-1、图 7-2）。

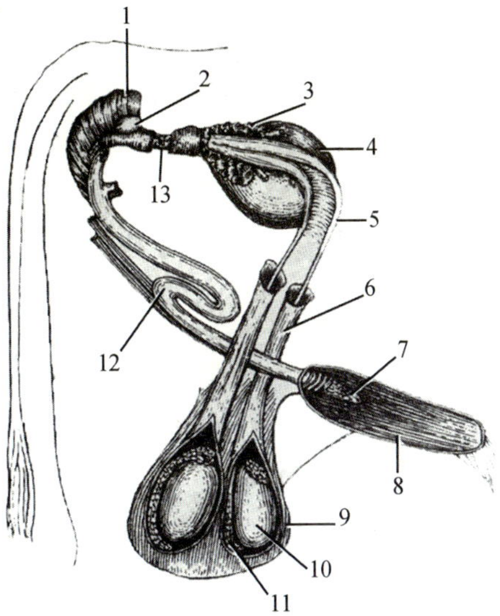

1. 球海绵体肌 2. 尿道球腺 3. 精囊腺 4. 膀胱 5. 输精管 6. 鞘管 7. 阴茎头 8. 包皮 9. 阴囊 10. 睾丸 11. 附睾 12. 阴茎乙状弯曲 13. 前列腺

图 7-1 公牛生殖系统组成

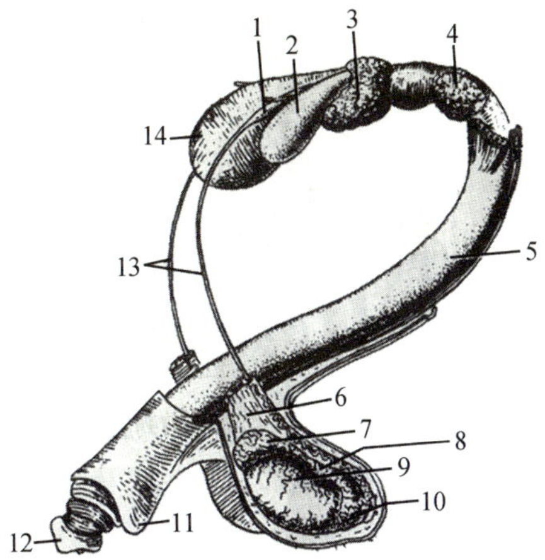

1. 输精管壶腹 2. 精囊腺 3. 前列腺 4. 尿道球腺 5. 阴茎 6. 精索 7. 附睾尾 8. 附睾体 9. 睾丸 10. 附睾尾 11. 包皮 12. 龟头 13. 输精管 14. 膀胱

图 7-2 公马生殖系统组成

一、睾丸

睾丸可产生精子、分泌雄性激素，促进第二性征出现和其他性器官的发育。

（一）睾丸的位置和形态

睾丸位于阴囊内，左、右各一。在胚胎时期，睾丸位于腹腔内肾的附近。出生前后，睾丸和附睾一起经腹股沟管下降到阴囊内，这一过程称为睾丸下降。动物出生后，如果有一侧睾丸仍留在腹腔内，没有下降到阴囊内，称为单侧隐睾，如果两侧的睾丸都没有下降到阴囊中，称为双侧隐睾。隐睾的动物其生殖能力较弱或无生殖能力，不宜留作种用。

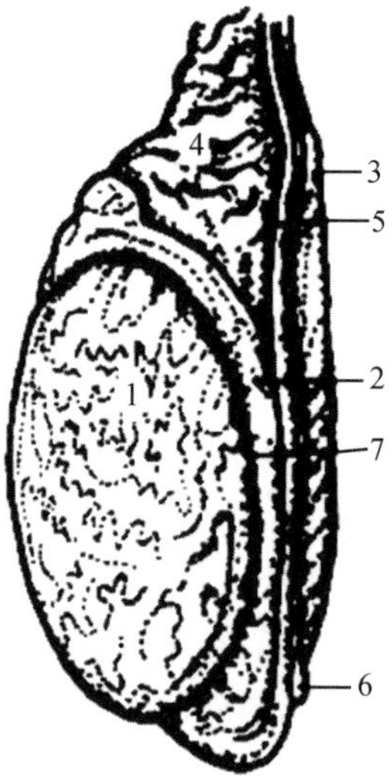

1.睾丸　2.附睾　3.输精管　4.精索
5 睾丸系膜　6.阴囊韧带　7.附睾窦

图 7-3　公牛的睾丸和附睾(外侧面)

二维码 7-1　睾丸和附睾的组织结构

睾丸呈左、右稍扁的椭圆形，表面光滑。外侧面稍隆凸，内侧面平坦。附睾附着的一侧为附睾缘，另一侧为游离缘。血管和神经进出的一端为睾丸头，与附睾头相接；另一端为睾丸尾，借睾丸固有韧带与附睾尾相连。

1. 牛(羊)的睾丸

位于两股之间的阴囊内，体积较大，呈长椭圆形，长轴与地面垂直，睾丸头位于上方，前缘为游离缘，后缘为附睾缘(图 7-3)。牛的睾丸实质呈灰黄色，羊的呈白色。

2. 猪的睾丸

位于会阴部，质地较柔软，体积很大，呈椭圆形，长轴斜向后上方，睾丸头朝向前下方，睾丸尾朝向后上方，前背侧缘为附睾缘，后腹侧缘为游离缘。睾丸实质呈灰色或淡灰色。

3. 马的睾丸

位置与牛的相近似，外形呈椭圆形，长轴与地面平行，睾丸头向前，睾丸尾向后，背侧缘为附睾缘，腹侧缘为游离缘。睾丸实质呈淡棕色。

(二)睾丸的组织结构

睾丸为成对的实质器官，其组织结构包括被膜和实质(二维码 7-1)。

1. 被膜

除附睾缘外，表面均被覆着一层浆膜，即睾丸固有鞘膜。浆膜下方为厚而坚韧的致密结缔组织膜，称白膜。白膜将睾丸实质包于其中。在睾丸头处，白膜的结缔组织伸入睾丸实质内，形成睾丸纵隔。马的睾丸纵隔仅限在睾丸头。从睾丸纵隔又发出许多睾丸小隔，呈放射状伸入睾丸实质，将睾丸实质分成 100～300 个锥形的睾丸小叶。白膜、睾丸纵隔、睾丸小隔共同构成了睾丸的结缔组织支架。

2. 实质

由曲细精管、直细精管、睾丸网和间质组织构成。

在每个睾丸小叶内有 2～3 条弯曲的曲细精管，曲细精管在接近睾丸纵隔处变直，称为直细精管。直细精管进入睾丸纵隔内相互吻合呈网状，称为睾丸网。睾丸网汇成 10～30 条睾丸输出管穿出睾丸头，与附睾管相连。曲细精管之间填充有间质组织，由血管、淋巴管、神经纤维和间质细胞组成，间质细胞体积较大，呈卵圆形或多边形，胞核大而圆，胞质呈嗜酸性。间质细胞能分泌雄性激素，主要是睾酮，可促进精子的发生和成熟，促进生殖器官发育和第二性征的出现，维持正常的性欲活动。

曲细精管为精子发生的场所，是盘曲的袢状管，两端均连接直细精管，有的以盲端起始于小叶边缘，向纵隔延伸与直细精管相接。管壁由外层的基膜和内层的生殖上皮构成(图 7-4)，基膜外有胶原纤维和一层肌样细胞，能进行收缩，有助于精子的排出。生殖上皮包括 2 种类型的细胞，即生精细胞和支持细胞。

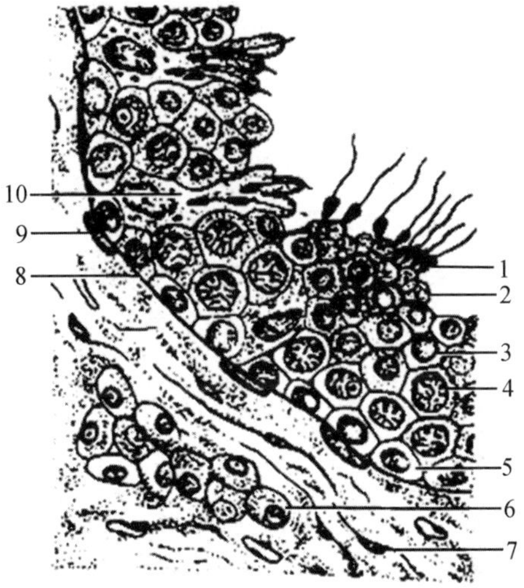

1. 精子 2. 精子细胞 3. 次级精母细胞 4. 初级精母细胞 5. 精原细胞 6. 间质细胞
7. 结缔组织 8. 基膜 9. 肌样细胞 10. 支持细胞

图 7-4 睾丸曲细精管及间质

①生精细胞：性成熟的动物，在睾丸曲细精管的管壁中，由基膜到腔面，可见许多不同发育阶段的生精细胞，包括精原细胞、初级精母细胞、次级精母细胞、精子细胞和精子。从精原细胞增殖分化形成精子的过程称精子发生。

②支持细胞：支持细胞具有支持、保护和营养各级生精细胞，吞噬退化的精子及合成雄性激素结合蛋白的功能。相邻支持细胞在靠近基底部的侧面形成紧密连接，这种连接装置与曲细精管的基膜、血管基膜和血管内皮等结构共同构成血一睾屏障，该屏障对保护曲细精管内稳定的微环境具有重要作用。

二、附睾

附睾是贮存、浓缩精子和使精子进一步发育成熟的场所。附着在睾丸一侧，外被固有鞘膜和白膜分为附睾头(与睾丸头相对应)、附睾体和附睾尾(与睾丸尾相对应)。附睾由睾丸输出管和附睾管构成。睾丸输出管形成附睾头，输出管汇合成一条粗长的附睾管，盘曲成附睾体和附睾尾，在附睾尾处管径增大，最后延续为输精管。附睾尾借附睾韧带与睾丸尾相连。附睾韧带由附睾尾延续至阴囊的部分，称为阴囊韧带。雄性动物去势时，必须切断阴囊韧带和睾丸系膜，才能取出睾丸和附睾。

三、输精管和精索

(一)输精管

输精管为输送精子的管道，由附睾管延续而来，在附睾尾处起始后沿附睾体至附睾头附近，与精索一起经腹股沟管入腹腔，再向后上方进入骨盆腔，末端开口于尿生殖道起始部背侧壁的精阜两侧。输精管在膀胱背侧的尿生殖褶内形成一膨大部，称为输精管壶腹。其黏膜内有腺体（壶腹腺），分泌物有稀释、营养精子的作用。牛、羊的输精管壶腹很小，猪输精管末端不形成壶腹，马的很发达。

输精管由黏膜、肌膜和外膜构成。黏膜被覆假复层柱状纤毛上皮，末段为单层柱状上皮。肌膜厚，由平滑肌构成。

（二）精索

为上窄下宽的扁圆锥形，基部附着于睾丸和附睾，上端达腹股沟管内环。精索内含有睾丸动脉、静脉、神经、淋巴管、睾内提肌和输精管，外包固有鞘膜，并借输精管系膜固定在总鞘膜的后壁。去势时要结扎和切断精索，必要时采取止血措施。精索内的睾丸动脉长而弯曲，与之伴行的静脉细而密，形成精索的蔓状丛，具有减慢血流和降低血液温度的作用。

四、阴囊

牛、羊的阴囊位于两股之间，在松弛状态下呈瓶状，阴囊颈较明显，绵羊阴囊被毛较密。猪的阴囊位于股后部、肛门腹侧，与周围皮肤的界限不明显；马的阴囊位于两股之间，略呈球形，左、右常不对称。阴囊呈袋状，借腹股沟管与腹腔相通，内部容纳睾丸、附睾和大部分精索。阴囊相当于腹腔的突出部，其结构与腹壁相似，从外向内依次由阴囊皮肤、肉膜、阴囊筋膜和鞘膜构成（图 7-5）。

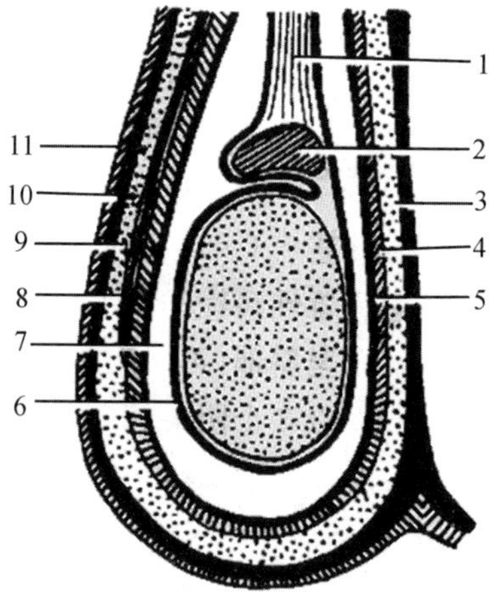

1. 精索　2. 附睾　3. 阴囊中隔　4、5. 总鞘膜
6. 固有鞘膜　7. 鞘膜腔　8. 睾外提肌
9. 筋膜　10. 肉膜　11. 皮肤

图 7-5　阴囊结构模式图

（一）阴囊皮肤

阴囊皮肤薄而柔软，富有弹性，表面生长有少量短而细的被毛，皮肤内含丰富的皮脂腺和汗腺。阴囊表面的腹侧正中有阴囊缝，将阴囊从外表分为左、右两部分。阴囊缝是去势时定位的标志。

（二）肉膜

肉膜紧贴阴囊皮肤的内面，富含弹性纤维和平滑肌。肉膜在阴囊正中形成阴囊中隔，将阴囊分为左、右互不相通的两个腔体。肉膜具有调节温度的作用，冷时肉膜收缩，使阴囊起皱，面积减小；天热时肉膜松弛，使阴囊下垂。

（三）阴囊筋膜

位于肉膜深面，由腹壁深筋膜和腹外斜肌腱膜延伸而来。将肉膜与总鞘膜较疏松地连接起来。其深面有睾外提肌，是由腹内斜肌经腹股沟管延续出来的部分，包在总鞘膜的外侧面和后缘，收缩时可上提睾丸，使其接近腹壁，与肉膜一同调节阴囊内的温度。

（四）鞘膜

鞘膜包括总鞘膜和固有鞘膜。总鞘膜为阴囊最内层，由腹膜壁层延续而来。在靠近阴囊中隔处，总鞘膜折转覆盖于睾丸和附睾上，称为固有鞘膜。折转处所形成的浆膜褶，称为睾丸系膜。去势时切开阴囊后，必须切断阴囊韧带和睾丸系膜，方能摘除睾丸和附睾。总鞘膜和固有鞘膜之间的腔隙叫鞘膜腔，内有少量浆液。鞘膜腔上段细窄，呈管状，称为鞘膜管，精索包于其中。鞘膜管位于腹股沟管内，以鞘膜管口或鞘膜环与腹膜腔相通。当鞘膜管口较大时，小肠可脱入鞘膜管或鞘膜腔内，形成腹股沟疝或阴囊疝，须手术进行恢复。

五、副性腺

副性腺包括精囊腺、前列腺和尿道球腺（图 7-6）。其发育和功能受性激素的影响，公畜去势后，腺体会逐渐萎缩。

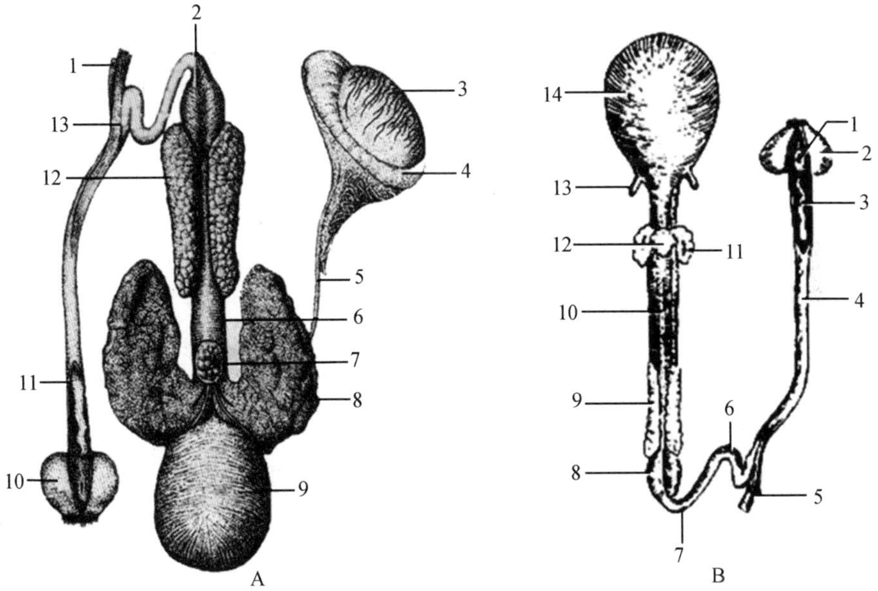

A. 成年猪（1. 阴茎缩肌　2. 球海绵体肌　3. 睾丸　4. 附睾　5. 输精管　6. 尿道肌　7. 前列腺　8. 精囊腺　9. 膀胱　10. 包皮憩室　11. 包皮　12. 尿道球腺　13. 阴茎）

B. 去势猪（1. 包皮盲囊入口　2. 包皮憩室　3. 剥开的包皮囊中的阴茎头　4. 阴茎　5. 阴茎缩肌　6. 阴茎“乙”状弯曲　7. 阴茎根　8. 球海绵体肌　9. 尿道球腺　10. 阴茎根　11. 精囊腺　12. 前列腺　13. 输尿管　14. 膀胱）

图 7-6　公猪生殖器官

（一）精囊腺

精囊腺有 1 对，位于膀胱颈背侧的尿生殖褶中，在输精管壶腹的外侧，腺管开口于精阜。

1. 牛、羊的精囊腺

呈不规则的长卵圆形，表面凹凸不平，分叶清楚，两侧精囊腺的大小和形态常不对称，每侧的腺管与输精管共同开口于精阜上。

2. 猪的精囊腺

特别发达，呈三棱形，分叶明显。腺管单独或与输精管共同开口于精阜。有时两侧腺管在通入尿道之前先合并成一总管。

3. 马的精囊腺

为 1 对长梨形囊，囊腔宽大。位于膀胱颈背侧的尿生殖褶中，输精管壶腹的外侧。每侧精囊腺的排泄管和同侧的输精管汇合，共同开口于精阜。

（二）前列腺

前列腺位于尿生殖道起始部的背侧，腺管较多，开口于尿道。幼龄时前列腺较小，到性成熟期较大，老龄时又逐渐退化。

1. 牛、羊的前列腺

牛的前列腺由腺体部和扩散部构成。前列腺体较小，横向位于膀胱颈和尿生殖道起始部的背侧。扩散部发达，分布于尿生殖道骨盆部黏膜周围。腺管分成两列开口于精阜后方的尿生殖道骨盆部黏膜。羊的前列腺只有扩散部。

2. 猪的前列腺

与牛的相似，也分腺体部和扩散部。腺体部位于尿生殖道起始部的背侧，大部分被精囊腺覆盖。扩散部分布于尿生殖道骨盆部的壁内。两部均有许多导管开口于尿生殖道骨盆部背侧黏膜。

3. 马的前列腺

较发达，位于尿道起始部背侧。由左、右两叶和中间的峡部构成。两叶均呈梨形，峡为一薄带状，连接两叶。每侧前列腺管有 15～20 条，穿过尿道壁开口于精阜外侧。

（三）尿道球腺

尿道球腺为一对，位于尿生殖道骨盆部后端的背外侧，坐骨弓附近。腺管开口于尿生殖道。其分泌物透明黏滑，呈碱性，在射精前排出，可冲洗尿道、中和母畜的阴道内酸性分泌物。

1. 牛、羊的尿道球腺

为圆形的实质性腺体，被覆一层厚的致密结缔组织和球海绵体肌。每侧腺体有 1 条导管，开口于尿生殖道后端背侧。腺管开口处有半月状黏膜褶遮盖，此黏膜褶在公牛导尿时会造成一定困难。

2. 猪的尿道球腺

很发达，呈圆柱状，成年公猪长达 12 cm，位于尿生殖道骨盆部后 2/3 段的背外侧，部分被球海绵体肌覆盖。每个腺体有一大的导管，开口于坐骨弓处的尿生殖道背侧壁。

3. 马的尿道球腺

呈背腹侧稍扁的卵圆形，长轴斜向前外侧，表面有尿道肌覆盖。每侧腺体有 6～8 条导管，开口于尿生殖道背侧壁黏膜上。

六、尿生殖道

雄性动物的尿道兼有排精作用，故称为尿生殖道。它起于膀胱颈，沿骨盆腔底壁向后延伸，绕过坐骨弓，再沿阴茎腹侧的尿道沟前行，开口于阴茎头部的尿道外口。尿生殖道管壁包括黏膜层、海绵体层、肌层和外膜。以坐骨弓为界，尿生殖道分为骨盆部和阴茎部两部分。

1. 尿生殖道骨盆部

它是指自膀胱颈部到坐骨弓的一段，位于骨盆腔底壁与直肠之间。在骨盆部起始处的背侧黏膜上有一圆形隆起，称为精阜，是输精管和精囊腺腺管的共同开口部位。

2. 尿生殖道阴茎部

为骨盆部的直接延续，位于阴茎海绵体腹侧的尿道沟中，末端开口于阴茎头，开口处称尿道外口。

七、阴茎和包皮

(一)阴茎

1.阴茎的形态、位置

阴茎主要是由阴茎海绵体和尿生殖道阴茎部构成。可分为阴茎根、阴茎体和阴茎头3部分。

(1)阴茎根。阴茎根以两个阴茎脚附着于坐骨结节上,两阴茎脚向前合并成阴茎体。

(2)阴茎体。阴茎体呈圆柱状,位于阴茎脚和阴茎头之间,占阴茎的大部分,在起始部由两条扁平的阴茎悬韧带固着于坐骨联合的腹侧面。

(3)阴茎头。阴茎头位于阴茎的前端,常位于包皮内。

2.不同动物的阴茎(图 7-7)

(1)牛、羊的阴茎。呈圆柱状,细而长。阴茎体呈乙状弯曲,位于阴囊后方,勃起时伸直。阴茎头长而尖,呈扭转状,尿道外口位于阴茎头前端的尿道突上。羊的尿道突细长,绵羊的长3～4 cm,山羊的稍短而直。

(2)猪的阴茎。与牛的类似,阴茎体也有乙状弯曲,但位于阴囊前方,阴茎头尖细呈螺旋状扭转,尿道外口位于阴茎头的腹外侧。

(3)马的阴茎。粗大、平直,无乙状弯曲,呈左右稍扁的圆柱状,阴茎头膨大形成龟头。龟头前端腹侧面有一凹陷的龟头窝,窝内有一短的尿道突,尿道外口开口于此处。

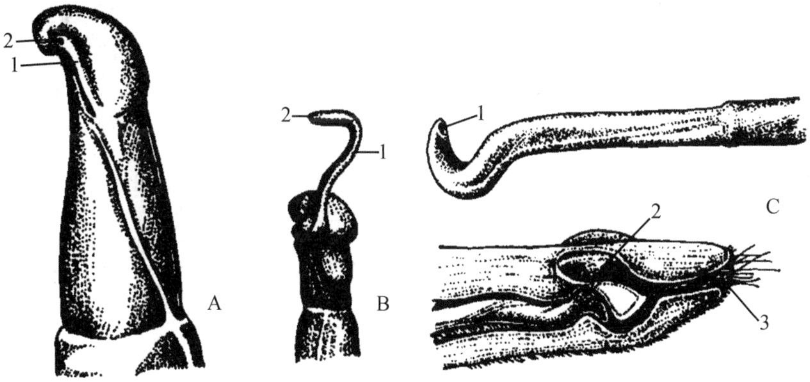

A.牛阴茎(1.尿道突　2.尿道外口)　B.绵羊阴茎(1.尿道突　2.尿道外口)
C.猪阴茎前端及包皮(1.尿道外口　2.包皮盲囊　3.包皮口)

图 7-7　牛、羊、猪的阴茎前端

(二)包皮

包皮是由腹壁皮肤折转形成的管状鞘,具有容纳、保护阴茎头和配合交配的作用。

牛的包皮长而狭窄,完全包裹退缩的阴茎头。猪的包皮腔很长,前部背侧壁有一发达的卵圆形盲囊,为包皮憩室,常聚积有余尿和脱落上皮,具有特殊腥臭味。马的包皮为双层皮肤褶,包皮的皮肤内有汗腺和包皮腺,其分泌物和脱落的上皮细胞共同形成一种黏稠而难闻的包皮垢。

在畜牧业生产中常根据动物阴茎类型不同而采用不同的人工采精方式,猪多用徒手采精法,牛、羊、马等多用假阴道法。在公畜采精操作前,需要对公畜阴茎进行认真清洗,以去除在包皮中存留的尿液和污垢,以免对精液造成污染,影响精液的质量。

二维码 7-2　母猪生殖器官

任务二　雌性生殖器官的构造

雌性生殖器官包括卵巢、输卵管、子宫、阴道、尿生殖前庭和阴门等(图 7-8、图 7-9、二维码 7-2)。尿生殖前庭和阴门又称为外生殖器官。

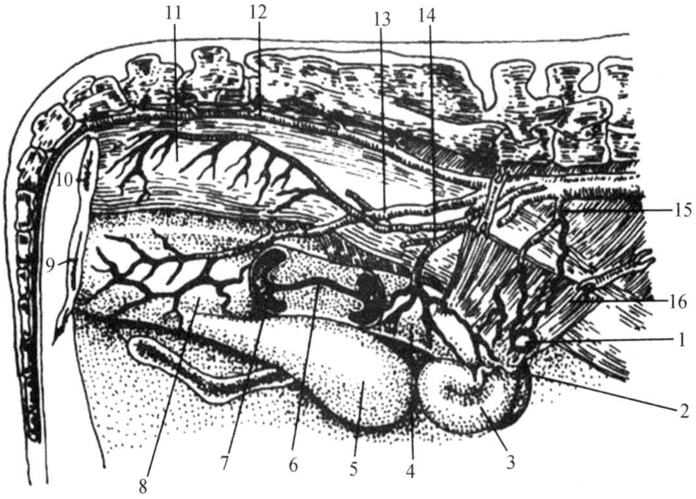

1.卵巢　2.输卵管　3.子宫角　4.子宫体　5.膀胱　6.子宫颈管　7.子宫颈阴道部　8.阴道　9.阴门　10.肛门　11.直肠　12.荐中动脉　13.髂内动脉　14.子宫中动脉　15.子宫卵巢动脉　16.子宫阔韧带

图 7-8　母牛生殖器官位置关系(右侧观)

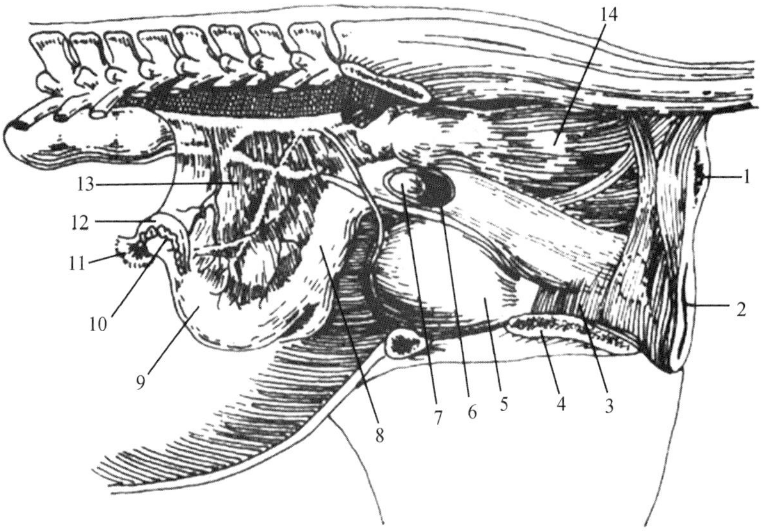

1.肛门　2.阴门　3.尿道　4.骨盆底断面　5.膀胱　6.阴道　7.子宫颈　8.子宫体　9.子宫角　10.输卵管　11.输卵管伞　12.卵巢　13.子宫阔韧带　14.直肠

图 7-9　母马生殖器官位置关系(左侧观)

一、卵巢

(一)卵巢的形态、位置

卵巢是产生卵子和分泌雌性激素的器官,卵巢以卵巢系膜附着于腰部,肾的后下方或骨盆腔前口的两侧。卵巢后端借卵巢固有韧带与子宫角的末端相连,前端接输卵管伞。卵巢的两个缘分别为游离缘和卵巢系膜缘。卵巢的血管、神经和淋巴管由卵巢系膜缘出入卵巢,此处称为卵巢门。

1. 牛、羊的卵巢

牛呈稍扁的椭圆形,长约 3.7 cm,宽约 2.5 cm,厚约 1.5 cm(即 3.7 cm×2.5 cm×1.5 cm)。随着性周期的变化,有成熟卵泡和黄体突出于卵巢表面,直肠检查时可以触及。未产母牛的卵巢多位于骨盆腔内,耻骨前缘两侧稍后;经产母牛位于腹腔内,耻骨前缘的前下方。

羊的卵巢位置与牛相似,呈杏仁状,体积小,性成熟后,卵巢表面不平整,黄体较大。

2. 猪的卵巢

随着年龄的变化,其形态、大小及位置也发生变化。

4 月龄内的小母猪:卵巢呈椭圆形,表面光滑,大小约为 0.5 cm×0.4 cm。位于荐骨岬两侧稍后,膀胱的前上方,位置比较固定。去势时切口体表投影部位一般在腹下左侧倒数第二个乳头外侧 1 cm 左右,并根据猪只大小,以肥向前、瘦往后、饱向内、饥向外的原则,力求术部准确。

5～6 月龄近性成熟母猪:卵巢呈桑葚状,表面有大小不等的突出卵泡,大小约为 2 cm×1.5 cm,位置前移下垂,在髋结节前缘的横断面上。

性成熟后及经产母猪:卵巢表面因有卵泡和黄体突出而呈结节状,长 3～5 cm,位于髋结节前缘约 4 cm 的横断面上或髋结节与膝关节连线中点的水平面上。

3. 马的卵巢

呈豆形,表面平滑,腹缘有一凹陷,是排卵部位,叫排卵窝。中等大的马,卵巢大小为 4 cm×3 cm×2 cm。左侧卵巢位于第 4、第 5 腰椎横突下面,位置较低;右侧卵巢比左侧的稍向前,且位置较高。

(二)卵巢的组织构造

卵巢为成对的实质性器官,其组织结构由被膜和实质两部分构成,实质又分为皮质和髓质,一般皮质在外、髓质在内,马属动物皮质和髓质位置颠倒,皮质集中在排卵窝处,髓质在外周(图 7-10)。

1. 被膜

由生殖上皮和白膜构成。卵巢表面除卵巢系膜附着外均被覆生殖上皮,幼年时为单层柱状或立方上皮,随年龄增长逐渐变为扁平形;在生殖上皮下面为致密结缔组织构成的白膜。

2. 皮质

由基质、不同发育阶段的卵泡、闭锁卵泡和黄体构成(图 7-11)。

(1)基质。皮质内的结缔组织称为基质,内含大量网状纤维和少量弹性纤维。

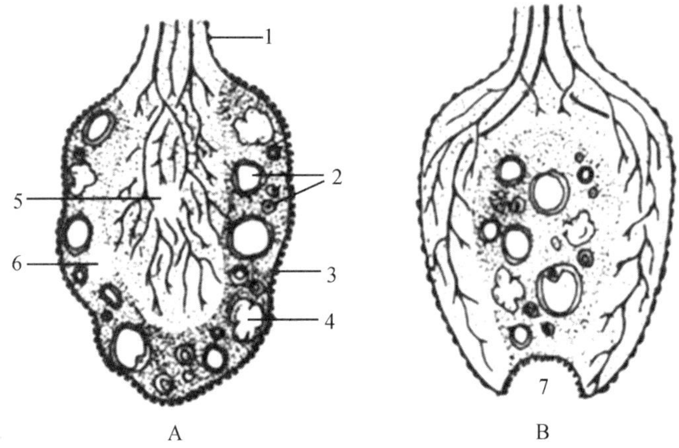

A. 牛卵巢　B. 马卵巢

1. 浆膜　2. 卵泡　3. 生殖上皮　4. 黄体　5. 髓质　6. 皮质　7. 排卵窝

图 7-10　牛、马卵巢结构示意图

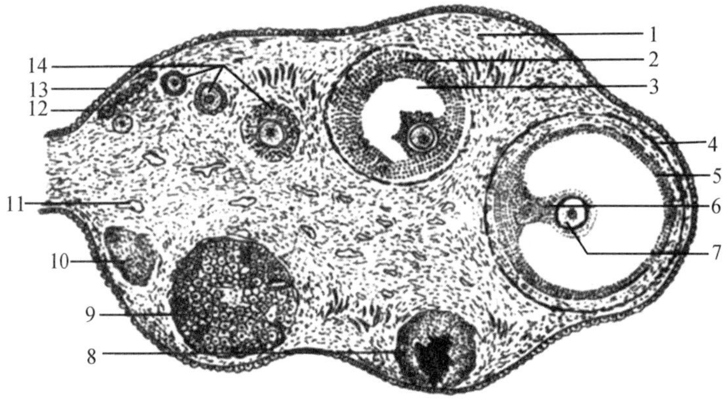

1. 基质　2. 次级卵泡　3. 卵泡腔　4. 成熟卵泡　5. 颗粒层　6. 卵丘　7. 卵母细胞　8. 血体
9. 黄体　10. 白体　11. 血管　12. 原始卵泡　13. 生殖上皮　14. 初级卵泡

图 7-11　卵巢结构模式图

(2)卵泡。卵泡由一个卵母细胞和包在其周围的卵泡细胞所构成。根据发育程度不同,可分为原始卵泡、生长卵泡和成熟卵泡。

①原始卵泡:位于卵巢皮质表层,数量多,体积小。每个原始卵泡一般由一个大而圆的初级卵母细胞和其周围单层扁平的卵泡细胞构成。原始卵泡到动物性成熟才开始陆续生长发育。

②生长卵泡:由原始卵泡发育而成,其主要变化是卵母细胞增大,卵母细胞和卵泡周围结缔组织增生。生长卵泡根据发育阶段不同又可分为初级卵泡和次级卵泡。

初级卵泡:是指从卵泡开始生长到出现卵泡腔之前的卵泡。卵母细胞体积增大,卵泡细胞由扁平形变为立方形或柱状,并通过分裂增生而成为多层。卵母细胞周围逐渐形成一层富含糖蛋白的嗜酸性膜,称为透明带。当初级卵泡体积逐渐增大时,围绕卵泡的结缔组织细胞分化成卵泡膜。

次级卵泡：是指从卵泡腔开始出现到卵泡成熟前这一阶段的卵泡。卵泡体积继续增大，卵泡细胞增至6～12层，在卵泡细胞之间开始出现一些充有卵泡液的间隙，并逐渐汇合成一个新月形的腔，称为卵泡腔。随着卵泡液的增多，卵泡腔继续增大，卵母细胞及其周围的部分卵泡细胞被排挤到卵泡的一侧，形成一个丘状隆起，称为卵丘。紧靠透明带的一层卵泡细胞变为高柱状，围绕透明带呈放射状排列，称为放射冠。衬于卵泡膜内面的卵泡细胞密集排列成数层而形成颗粒层。

③成熟卵泡：卵泡液迅速增多，卵泡的体积显著增大，突出于卵巢表面。牛成熟卵泡直径约15 mm，羊、猪为5～8 mm，马为25～40 mm。

(3)闭锁卵泡。在正常情况下，卵巢内绝大多数的卵泡不能发育成熟，而在各发育阶段中逐渐退化，这些退化的卵泡称为闭锁卵泡。

(4)黄体。排卵时，由于成熟卵泡破裂，同时会伴随出血，血液进入原来卵泡腔内，称血体(红体)。随着周围血管伸入卵泡腔，逐渐将血液吸收，颜色变黄，称为黄体。其中由颗粒层细胞分化来的黄体细胞称粒性黄体细胞，主要分泌孕激素和松弛素。由卵泡内膜细胞分化而来的黄体细胞称膜性黄体细胞，主要分泌雌激素。

黄体的发育和存在时间的长短取决于排出的卵子是否受精。如卵子没有受精，黄体逐渐退化，这种黄体称为周期性黄体或假黄体。如卵子受精，则黄体继续发育，并维持到妊娠后期(马妊娠150 d左右，黄体就开始萎缩，到7个月后就完全消失)，这种黄体称为妊娠黄体或真黄体。无论是假黄体还是真黄体，在完成功能后都自行退化，退化的黄体被结缔组织代替，形成白色瘢痕，称为白体。

3. 髓质

为疏松结缔组织，和皮质间并没有明显的界限，含有丰富的弹性纤维、血管、淋巴管及神经等。

二、输卵管

输卵管为位于卵巢和子宫角之间的一条细长的管道，是输送卵子和受精的场所。输卵管由输卵管系膜固定。输卵管系膜与卵巢固有韧带之间形成卵巢囊，开口朝向腹侧，将卵巢整个或部分包埋其中(图7-12)。卵巢囊能保证卵巢排出的卵子顺利地进入输卵管。

输卵管可分为漏斗部、壶腹部和峡部3段。漏斗部为输卵管的前端，漏斗边缘为不规则的皱褶，称输卵管伞，漏斗中央为输卵管腹腔口，与腹腔相通；壶腹部为位于漏斗部和峡部之间的膨大部分，较长，为卵子受精的场所；峡部位于壶腹部之后，较短，细而直，管壁较厚，末端以小的输卵管子宫口与子宫角相通。

输卵管的管壁由内向外由黏膜、肌层和浆膜构成。黏膜上皮为单层柱状上皮，具有纤毛；肌层主要是环行肌；浆膜包裹在输卵管的外面，并形成输卵管系膜。

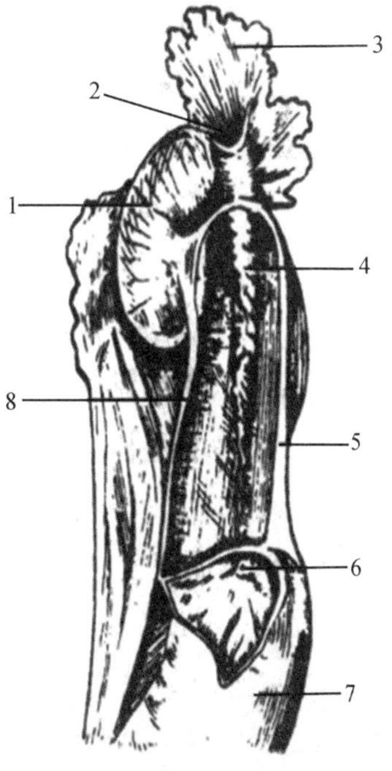

1. 卵巢 2. 输卵管腹腔口 3. 输卵管伞 4. 输卵管 5. 输卵管系膜 6. 输卵管子宫口 7. 子宫角 8. 卵巢固有韧带

图7-12 马卵巢和周围器官

三、子宫

子宫是中空的肌质器官，富有伸展性，为胎儿生长发育的场所，并参与胎儿的分娩。

（一）子宫的形态位置

子宫借子宫阔韧带悬于腰下和骨盆腔侧壁，大部分位于腹腔内，小部分位于骨盆腔内。前端与输卵管相接，后端与阴道相通。子宫背侧为直肠，腹侧为膀胱，两侧为骨盆腔侧壁。牛、羊、猪、马的子宫均为双角子宫，由子宫角、子宫体和子宫颈3部分构成。

子宫角：1对，为子宫的前部，呈弯曲的圆筒状，位于腹腔内。前端以输卵管子宫口与同侧输卵管相通，向后逐渐汇合形成子宫体。

子宫体：呈背腹略扁的圆筒状，位于骨盆腔内，部分在腹腔内。向前与子宫角相连，向后延续为子宫颈。

子宫颈：为子宫的后部，位于骨盆腔内，管壁厚，内腔狭窄，称子宫颈管。前端以子宫颈内口通子宫体，后端突入阴道内（猪除外），称子宫颈阴道部，其开口为子宫颈外口。子宫颈管平时闭合，发情时稍松弛，分娩时扩大。

（二）各种动物子宫的特点

1. 牛、羊的子宫（图7-13）

由于瘤胃的影响，成年母牛的子宫大部分位于腹腔的右侧后部，小部分位于骨盆腔内。子宫角长35～40 cm，子宫体长3～4 cm，子宫颈长10 cm。子宫角呈绵羊角状弯曲，其后部以结缔组织和肌组织相连，外包浆膜，从背侧面观很像子宫体，故称为伪体。子宫角和子宫体的黏膜上有4排（约100个）特殊的圆形隆起，称为子宫阜或子宫子叶。子宫阜在妊娠时特别增大，是胎膜和子宫壁结合的部位，参与构成母体胎盘。子宫颈壁厚而坚实，后端突入阴道内形成子宫颈阴道部。子宫颈管因黏膜的突起互相嵌合而呈螺旋状，子宫颈外口周围黏膜形成辐射状皱褶，呈菊花瓣状。子宫颈管平时闭合，发情时稍松弛，分娩时扩大。生产中进行人工授精时根据牛的子宫颈特点常采用直肠把握法输精，操作者能较易将精液输送到合适的部位。

羊的子宫与牛的相似，子宫角长10～20 cm，后部伪体长2～3 cm，子宫体长约2 cm，子宫颈长4 cm。羊的子宫阜约60个，呈纽扣状，其中央有一凹陷。

2. 猪的子宫（图7-14）

子宫角很发达，长0.9～1.4 m，外形弯曲似小肠，壁较厚。小母猪子宫角细而弯曲，色泽粉红；性成熟后增粗，色较白。子宫体短，长约5 cm。子宫颈长10～15 cm。后端直接移行为阴道，二者无明显界限，无子宫颈阴道部。子宫颈黏膜在两侧集拢形成两行半圆形隆起，称为子宫颈枕，子宫颈枕交错相嵌，使子宫颈管呈狭窄的螺旋形。

3. 马的子宫（图7-15）

呈“Y”形。子宫角长20～25 cm，略呈弓形，背侧缘凹，称子宫小弯，有子宫阔韧带附着；腹侧缘凸而游离，称子宫大弯。子宫体长16～20 cm，前端稍阔，两侧接子宫角。子宫颈长5～7 cm，后1/3缩细突入阴道内形成子宫颈阴道部，子宫颈外口黏膜褶呈花冠状。

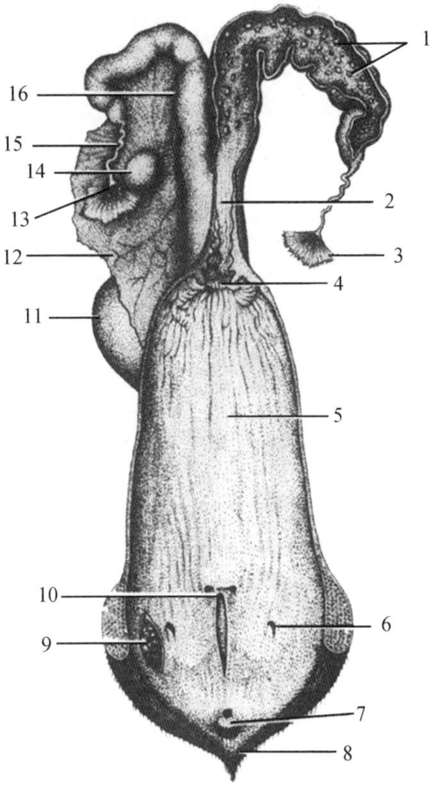

1. 子宫阜　2. 子宫体　3. 输卵管伞　4. 子宫颈外口　5. 阴道　6. 阴道大腺开口处　7. 阴蒂　8. 下联合　9. 前庭大腺
10. 尿道外口　11. 膀胱　12. 子宫阔韧带　13. 输卵管腹腔口　14. 卵巢　15. 输卵管　16. 子宫角

图 7-13　母牛的生殖器官(背侧面)

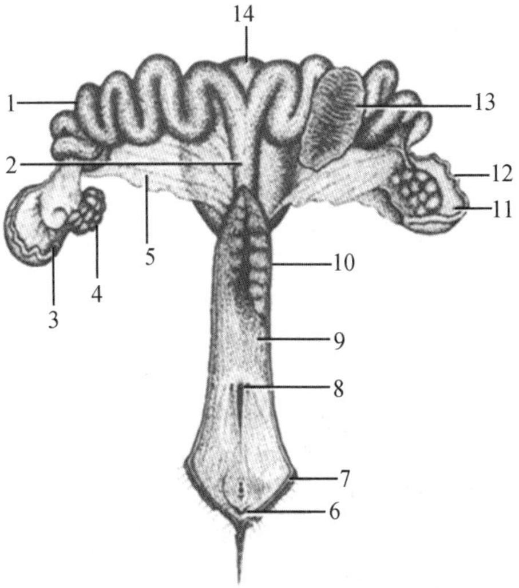

1. 子宫角　2. 子宫体　3. 输卵管腹腔口　4. 卵巢　5. 子宫阔韧带　6. 阴蒂　7. 阴唇　8. 尿道外口
9. 阴道　10. 子宫颈　11. 卵巢囊　12. 输卵管　13. 黏膜褶　14. 膀胱

图 7-14　母猪的生殖器官(背侧面)

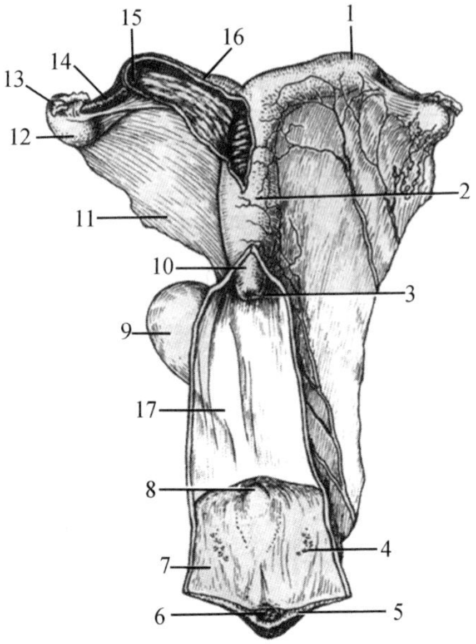

1. 子宫右角　2. 子宫颈　3. 子宫颈外口　4. 前庭大腺管　5. 阴唇　6. 阴蒂　7. 尿生殖前庭
8. 尿道外口　9. 膀胱　10. 子宫颈阴道部　11. 子宫阔韧带　12. 卵巢　13. 输卵管漏斗
14. 输卵管　15. 输卵管子宫口　16. 子宫左角　17. 阴道

图 7-15　母马的生殖器官(背侧面)

(三)子宫壁的组织结构

子宫壁由黏膜、肌层和浆膜 3 层构成。

1. 黏膜

黏膜又称子宫内膜,粉红色,包括黏膜上皮和固有膜。牛、羊、猪的子宫黏膜上皮为假复层或单层柱状上皮,马子宫黏膜上皮细胞呈高柱状。固有膜内有大量子宫腺(牛、羊子宫阜上无子宫腺分布),其分泌物为富含糖原等营养物质的黏稠液体,称为子宫乳,对附植前的早期胚胎有营养作用。

2. 肌层

肌层很厚,由内环、外纵两层平滑肌构成。两层肌肉之间有一血管层,含丰富的血管和神经,牛、羊子宫阜处血管层特别发达。肌层在妊娠时增生,分娩过程中收缩强而有力,为分娩提供产力。子宫颈的环行肌特别发达,形成子宫颈括约肌。

3. 浆膜

浆膜由腹膜延伸而来,被覆于子宫的表面。浆膜在子宫角背侧和子宫体两侧形成浆膜褶,称为子宫阔韧带或子宫系膜。将子宫悬挂于腰下部。子宫阔韧带内有卵巢和子宫的血管通过,其中动脉由前向后依次是子宫卵巢动脉、子宫中动脉和子宫后动脉。这些动脉在妊娠时增粗,其粗细和脉搏性质的变化,可通过直肠检查感觉到,常用于妊娠诊断。

四、阴道

阴道是母畜的交配器官,也是产道,位于骨盆腔内,背侧为直肠,腹侧为膀胱和尿道。阴道前端与子宫颈相接，后端与尿生殖前庭相通。子宫颈突入阴道腔前部形成一个环状（马）或半环状（牛）的陷窝，称为阴道穹隆，猪无此结构。

阴道壁的外层在前部被覆有浆膜，后部为结缔组织外膜；中层为肌层，由平滑肌和弹性纤维构成；内层为黏膜，阴道黏膜粉红色，较厚，并形成许多纵褶，没有腺体。

五、尿生殖前庭和阴门

(一)尿生殖前庭

尿生殖前庭位于骨盆腔内，呈短筒状，前接阴道，后部以阴门与外界相通。它既是母畜的交配器官和产道，也是尿液排出的部位。其前端腹侧与阴道交界处形成一横行的黏膜褶，称为阴瓣，阴瓣后方有尿道外口。尿道外口后方两侧有前庭小腺开口，背侧有前庭大腺开口。母牛尿道外口腹侧有一盲囊，称尿道下憩室，给母牛导尿时应避免导尿管插入憩室内。

由于尿生殖前庭是母畜生殖道的外段，它与畜体长体轴呈现一定角度，因此，在家畜人工授精的过程中，输精器要与畜体长体轴呈一定夹角，才能顺利进入生殖道。

(二)阴门

阴门是尿生殖前庭的外口，也是泌尿和生殖系统与外界相通的天然孔，位于肛门腹侧，以会阴部与肛门隔开。由左、右两阴唇构成，两阴唇之间的垂直裂隙为阴门裂。在阴门裂的腹侧联合内有一阴蒂窝，内有一小的突起，称阴蒂，是母畜的性敏感区。

任务三　胎膜与胎盘

一、胎膜

胎膜是胚胎在发育过程中逐渐形成的一个暂时性的器官，主要由羊膜、尿囊和绒毛膜组成。

1. 羊膜

羊膜包围着胎儿，形成羊膜囊，囊内充满羊水，胎儿浮于羊水中。羊水有保护胎儿和分娩时润滑产道的功能。

2. 尿囊

尿囊在羊膜的外面，内有尿囊液。尿囊与胎儿的脐尿管相通，故有贮存胎儿代谢产物的作用。

3. 绒毛膜

绒毛膜位于最外层，与尿囊相贴，表面有绒毛，与子宫黏膜紧密相贴，是构成胎盘的基础。牛羊的绒毛聚集成许多丛，称为绒毛叶，除绒毛叶外，绒毛膜的其余部分是平滑的。猪和马的绒毛分布于整个绒毛膜的表面。

二、脐带

胎盘借脐带和胎儿连接起来。脐带中有尿囊柄、脐动脉和脐静脉通过。胎儿体内的尿液可通过脐带中的尿囊柄贮存于尿囊腔内，脐动脉将胎儿体内血液输送至胎盘，而脐静脉将胎盘处的血液输送至胎儿体内。

三、胎盘

胎盘由母体胎盘和胎儿胎盘两部分构成。母体胎盘为母体的子宫内膜，胎儿胎盘由胎膜的外层（绒毛膜）构成。它们是由胚外的3个胚层所形成。

胎盘附着在母体子宫壁上，通过脐带和胎儿相连，是母体与胎儿进行物质交换的暂时性器官，也是重要的内分泌器官。胎儿发育过程中所需的各种营养物质和O_2通过胎盘从母体血液中摄取，胎儿的各种代谢产物（如二氧化碳、尿素等）又通过胎盘排泄。胎儿的循环和母体循环在胎盘中并不直接相通，物质交换是通过渗透、扩散、主动运输以及胞饮和吞噬等生理过程实现的。母体与胎儿血液进行物质交换的过程中要经过几层结构，称为胎盘屏障。完整的胎盘屏障有以下6层：绒毛膜血管内皮、绒毛膜结缔组织（间充质）、绒毛膜上皮、母体子宫内膜上皮、结缔组织和母体血管内皮。胎盘的物质交换功能具有选择性，有些物质不能通过胎盘屏障。胎盘能分泌雌激素、孕酮、松弛素、催乳素和促性腺激素等，对维持妊娠起重要作用。

根据母子胎盘结合形式不同和分娩时对子宫内膜损伤程度不同，把胎盘分为下面4种类型。

(1)上皮绒毛膜胎盘（弥散性胎盘）。如猪、马、骆驼的胎盘。此型胎盘结合最松，绒毛均匀地分散在整个绒毛膜表面。连接时不破坏母体子宫内膜上皮，分娩时易分离，不出血。母子物质交换时要经过6层胎盘屏障。

(2)结缔绒毛膜胎盘（子叶型胎盘）。如牛、羊的胎盘。胎儿的绒毛在绒毛膜表面集中，形成绒毛叶，与母体子宫内膜上的肉阜紧密嵌合（牛为子包母，羊为母包子）。连接时，胎儿绒毛上皮不破坏母体子宫肉阜处的上皮，母子物质交换时经过5层胎盘屏障。

(3)内皮绒毛膜胎盘（带状胎盘）。如犬、猫、熊的胎盘。胎儿的绒毛只分布在绒毛膜的中段，形成一个环状带。连接时，胎儿绒毛上皮破坏母体子宫内膜的上皮和结缔组织，直接与母体血管内皮相贴，母子物质交换时要经过4层胎盘屏障，分娩时易出血。

(4)血液绒毛膜胎盘（盘状胎盘）。如兔、人、灵长类的胎盘。胎儿的绒毛集中在一个盘状区内，连接最紧，胎儿绒毛上皮破坏了子宫内膜上皮、结缔组织及血管内皮，直接插入母体子宫的血管中，靠渗透作用吸取母体血中营养。母子物质交换时只经过3层胎盘屏障，分娩时大量出血。

任务四　乳　　腺

一、形态位置和结构

母牛有2对乳腺，母马、母羊仅有1对，都位于耻骨部的腹下壁上，两大腿之间。母猪的乳腺数依品种而异，一般为5～8对，位于胸后部和腹部，正腹中线的两侧。下面以牛的乳腺为例，说明其形态结构。

母牛的4个乳腺，紧密结合在一起。左、右以纵沟为界，前后以横沟为界。每个乳腺均可分为基底部、体部和乳头部。基底部紧贴腹壁，向下膨大的部分为乳腺的体部，乳头多呈圆柱形或锥形，乳头顶端有一个乳头孔，为乳头管的开口。

乳腺的最外面是皮肤，薄而柔软，有长而稀疏的被毛，在乳房的后部到阴门之间，有明显的带状毛流的皮肤褶，叫乳镜。乳镜和产乳能力有一定关系，乳镜越大，乳房越舒展，它所含的乳汁就越多。皮肤的内面是浅筋膜，浅筋膜的深面含有丰富弹性纤维的深筋膜。深筋膜在两侧乳腺间形成乳房中隔，并向腹下壁延伸，形成悬吊乳腺的悬韧带。

乳腺的内部由间质和实质两部分组成。①间质指来源于深筋膜的结构组织小梁（它们把乳腺分为许多小叶）和包围在腺泡周围的结缔组织，在间质内还含有血管、神经和淋巴管。②实质包括腺泡和导管。腺泡呈泡状或管状，泌乳期的腺泡是中空的。形成腺泡腔，腔的周围是腺上皮细胞，具有泌乳的机能。腺上皮细胞的外面，分布有呈星状的分支的管道与腔道。导管起始于与腺泡腔相连的细小乳导管，它们相互汇合成小叶间输出管，然后再汇集成各级输出管，最后注入乳池。乳池是乳房下部及乳头内储藏乳汁的较大腔道，乳汁经由乳池、再经乳头管排出，乳头管的开口处有括约肌控制。

二、乳腺的生长发育

家畜乳腺的生长发育呈明显的年龄特点。

（一）出生到初情期

该阶段雌激素水平很低，乳腺只有简单的导管，并以乳头为中心向四周辐射。

（二）初情期

随着性周期的建立，在雌激素的作用下，乳腺快速增长，并伴随着脂肪的积聚。这一时期的主要特点是乳导管系统生长迅速。

（三）妊娠期

由于妊娠期母畜分泌大量的雌激素和孕激素，乳腺迅速生长，并进一步发育，这是乳腺生长发育最明显的阶段。以乳牛为例，妊娠早期乳腺导管系统进一步扩展并分支，形成腺小叶间的导管，并出现腺泡。此后小叶日益明显，至最后 2 个月，腺泡明显增大，并充满大量脂肪球分泌物。临产前腺泡分泌初乳。

（四）泌乳期

乳腺细胞数目增加，乳腺组织发育完全，直至泌乳高峰期。

乳腺的正常发育受激素和神经的调节。其中雌激素和孕酮可以促进乳腺导管和乳腺腺泡的生长发育，此外，催乳素、生长激素、促肾上腺皮质激素及肾上腺皮质激素等多种激素也参与乳腺发育的调节。神经系统是通过下丘脑－垂体系统或直接支配乳腺而影响其发育的。按摩妊娠雌畜的乳房能增强乳腺的发育和产后的泌乳量。

二维码 7-3　母羊生殖系统解剖观察（视频）

二维码 7-4　母兔生殖系统解剖观察（视频）

【学习要求】

识记　雄性和雌性的生殖系统组成；牛、猪、马的睾丸、附睾、副性腺、阴囊、阴茎等主要雄性生殖器官的位置、形态和结构特点；牛、猪、马的卵巢、输卵管、子宫等主要雌性生殖器官的位置、形态和结构特点；胎盘的类型及其构造；不同发育阶段卵泡的结构特点。

理解　卵巢的组织构造和卵泡的发育过程；排卵的机制；黄体的生成及消退过程；睾丸的组织构造；胎盘屏障的意义。

应用　(1)阴囊结构分几层？去势时在何处切口？应切断哪些结构？(2)母畜卵巢和子宫的位置形态随年龄如何变化？直肠检查时如何确定？(3)什么是睾丸下降和隐睾？在生产实践中的意义？

【知识拓展】

公牛去势术

通常在生后6个月左右施行，对肉用牛，可提前施术，以加快肥育、提高肉质。对役用牛，可于生后1年左右施术，以保证其充分发育。对于淘汰的种公牛及以治疗为目的时，则不受年龄限制。

1.保定

以右侧卧保定较为安全，操作也较便利。站立保定也可，但要确实固定其两后肢及尾。

2.麻醉与消毒

3%普鲁卡因溶液精索内神经传导麻醉，阴囊涂擦5%的碘酊，再用75%酒精脱碘。

3.手术方法

包括有血去势法和无血去势法。

(1)有血去势法。可采用纵切法或横切方法切开阴囊。

纵切法：适用于成年公牛，术者左手紧握阴囊颈部，将睾丸挤向阴囊底，右手持手术刀在阴囊后面或前面中缝两侧，距中缝2 cm由上而下与中缝平行切开两侧阴囊皮肤及总鞘膜，切口的下端应切至阴囊最底部。

横切法：适用于幼年公牛，术者握紧阴囊颈部，将睾丸挤向阴囊底部，在阴囊底部由左至右侧作与中缝垂直相交的切口，一次切开阴囊的左右二室(腔)，切口即在阴囊最底部。

切开阴囊壁后，挤出睾丸，剪断鞘膜韧带后，离断精索除去睾丸。离断精索的方法，常用结扎法或挫切法。挫切法用于幼牛，效果很确实。阴囊内注入抗生素防止感染并缝合。

(2)无血去势法。助手于阴囊颈部将一侧精索挤到阴囊的一侧固定，术者用无血去势钳在阴囊颈部夹住精索并迅速用力关闭钳柄，听到类似腱被切断的声音，继续钳压1 min，再缓慢张开钳嘴。为确保精索被彻底挫断，可于第一次钳夹处下方2 cm处再钳夹一次，按同法钳夹另一侧精索。最后术部皮肤涂布碘酊消毒。

执业兽医资格考试真题

1.马卵巢的特殊结构是(　　)【2009年】

A.卵巢囊　B.卵巢门　C.排卵窝　D.卵巢系膜　E.卵巢固有韧带

2.牛的胎盘类型属于(　　)【2009年】

A.血绒毛膜胎盘(盘状胎盘)　B.内皮绒毛膜胎盘(环状胎盘)

C.尿囊绒毛膜胎盘(柱状胎盘)　D.上皮绒毛膜胎盘(分散型胎盘)

E.结缔绒毛膜胎盘(绒毛叶胎盘)

(3～4题共用备选答案)【2009年】

A.尿道球腺　B.精囊腺　C.前列腺　D.尿道球腺　E.输精管壶腹腺

3.犬的副性腺仅有(　　)

4.马呈梨形囊状的副性腺称(　　)

5.具有子宫阜的家畜是(　　)【2010年】

A.马　B.牛　C.猪　D.犬　E.兔

6.与其他家畜相比,犬阴茎的特殊结构是(　　)【2010年】

A.阴茎骨　B.阴茎头　C.阴茎体　D.阴茎根　E.乙状弯曲

7.具有子宫颈枕的家畜是(　　)【2014年】

A.马　B.牛　C.羊　D.猪　E.犬

8.阴茎呈圆柱状,细而长,在阴囊前方形成乙状弯曲的动物是(　　)【2014年】

A.牛　B.马　C.猪　D.狗　E.羊

9.副性腺只有前列腺的雄性家畜是(　　)【2015年】

A.马　B.牛　C.羊　D.猪　E.犬

10.子宫角弯曲呈绵羊角状,子宫体较短的动物是(　　)【2015年】

A.马　B.猪　C.牛　D.犬　E.猫

11.具有内皮绒毛膜胎盘(环状胎盘)的动物是(　　)【2015年】

A.马　B.牛　C.羊　D.猪　E.犬

12.牛、羊睾丸的长轴呈(　　)【2017年】

A.上下垂直位　B.前后水平位　C.前下后上斜位　D.前上后下斜位　E.横向水平位

(13～14题共用备选答案)【2017年】

A.子宫阜　B.子宫颈枕　C.伪子宫体　D.子宫颈阴道部

E.子宫角间(背侧和腹侧)韧带

13.牛子宫不具有(　　),猪子宫具有(　　)

14.牛直肠检查时,常用于确定子宫位置的结构是(　　)

15.公犬去势时切断的精索包含有(　　)【2018年】

A.输尿管　B.输精管　C.提睾肌　D.肉膜　E.总鞘膜

16.公猪精囊腺开口于(　　)【2019年】

A.睾丸　B.尿道口　C.尿道球腺　D.前列腺　E.精阜

17. 卵巢上有排卵窝的家畜是(　　)【2019 年】

A. 牛　B. 马　C. 羊　D. 猪　E. 犬

18. 牛羊子宫阜位于(　　)【2020 年】

A. 子宫角和子宫体黏膜　B. 子宫体和子宫颈黏膜　C. 子宫颈黏膜

D. 子宫体和子宫角浆膜　E. 子宫角和子宫颈黏膜

(19～20 题共用备选答案)【2011 年】

A. 卵丘　B. 基膜　C. 透明带　D. 放射冠　E. 卵泡膜

19. 位于初级卵母细胞和颗粒细胞之间的一层嗜酸性、折光强的膜状结构称为(　　)

20. 紧靠卵母细胞的一层颗粒细胞增高呈柱状,呈放射状排列的结构称为(　　)

21. 只有前列腺而无精囊腺和尿道球腺的家畜是(　　)【2012 年】

A. 牛　B. 犬　C. 羊　D. 马　E. 猪

22. 马卵巢呈豆形,位于(　　)【2012 年】

A. 第 2～3 腰椎横突腹侧　B. 第 4～5 腰椎横突腹侧

C. 第 6～7 腰椎横突腹侧　D. 骨盆腔内　E. 腹腔内,耻骨前缘前下方

23. 孕育胎儿的肌质器官是(　　)【2012 年】

A. 卵巢　B. 输卵管　C. 子宫

D. 阴道　E. 阴道前庭和阴门

24. 具有结缔绒毛膜胎盘(绒毛叶胎盘)的动物是(　　)【2012 年】

A. 马　B. 牛　C. 犬　D. 猪　E. 兔

25. 给公牛导尿带来困难的结构是(　　)【2013 年】

A. 尿道峡前方的半月形黏膜壁　B. 精阜　C. 尿道突

D. 尿道内口　E. 尿道脊

26. 睾丸中有神经、血管进入的一端是(　　)【2013 年】

A. 头端　B. 尾端　C. 附睾缘　D. 游离缘　E. 睾丸固有韧带

27. 在初级卵泡的卵母细胞与颗粒细胞之间出现一层嗜酸性、折光性强的膜状结构是(　　)【2013 年】

A. 生殖上皮　B. 放射冠　C. 透明带　D. 膜性黄体细胞　E. 粒性黄体细胞

28. 羊子宫的特殊结构是(　　)【2013 年】

A. 子宫颈枕　B. 子宫阜　C. 子宫角　D. 子宫体　E. 子宫颈

29. 具有内皮绒毛膜胎盘(环状胎盘)的动物是(　　)【2013 年】

A. 马　B. 牛　C. 羊　D. 猪　E. 犬

30. 具有尿道下憩室的家畜是(　　)【2014 年】

A. 母马　B 母犬　C. 母牛　D. 母兔　E. 母驴

31. 输精管开口于雄性尿道骨盆部的起始部背侧的圆形隆起称为(　　)【2014 年】

A. 膀胱三角　B. 精阜　C. 尿道球　D. 前列腺　E. 尿道突起

32. 马子宫的形态特点是(   )【2014 年】
A. 子宫角弯曲呈绵羊角状，子宫体短
B. 子宫整体星 Y 形，子宫角呈弓形，子宫角与子宫体等长
C. 子宫角长而弯曲似小肠，子宫体短
D. 子宫整体呈 Y 形，子宫角细长而直，子宫体短
E. 子宫角弯曲呈绵羊角状，子宫角与子宫体等长

项目八 心血管系统

【学习目标】

熟悉心血管系统的组成；掌握心脏的位置、形态、结构；掌握兽医临床常用血管的部位及名称。

能在活体上找出心脏的体表投影位置和常用的静脉注射、脉搏检查部位；能正确地进行心音听诊和脉搏检查。

【学习内容】

心血管系统由心脏、血管和血液组成。其中心脏是血液循环的动力器官，血管是血液循环的通道。通过血液循环，将营养物质和 O_2 运输到全身各组织细胞，供其生理活动需要，同时把组织细胞产生的代谢产物，运送到排泄器官排出体外。

任务一 心 脏

一、心脏位置

心脏位于胸腔纵隔内，夹在左、右两肺之间，略偏左，约在胸腔下 2/3 部。

1. 牛(羊)的心脏

位于第 3～6 肋骨之间，心基位于肩关节的水平线上，心尖在第 6 肋骨下端，距膈 3～5 cm。

2. 猪的心脏

位于第 2～5 肋之间，心尖位于第 7 肋骨和肋软骨的连接处，距膈较近。

3. 马的心脏

位于第 3～6 肋间，心基位于第 1 肋骨中点水平线上，心尖到达第 6 肋骨远端，距胸骨约 1 cm。

二、心脏形态

心脏呈倒圆锥形。上部宽大，称为心基，有大血管进出，位置较固定；下部小且游离，称为心尖。前缘稍凸，后缘短而平直。心基稍下方有环绕心脏的冠状沟，是心房和心室的外表分界，沟的上部为心房，下部为心室。从冠状沟左侧向下方延伸出左纵沟，冠状沟右侧向下方延伸出右纵沟，两沟是左、右心室的外表分界，两沟前部为右心室，后部为左心室。在冠状沟和

左、右纵沟内有营养心脏的血管，并填充有脂肪(图 8-1)。

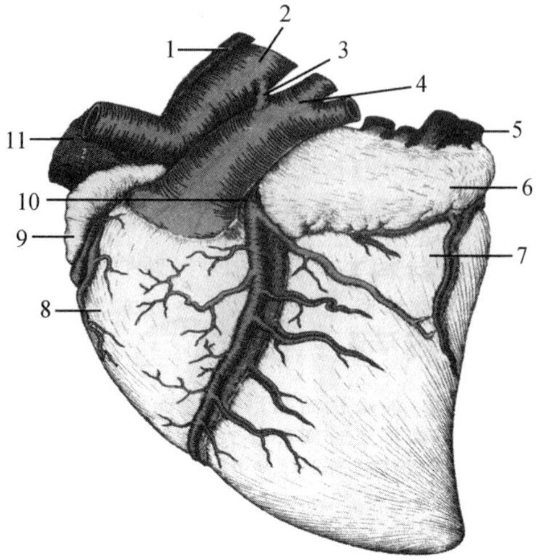

1. 奇静脉 2. 主动脉 3. 动脉韧带 4. 肺动脉 5. 肺静脉 6. 左心房 7. 左心室 8. 右心室 9. 右心房 10. 左冠状动脉 11. 前腔静脉

图 8-1 马心外形(左侧)

三、心脏的构造

(一)心腔的构造

心腔被房间隔和室间隔分为左右互不相通的两半，即左心和右心。每半又以房室口为界分为上部的心房和下部的心室，同侧心房与心室以房室口相通。因此，心脏有 4 个腔：右心房、右心室、左心房、左心室(图 8-2)。

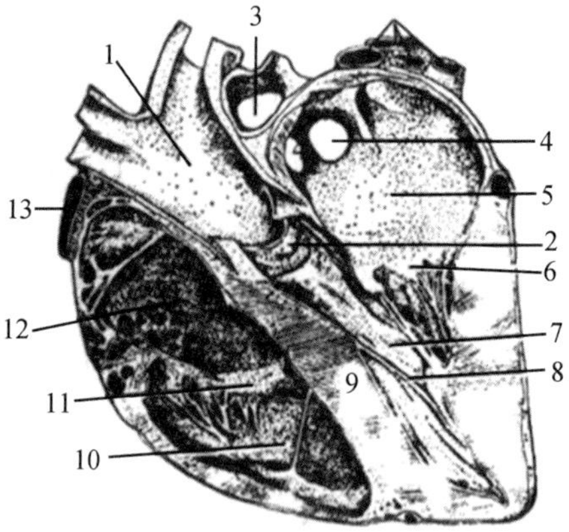

1. 主动脉 2. 主动脉瓣 3. 肺动脉 4. 肺静脉 5. 左心房 6. 二尖瓣 7. 左心室 8. 隔缘肉柱 9. 室间隔 10. 右心室 11. 三尖瓣 12. 右心房 13. 前腔静脉

图 8-2 心脏的纵剖面

1. *右心房*

右心房构成心基的右前部，由右心耳和静脉窦组成。心耳呈圆锥形盲囊，尖端向左再向后延伸至肺动脉前方，内壁有许多方向不同的梳状肌。静脉窦是前、后腔静脉和奇静脉的入口。

前、后腔静脉口之间的背侧壁上有半月形的静脉间结节，具有分流前、后腔静脉血，将其引流至右房室口，避免相互冲击。靠近后腔静脉入口处的房中隔上有卵圆窝，是胚胎时期卵圆孔的遗迹。

2. 右心室

右心室位于右心房腹侧，构成心室的右前部。其入口为右房室口，出口为肺动脉口。右房室口由弹性纤维环围成，上有3片三角形的瓣膜，称三尖瓣。瓣膜的游离缘朝向心室，并有腱索连于心室壁的乳头肌上，当右房室口关闭时，可防止瓣膜过度翻转而发生血液倒流。肺动脉口位于右心室的左上方，其周围的纤维环上有3片袋装的瓣膜，称为肺动脉瓣。其袋口朝向肺动脉，防止血液倒流。

3. 左心房

左心房位于心基的左后部，其构造与右心房相似，由左心耳和静脉窦构成。左心房背侧壁有6～8条肺静脉的入口。

4. 左心室

左心室位于左心房下方，构成心基的左后部，向下形成心尖。其入口为左房室口，出口为主动脉口。左房室口纤维环上附着2片强大的瓣膜，称二尖瓣，其结构和作用与三尖瓣相似。主动脉口位于左房室口的前上方，其周围也有3片袋状瓣膜，称为主动脉瓣，其结构和作用与肺动脉瓣相似。

(二)心壁的构造

心壁由内向外依次为心内膜、心肌和心外膜3层结构。

1. 心内膜

心内膜是被覆于心腔内表面的一层光滑的薄膜，与血管的内膜相延续。其深面有血管、淋巴管、神经和心脏传导系统的分支。心脏的各种瓣膜(图8-3)就是由心内膜褶叠成的双层瓣膜，中间夹有结缔组织。瓣膜上没有血管分布，但其基部有血管和平滑肌。

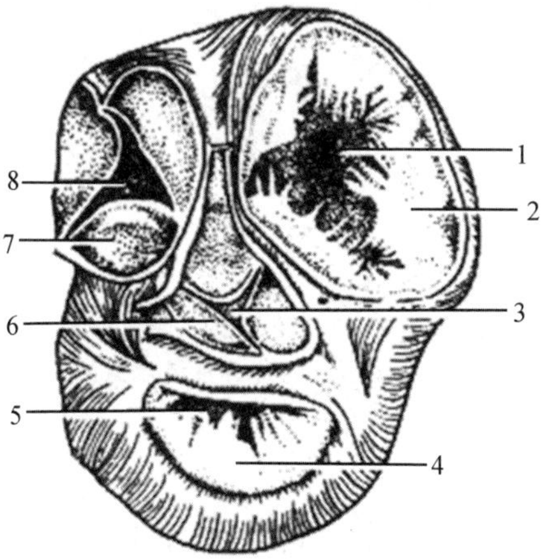

1. 右房室口　2. 右房室瓣　3. 主动脉口　4. 左房室瓣　5. 左房室口
6. 主动脉瓣　7. 肺动脉瓣　8. 肺动脉口

图8-3　心脏的瓣膜(心室底部)

2. 心肌

心肌由心肌细胞构成，为心壁最厚的一层，呈红褐色。心肌被房室口上的弹性纤维环分为心房肌和心室肌两个独立的肌群，因此，心房和心室分别独立收缩和舒张。心室肌比心房肌厚，其中左心室肌最厚，可达右心室肌的 2～3 倍。

3. 心外膜

心外膜即心包的脏层，为被覆于心肌表面的一层浆膜，由薄层结缔组织和间皮构成，光滑湿润。其深面分布血管、神经和淋巴管等。

四、心脏自身的血管

心脏自身的血液循环称为冠状循环，其血管由冠状动脉、毛细血管和心静脉组成。冠状动脉有左、右两支，分别由主动脉根部发出，沿冠状沟和左、右纵沟延伸，分支分布于心房壁和心室壁，在心肌内形成丰富的毛细血管网，最后汇集成心静脉返回右心房。

五、心脏传导系统

心脏之所以能够发生节律地收缩和舒张，是由自身的传导系统进行调控的。心脏的传导系统由特殊分化的心肌细胞构成，这种细胞可自动地产生并传导兴奋，从而使心脏有节律地收缩和舒张。心脏传导系统包括窦房结、结间束、房室结、房室束和浦肯野纤维 5 部分(图 8-4)。

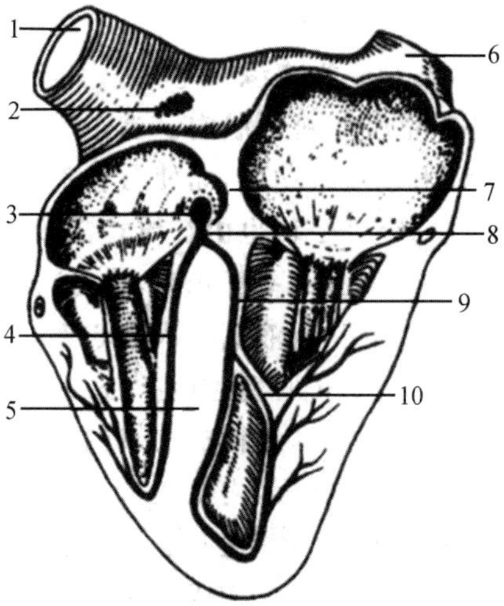

1. 前腔静脉　2. 窦房结　3. 房室结　4. 右支束　5. 室间隔　6. 后腔静脉　7. 房间隔　8. 房室束　9. 左支束　10. 隔缘肉柱

图 8-4　心脏的传导系统示意图

1. 窦房结

窦房结位于前腔静脉和右心耳之间的心外膜下，呈半月状，为心脏的正常起搏点。窦房结除分支到心房肌外，还分出数支结间束与房室结相连。

2. 房室结

房室结位于房中隔右心房侧的心内膜下，与心房肌细胞和房室束相联系。

3. 房室束与浦肯野纤维

房室束为房室结向下的直接延续，在室中隔上部分为左、右两支束，分别于室中隔左、右两侧心内膜并向下伸延，分支分布于室中隔和心室侧壁。以上分支在心内膜下进一步分成许多细小的分支,称浦肯野纤维,与普通心肌细胞相连。

六、心包

心包为包裹于心脏外的锥形浆膜囊(图 8-5),由外层的纤维膜和内层的浆膜构成,具有保护心脏的作用。

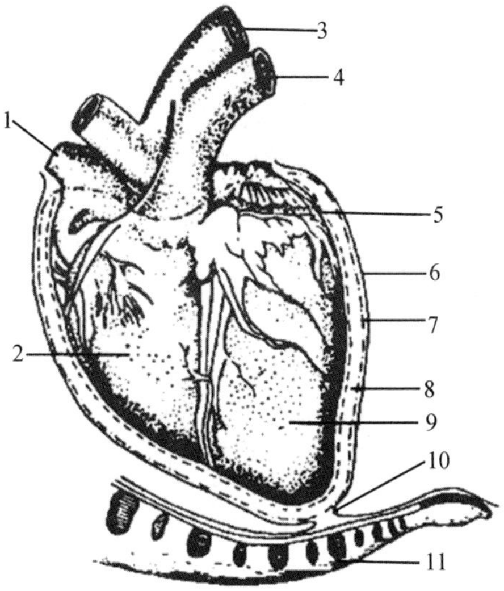

1.前腔静脉 2.右心室 3.主动脉 4.肺动脉 5.心包脏层 6.纤维膜 7.心包壁层 8.心包腔 9.左心室 10.心包胸骨韧带 11.胸骨

图 8-5 心包的构造

纤维膜:是一层坚韧的结缔组织囊,在心基部与进出心脏的大血管的外膜延续;在心尖部移行至胸骨的背侧,与心包胸膜共同形成两条心包胸骨韧带,将心包固定于胸骨的背侧。

浆膜:分壁层和脏层。壁层衬于纤维心包内面,在心基部折转移行为脏层;脏层紧贴于心肌外表面,即心外膜。壁层和脏层之间的腔隙称为心包腔,内有少量的浆液,称心包液,具有润滑作用,可减少心脏搏动时的摩擦。

七、心脏的神经

心脏神经是由迷走神经心支和交感神经的颈心神经和胸心神经组成。交感神经兴奋使窦房结的兴奋性增强,心肌的收缩力增强,使心搏加快,故称为心兴奋神经;副交感神经的作用于交感神经相反,使心搏变慢,故称为心抑神经。

任务二 血 管

一、血管的分类与构造

按结构和功能的不同,血管可分为动脉、静脉和毛细血管 3 类。

(一)动脉

动脉是引导血液由心脏流向全身各部的血管。腔圆壁厚而富有弹性,空虚时不塌陷,出血时呈喷射状。

动脉管壁由内向外分为内膜、中膜和外膜 3 层结构:内膜层由内皮细胞、薄层胶质纤维和弹性纤维构成;中膜层由平滑肌、胶质纤维和弹性纤维构成;外膜层由结缔组织构成。

按其管径大小,动脉又可分为大动脉、中动脉、小动脉和微动脉 4 类,4 类血管逐级移行,没有明显界限。近心端动脉血管最粗,管壁最厚,所含弹性纤维最多。由近心端向远心端逐级分支的同时血管变细,管壁变薄,所含弹性纤维减少,平滑肌纤维逐渐增加,到小动脉时则以平滑肌为主。故大动脉又称为弹性动脉,小动脉又称为肌性动脉。小动脉和微动脉的舒缩活动可使血流阻力发生明显变化,改变局部组织血流量,故二者又称为毛细血管前阻力血管。

(二)静脉

静脉是引导血液返回心脏的血管,多与动脉伴行。其管壁构造与动脉相似,也分 3 层,但中膜很薄,弹性纤维不发达,外膜较厚。静脉管腔大,管壁薄,弹性差,易塌陷,出血时呈流水状。四肢部、颈部的静脉,内有折叠成对的半月状瓣膜,称为静脉瓣,其游离缘朝向心脏方向,可防止血液逆流。静脉也可分为大静脉、中静脉、小静脉和微静脉 4 类,其中微静脉又称为毛细血管后阻力血管。

(三)毛细血管

它是连于动脉和静脉之间的微细血管。短而密,互相吻合成网。管壁很薄,由一层内皮细胞构成,有的甚至仅由 1～2 内皮细胞个围成,通透性很强,是血液与组织液之间进行物质交换的主要场所。位于肝、脾、骨髓等处的毛细血管形成管腔大而不规则的膨大部,称为血窦。

二、动物全身血管的分布

(一)体循环的血管分布

体循环又称为大循环,是血液从左心室射出,经主动脉及其分支,流入全身各部的毛细血管网,而后经逐级静脉汇入前腔静脉和后腔静脉,返回右心房。

1. 体循环的动脉

主动脉是体循环的动脉主干,全身的动脉支都是由主动脉直接或间接发出的。主动脉由左心室发出,呈弓形向后上方伸延至第 6 胸椎腹侧,此段为主动脉弓;再继续向后伸延至膈的主动脉裂孔处,此段称为胸主动脉;胸主动脉穿过膈的主动脉裂孔进入腹腔,为腹主动脉;腹主动脉在骨盆腔前口处分出左、右髂外动脉和左、右髂内动脉,其主干移行为荐中动脉、尾中动脉(图 8-6)。

(1)主动脉弓及分支。主动脉弓在起始部分出左右冠状动脉后,向前又分出一支臂头动脉总干和胸主动脉。

①臂头动脉总干:是分布于头颈、前肢及胸前部的动脉主干,沿气管腹侧向前上方伸延至第 3 肋处,分出左锁骨下动脉,主干延续为臂头动脉。臂头动脉在气管腹侧继续前行至第 1 肋附近,分出一支颈动脉总干,主干向右移行为右锁骨下动脉。左、右锁骨下动脉分出一些分支后分别绕过第 1 肋出胸腔,移行为腋动脉。

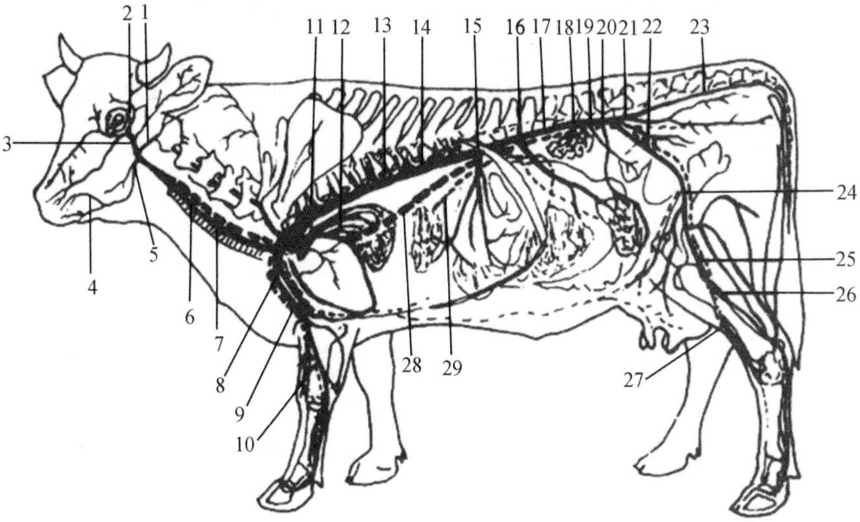

1. 枕动脉　2. 颌内动脉　3. 颈外动脉　4. 面动脉　5. 颌外动脉　6. 颈动脉　7. 颈静脉　8. 腋动脉
9. 臂动脉　10. 正中动脉　11. 肺动脉　12. 肺静脉　13. 胸主动脉　14. 肋间动脉　15. 腹腔动脉
16. 肠系膜前动脉　17. 腹主动脉　18. 肾动脉　19. 精索内动脉　20. 肠系膜后动脉
21. 髂内动脉　22. 髂外动脉　23. 荐中动脉　24. 股动脉　25. 腘动脉
26. 胫后动脉　27. 胫前动脉　28. 后腔静脉　29. 门静脉

图 8-6　牛动、静脉分布

颈动脉总干：很短，在胸前口处分为左、右颈总动脉，分别沿左、右颈静脉沟深层向前延伸，至环枕关节处分为枕动脉、颈内动脉和颈外动脉。枕动脉向上延伸通过枕骨大孔入颅腔，主要分布于脑脊髓和脑膜上。颈外动脉向前上伸至颞下颌关节处延续为颌内动脉，分布于头部大部分器官及肌肉皮肤上。颈外动脉在下颌支内侧分出一支颌外动脉，绕过下颌血管切迹转至面部，移行为面动脉。颈总动脉分叉处有颈动脉体和颈动脉窦两个特殊的结构。颈动脉体呈球状，含有化学感受器，对血液 CO_2 和 O_2 的含量变化敏感；颈动脉窦是颈总动脉分叉处的膨大部，管壁内含有压力感受器，对血压变化敏感。

前肢动脉：由锁骨下动脉延伸而来。在肩关节内侧称为腋动脉，向下至臂部为臂动脉，至前臂内侧正中沟内的一段为正中动脉，在掌部称指总动脉，指总动脉分为指内、外侧动脉，分别沿指间下行至指端。前肢动脉干各段均有分支分布于相应部位的肌肉、皮肤、骨骼等处。

②胸主动脉及分支：胸主动脉是主动脉弓向后的直接延续，其分支有肋间动脉和支气管食管动脉。牛的肋间动脉有 13 对，前 3 对由左锁骨下动脉和臂头动脉的分支分出，后 10 对均由胸主动脉分出，主要分布于胸部脊柱附近的肌肉和皮肤。支气管食管动脉在第 6 胸椎处以一主干起自于胸主动脉腹侧，然后分为支气管动脉和食管动脉，分别分布于肺组织和食管。

(2)腹主动脉及分支。腹主动脉为腰腹部的动脉主干，其分支可分为壁支和脏支。壁支主要为腰动脉，有 6 对，分布于腰部肌肉和皮肤及脊髓、脊膜等处；脏支主要分布于腹腔、骨盆腔的器官上，由前向后依次为腹腔动脉、肠系膜前动脉、肾动脉、肠系膜后动脉和睾丸动脉（子宫卵巢动脉）。

①腹腔动脉：在膈的主动脉裂孔稍后处，起自腹主动脉，向前下伸延分为几支，分布于脾、胃、肝、胰及十二指肠等器官。

②肠系膜前动脉：在第 1 腰椎腹侧处由腹主动脉分出，主要分布于小肠、结肠、盲肠和胰脏。

③肾动脉：在第 2 腰椎处由腹主动脉分出，成对，分布于肾。

④肠系膜后动脉：在第 4、第 5 腰椎处由腹主动脉分出，主要分布于结肠后段和直肠。

⑤睾丸动脉（子宫卵巢动脉）：在肠系膜后动脉附近由腹主动脉分出。公畜称为睾丸动脉，向后下行走进入腹股沟管的精索，分支分布于睾丸、输精管、附睾和睾丸鞘膜。母畜称为子宫卵巢动脉，在子宫阔韧带中向后延伸，分支为卵巢动脉和子宫前动脉，分布于卵巢、输卵管和子宫角上。

(3)骨盆部及荐尾部动脉。分布于骨盆部及荐尾部的动脉主干为髂内动脉，在第 5、第 6 腰椎腹侧由腹主动脉分出，沿荐骨腹侧及荐坐韧带内侧向后伸延，分布于骨盆腔器官和荐臀部、尾部的肌肉、皮肤。

(4)后肢动脉。分布于后肢的动脉主干为左、右髂外动脉，二者在第 5 腰椎处由腹主动脉向后左、右侧分出，沿髂骨前缘和后肢内侧面下伸至趾端。在股部为股动脉，在膝关节后为腘动脉，转到胫骨背侧面为胫前动脉，在跖骨背侧为跖背侧动脉，走向趾端为第 3 趾、第 4 趾动脉（牛）。主干沿途分支分布于后肢相应部位的骨骼、肌肉、皮肤等处。在耻骨前缘，髂外动脉分出一支阴部腹壁动脉干，其分支为阴部动脉（在母牛为乳房动脉），分布于乳房上。

2. 体循环的静脉

体循环的静脉可归纳为前腔静脉系、后腔静脉系、左奇颈静脉系和心静脉系，这里主要介绍前腔静脉系和后腔静脉系。

(1)前腔静脉系。前腔静脉是汇集头颈部、前肢部和部分胸壁血液的静脉干，在胸前口处由左、右颈静脉和左、右腋静脉汇合而成，位于气管和臂头动脉总干的腹侧，沿纵隔内向后延伸，注入右心房。在注入右心房前还接纳了胸壁、胸椎等部位的静脉支。

(2)后腔静脉系。后腔静脉在骨盆腔入口处由左、右髂总静脉和荐中静脉汇合而成。沿腹主动脉右侧向前伸延，穿过膈的腔静脉孔进入胸腔，注入右心房。后腔静脉沿途有腰静脉、睾丸静脉（子宫卵巢静脉）、肾静脉、肝静脉等汇入，收集后肢、骨盆及骨盆腔器官、腹壁、腹腔器官及乳房的静脉血。

①门静脉：位于后腔静脉的下方，是腹腔内一条大的静脉干，收集胃、脾、胰、小肠、大肠（直肠后部除外）的静脉血，经肝门入肝，在肝内反复分支成窦状隙，再汇成数支肝静脉移行至后腔静脉。

②乳房的静脉（图 8-7）：乳房的静脉血大部分经阴部外静脉注入髂外静脉，一小部分经腹皮下静脉注入胸内静脉。乳房两侧的阴部外静脉、腹皮下静脉和会阴静脉在乳房基部互相吻合，形成一个大的乳房基部静脉环，当其中任何一支静脉血流受阻时，其他静脉可起代偿作用。

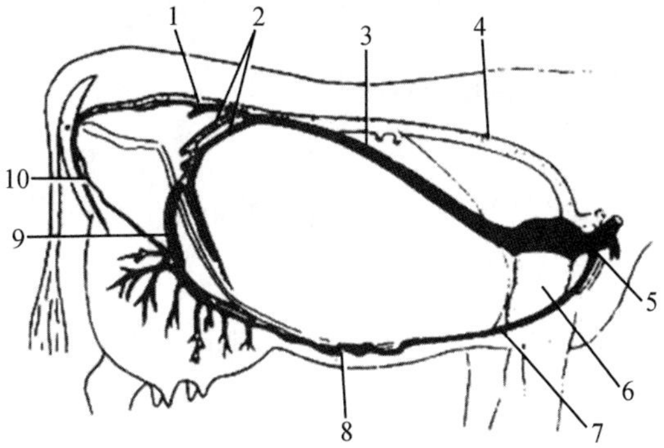

1. 髂内动静脉　2. 髂外动静脉　3. 后腔静脉　4. 胸主动脉　5. 前腔静脉　6. 心脏　7. 胸内静脉
8. 腹皮下静脉　9. 阴部外动、静脉　10. 会阴动、静脉

图 8-7　母牛乳房血液循环模式图

(二)肺循环的血管分布

肺循环又称为小循环，是血液从右心室射出，经肺动脉进入肺，在肺内形成毛细血管网，而后汇集成肺静脉，返回左心房。肺循环的血管包括肺动脉、肺毛细血管和肺静脉。

1. 肺动脉

肺动脉起于右心室的肺动脉口，沿主动脉弓的左侧向后上方伸延，至心基的后上方分为左、右两支，分别与左、右支气管一起从肺门入肺。牛、羊、猪的右侧支在入肺前还向右肺尖叶分出一支，随右肺尖叶支气管一起入肺。肺动脉在肺内随支气管进行分支，最后在肺泡周围形成毛细血管网，在此进行气体交换。

2. 肺静脉

肺静脉起于肺毛细血管网，随肺动脉和支气管行走，最后汇成 6～8 支，由肺门出肺后开口于左心房。

三、临床上常用动脉、静脉血管

(一)动脉

动脉主要用于脉搏检查。

1. 颌外动脉

位于下颌血管切迹后缘皮下。牛、马属动物多在此处进行脉搏检查。

2. 股动脉

位于后肢股骨内侧。猪、羊等动物多在此处进行脉搏检查。

3. 尾中动脉

位于尾根腹侧的正中沟内。牛多在此处进行脉搏检查。

(二)静脉

体表的一些浅静脉常用于采血和静脉注射。

1. 颈静脉

位于颈静脉沟浅层。牛、羊、马等均可在颈静脉的上 1/3 处进行采血和注射。

2. 胸外静脉

沿胸深后肌外侧缘,肘后相对处延伸。可进行采血和注射。

3. 乳房静脉

母牛的乳房静脉由乳房两侧的阴部外静脉、腹皮下静脉和会阴静脉构成。可进行采血和注射。

4. 臂皮下静脉

沿胸浅前肌和臂头肌之间的沟伸延。犬多在此静脉采血和注射。

5. 隐静脉

后肢跗关节外侧的隐小静脉和后肢股内侧的隐大静脉。犬也可在此采血和注射。

6. 耳静脉

耳郭的 3 支浅静脉。猪多在此静脉采血和注射。

二维码 8-1 羊心血管系统解剖观察(视频)

二维码 8-2 兔心脏解剖观察(视频)

【学习要求】

识记 牛、猪、马心脏的位置和形态;心腔及心壁的构造;心脏的传导系统;血管的分类及分布;兽医临床常用的动、静脉血管。

理解 心脏的泵血过程;心脏传导系统的作用。

应用 (1)如何确定牛、猪、马心音听诊的部位?(2)学会心音听诊。

【知识拓展】

胎儿血液循环特点

哺乳动物的胎儿在母体子宫内发育,所需要的全部营养物质和 O_2 均通过胎盘供应,代谢产物也通过胎盘由母体排泄,因而胎儿的血液循环具有与此相适应的一些特点(图 8-8)。

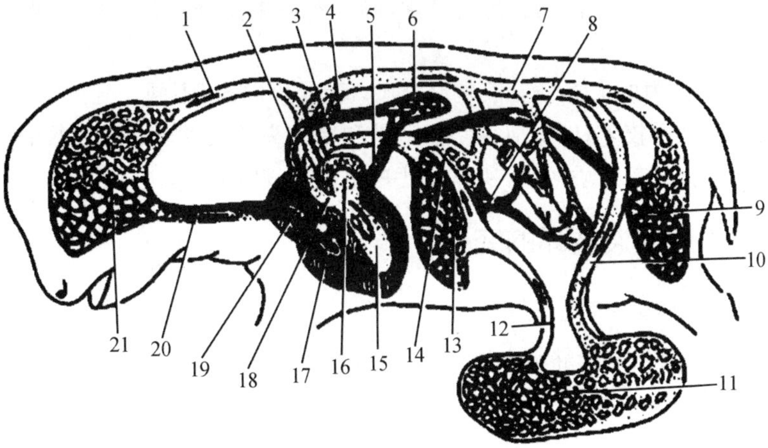

1. 臂头动脉干 2. 肺动脉干 3. 后腔静脉 4. 动脉导管 5. 肺静脉 6. 肺毛细血管 7. 腹主动脉 8. 门静脉 9. 骨盆部和后肢毛细血管 10. 脐动脉 11. 胎盘毛细血管 12. 脐静脉 13. 肝毛细血管 14. 静脉导管 15. 左心室 16. 左心房 17. 右心室 18. 卵圆孔 19. 右心房 20. 前腔静脉 21. 头、颈部毛细血管

图 8-8 胎儿血液循环模式图

一、胎儿心脏和血管的构造特点

1. 卵圆孔

在胎儿心脏的房中隔上有一卵圆孔，使左、右心房相互沟通。孔的左侧有一卵圆形瓣膜，而且右心房压力高于左心房，所以血液只能由右心房流向左心房。

2. 动脉导管

胎儿的主动脉和肺动脉之间有动脉导管相通。因此，右心室到肺动脉内的大部分血液都经动脉导管流入主动脉，仅有少部分进入肺内。

3. 胎盘

胎盘是胎儿与母体进行物质交换的器官，借脐带与胎儿相连。脐带内有 2 条脐动脉和 2 条(牛)或 1 条(马和猪)脐静脉。脐动脉由髂内动脉(牛)或阴部内动脉(马)分出，经脐带到胎盘，在胎盘上形成毛细血管网，在此处与母体子宫上的毛细血管进行物质交换。脐静脉由胎盘毛细血管汇成。经脐带由脐孔进入胎儿腹腔(牛的 2 条脐静脉入腹腔后合为 1 条)，沿肝镰状韧带伸延，经肝门入肝。

二、血液循环路径

胎盘毛细血管内富含营养物质和 O_2 的动脉血，经脐静脉进入胎儿肝内，最终汇成数支肝静脉注入后腔静脉(牛有部分脐静脉血经静脉导管直接到后腔静脉)。与来自躯体后部的静脉相混合后进入右心房，进入右心房的大部分血液通过卵圆孔流入左心房，再经左心室到主动脉及其分支，其中大部分血液到达头颈和前肢。躯体前半部的血液通过物质交换后，经前腔静脉返回右心房到右心室，再入肺动脉。由于胎儿期间肺脏基本不活动，因此肺动脉中的血液只有少量进入肺内，大部分血液经由动脉导管到主动脉，然后主要分布到躯体后半部，并经脐动脉到达胎盘。

由此可见，胎儿体内的大部分血液是混合血，但混合的程度不同。到达肝、头、颈和前肢的血液，含 O_2 和营养物质较多，以适应肝功能活动和胎儿头部发育较快的需要；而到肺、躯干和后肢的血液，含 O_2 和营养物质较少，所以胎儿后躯发育较缓慢。

三、胎儿出生后血液循环的变化

1. 脐动脉和脐静脉退化

出生后脐带被剪断，脐动、静脉血停止，血管逐渐萎缩，在体内的一段形成韧带。脐动脉形成膀胱圆韧带，脐静脉变为肝圆韧带。

2. 动脉导管闭锁

因肺开始呼吸，肺扩张，肺内血管的阻力减少，肺动脉压降低，动脉导管因管壁肌组织收缩而发生功能性闭锁，形成动脉导管索或动脉韧带。

3. 卵圆孔封闭

因肺静脉回左心房的血液量增多，血压增高，致使卵圆孔瓣膜与房中隔粘连，结缔组织增厚，将卵圆孔封闭，形成卵圆窝。心脏的左半部和右半部完全分开，左心内为动脉血，右心内为静脉血。但有的动物由于种类、品种及生长发育等因素，出生后卵圆孔并不能完全闭合，如猪约有 20%的胎儿在出生后卵圆孔闭合不全。

执业兽医资格考试真题

1. 牛子宫的血液供应来自(　　)【2009 年】

A. 脐动脉、臀前动脉和阴道动脉　B. 卵巢动脉、脐动脉和阴道动脉
C. 卵巢动脉、脐动脉和臀前动脉　D. 卵巢动脉、髂外动脉和阴道动脉
E. 卵巢动脉、臀前动脉和阴道动脉

2. 收集胃、肠、脾、胰血液回流的静脉血管是(　　)【2010 年】

A. 肝门静脉　B. 肾门静脉　C. 肺门静脉　D. 肠系膜前静脉　E. 肠系膜后静脉

3. 前腔静脉和后腔静脉的血液汇入(　　)【2011 年】

A. 左心房　B. 右心房　C. 左心室　D. 右心室　E. 冠状窦体

4. 家畜心脏的正常形态是(　　)【2015 年】

A. 圆形　B. 扁圆形　C. 椭圆形　D. 圆柱形　E. 倒圆锥形

5. 心脏的传导系统包括窦房结、房室结、房室束和(　　)【2015 年】

A. 神经纤维　B. 神经原纤维　C. 肌原纤维　D. 胶原纤维　E. 浦肯野纤维

6. 猫前肢采血的静脉是(　　)【2015 年】

A. 腋静脉　B. 头静脉　C. 臂静脉　D. 隐静脉　E. 正中静脉

7. 位于房间隔右心房侧内心膜下，呈结节状，属于心传导系统的结构是(　　)【2016 年】

A. 窦房结　B. 房室结　C. 静脉间结节　D. 房室束　E. 浦肯野纤维

8. 临床上经常用来给牛、羊采血、输液的大静脉是(　　)【2017 年】

A. 臂头静脉　B. 颈内静脉　C. 颈外静脉　D. 前腔静脉　E. 后腔静脉

9. 右心室口上的瓣膜称为(　　)【2018 年】

A. 二尖瓣　　B. 三尖瓣　　C. 半月瓣　　D. 主动脉瓣　　E. 肺动脉瓣

10. 右心室收缩使血液射入(　　)【2018 年】

A. 主动脉　　B. 肺动脉　　C. 肺静脉　　D. 前腔静脉　　E. 后腔静脉

11. 腹腔动脉分出三个分支,即肝动脉、脾动脉和(　　)【2019 年】

A. 胃左动脉　　B. 胃右动脉　　C. 肠系膜前动脉　　D. 肠系膜后动脉　　E. 肾动脉

12. 心脏自身的营养动脉是(　　)【2012 年】

A. 冠状动脉　　B. 升主动脉　　C. 胸廓内动脉　　D. 胸主动脉　　E. 降主动脉

13. 左心室血液流入(　　)【2012 年】

A. 主动脉　　B. 肺动脉　　C. 肺静脉　　D. 前腔静脉　　E. 后腔静脉

14. 由左心室发出的血管是(　　)【2014 年】

A. 肺动脉　　B. 肺静脉　　C. 主动脉　　D. 前腔静脉　　E. 后腔静脉

15. 血液由左心室输出,经主动脉及分支分布到全身组织,由毛细血管和静脉回到右心房,此循环称为(　　)【2014 年】

A. 体循环　　B. 小循环　　C. 门脉循环　　D. 微循环　　E. 肺循环

项目九　免疫系统

【学习目标】

掌握淋巴结、脾的形态、位置和构造;熟悉免疫系统的组成及免疫细胞、免疫组织、免疫器官等概念;理解免疫系统的机能。

能在显微镜下识别淋巴结、脾的组织构造;能识别动物常检淋巴结。

【学习内容】

任务一　免疫系统的构造

免疫是机体自身的一种生理功能。这种功能使得机体能够识别外来异物,即精确分辨“自我”还是“非我”物质,并且使这些异物被机体所中和、清除及消灭,以维持机体的生理平衡。

一、免疫系统的组成

免疫系统由具有免疫机能的器官、组织、细胞和分子组成。

1. 免疫器官

免疫器官包括中枢免疫器官和周围免疫器官。中枢免疫器官:骨髓和胸腺;周围免疫器官:淋巴结、脾和其他淋巴组织。

2. 免疫组织

免疫组织主要是存在于黏膜中的淋巴集结和孤立淋巴小结。

3.免疫细胞

凡能参与免疫反应的细胞统称为免疫细胞。免疫细胞包括淋巴细胞、单核巨噬细胞系统、抗原提呈细胞和各种颗粒性白细胞等。

4.免疫分子

免疫分子是由免疫细胞释放于细胞外及体液中的可调节免疫细胞活性、参与免疫效应的分子。如抗体、补体系统中的各种成分以及有免疫活性的细胞因子等。

二、免疫器官

(一)中枢免疫器官

中枢免疫器官包括骨髓、胸腺、腔上囊(鸟类)。它们是免疫细胞发生分化和成熟的场所。

1.骨髓

红骨髓可以生成血液中的一切血细胞。如骨髓中的多数干细胞经过增殖和分化,成为髓样干细胞和淋巴干细胞。前者是颗粒性白细胞和单核巨噬细胞的前身,后者是淋巴细胞的前身。淋巴干细胞在骨髓内即可分化、成熟为B细胞,进入血液和淋巴,参与体内免疫。

2.胸腺

胸腺位于胸腔前纵隔内(禽类在颈部)。既是免疫器官,又是内分泌器官。来自骨髓的淋巴干细胞,在胸腺中受胸腺素和胸腺生成素等的诱导作用,增殖分化,大部分经2～3 d便死于胸腺内,只有小部分成熟为具有免疫功能的T细胞,而后进入外周免疫器官,参与细胞免疫和免疫调节。

(二)周围免疫器官

周围免疫器官包括淋巴结、脾、血淋巴结和扁桃体。它们是T细胞、B细胞定居和对抗原刺激进行免疫应答的场所。

1.淋巴结

(1)淋巴结的形态位置。淋巴结位于淋巴管的通路上,多呈圆形或椭圆形,灰白色或灰色,大小不一。常集合成群,很少单个存在。淋巴结有凹凸两面,凹面叫淋巴结门,是血管、神经和淋巴管进出的通道。凸面有3～4条输入淋巴管进入淋巴结内。但猪的相反,淋巴结门处为输入淋巴管,凸面为输出淋巴管。淋巴结的结构经常处于动态变化之中,受抗原刺激时可增大,当抗原被清除后,又萎缩甚至消失。

(2)淋巴结的组织构造。淋巴结由被膜和实质构成(图9-1)。

①被膜:为覆盖在淋巴结表面的结缔组织膜。被膜的结缔组织伸入实质形成许多小梁并相互连接成网,与网状组织共同构成淋巴结的支架。进入淋巴结的血管沿小梁分布。

②实质:淋巴结的实质可分为皮质和髓质。

皮质位于淋巴结的外周,颜色较深。由淋巴小结、副皮质区和皮质淋巴窦组成。淋巴小结位于皮质区浅层,呈圆形或椭圆形,可分为中央区和周围区。中央区着色淡,除网状细胞外,主要有B淋巴细胞、巨噬细胞、少量的T淋巴细胞和浆细胞等,此区的淋巴细胞增殖能力较强,称为生发中心。周围区着色较深,聚集大量的小淋巴细胞。副皮质区为弥散淋巴组织,位于淋巴小结之间和皮质、髓质的交界处,是T淋巴细胞的主要分布区。在抗原的刺激下,该区的淋

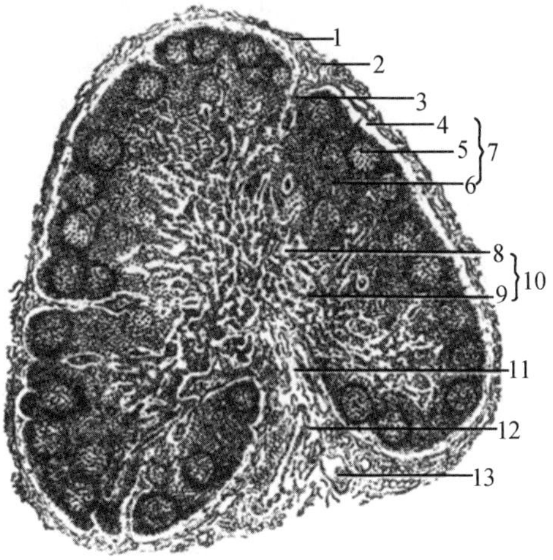

1.被膜 2.输入淋巴管 3.小梁 4.皮质淋巴窦 5.淋巴小结 6.副皮质区 7.皮质 8.髓质淋巴窦 9.髓索 10.髓质 11.淋巴结门 12.血管 13.输出淋巴管

图 9-1 淋巴结的构造模式图

巴细胞可大量繁殖,离开淋巴结,经淋巴管而进入血液。皮质淋巴窦是位于被膜下、淋巴小结与小梁之间互相通连的腔隙,是淋巴流经的部位。窦内存在着网状细胞、淋巴细胞和巨噬细胞。窦壁由内皮细胞构成,壁上有孔,淋巴细胞和淋巴液可以自由进出。

髓质位于中央部和门部,颜色较淡。由髓索和髓质淋巴窦组成。髓索是排列呈索状的淋巴组织,彼此吻合成网状,其主要成分是B淋巴细胞,还有浆细胞和巨噬细胞。淋巴结功能活跃时,髓索发达,浆细胞多,产生抗体。髓质淋巴窦位于髓索之间和髓索与小梁之间,结构与皮质淋巴窦相同,接受来自皮质淋巴窦的淋巴,并将淋巴液汇入输出淋巴管。

猪淋巴结的皮质和髓质的分布与其他动物的相反,即皮质位于淋巴结的中央,髓质位于淋巴结的边缘,两者之间无明显界限。

淋巴结是免疫系统中重要的器官,侵入体内的微生物、异物等抗原物质,经淋巴循环进入淋巴结后,淋巴结内的网状结构可对淋巴液进行过滤,使其中大部分的微生物、异物被阻留在淋巴结内,而后由免疫细胞将其吞噬、清除、消灭。所以,当周围区域的组织、器官发病时,必然导致这些淋巴结首先出现症状,如发炎、肿胀、疼痛,因此检查淋巴结在临床诊断和食品公共卫生检疫中具有重要意义。

(3)机体内主要淋巴结群的分布位置(图 9-2、图 9-3)。机体的每一个局部或器官的附近,都有一个淋巴结群,以接受该区域附近或器官流来的淋巴。机体浅层淋巴结分布于皮下,可以触摸到,深部淋巴结则分布于内脏器官附近和血管附近。

淋巴结的名称一般以存在部位而命名。兽医临床和食品公共卫生常检的淋巴结如下。

下颌淋巴结:呈卵圆形,位于下颌间隙中,下颌血管切迹稍后,外侧与颌下腺前端相邻。收集头腹侧、鼻腔、口腔前部及唾液腺的淋巴。

颈浅淋巴结:又称肩前淋巴结,位于肩关节前上方,臂头肌和肩胛横突肌深面。接受颈部、前肢和胸壁的淋巴,输出管汇入右气管淋巴干或胸导管。

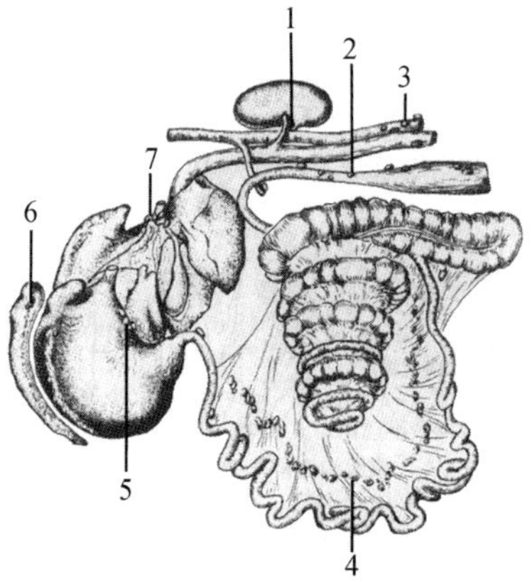

1. 肾淋巴结　2. 结肠淋巴结　3. 腰淋巴结　4. 肠系膜淋巴结　5. 胃淋巴结　6. 脾淋巴结　7. 肝淋巴结

图 9-2　猪的内脏淋巴结

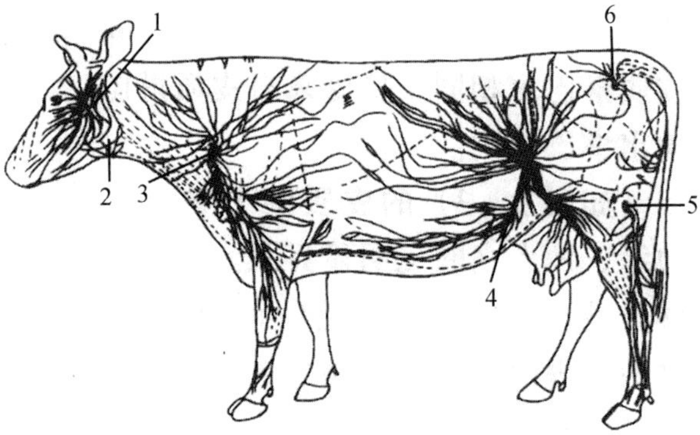

1. 腮腺淋巴结　2. 下颌淋巴结　3. 颈浅淋巴结　4. 髂下淋巴结　5. 腘淋巴结　6. 坐骨淋巴结

图 9-3　牛淋巴结和皮下淋巴管

髂内淋巴结：分布于髂内动脉和旋髂深动脉起始部附近，一般 1～4 个，长 1～5 cm，接纳后肢、骨盆壁、盆腔器官和腰部的淋巴，输出管形成腰淋巴干。

腹股沟浅淋巴结：母畜为乳房淋巴结，位于乳房基部后上方皮下，接纳乳房前庭、阴门及股部、小腿部皮肤的淋巴。公畜则为阴囊阴茎背侧淋巴结，位于精索之后，阴囊基部阴茎两侧。

髂下淋巴结：又称股前淋巴结或膝上淋巴结，位于股阔筋膜张肌前缘的膝褶中，为一个大而长的淋巴结，在体表即可触摸到。接纳腹壁、骨盆、股部、小腿部皮肤的淋巴。

腘淋巴结：位于股二头肌、半腱肌与腓肠肌外侧头之间，接纳小腿部的淋巴。

气管支气管淋巴结；位于气管分叉的附近，形状不规则。主要接纳支气管、心肺的淋巴，汇入胸导管。

肝门淋巴结：位于肝门附近，沿门静脉、肝动脉和胆管分布，牛一般 1～3 个，多则 10 个，羊 2～4 个。接纳肝、胰、十二指肠和皱胃的淋巴，输出管汇入腹腔淋巴干。

肠系膜淋巴结：位于肠系膜前、后动脉附近和肠系膜中，数目很多。收集小肠、大肠各段的淋巴及其他腹腔淋巴，最后汇入肠淋巴干。

2. 脾

脾是体内最大的淋巴器官。

(1)脾的形态和位置。各种动物脾脏形态各异(图 9-4),但位置均位于腹前部,胃的左侧。其中,牛的脾呈长扁平的椭圆形,质柔软,位于瘤胃背囊的左前方。母牛的脾呈灰蓝色,公牛的脾呈紫色。羊的脾呈扁平的三角形,红紫色,位于瘤胃左侧。猪的脾狭长,断面呈三角形,壁面平,脏面形成长嵴,红色,质较硬,位于胃大弯的左侧,随着胃大弯的弯曲而成弧形。马的脾呈镰刀状,蓝红色或蓝紫色,位于胃大弯左侧,质地柔软,借胃脾韧带与胃大弯相连。

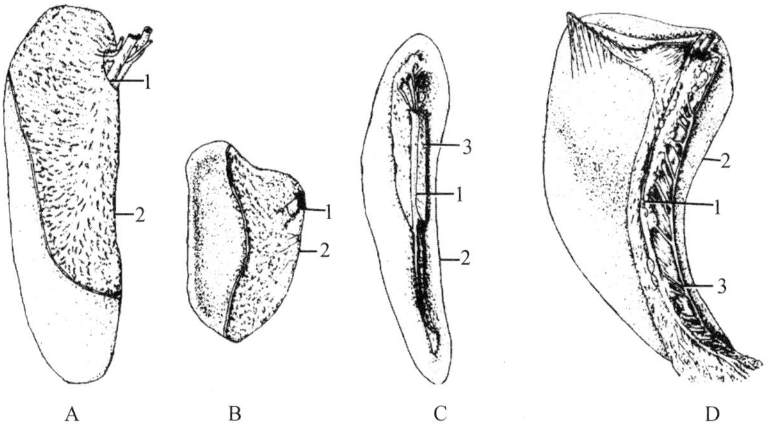

A. 牛脾　B. 羊脾　C. 猪脾　D. 马脾

1. 脾门　2. 前缘　3. 脾胃韧带

图 9-4　常见动物脾脏形态

(2)脾的组织构造。脾是血液循环通路上的一个滤器,有造血、滤血、储血、调节血量及参与机体免疫活动等功能。脾有输出淋巴管,无输入淋巴管;无淋巴窦,但有血窦。脾由被膜和实质构成,实质分为红髓和白髓。

①被膜:为覆盖在脾表面的一层富含弹性纤维和平滑肌的结缔组织膜,其表面覆以浆膜。被膜伸入脾脏内部形成小梁,并吻合成网状,构成网状支架。被膜和小梁内的平滑肌舒缩,对脾的贮血量有重要的调节作用。

②实质:脾的实质又称为脾髓,由淋巴组织构成,可分为红髓和白髓。

红髓:由脾索和脾窦组成,因含有许多红细胞而呈红色。脾索为彼此吻合成网的淋巴组织索,除网状细胞外,还有 B 淋巴细胞、巨噬细胞、浆细胞和各种血细胞;脾窦即为血窦,分布于脾索之间,其形状、大小视血液充盈程度而变化。窦壁内皮细胞呈长杆状,沿脾窦长轴平行排列,内皮细胞之间有裂隙,基膜也不完整,这些均有利于血细胞从脾索进入脾窦。

白髓:主要由密集的淋巴组织构成,沿着动脉分布,分散于红髓之间。分为动脉周围淋巴鞘和淋巴小结。动脉周围淋巴鞘为长筒状,淋巴组织紧包在穿行的中央动脉周围,相当于淋巴结的副皮质区,主要是 T 细胞定居的地方,为脾的胸腺依赖区;淋巴小结又称为脾小体,结构与淋巴结的淋巴小结相似,位于淋巴鞘的一侧,也有生发中心,主要为 B 淋巴细胞。

3. 其他淋巴器官

(1)血淋巴结。血淋巴结呈球状,暗红色,较小,主要位于血液循环的路径上。有一定的造血和免疫功能。

(2)扁桃体。扁桃体在咽峡和鼻咽部的黏膜内,分为咽扁桃体和腭扁桃体,以腭扁桃体最发达。呈卵圆形隆起,表面有很多清晰的隐窝。扁桃体无输入淋巴管,又处于暴露位置,故抗原可从口腔直接感染。扁桃体的主要作用有两个,一是可产生淋巴细胞,二是对抗原起反应,构成全身防御系统的一部分。

三、免疫组织

免疫组织在体内分布广泛。在消化道、呼吸道和泌尿生殖道等的黏膜上皮下面的某些部位,有淋巴细胞密集形成的淋巴组织,称为淋巴小结。有的单个存在,称为孤立淋巴小结,有的集合成群,称为淋巴集结。免疫组织起过滤和防御作用,构成机体的一道重要免疫屏障,又称黏膜免疫屏障。

四、免疫细胞

(一)淋巴细胞

淋巴细胞大小不一,直径为 5～18 μm,胞核大,几乎充满整个细胞。这种细胞因随血液在全身循环,因而可以在机体的每个组织中找到。其主要机能是不但能识别外来的"非己"物质,发动一系列的生理机制清除入侵者,而且能辨识自己体内的成分。这种区分"己"与"非己"的能力是淋巴细胞的主要特征,也是免疫反应的起点。至今已知的淋巴细胞有如下几种。

1. T 细胞

T 细胞是由骨髓生成的淋巴干细胞在胸腺中分化、成熟的淋巴细胞,故又称为胸腺依赖淋巴细胞,用胸腺(thymus)一词的英文字头"T"来命名。成熟后进入血液和淋巴液参与细胞免疫,可直接攻击靶细胞。

2. B 细胞

B 细胞是在骨髓或腔上囊(禽)中由淋巴干细胞逐渐分化、成熟的,故称骨髓依赖淋巴细胞,用骨髓(bone marrow)一词的英文字头"B"来命名。B 细胞进入血液和淋巴液后的主要机能是,经抗原刺激转化为浆细胞后产生抗体,从而完成特异性免疫。

3. K 细胞(杀伤细胞)

K 细胞是发现较晚的淋巴样细胞,分化途径尚不明确,具有非特异性杀伤功能。K 细胞虽是杀伤细胞,但却不能单独杀伤靶细胞,只能杀伤与抗体结合的靶细胞,所以,这种杀伤作用简称为抗体依赖性细胞介导的细胞毒作用,且这种作用很强,体内只要有微量抗体与相应抗原结合,虽然还不能激活补体,破坏靶细胞,但却可以激活 K 细胞而发挥对靶细胞的杀伤作用。

4. NK 细胞(自然杀伤细胞)

NK 细胞是一类不依赖抗体,不需要抗原致敏即具杀伤靶细胞作用的淋巴细胞。尤其是对肿瘤细胞及病毒感染细胞,具有明显杀伤作用,可使靶细胞溶解。

(二)单核巨噬细胞系统

机体内这一系统是指除中性粒细胞外(因其只能吞噬细菌而不能吞噬较大异物)具有很强吞噬能力的细胞,这些细胞都来源于血液的单核细胞。现已知的这种细胞主要有:

组织细胞:主要分布于疏松结缔组织内。

小胶质细胞:分布于脑和脊髓内。

单核细胞:分布于血液中。

肝巨噬细胞(枯否细胞):分布于肝脏的窦状隙中。

网状细胞:分布于淋巴结、脾脏、骨髓等处。

内皮细胞:分布于脾脏、脑垂体、肾上腺等器官的窦状隙、淋巴结的淋巴窦以及毛细血管等处的内皮。

尘细胞:分布于肺泡的结缔组织中。

这个系统的主要机能是吞噬侵入体内的细菌、异物和体内衰老、死亡的细胞;在炎症的恢复期参与组织的修复;造血器官中的网状细胞,尚有生成血细胞的机能;肝巨噬细胞不但参与免疫反应,还可参与胆色素的制造,血液中的单核细胞,具有许多与免疫有关的功能。但它在血液中存在时间短,几天后则离开血液进入组织,在组织中发育、分化、成熟为高度活跃的巨噬细胞,其免疫机能得到进一步的加强。

(三)抗原提呈细胞

它指在特异性免疫应答中,能够摄取、处理、转递抗原给 T 细胞和 B 细胞的细胞,其作用过程称为抗原提呈。有此作用的细胞主要有巨噬细胞、B 细胞、周围淋巴器官中的树突状细胞、回肠淋巴集结中的微皱褶细胞及真皮层中的郎格罕氏细胞等。

(四)颗粒性白细胞

中性粒细胞除具有吞噬细菌、抗感染能力外,尚可与抗原、抗体相结合,形成中性粒细胞-抗原-抗体复合物,从而大大加强对抗原的吞噬作用,参与机体的免疫过程;嗜碱性粒细胞主要参与体内的过敏反应和变态反应;嗜酸性粒细胞与免疫反应过程密切相关,常见于免疫反应的部位,有较强的吞噬能力,对抗原-抗体复合物有显著的趋向性。抗寄生虫的作用也较强。

五、淋巴管

(一)毛细淋巴管

毛细淋巴管以盲端起始于组织间隙,并彼此吻合成网,通透性大于毛细血管,可使组织液中的大分子物质如细菌、异物等较易进入毛细淋巴管内。因而当动物受到感染时,其炎症病灶首先会在淋巴系统表现出来。

(二)淋巴管

淋巴管内毛细淋巴管汇合而成,其形态构造与静脉相似,但管径较细,数量较多,管壁较薄,管内瓣膜较多。淋巴管行进过程中要经过许多淋巴结。

(三)淋巴导管

淋巴导管是全身淋巴管最后汇集成两条最大的淋巴导管,并与静脉血管相连接。

1. 胸导管

胸导管起始于最后胸椎到第 2、第 3 腰椎腹侧面的乳糜池(长梭形,是胸导管的起始段,收集来自肠道的淋巴,因含有大量脂肪,呈乳白色,所以叫乳糜池),而后沿主动脉背侧前行,在第 5 胸椎处经食管和支气管左侧向前向下行走,注入前腔静脉左侧或左颈静脉。乳糜池和胸导管沿途主要收集后肢、腹壁、腹腔、骨盆壁及骨盆腔内器官、左侧胸壁、左肺、左心、左头颈部、左前肢的淋巴(猪的胸导管一般有两条)。

二维码 9-1 羊免疫系统解剖观察(视频)

2. 右淋巴导管

右淋巴导管是由右侧头颈部、右前肢、右侧胸壁的淋巴导管汇集而成。较胸导管短小，位于斜角肌深层。最后注入右颈静脉或前腔静脉右侧。

【学习要求】

识记　免疫系统的组成；不同动物脾脏的形态特点及体表投影位置；免疫；免疫监视；免疫稳定；免疫防御；单核巨噬细胞系统；生发中心；乳糜池。

理解　淋巴结的组织构造；脾的组织构造；单核巨噬细胞系统的组成细胞；淋巴结的生理功能；脾的生理功能；胸腺的生理功能；淋巴管的分布；淋巴的生理意义。

应用　(1)免疫系统的功能是什么？(2)血液、组织液和淋巴液三者之间有何关系？(3)兽医临床上和公共卫生常检的淋巴结有哪些？分布在哪里？(4)为什么检查淋巴结可以判断动物是否有疾病？(5)免疫细胞有哪几类？功能是什么？

【知识拓展】

免疫系统的机能

一、淋巴的生成

淋巴是免疫系统重要的组成部分，它和血液、组织液关系密切，任何一方出现变化都将对其他发生影响。

淋巴是组织液透过毛细淋巴管壁进入毛细淋巴管而形成的。毛细淋巴管是以盲端起始于组织间隙，管壁极薄，通透性极强，允许较大的蛋白质分子和脂肪微粒直接进入淋巴管。在生理条件下，组织液压力大于毛细淋巴管内的压力，所以组织液可顺利进入毛细淋巴管盲端而生成淋巴。当运动时，血流量增大，静脉压升高，淋巴的生成速度也加快。

淋巴生成后，沿毛细淋巴管—淋巴管—淋巴导管—前腔静脉或颈静脉回流到血液。

二、免疫系统的功能

(一)免疫防御

免疫防御是免疫系统可阻止病原微生物侵入机体，抑制其在体内繁殖、扩散，并可清除病原微生物及其产物。这种机能降低可导致重复感染。但如过高又可导致机体过敏，产生变态反应。

(二)免疫稳定

免疫稳定是免疫系统可清除体内多种衰老和被破坏损伤的细胞，以保持体内各类细胞恒定的自身稳定。

(三)免疫监视

免疫监视是免疫系统能够识别、杀伤和清除体内的突变细胞。突变细胞是机体自发地或在某些病毒、化学药品等的诱发下产生的一种细胞，如不能及早发现、清除，则易发展成为肿瘤。

上述免疫作用可由两种方式获得：①由先天遗传而获得，称为先天性免疫。如皮肤、黏膜的屏障作用；吞噬细胞的吞噬作用；自然杀伤细胞的杀伤作用及多种体液成分(如补体、溶菌酶等)的免疫作用。它们能非特异地阻挡或清除侵入体内的微生物及体内突变、死亡的细胞，所以又称为非特异性免疫。②个体出生后，由于机体感染了某种病原微生物或接触了异种、异体抗原而获得的仅是针对某种微生物或抗原的免疫力，称为特异性免疫(获得性免疫)。这种免疫清除相应抗原的能力显著强于非特异性免疫，是进行人工免疫的基础。但是，它不能遗传，作用范围又很专一、局限，免疫期长者可达数年甚至终生，短者仅有几个月，甚至更短。

三、淋巴结的功能

淋巴结是体内最重要、分布广泛的免疫器官，通过淋巴细胞参与机体的免疫活动；巨噬细胞具有很强的吞噬能力，能吞噬由淋巴带来的异物和微生物；淋巴结还产生淋巴细胞，是重要的造血器官。

四、脾的功能

通过淋巴细胞活动参与机体的免疫活动；通过巨噬细胞的吞噬作用，清除流经脾的血液中的微生物和异物。此外，脾还是体内重要的造血、滤血、贮血和调节血量的器官。

五、免疫细胞的功能

淋巴细胞与巨噬细胞是与免疫活动最直接相关的两类细胞；淋巴细胞能首先识别抗原为外来物，而后给以应答。不同的淋巴细胞会采取不同的应答方式：一种方式是淋巴细胞分化成浆细胞，进而产生特异性抗体；另一种方式是淋巴细胞分化成能执行细胞免疫的细胞，而后由这种细胞去直接破坏抗原。巨噬细胞的免疫作用则较少特异性，其免疫方式主要是直接吞噬抗原，或以免疫源的形式将抗原提供给淋巴细胞群；巨噬细胞和淋巴细胞二者之间具有复杂的相互作用，且淋巴细胞与免疫系统发生广泛的联系。

六、淋巴的生理意义

淋巴是体液的重要组成部分，其生理意义如下。

1. 调节血浆和组织细胞之间的体液平衡

淋巴的回流虽然缓慢，但对组织液的生成与回流平衡却起着重要的作用。如果淋巴回流受阻，可引起淋巴淤积而出现组织液增多，局部肿胀等症状。

2. 免疫、防御、屏障作用

淋巴在循环、回流入血过程中，要经过免疫系统的许多器官(如淋巴结等)，而且液体中含有大量免疫细胞(淋巴细胞、巨噬细胞等)，能有效地参与免疫反应，清除细菌、异物等抗原，产生抗体。所以，淋巴系统具有重要的免疫、防御、屏障作用。

3. 回收组织液中的蛋白质

由毛细血管动脉端滤出的血浆蛋白，不可能逆浓度差从组织间隙重吸收入毛细血管，只有经过淋巴回流，才不至于在组织液中堆积。据测定，每天经淋巴回流入血的血浆蛋白约占循环血浆蛋白总量的1/4。

4.运输脂肪

由小肠黏膜上皮细胞吸收的脂肪微粒，主要经肠绒毛内毛细淋巴管回收，然后经过乳糜池—胸导管回流入血。因而，胸导管内的淋巴液呈现白色乳糜状。小肠绒毛的中央乳糜管和胸导管起始端的乳糜池的名称也由此而来。

执业兽医资格考试真题

1.牛脾呈(　　)【2009年】

A.镰刀形　B.钝三角形　C.舌形或靴形　D.细而长的带状　E.长而扁的椭圆形

2.牛腭扁桃体位于(　　)【2010年】

A.喉咽部　B.口咽部侧壁　C.舌根部背侧　D.软腭口腔面　E.鼻咽部后背侧壁

3.牛的胸腺(　　)【2014年】

A.无明显的年龄变化　B.位于胸腔前纵隔内

C.位于胸腔前纵隔和颈部　D.皮质内淋巴细胞稀少

E.产生B淋巴细胞

4.位于口咽部侧壁的扁桃体称为(　　)【2016年】

A.舌扁桃体　B.腭扁桃体　C.腭帆扁桃体　D.咽扁桃体　E.盲肠扁桃体

5.淋巴结内的T细胞主要位于(　　)【2017年】

A.淋巴小结　B.副皮质区　C.皮质淋巴窦　D.髓索　E.髓质淋巴窦

6.牛脾呈长而扁的椭圆形，位于(　　)【2018年】

A.瘤胃背囊左前部　B.瘤胃背囊右前部　C.网胃前方

D.瓣胃右侧　E.瘤胃后方

7.七岁犬的胸腺特征是(　　)【2019年】

A.胸部和颈部的胸腺均发达　B.颈部胸腺发达，胸部胸腺退化

C.胸部胸腺发达　D.颈部胸部胸腺均退化　E.颈部胸腺发达

8.既无输入淋巴管，又无输出淋巴管的外周淋巴器官是(　　)【2020年】

A.扁桃体　B.法氏囊　C.血淋巴结　D.胸腺　E.淋巴结

9.属于动物中枢免疫器官的是(　　)【2020年】

A.脾脏　B.肝脏　C.肠黏膜　D.淋巴结　E.胸腺

10.大多数家畜淋巴结的实质分为外周的皮质和中央的髓质，但皮质和髓质位置颠倒的是(　　)【2012年】

A.猪　B.马　C.牛　D.羊　E.犬

11.对肉品进行检验时，常规检查猪腹腔的淋巴结是(　　)【2014年】

A.肝淋巴结　B.脾淋巴结　C.胰十二指肠淋巴结　D.肠系膜前淋巴结

E.肠系膜后淋巴结

12.母牛乳房临诊检查触诊的淋巴结是(　　)【2014年】

A.腹股沟浅淋巴结　B.髂下淋巴结　C.腹股沟深淋巴结　D.腘淋巴结

E.髂内淋巴结

13.犬的胰脏呈(　　)【2014年】

A.不正三角形　B.不正四边形　C.不规则三角形　D.V形　E.U形

项目十　神经系统

【学习目标】

熟悉神经系统的组成；掌握中枢神经的构造和外周神经的分布。

能准确定位兽医临床常用的外周神经。

【学习内容】

任务一　概　　述

一、神经系统的组成

神经系统是动物体的调节系统，它既可以调节体内各器官的活动，又能使动物体适应外界环境的变化，保持动物体与环境之间的相对平衡。神经系统是一个整体，根据位置和机能，可将神经系统分为中枢神经系统和外周神经系统两部分（图 10-1）。中枢神经系统包括脑和脊髓；外周神经系统包括与脑相连的脑神经、与脊髓相连的脊神经和与脑或脊髓相连的植物性神经。

- 神经系统
  - 中枢神经系统
    - 脑（位于颅腔）
      - 大脑
      - 小脑
      - 脑干
        - 延髓
        - 脑桥
        - 中脑
        - 间脑
    - 脊髓（位于椎管内）
  - 外周神经系统
    - 脑神经（主要分布于头部）
    - 脊神经（分布于躯干与四肢）
    - 植物性神经（分布于心肌、平滑肌和腺体）
      - 交感神经
      - 副交感神经

图 10-1　神经系统的组成

脑神经共有 12 对，除副神经和迷走神经外，其余脑神经均分布于头部；脊神经分布于躯干和四肢；植物性神经分布于内脏器官平滑肌、心肌和腺体等。植物性神经又分为交感神经和副交感神经。

二、神经系统的基本构造

神经系统的基本结构和功能单位是神经元。神经元具有接受内外环境的刺激和传导冲动的能力，由胞体和突起组成，突起又分为树突和轴突；在中枢神经系统内，胞体集中的地方形成色泽灰暗的结构，构成脑和脊髓的灰质。被覆于大脑半球和小脑表面的灰质层称为大脑和小脑皮质(皮层)。在中枢神经内神经元胞体集团称为神经核。在外周神经中,神经元胞体集中的地方称为外周神经节。

神经元的突起,分为树突和轴突,长的突起称神经纤维。神经纤维在中枢内集合成束称为神经传导束(路),许多神经束集合在一起,色泽亮白,称白质。在外周神经中,结合成束的神经纤维称神经干。

任务二 中枢神经系统

中枢神经系统包括脊髓和脑两种器官。

一、脊髓

(一)脊髓的形态与位置

脊髓位于椎管中,呈背腹稍扁的圆柱状,自枕骨大孔后缘延续至荐骨中部。前端在枕骨大孔与延髓相连,后端在荐骨中部成圆锥状,称脊髓圆锥,再向后延伸成一根非神经性的软膜细丝,称终丝。脊髓圆锥、终丝及其左右两侧的神经根聚集成马尾状,合称马尾。按脊髓在椎管中的部位,与椎骨相对应,全长可分为四段两膨大:即颈、胸、腰、荐四段和颈膨大、腰膨大。在颈、胸交界处的一段脊髓特别粗大,叫颈膨大,是前肢神经的发出处,在腰荐交界处的一段脊髓也较膨大,叫腰膨大,是后肢神经的发出部位。膨大的形成是由于该处的神经细胞和纤维较多所致。

脊髓背侧正中有一纵沟,叫背正中沟,腹侧正中有深的裂隙,叫腹正中裂。脊髓两侧有成对的脊神经根,背外侧有较粗的背根,称感觉根;腹外侧有腹根,称运动根。背根和腹根在椎间孔处合并为脊神经,出椎间孔后分布于躯体。

(二)脊髓的内部构造

从脊髓横断面观察,中央有一孔为脊髓中央管,脊髓中央管前与脑室相通,后达脊髓圆锥终丝,纵贯脊髓全长,内含脑脊液。在中央管的周围有一"H"形的灰色部分为灰质,外周的浅色部分为白质(图 10-2)。

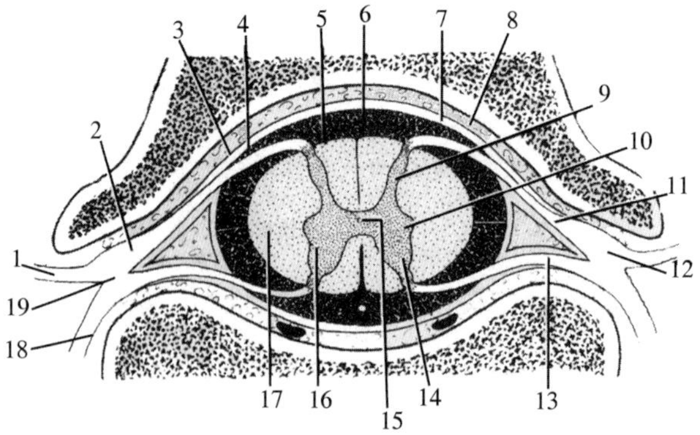

1.背侧支 2.脊神经节 3.硬膜 4.蛛网膜 5.软膜 6.蛛网膜下腔 7.硬膜下腔 8.硬膜外腔 9.背侧角 10.侧角 11.背侧根 12.脊神经节 13.腹侧根 14.腹侧角 15.脊髓中央管 16.灰质 17.白质 18.腹侧支 19.脊神经

图 10-2 脊髓横断面模式图

1. 灰质

灰质主要由神经元胞体构成。灰质横切面上有一对狭窄的背角和一对膨大的腹角，在胸腰段脊髓背角与腹角之间，还有向外突出而形成的侧角。从整体上看，灰质前后连贯成柱状，分别称为背侧柱、腹侧柱和外侧柱。背侧柱由联络神经元（中间神经元）组成，接受来自背侧根的神经冲动；腹侧柱由运动神经元组成，支配躯干肌和四肢肌。胸腰部和荐部脊髓的外侧柱由植物性神经的节前神经元组成，其轴突随腹根出脊髓。

2. 白质

白质主要由神经纤维组成，位于灰质的周围，被灰质柱分为背索、腹索和侧索 3 部分。位于背角内侧的称为背索，位于腹角内侧的称为腹索，位于背角与腹角之间的称为侧索。每个索是由起止点和传导功能相同的神经纤维组成的传导束。

在靠近灰质边缘的白质是一些连接脊髓相邻各节段的短程纤维束，称为固有束，它将脊髓各节段连为整体，参与脊髓反射活动。其余为连于脑和脊髓之间的远程上、下行传导束。即将脊髓各段的感觉向上传至脑的感觉传导束（上行束）和将脑发出的冲动向下传到脊髓的运动传导束（下行束）。一般地说，背索为上行束，它将从躯干、四肢和内脏起源的感觉冲动传递到脑；腹索是下行束，将脑发出的信息传导到脊髓各节段，而侧索内兼有上行束和下行束。

二、脑

脑位于颅腔内，向后与脊髓相连，是神经系统的高级中枢，机体的许多活动都是在脑的控制下完成的。脑由大脑、小脑和脑干组成。大脑在前，脑干位于大脑和脊髓之间，小脑位于脑干背侧（图 10-3、图 10-4）。

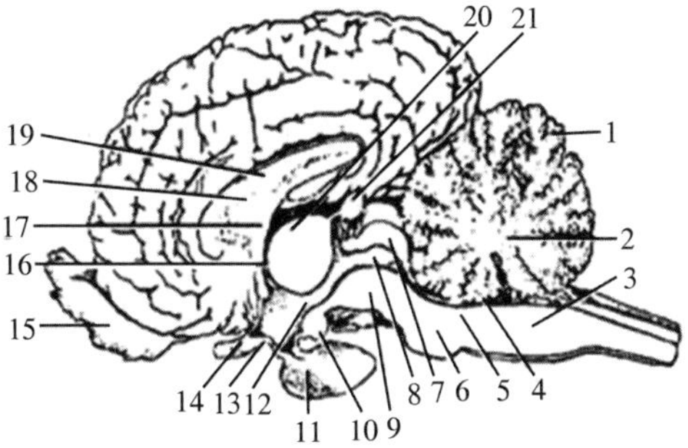

1. 小脑皮质 2. 小脑髓树 3. 延髓 4. 第四脑室 5. 前髓帆 6. 脑桥 7. 四叠体 8. 中脑水管 9. 大脑脚 10. 乳头体 11. 垂体 12. 第三脑室 13. 灰结节 14. 视交叉 15. 嗅球 16. 室间孔 17. 穹隆 18. 透明隔 19. 胼胝体 20. 丘脑间黏合 21. 松果体

图 10-3 牛脑（正中矢面）

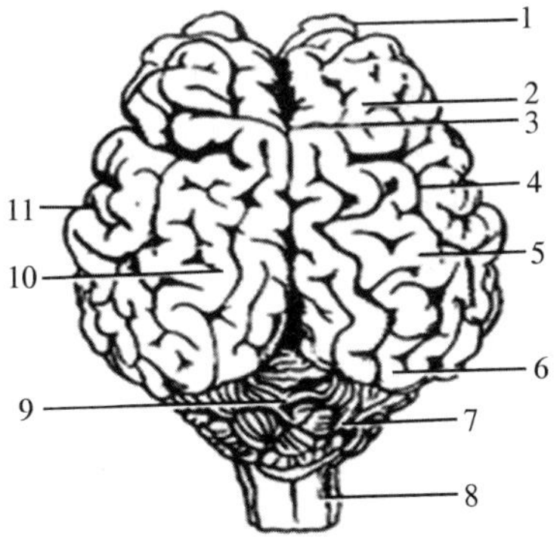

1. 嗅球 2. 额叶 3. 大脑纵裂 4. 脑沟 5. 脑回 6. 枕叶 7. 小脑半球 8. 延髓 9. 小脑蚓部 10. 顶叶 11. 颞叶

图 10-4 牛脑（背侧面）

（一）脑干

脑干由后向前依次为延髓、脑桥、中脑和间脑，是脊髓与大脑和小脑之间的桥梁。

1. 延髓

延髓是脊髓向前的延续，外形似脊髓，与脊髓无明显的界限，但功能比脊髓复杂。延髓前连脑桥，背侧是小脑。延髓与小脑间的腔隙为第四脑室，第四脑室向前通中脑导水管，向后通脊髓中央管，并由顶部的小孔通蛛网膜下腔。延髓腹面中线两侧各有一个纵行隆起，称为锥体，锥体实际上是由脊髓与脑之间的上下行纤维构成，这些纤维在锥体内向对侧交叉，称锥体交叉。延髓背侧面的前部扩展，形成第四脑室底壁的后半部。延髓后部背侧的两侧各有一股纤维束，连于小脑。

2. 脑桥

脑桥位于小脑腹侧，前接中脑，后连延髓。腹侧面为横向隆起，内含横向纤维，并从两侧向背侧伸入小脑。背侧面构成第四脑室底壁的前部。

3. 中脑

中脑是脑最小的一部分，位于脑桥的前方、间脑的后方。腹侧面有两条短粗纵行纤维束连于大脑，称为大脑脚。背侧面有四个丘状隆起称四叠体，前方一对较大，为前丘；后方一对较小，为后丘。前丘和后丘分别与视觉、听觉反射有关。四叠体和大脑脚之间的正中部有中脑导水管，前连第三脑室，后通第四脑室。

4. 间脑

间脑位于中脑前方，大部分被两侧大脑半球所覆盖，其外侧部分与大脑半球的实质愈合，因此，间脑与两半球之间的界限不如其他脑部明显。间脑主要分为丘脑和丘脑下部。

丘脑：位于背侧，为两个卵圆形的灰质块，内侧面彼此靠近以中间块相连，周围的环形间隙为第三脑室，前方经左右室间孔通入大脑半球侧脑室，后方经中脑导水管与第四脑室相通。

丘脑下部：位于丘脑的腹侧，结构中有脑垂体，是内分泌腺。在丘脑下部的神经核团中，有一对视上核和室旁核，能分泌抗利尿素和催产素。

(二)小脑

小脑略呈球形，位于延髓和脑桥的背侧，构成第四脑室顶壁。小脑表面有许多凹陷的沟和凸出的回。小脑分为正中狭窄的蚓部和两侧膨大的小脑半球。覆盖在小脑表面的灰质称为小脑皮质。白质在深部，称为髓质，呈树状伸入小脑皮质称为小脑树。白质中有许多分散存在的神经核。

(三)大脑

大脑它又称端脑，位于脑干前方，被大脑纵裂分为两个完全对称的大脑半球，纵裂的底是连接两半球的横行纤维束构成的胼胝体，在每个半球内有一个呈半环形的狭窄裂隙，叫侧脑室，分别经室间孔与第三脑室相通。大脑半球由大脑皮质、白质、嗅脑和基底核构成。

1. 大脑皮质

大脑半球表层的灰质称为大脑皮质，也称大脑皮层。由 5～6 层神经细胞构成，是神经活动的高级中枢。大脑皮质表面凸凹不平，有许多深浅不同的凹陷的沟，沟与沟之间突起部分为回。每个大脑半球，根据机能和位置不同，常把大脑皮质分为 5 个叶，即前小半为额叶、后大半的背侧面为顶叶、外侧面为颞叶、后侧面为枕叶、半球的内侧面下半部为边缘叶。各叶内有各种高级中枢。

2. 白质

白质也叫大脑半球髓质，位于皮质深面，主要由 3 种神经纤维组成。

联合纤维：联合左右半球皮质的横向纤维，主要有胼胝体。

联络纤维：联系同侧半球各部之间的纤维。

投射纤维：联系大脑皮质与皮质下中枢的纤维，分上行(感觉)和下行(运动)两种。

3. 基底核(纹状体)

基底核为大脑半球基部的灰质核团,主要有尾状核和豆状核,在两核间有白质(上、下行的投射纤维)构成的内囊。尾状核、内囊和豆状核等呈灰、白相间的条纹状,所以将它们合称为纹状体。基底核在大脑皮质的控制下,可调节骨骼肌运动。

4. 嗅脑

嗅脑位于大脑半球底部,主要包括嗅球、嗅束、嗅三角、梨状叶及海马等构成,其功能主要与嗅觉有关。

嗅球:呈卵圆形,位于大脑半球的前端,能接受嗅神经纤维传递的神经冲动。嗅球的后面分别连接内、外侧嗅束,内外侧嗅束分别连接半球内面的旁嗅区和后方的梨状叶。内、外侧嗅束之间的三角区称为嗅三角。

梨状叶:位于嗅三角后方的梨状突起,被视为嗅觉皮质区。

海马:呈三角形,位于侧脑室的后壁。起自梨状叶深面,沿丘脑的后端和背侧向前背内侧延伸,呈弓形隆起,构成侧脑室底壁的后部。

(四)脑脊膜、脑脊液和血脑屏障

1. 脑脊膜

脑脊膜位于脑和脊髓的外面,由内向外依次由软膜、蛛网膜、硬膜构成,具有支持、保护脑和脊髓的作用。

(1)软膜。软膜含有丰富血管的薄膜,紧贴于脊髓和脑的表面,分别称为脑软膜和脊软膜。

(2)蛛网膜。薄而透明,包在软膜外面。在蛛网膜和软膜之间有较阔的腔隙,称蛛网膜下腔,充满脑脊液。

(3)硬膜。硬膜是一层较厚而坚韧的致密结缔组织膜,包被脑的部分称为脑硬膜,包被脊髓的部分称为脊硬膜。脑硬膜紧贴颅腔内壁,其间无间隙存在。脊硬膜与椎管内表面骨膜之间的腔隙为硬膜外腔(腔内有富含脂肪的疏松结缔组织,兽医临床上常做的硬膜外腔麻醉就是将麻醉药由腰荐间隙处注入硬膜外腔,以麻醉脊神经根);在硬膜和蛛网膜之间有潜在的腔隙,称为硬膜下腔。

2. 脑脊液

脑脊液是由各脑室脉络丛产生的无色透明液体。

脑脊液充满于各脑室、脊髓中央管和蛛网膜下腔中,具有缓冲作用,可以保护脑和脊髓减少或减免外力的震荡。此外,脑脊液还可通过与血液进行物质交换,营养神经组织,运送其代谢产物。正常情况下,脑脊液的产生与吸收是保持动态平衡的,如果这种平衡遭到破坏,便可引起脑积水,导致颅内压升高,脑组织受到压迫,而出现神经症状。

3. 血脑屏障

有人曾将一种叫台盼蓝的染料注入兔的静脉,结果除脑组织以外的体内其他各器官都被染成蓝色。这一事实说明血液和脑组织之间存在着某种屏障,这种屏障称为血脑屏障。

血脑屏障的构成与脑内毛细血管结构特点有关,脑内毛细血管内皮上无空隙;内皮细胞间连接紧密,无间隙;脑内毛细血管外表面有一层由神经胶质细胞突起形成的胶质膜包围着,使血管不与神经细胞直接接触。所以,血脑屏障可防止有害物质进入脑内而损害神经细胞。

任务三　外周神经系统

外周神经系统是神经系统的外周部分，包括脊神经、脑神经和植物性神经。它们一端连于脑或脊髓，另一端同动物体各器官的效应器和感受器相连。根据功能不同，可分为感觉神经、运动神经和混合神经。

感觉神经（传入神经）：将感觉冲动由感受器传向中枢的神经。

运动神经（传出神经）：将神经冲动由中枢传向效应器的神经。

混合神经：既有感觉神经纤维又有运动神经纤维的神经。

一、脑神经

脑神经共 12 对，大多数从脑干发出，直接与脑相连。根据所含神经纤维功能不同，分为感觉神经（Ⅰ、Ⅱ、Ⅷ）、运动神经（Ⅲ、Ⅳ、Ⅵ、Ⅺ、Ⅻ）和混合神经（Ⅴ、Ⅶ、Ⅸ、Ⅹ）3 类（表 10-1）。

表 10-1　脑神经简表

名称	连脑部位	性质	分布范围	机能
Ⅰ嗅神经	嗅球	感觉	鼻黏膜嗅区	嗅觉
Ⅱ视神经	间脑	感觉	视网膜	视觉
Ⅲ动眼神经	中脑	运动	眼球肌	眼球运动
Ⅳ滑车神经	中脑	运动	眼球肌	眼球运动
Ⅴ三叉神经	脑桥	混合	头部肌肉、皮肤、泪腺、结膜、口腔齿髓、舌、鼻腔等	头部皮肤、口鼻腔、舌等感觉，咀嚼肌运动
Ⅵ外展神经	延髓	运动	眼球肌	眼球运动
Ⅶ面神经	延髓	混合	鼻唇肌肉、耳肌、眼睑肌、唾液腺等	面部感觉、运动，唾液分泌
Ⅷ听神经	延髓	感觉	内耳	听觉和平衡觉
Ⅸ舌咽神经	延髓	混合	舌、咽	咽肌运动、味觉、舌部感觉
Ⅹ迷走神经	延髓	混合	咽、喉、食管，胸腔、腹腔内大部分脏器和腺体等	咽、喉及内脏器官的感觉和运动
Ⅺ副神经	延髓和颈部脊髓	运动	斜方肌、臂头肌、胸头肌	头、颈、肩带部的运动
Ⅻ舌下神经	延髓	运动	舌肌	舌的运动

附：脑神经名称记忆口诀。一嗅二视三动眼，四滑五叉六外展，七面八听九舌咽，十迷一副舌下全。

二、脊神经

连于脊髓，由感觉神经纤维合成背根，由运动神经纤维合成腹根。背根、腹根出椎间孔合成脊神经，所以脊神经是混合神经。

1. 躯体传入（感觉）纤维

分布于皮肤、骨骼肌、腱和关节。

2. 躯体传出(运动)纤维

支配骨骼肌。

3. 内脏传入(感觉)纤维

分布于内脏、心、血管和腺体。

4. 内脏传出(运动)纤维

支配平滑肌、心肌和腺体。

按照脊神经从脊髓发出部位不同,分颈、胸、腰、荐、尾 5 部分。各种动物脊神经数目不同,牛、羊平均为 37～38 对(8,13,6,5,5～6);猪 38～39 对(8,14～15,7,4,5);马 42～43 对(8,18,6,5～6,5)。

(一)躯干神经

1. 颈神经

颈神经分布于颈部的皮肤、肌肉及前肢。

2. 膈神经

膈神经由第 5、第 6、第 7 对颈神经腹侧支联合而成,经胸前口入胸腔,在纵隔内后行,分布于膈肌。

3. 肋间神经

肋间神经为胸神经腹侧支,在每一肋间沿肋间动脉后缘下行,布于肋间肌。其中最后 1 对肋间神经在第一腰椎横突末端的前角下方,末端延伸入腹壁肌层之间,分布于腹肌和腹部皮肤。

4. 髂下腹神经

髂下腹神经为第 1 对腰神经腹侧支,牛在第 2、第 3 腰椎横突之间,(马属动物则在第 2 腰椎横突末端后下缘),进入腹壁肌层,主要分布于腹肌、腹部皮肤、阴囊皮肤、包皮或乳房等(图 10-5)。

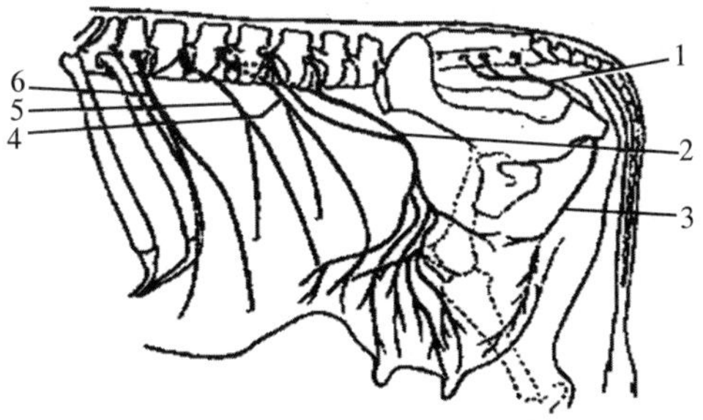

1. 阴部神经　2. 生殖股神经　3. 会阴神经乳房支　4. 髂腹股沟神经　5. 髂下腹神经　6. 最后肋间神经

图 10-5　母牛的腹壁神经

5. 髂腹股沟神经

髂腹股沟神经为第 2 腰神经腹侧支,牛的沿第 4 腰椎横突外侧缘(马属动物则沿第 3 腰椎横突末端后下缘)延伸于腹壁的肌肉之间,主要分布于腹肌、腹壁、股内侧皮肤及外生殖器。

(二)前肢神经

前肢神经来自臂神经丛。牛臂神经丛是由后 3 对颈神经腹侧支和第 1 对胸神经腹侧支(马是由最后 3 对颈神经腹侧支和前 2 对胸神经腹侧支)联合而成,主要分支有肩胛上神经、肩胛下神经、腋神经、桡神经、尺神经和正中神经等(图 10-6)。其中正中神经是前肢最长的神经,由臂神经丛向下延伸到蹄。临床上常见的是由肩胛上神经和桡神经麻痹引起的跛行。

1. 肩胛上神经

肩胛上神经由臂神经丛的前部发出,分布于冈上肌和冈下肌。肩胛上神经麻痹时,则使冈上肌和冈下肌失去收缩能力而发生跛行。

2. 肩胛下神经

肩胛下神经有 2～4 支,分布于肩胛下肌。

3. 腋神经

腋神经经肩胛下肌和大圆肌之间,在肩关节后分成数支,分布于肩关节的屈肌及前臂背侧皮肤等处。

4. 桡神经

桡神经是前肢最粗的神经,由臂神经丛后部发出,向后下方延伸,分布于第 3、第 4 指的背侧面,称指背侧神经。

(三)后肢神经

后肢神经由腰荐神经丛发出。腰荐神经丛是由后 3 对腰神经及前 2 对荐神经腹侧支构成。位于腰荐部腹侧。主要分支有股神经、坐骨神经、腓神经、胫神经、跖内侧神经、跖外侧神经、闭孔神经等(图 10-7)。临床上常见的是股神经与坐骨神经引起的跛行。

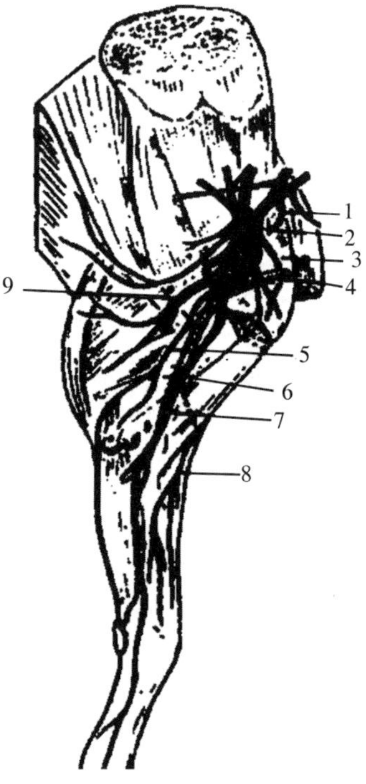

1. 肩胛上神经　2. 臂神经丛　3. 腋神经　4. 腋动脉　5. 尺神经
6. 正中神经和肌皮神经总干　7. 正中神经
8. 肌皮神经皮支　9. 桡神经

图 10-6　牛的前肢神经

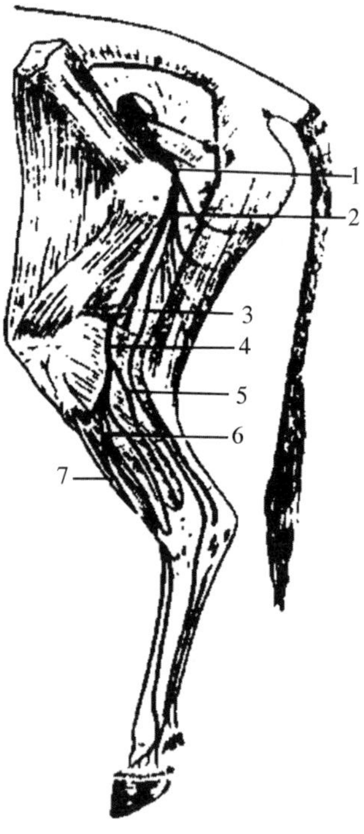

1. 坐骨神经　2. 肢支　3. 胫神经　4. 腓神经
5. 小腿外侧皮神经　6. 腓浅神经
7. 腓深神经

图 10-7　牛的后肢神经

1. 股神经

股神经由腰荐神经丛发出，向下伸延进入股四头肌。其分支分布于膝关节和小腿内侧面的肌肉和皮肤。

2. 坐骨神经

坐骨神经为体内最粗长的神经，扁而宽，自骨盆腔穿出，向下伸延至股二头肌、半腱肌和半膜肌之间，沿途分支分布于股二头肌、半腱肌、半膜肌等臀部肌肉和皮肤。约在股骨中部，髋结节后下方，分支为胫神经和腓神经，分布于后肢小腿以下的肌肉和皮肤。

三、植物性神经

植物性神经又叫内脏神经，是指分布到内脏器官、皮肤和血管的平滑肌、心肌、腺体的传出神经；一般不包括传入神经。

(一)植物性神经分类与结构

植物性神经因机能不同，分交感神经和副交感神经。

1. 交感神经

交感神经分为中枢部和外周部。中枢部位于胸腰段脊髓，外周部由神经干、神经节、外周神经和神经丛组成。

交感神经干位于脊柱两侧，由许多椎神经节和连接这些椎神经节的交感神经纤维(节前支)所组成。从胸腰脊髓侧支发出的节前纤维，随脊神经根腹侧出椎间孔，离开脊神经到达交感神经干。

交感神经干按部位可分为颈部交感干、胸部交感干、腰部交感干和荐尾部交感干。

颈部交感干：是来自胸段前部脊髓的节前纤维束，向前伸至颈部而成，位于气管的背外侧、颈动脉的背侧，与迷走神经并行，外包结缔组织，称为迷走交感干。

胸部交感干：位于胸椎椎体两侧，沿胸椎体两侧延伸至膈，连于腰部交感神经干。在每一肋结节附近都有一个神经节，发出节后纤维，一些节后纤维分布于胸壁皮肤；另一些节后纤维形成小支，至主动脉、食管、气管和支气管，并参与心和肺神经丛。一些节前纤维向后伸延，在最后 2～3 个胸椎体附近离开交感干，向后穿过膈，连于腹腔肠系膜前神经节。

腰部交感干：较细，紧贴腰椎椎体的侧面，经交感干下行的节前纤维入肠系膜后神经节。

荐尾部交感干：是腰部交感干沿荐骨腹侧向后伸延而成，尾部交感干与尾动脉并行。

交感神经的节前神经纤维，一部分在椎神经节中交换神经元，其节后纤维随脊神经分布到躯体的血管、汗腺、竖毛肌等处，有的分布于心、肺、食管等器官；还有一部分节前纤维，至椎下神经节更换神经元，其节后纤维随动脉分布到腹腔、骨盆腔内的脏器。

2. 副交感神经

副交感神经的节前神经元位于脑干和荐部脊髓；节后神经元的胞体多数在器官壁内的终末神经节(壁内节)，少数位于器官附近的终末神经节(器官旁节)。根据其中枢所在部位分为脑部副交感神经和荐部副交感神经。

(1)脑部副交感神经。节前神经元的胞体位于中脑和延髓，通称为副交感神经核，发出纤维随第Ⅲ(动眼神经)、第Ⅶ(面神经)、第Ⅸ(舌咽神经)、第Ⅹ(迷走神经)分布。

从中脑的副交感神经核发出的神经纤维，随动眼神经入眼眶，分布于瞳孔括约肌、睫状肌；

从延髓的副交感神经核发出的神经纤维，随面神经分布于泪腺、颌下腺和舌下腺；随舌咽神经分布于腮腺、颊腺。

还有1对迷走神经，为行程最长，分布最广的混合神经，其中绝大部分是副交感神经纤维。该神经由延髓发出，离开颅腔后与交感神经干相并行，共同包有结缔组织形成迷走交感干，沿颈动脉背侧向后伸延到胸前口，交感神经和迷走神经彼此分离，迷走神经到达胸腔内，经内脏基部两侧后行。左、右侧迷走神经在心脏后方形成食管背侧干和食管腹侧干。背侧干沿着食管穿过膈进入腹腔，进入腹腔后在瘤胃右面分支，并参与形成腹腔神经丛，分布于肝、瘤胃、皱胃等脏器；食管腹侧干在瘤胃左侧面分支，并分布于网胃等器官。

迷走神经在颈前部分出侧支到咽、喉、气管、食管，在胸段分支到心、肺、气管、食管等，在腹腔则分布到胃、脾、肝、胰、小肠、盲肠、大结肠等脏器。

(2)荐部副交感神经节。前神经元的胞体位于荐部脊髓；节前纤维随荐神经出荐骨腹侧孔，然后独立形成2～3支盆神经，与腹后神经一起形成盆神经丛，分布于小结肠、直肠、膀胱、生殖器官等。

(二)植物性神经与躯体神经的区别

植物性神经虽是外周神经的一部分，但它在分布范围、形态结构及机能上与躯体神经(脑神经、脊神经)有所不同(表10-2)。

表10-2 植物性神经与躯体神经的区别

项目	植物性神经	躯体神经
分布	平滑肌、心肌、腺体	骨骼肌
功能	不随意运动，参与调节机体的营养、呼吸、循环、排泄和生殖等机能，影响全身新陈代谢	随意运动，受意识支配
结构	中枢发出后交换神经元到达效应器	中枢发出直接到达效应器

(三)交感神经和副交感神经的区别

交感神经和副交感神经都是内脏运动神经，且多数共同支配一个器官，但二者在形态结构、分布范围和生理机能等方面各有特点(表10-3)。

表10-3 交感神经和副交感神经的区别

项目	交感神经	副交感神经
中枢	胸腰段脊髓	中脑、延髓和荐部脊髓
周围神经节	交感神经节位于脊柱两旁椎神经节和脊柱腹侧椎下神经节	副交感神经所支配的器官壁内或器官附近
节前/后神经元	1/多	1/少
分布范围	广	血管、汗腺、竖毛肌、肾上腺髓质均无分布
作用	相互拮抗，协调统一	

【学习要求】

识记 硬膜外腔;灰质与白质;神经节;神经核;反射弧;感受器;中枢延搁。

理解 条件反射与非条件反射的区别;植物性神经和躯体神经的区别;中枢神经系统的运动机能和感觉机能;神经纤维对兴奋的传递的特点。

应用 (1)临床上麻醉药一般注射到什么部位,以达到麻醉脊神经的作用?(2)为什么说延髓为动物的生命中枢?

【知识拓展】

眼的解剖特点

一、眼球

眼球位于眼眶内,呈前后略扁的球形,由眼球壁和内容物组成(图 10-8)。其后以视神经与脑相连。

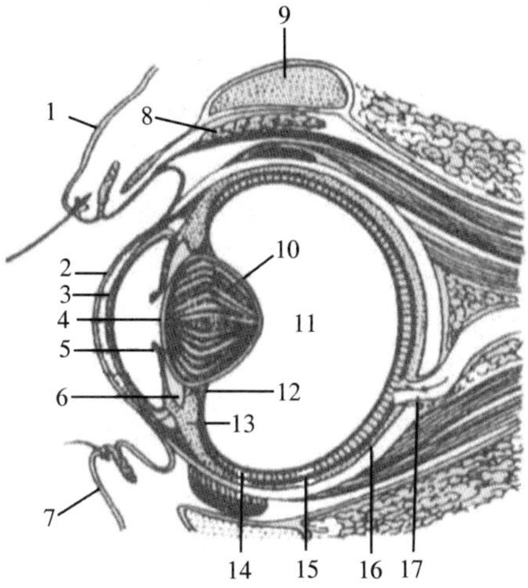

1.上眼睑 2.球结膜 3.角膜 4.瞳孔 5.虹膜 6.眼后房 7.下眼睑 8.泪腺 9.眶上突 10.晶状体 11.玻璃体 12.睫状小带 13.睫状体 14.视网膜 15.脉络膜 16.巩膜 17.视神经

图 10-8 眼球纵切面模式图

(一)眼球壁

眼球壁有三层,由外向内依次为纤维膜、血管膜和视网膜。

1.纤维膜

纤维膜是眼球的外壳,由致密结缔组织构成,厚而坚韧。分前部的角膜和后部的巩膜。

(1)角膜。较小,约占纤维膜的 1/5,凸出透明,无血管,有丰富的神经末梢,再生能力强。

(2)巩膜。约占纤维膜后 4/5,不透明,白色,与角膜交接处有巩膜静脉窦为房水流出的通道。

2.血管膜

血管膜有丰富的色素细胞;血管丰富,可营养视网膜。色素细胞能吸收散射光线,且形成暗环境,对视网膜的光、色反应有利。血管膜自后向前分为脉络膜、睫状体和虹膜三部分。

(1)脉络膜。棕褐色。薄而富含色素细胞和血管,供给视网膜营养及排泄代谢产物。在视神经盘背侧处(除猪外)有一呈青绿色带金属色彩的三角形区域,称照膜。它能将光线强烈地反射到视网膜,使眼底呈现特殊色彩,动物视网膜在暗环境中也能接受弱光的刺激。

(2)睫状体。睫状体上皮能分泌房水。外为睫状肌,相当于括约肌,受副交感神经支配。内面前部为睫状冠,其上有许多睫状突,它以睫状小带连晶状体;后部平坦部为睫状环。睫状体能调节晶体状凸度。

(3)虹膜。为围成瞳孔的环带状薄膜。内有两种平滑肌:一种为环绕瞳孔边缘的瞳孔括约肌,强光照射时缩小瞳孔,受副交感神经支配;另一种呈放射状的瞳孔开大肌,在弱光下能放大瞳孔,受交感神经支配。

3.视网膜

视网膜为眼球壁的最内层,分视部和盲部。两部之间以锯齿缘为界。

(1)视部衬于脉络膜内面。活体时略呈淡红色,死后浑浊变为灰白色。且易从脉络膜上剥离。视网膜后部有一圆形或卵圆形的白斑,称视神经盘。它是视神经穿出视网膜的地方,无感光能力,称盲点。视神经盘背外侧,有视网膜圆形中央区,是双目视物区。反刍兽、猪、马等动物还有纹状中央区,自圆形中央区横向内侧,为单目视物区。这两个中央区统称视网膜中央区,是感光最敏锐的地方。此外,于视神经盘处有视网膜中央动脉穿出,并放射状分支,分布于视网膜。

视部分外面的色素层和内侧的神经层。色素层能保护视神经细胞;神经层有多种神经细胞,构成视神经。神经层与色素层之间有潜在性空隙,易脱落。

(2)视网膜盲部。包括视网膜睫状体部和视网膜虹膜部,不能感受光的刺激。

(二)内容物

内容物为眼球内一些无色透明的物质,包括房水、晶状体和玻璃体等。

1.房水

房水为透明水样液体,位于眼球前、后房内。眼球前房位于角膜与虹膜之间,眼球后房位于虹膜与晶状体之间,二者以瞳孔为界。

房水循环是指房水由睫状体上皮分泌后进入眼球后房,经瞳孔入眼球前房,而后经虹膜角隙入巩膜静脉窦。功能为折光,还能营养晶状体和维持眼内压。房水回流受阻,房水增多,眼内压升高,称青光眼,严重时可致失明。称混睛虫的马丝虫的幼虫常寄生于眼房水内,可手术刺破角膜放出。

2.晶状体

晶状体呈双凸透镜状,位于虹膜与玻璃体之间。周缘借睫状小带连接于睫状体,受睫状体调节。

3.玻璃体

玻璃体为无色透明的胶冻状物质,位于晶状体与视网膜视部之间的眼球玻璃体房内。有折光和支持视网膜的作用。

二、辅助器官

眼的辅助装置见图10-9。

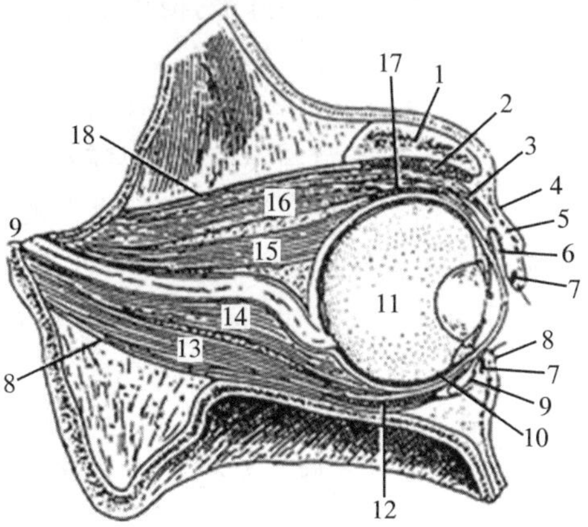

1.额骨眶上突　2.泪腺　3.眼睑提肌　4.上眼睑　5.眼轮匝肌　6.结膜囊　7.睑板腺　8.下眼睑　9.睑结膜　10.球结膜　11.眼球　12.眼球下斜肌　13.眼球下直肌　14.眼球退缩肌　15.视神经　16.眼球上直肌　17.眼球上斜肌　18.眶骨膜

图 10-9　眼的辅助装置

(一)眼球肌

眼球肌属横纹肌，为眼球的运动装置。有背侧直肌、腹侧直肌、外侧直肌和内侧直肌等4块直肌，上斜肌、下斜肌等2块斜肌及眼球退缩肌。眼球肌的血管神经丰富，故眼球运动灵活，且不易疲劳。

(二)眼睑

眼睑俗称眼皮，为覆盖于眼球前方的皮肤皱，外为皮肤，内为富有血管的睑结膜，中间为眼轮匝肌和睑板。睑板为致密结缔组织构成的薄板，内有皮脂腺称睑板腺。眼睑分为上眼睑和下眼睑，上、下眼睑之间的裂隙称睑裂。眼轮匝肌为环形肌，收缩时睑裂变小。

结膜分为睑结膜和球结膜。眼睑内面的为睑结膜，覆盖于眼球至角膜缘的称球结膜。睑结膜与球结膜之间的腔隙称结膜囊。

第三眼睑又叫瞬膜，为球结膜位于眼内侧角处的半月状结膜褶，其内有一块软骨和发达的瞬膜腺。

(三)泪器

泪器包括泪腺和泪道。

1.泪腺

泪腺位于眼球背外侧，分泌泪液，有润滑和清洁的作用。

2.泪道

泪道是泪液排除的通道，由泪小管、泪囊和鼻泪管组成。泪小管有2条，起于眼内侧角处称为泪点的2个小裂隙，2条泪小管汇集于泪囊，经鼻泪管开口于鼻腔前庭。

(四)眶筋膜

眶筋膜包括眶骨膜、眶脂体、眼球鞘等。眶骨膜为来自骨膜的致密结缔组织膜。眶骨膜内、外充填有许多脂肪，分别称眶骨膜内脂体和眶骨膜外脂体，合称眶脂体，起减缓震动的作用。眼球鞘为包裹眼球后面的筋膜，在角膜缘和巩膜的神经穿出处(巩膜筛区)与眼球相连。

眼球鞘与眼球后面其他部位留有的空隙，称巩膜外隙，便于眼球自由活动。

三、视觉传导路

光线经角膜、房水、晶状体、玻璃体射至视网膜，在视网膜经三级神经元（视锥细胞和视杆细胞、双极细胞、神经节细胞）构成视神经至视交叉，交叉后成为视束至外侧膝状体。更换神经元后，其纤维经内囊投射到大脑皮质视觉区产生视觉。另有纤维至中脑前丘和中脑被盖的动眼神经副交感核，分别引起头颈部的对光反射和瞳孔括约肌的收缩运动。

位听器官——耳

耳分为外耳、中耳、内耳。外耳和中耳有收集和传导声波的装置；内耳藏有听觉感受器、位平衡感受器。

1. 外耳

由耳郭、外耳道、鼓膜三部分构成。耳郭位于头部两侧，以软骨为基础，被覆皮肤。外耳道为耳郭基部至鼓膜之间的管道，管道皮肤内有由汗腺演变而来的耵聍腺，其分泌物称耵聍（耳蜡）。鼓膜位外耳与中耳之间，是一层坚韧而有弹性的薄膜。

2. 中耳

由鼓室、听小骨、咽喉管构成。鼓室是位于颞骨内的一个含气的腔隙，内面被覆有黏膜。听小骨位于鼓室内由锤骨、砧骨、镫骨构成。咽喉管是连接鼓室与咽的管道。

3. 内耳

位于颞骨内，由迷路、位听感受器构成。迷路是曲折迂回的双层套管结构，分为骨迷路和膜迷路。骨迷路为骨质迷路，构成迷路的外层；膜迷路为一层膜性管，构成迷路的内层。

在迷路内含有位觉器（前听器）、听觉器（螺旋器）。

执业兽医资格考试真题

1. 机体内最粗最长的神经是（　　）【2009 年】

A. 股神经　B. 闭孔神经　C. 坐骨神经　D. 臀前神经　E. 臀后神经

2. 硬膜外麻醉时，将麻醉剂注入硬膜外腔的常用部位是（　　）【2010 年】

A. 寰枢间隙　B. 颈胸间隙　C. 胸腰间隙　D. 腰荐间隙　E. 荐尾间隙

3. 脊硬膜和椎管之间的腔隙是（　　）【2015 年】

A. 硬膜外腔　B. 脊髓中央管　C. 硬膜下腔　D. 蛛网膜下腔　E. 蛛网膜内腔

4. 牛髂下腹神经来自（　　）【2016 年】

A. 最后胸神经　B. 第 1 腰神经　C. 第 2 腰神经　D. 第 3 腰神经　E. 第 4 腰神经

5. 脊髓灰质横切面呈（　　）【2018 年】

A. 立方形　B. 扁平形　C. 蝴蝶形　D. 三角形　E. 卵圆形

6. 副交感神经节前神经元的胞体位于（　　）【2020 年】

A. 脑干和腰段脊髓　B. 脑干和胸段脊髓　C. 颈段和荐段脊髓

D. 颈段和腰段脊髓　E. 脑干和荐段脊髓

7. 中耳的功能是(　　)【2011 年】

A. 收集声波　B. 传导声波　C. 压缩声波　D. 听觉感受器的所在地

E. 位置感受器的所在地

8. 分布于视网膜的感觉神经是(　　)【2012 年】

A. 眼神经　B. 视神经　C. 外展神经　D. 动眼神经　E. 滑车神经

9. 眼球壁的 3 层结构是指纤维膜、血管膜和(　　)【2012 年】

A. 蛛网膜　B. 视网膜　C. 硬膜　D. 软膜　E. 白膜

10. 分布到内脏器官、平滑肌、心肌和腺体的神经称为内脏神经,其中的传出神经是(　　)【2013 年】

A. 中枢神经　B. 脊神经　C. 感觉神经　D. 脑神经　E. 植物性神经

11. 眼球壁 3 层结构的中层机构是(　　)【2013 年】

A. 纤维膜　B. 血管膜　C. 视网膜　D. 角膜　E. 虹膜

12. 脊髓膜的最内层称为(　　)【2014 年】

A. 脊外膜　B. 脊内膜　C. 脊蛛网膜　D. 脊硬膜　E. 脊软膜

13. 哺乳动物眼球壁的三层结构中有感光功能的是(　　)【2014 年】

A. 虹膜　B. 巩膜　C. 纤维膜　D. 脉络膜　E. 视网膜

项目十一　内分泌系统

【学习目标】

熟悉内分泌系统的组成;掌握脑垂体、松果体、甲状腺、甲状旁腺、肾上腺等内分泌器官的形态、位置及构造。

能在标本和动物尸体上准确识别各种内分泌腺。

【学习内容】

任务一　内分泌器官

一、内分泌系统的组成

内分泌系统是机体内一个重要的功能调节系统,由内分泌腺和内分泌组织组成。内分泌腺是一些具有结构独立、肉眼可见的内分泌器官,如脑垂体、松果体、肾上腺、甲状腺和甲状旁腺等。此外还有其他器官组织内部具有内分泌功能的一些细胞群,如胰岛、睾丸间质细胞、卵泡、黄体和肾小球旁器等。

内分泌腺的分泌物无导管的排出,而直接进入血液和淋巴,故又称为无管腺。

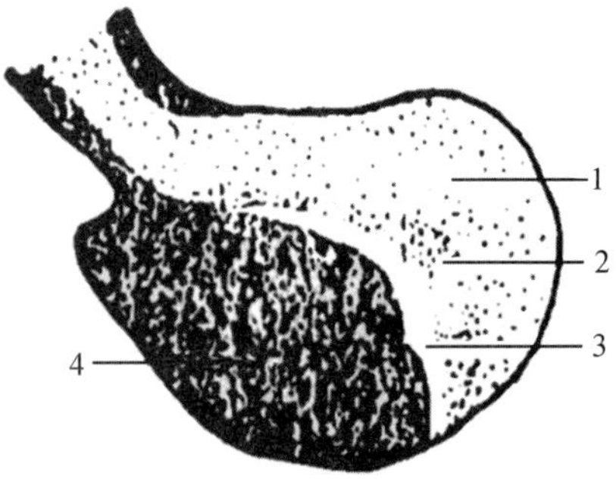

1. 神经部　2. 中间部　3. 垂体裂　4. 远侧部

图 11-1　牛脑垂体构造模式图

二、脑垂体

脑垂体是体内最大的内分泌腺，呈上下稍扁的椭圆形，位于颅底垂体窝内(图 11-1)。分泌多种激素，对畜体的各项活动具有十分重要的调节作用。脑垂体可分为腺垂体和神经垂体两部分。腺垂体包括远侧部、结节部(位于漏斗的背侧)和中间部；神经垂体包括神经部和漏斗部。通常又将远侧部称为前叶，中间部和神经部称为后叶。

三、甲状腺

甲状腺位于喉后方，气管前端两侧和腹面，为一红褐色腺体，一般分左右两个侧叶和中间的峡部。

各种家畜甲状腺的形态不同。牛甲状腺侧叶较发达，色较浅，呈不规则的三角形，峡部也较发达。猪甲状腺侧叶和峡部结合为一个整体，呈粉红色，位于胸前口处气管的腹侧面。马的甲状腺侧叶呈红褐色，卵圆形，峡部不发达，连接侧叶的后端，位于喉的后部，在前 3～4 个气管环的两侧。

四、甲状旁腺

甲状旁腺很小，位于甲状腺附近，呈圆形或椭圆形。其数目和位置因家畜种类不同而有差异，牛有内、外 2 对甲状旁腺；猪只有 1 对甲状旁腺；马有前、后 2 对甲状旁腺。

五、肾上腺

(一)肾上腺位置形态

肾上腺位于肾的前内侧，为成对的红褐色腺体。牛左肾上腺呈肾形，右肾上腺呈心形；羊的肾上腺均呈扁椭圆形；猪的肾上腺不规则，狭而长。马的肾上腺呈弓形。

(二)肾上腺的组织结构

肾上腺表面有一层致密结缔组织被膜，被膜内含有血管、淋巴管、神经和小量平滑肌，从被膜分出薄的结缔组织小梁穿入肾的实质。实质由皮质和髓质构成，皮质在外，呈淡黄色，厚而致密，占腺体的大部分；髓质在中央，色暗红，较疏松。

1. 皮质

皮质根据细胞形态和排列方式的不同，由外向内可分为：多形区、束状区和网状区 3 部分。多形区细胞排列因动物种类不同而异，反刍动物的细胞排列成不规则的团块或索状；马和肉食动物排列成弓状，猪的排列不规则。束状区细胞排列成条索状，在细胞索之间有毛细血管和网状组织。网状区由细胞索互相吻合成网状。

2. 髓质

髓质由排列不规则的细胞索和窦状隙组成，还有单个或成群分布的交感神经节细胞。

六、松果体

松果体又称脑上腺，呈红褐色卵圆形小体，位于四叠体和丘脑之间，以柄连于丘脑上部。松果体主要由松果体细胞和神经胶质细胞形成，外面有脑软膜，随年龄增长，松果体内的结缔组织增多，成年后不断有钙盐沉着，形成大小不等的颗粒，称为脑砂。

七、胰岛

胰岛为胰腺内的内分泌组织，位于胰腺腺泡之间，由大小不等的细胞群所构成，形如小岛。胰岛能分泌胰岛素和胰高血糖素，具有调节糖代谢的作用。

【学习要求】

识记　内分泌腺；激素；胰岛；脑垂体。

理解　内分泌腺的形态和位置；脑垂体的结构及分泌的激素；甲状腺的形态位置及组织结构；肾上腺皮质部的组织结构及分泌的激素。

应用　(1)为什么说激素是动物体内高效生物活性物质？(2)在畜牧业生产和兽医临床中，激素应用应注意哪些事项？

【知识拓展】

黄体酮在畜牧业生产中的应用

生殖激素的种类很多，它们直接调节母畜的发情、排卵、生殖细胞在生殖道内的运行、胚胎附植、怀孕、分娩、泌乳以及公畜的精子生成、附性腺分泌、性行为等生殖环节的某一方面。随着人们对生殖激素研究的深入、类似物的大量合成，其在畜牧业中的应用也就越来越广泛，尤其是在繁育、产科和免疫等方面应用广泛。

在母畜的每个发情周期，排卵后形成的黄体能分泌黄体酮，或称为孕酮(P4)，并随黄体的发育，血液中P4水平不断升高。P4浓度随黄体逐渐萎缩消失而回降至基础值。高水平的P4对性中枢有强烈的抑制作用，使母畜不表现发情行为，且高水平的P4还对丘脑下部和垂体产生负反馈作用，抑制LH排卵峰的出现，卵泡在发育到一定程度后就会发生闭锁而不能排卵。故P4能调节休情期，进而起调节发情周期长短的作用。因此，我们对一群发情周期不整齐的家畜，在其各自的休情期或发情前期的初期开始用P4处理，只要连续应用，就能一直有效地抑制发情，在经过一段时间后，同时停止P4处理，就会使一批母畜在相对集中的时间内先后发情，达到同期发情的目的，这样便于管理。如果在停止P4处理前24 h配合使用促性腺激素，就会实现诱导超数排卵的目的。

执业兽医资格考试真题

1. 独立的内分泌器官是(　　)【2009 年】

A. 胰岛　B. 黄体　C. 卵泡　D. 前列腺　E. 甲状旁腺

2. 内分泌腺的结构特点之一是没有(　　)【2016 年】

A. 动脉　B. 淋巴管　C. 神经　D. 导管　E. 静脉

3. 内分泌系统中分泌激素种类最多的器官是(　　)【2018 年】

A. 甲状腺　B. 甲状旁腺　C. 肾上腺　D. 松果体　E. 垂体

4. 甲状腺的侧叶和腺峡谷并为一整体,呈球形的动物是(　　)【2019 年】

A. 马　B. 牛　C. 山羊　D. 猪　E. 犬

5. 分布于肾组织内的内分泌细胞群是(　　)【2020 年】

A. 肾小球　B. 肾小囊　C. 肾小体　D. 球旁复合体　E. 肾小管

6. 位于左、右肾前内侧的内分泌腺是(　　)【2011 年】

A. 垂体　B. 松果腺　C. 肾上腺　D. 甲状腺　E. 甲状旁腺

模块三
家禽解剖

项目十二　家禽解剖

【学习目标】

熟悉家禽骨骼、皮肤衍生物的组成；掌握家禽嗉囊、胃、肠、肝、胰、心、肺、肾、睾丸、卵巢、输卵管、法氏囊、脾等器官的形态、位置和结构特点；理解家禽的消化、生殖生理特点。

掌握家禽解剖方法，能通过尸体解剖正确识别各内脏器官的形态、结构。

【学习内容】

任务一　运动系统

家禽主要包括鸡、鸭、鹅、鸽子、鹌鹑等，属鸟纲，其最重要的特征是飞翔。在漫长的进化过程中，为适应飞翔这一行为特征，已形成一系列的自身结构特征。如体形呈流线型，前肢演变成翼，骨内含有气体、有气囊等。在人类长期的驯化下，有些家禽已丧失飞翔的能力，但其身体的形态、结构、机能以及活动规律仍保持着适宜飞翔的特点。任务以鸡为重点，阐述家禽的解剖生理特征。

一、骨骼

家禽为适应飞翔，骨骼发生了重要变化：一是大部分骨是与气囊相通的含气骨，重量相对较轻；二是含有丰富的钙盐，十分坚硬；三是有些骨愈合在一起。家禽的全身骨骼，按部位分为头骨、躯干骨和四肢骨(图 12-1)。

(一)头骨

头骨呈圆锥形，以大而明显的眼眶为界，分为面骨和颅骨。二者很明显地以筛骨垂直板的延续部分隔开。颅骨大部分愈合，颅腔较小，内有脑和视觉器官。面骨不发达，其特点是在下颌骨与颞骨之间有方形骨，当口腔开张与闭合时，可使上喙上升和下降，便于吞食较大的食块。

舌骨由舌骨体和舌骨质组成，大部分位于下颌支之间，不与头骨中的任何部分相连接。

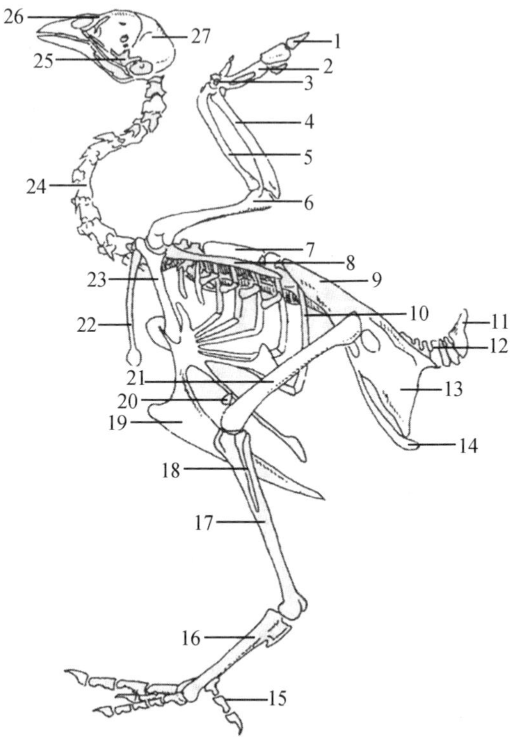

1.指骨　2.掌骨　3.腕骨　4.尺骨　5.桡骨　6.臂骨　7.背骨　8.肩胛骨　9.髂骨　10.肋骨　11.尾综骨　12.尾椎　13.坐骨　14.耻骨　15.趾骨　16.跖骨　17.胫骨　18.腓骨　19.胸椎　20.髌骨　21.股骨　22.锁骨　23.乌喙骨　24.颈椎　25.方骨　26.面骨　27.颅骨

图 12-1　鸡全身骨骼

(二)躯干骨

躯干骨由椎骨、肋骨和胸骨构成。脊柱骨分为颈椎、胸椎、腰荐椎和尾椎。颈椎的数目多，鸡 13～14 枚，鸭 14～15 枚，鹅 17～18 枚，鸽子 12～13 枚，形成“乙”状弯曲，使颈部运动灵活，利于啄食、警戒和梳理羽毛。胸、腰、荐椎数目较少，且互相愈合，活动不灵活。第 2～5 胸椎愈合成 1 块背骨，第 7 胸椎与腰椎、荐椎、第 1 尾椎愈合成综荐骨。尾椎 5～7 枚，愈合成尾综骨，支撑羽毛和尾脂腺。

肋骨的数目与胸椎数目相同，鸡、鸽 7 对，鸭、鹅 9 对。除前 1～2 对外，每一肋骨都由椎肋和胸肋两部分构成。椎骨肋靠近胸椎，与相应的胸椎形成关节；胸骨肋靠近胸骨，与胸骨形成关节。两部分肋骨之间互相成直角。除第一对和最后 2～3 对肋外，其他肋骨的椎骨肋上有钩状突，与后面的肋骨相接触，起加固胸廓的作用。

胸骨又叫龙骨，非常发达，构成胸腔的底壁。在胸骨腹侧正中有纵行隆起，叫龙骨嵴。胸骨末端与耻骨末端的距离叫龙(胸)耻间距。

(三)前肢骨

家禽的前肢演变成翼，分为肩带部和游离部。

1. 肩带部

肩带部包括肩胛骨、乌喙骨和锁骨。肩胛骨狭长，与脊柱平行。乌喙骨粗大，斜位于胸廓之前，下端与胸骨形成牢固的关节。锁骨较细，两侧锁骨在下端汇合，又称叉骨。

2. 游离部

游离部又称翼部，由臂骨、前臂骨和前脚骨组成。平时折叠成“Z”字形，紧贴在胸廓上。臂骨发达，近端与肩胛骨、乌喙骨形成肩关节，远端与前臂骨形成肘关节，在近端还有较大的气孔。前臂骨由桡骨和尺骨构成，尺骨发达，两骨间形成较大的间隙。前脚骨由腕骨、掌骨和指骨构成，与掌骨形成腕掌关节。

(四)后肢骨

家禽的后肢骨发达，支持机体后躯的体重，分为盆带部和游离部。

1. 盆带部

盆带部由髂骨、坐骨和耻骨构成，合称为髋骨。髂骨细长，后端游离。两侧的耻骨、坐骨分离，骨盆底部不结合，形成开放性骨盆，便于产卵。骨盆部与综荐骨间形成广泛而牢固的骨性结合，适应后肢支撑体重。龙耻间距和耻骨间距的大小，是衡量雌禽产蛋率高低的一个标志。

2. 游离部

游离部即腿部，由股骨、髌骨、小腿骨和后脚骨组成。股骨较粗，上端与髋骨形成髋关节，下端与髌骨、小腿骨构成膝关节。髌骨呈不正的三角形，位于股骨远端上面。小腿骨包括胫骨和腓骨，胫骨远端与近列跗骨愈合，称为胫跗骨，与跖骨构成胫跖关节。后脚骨包括跗骨、跖骨和趾骨。跖骨分为大跖骨和小跖骨。大跖骨发达，由第 2、3、4 跖骨及远列跗骨愈合形成，又称为跗跖骨。小跖骨(第 1 跖骨)小，以韧带连于大跖骨下端内侧。鸡有 4 趾(乌骨鸡、贵妃鸡有 5 趾)，第 1 趾向后向内，其余 3 趾向前，以第 3 趾最发达。

二、肌肉

禽类骨骼肌的肌纤维较细，无脂肪沉积，肉眼看可分为白肌和红肌。白肌血液供应较少而颜色较淡，肌纤维较粗，收缩快，作用短暂。红肌因血液供应丰富而呈暗红色，肌纤维较细，收缩缓慢，作用较持久。鸡等飞翔能力差或不能飞翔的家禽，肌肉以白肌为主；鸭、鹅等善飞翔的水禽，以红肌为主。

1. 皮肌

家禽的皮肌薄，分布广泛，其分布主要与皮肤的羽区相联系，以控制皮肤的紧张性及羽毛的活动。

2. 头颈部肌

家禽的面部肌肉不发达，但开闭上、下颌的肌肉较发达；还有一些作用于方骨的肌肉。颈部肌肉发达，大多分化为多节肌及其复合体，以保证头颈部的灵活运动。

3. 躯干肌

家禽的躯干部骨骼相当部分愈合，活动性小，因此肌肉不发达。膈呈膜状，腹肌不发达，腹肌参与呼吸运动，是主要的呼吸肌。

4. 肩带肌

肩带肌较复杂，主要作用于翼，其中最发达的是胸肌（也叫胸大肌）、乌喙上肌（胸小肌），它们是飞翔的主要肌肉，可占肌肉总重量的 1/2 以上，也是肌内注射的主要部位之一。

5. 后肢肌

家禽的盆带肌不发达，腿肌发达。栖肌是家禽特有的肌肉，相当于哺乳动物的跖骨肌，位于股部内侧，呈纺锤形，以一薄的肩腱向下绕过膝关节的外侧和小腿后面，下端并入趾浅屈肌腱内，止于第 2、第 3 趾。当腿部屈曲时，栖肌收缩，可使趾关节机械性屈曲。所以家禽栖息时，能牢牢地抓住栖架，不会跌落。

任务二 被皮系统

家禽的被皮系统也由皮肤和皮肤衍生物组成。主要机能是保护家禽体内的器官和组织不受外界机械性侵袭、调节体温、排泄废物、感觉外界环境的各种刺激等。

一、皮肤

家禽的皮肤薄而柔软，由表皮和真皮构成，皮肤大部分由羽毛覆盖，称羽区。无羽毛部位叫裸区。皮下组织疏松，容易与躯体剥离，有利于羽毛的活动。皮肤没有皮脂腺，仅有发达的尾脂腺。此外，家禽的整个表皮都有分泌作用，由于家禽皮肤没有汗腺，体温调节主要靠呼吸性蒸发散热，以及体表尤其是裸区的蒸发散热。因此，舍养鸡在炎热的夏季很容易出现热应激反应，甚至出现中暑死亡。家禽的皮肤在翼部形成的皮肤褶叫翼膜，利于飞翔。水禽的皮肤在趾间形成蹼，利于划水。

家禽皮肤的颜色有白色、黄色和黑色之分。黄皮肤的皮肤颜色主要来源于饲料中的叶黄素。

二、皮肤衍生物

皮肤衍生物有羽毛、冠、肉髯、耳叶、喙、爪、尾脂腺、鳞片等。

（一）羽毛

1. 羽毛的类型

羽毛是家禽特有的皮肤衍生物，根据形态不同，可分为 3 类：正羽、绒羽、纤羽。正羽也叫廓羽，覆盖在家禽的体表，主干称为羽轴，又可分为下段的羽根和上段的羽茎。羽茎两侧是羽片，由许多平行排列的羽枝构成。每一羽枝又向两侧分出两排小羽枝。绒羽密生于皮肤表面，蓬松的羽枝呈放射状直接从羽根发出，形如绒而得名，主要有保温作用，是生产羽绒服的主要原材料。纤羽纤细，长短不一，形如毛发，分布在机体的各部位。

根据羽毛生长的部位不同，可分为颈羽、翼羽、鞍羽、尾羽等。翼羽是用于飞翔的主要羽毛，位于两翼外侧的长硬的羽毛称为主翼羽，位于翼部近尺骨和桡骨侧的羽毛称为副翼羽。覆盖在主翼羽上的羽毛称为覆主翼羽；覆盖在副主翼羽上的羽毛称为覆副翼羽。主翼羽与副翼羽之间有一根较短而圆的羽毛称为轴羽（图 12-2）。

2. 换羽

鸡从出壳到成年要经过3次换羽。雏鸡刚出壳时，除了翼和尾外，全身覆盖绒羽，这种羽毛保温性能差，出壳不久即开始换羽，由正羽代替，通常在6周龄左右换完，换羽的顺序为翅、尾、胸、腹、头。第2次换羽发生在6～13周龄，换为青年羽。第3次换羽发生在13周龄到性成熟期，换为成年羽。更换成年羽后，从第2年开始，每年秋冬都要换羽1次。在换羽时，需要大量的营养物质，故蛋鸡在换羽期间停止产蛋。

1. 翼前羽　2. 翼肩羽　3. 覆主翼羽　4. 主翼羽　5. 覆副翼羽　6. 副翼羽　7. 轴羽

图 12-2　鸡的翼羽

(二)冠、肉髯、耳叶

冠、肉髯、耳叶主要是由头部皮肤褶衍生而成的。

1. 冠

冠表皮很薄，真皮厚。冠是第二性征的标志，公鸡的冠特别发达，呈直立状，母鸡冠常倒向一侧。公鸡和在产卵期的母鸡，冠因在真皮的中间层充满纤维性黏液组织而直立；去势的公鸡及停止产蛋的母鸡，冠因纤维性黏液组织消失而倾斜。冠的结构、形态可作为辨别鸡品种、成熟程度和健康状况的标志。

2. 肉髯

肉髯也称肉垂，左右各一，两侧对称，鲜红色，位于喙的下方。

3. 耳叶

耳叶呈椭圆形，位于耳孔开口的下方，呈红色或白色。

(三)喙、鳞片、爪、距

1. 喙

喙是长在上颌和下颌前端的锥形的角质壳，是禽的采食工具和攻击及防卫武器。集约化饲养时，为了防止啄癖的发生和节约饲料，常常对鸡只进行断喙。雏鸡上喙的尖部有蛋齿，由角化的上皮细胞形成，孵出时，用来划破蛋壳。

2. 鳞片

鳞片是分布在跖、趾部的高度角化皮肤。

3. 爪

爪位于家禽的每一个趾端，鸡的不呈弓形，由坚硬的背板和软角质的腹板形成。

4. 距

距在鸡的跖部内侧，公鸡明显。一些特种鸡种(如乌鸡)有明显的距。

(四)尾脂腺

家禽的皮肤没有皮肤腺，但有一对尾脂腺，位于尾综骨的背侧。鸡的尾脂腺较小，呈豌豆形，水禽的尾脂腺发达。尾脂腺分泌物中含脂肪、卵磷脂和麦角固醇等。其中麦角固醇在紫外线的作用下，能转化成维生素D，供皮肤吸收利用。家禽在整理羽毛时，用喙压迫尾脂腺，挤出分泌物，用喙涂于羽毛上，使羽毛润泽。尾脂腺对水禽尤为重要。

任务三 消化系统

家禽的消化系统由消化管和消化腺两部分组成。消化管包括口咽、食管、嗉囊、腺胃、肌胃、小肠、大肠、泄殖腔、泄殖孔；消化腺包括肝、胰、唾液腺、胃腺、肠腺等（图12-3）。

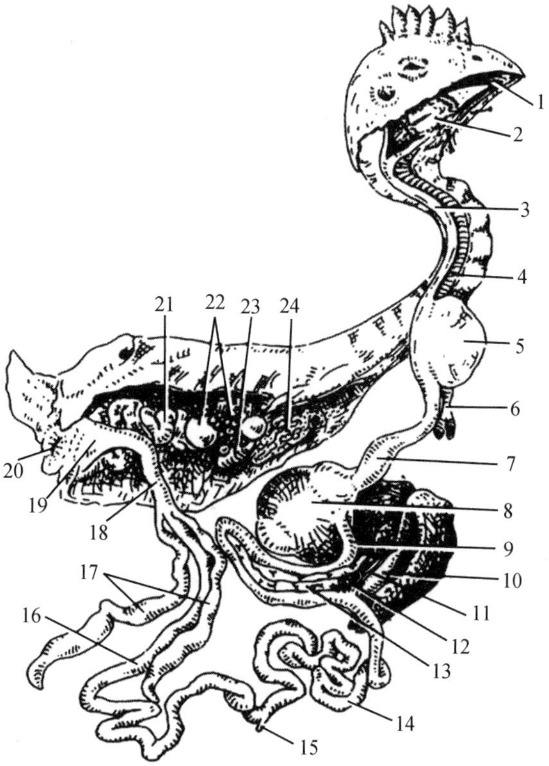

1.口腔 2.咽 3.食管 4.气管 5.嗉囊 6.鸣管 7.腺胃 8.肌胃 9.十二指肠 10.胆囊 11.胰 12.胰管 13.胰腺 14.空肠 15.卵黄囊憩室 16.回肠 17.盲肠 18.直肠 19.泄殖腔 20.肛门 21.输卵管 22.卵巢 23.心 24.肺

图12-3 鸡的消化系统以及气管、鸣管、卵巢、心肺等器官

（一）口咽

家禽的口腔与咽之间没有明显的界线，直接相通，故称口咽。禽没有唇、齿、软腭，颊不明显，上下颌形成喙。口咽顶部前壁正中，有前狭后宽的鼻后孔，向后延伸腭裂。后部正中有咽鼓管漏斗，咽鼓管开口于漏斗内。口咽部黏膜内有丰富的毛细血管，可使大量血液冷却，有调节体温的作用。

1.喙

可参考“任务二被皮系统”。

鸭、鹅的喙长而宽，末端钝圆，呈铲状。除上喙尖部外，大部分被覆有较柔软、光滑的角质蜡膜。在喙的边缘形成许多横褶，便于在水中采食时将水滤出。

2.舌

鸡、鸽的舌与喙形状相似，舌尖乳头高度角质化，舌体与舌根间有一列乳头。鸭、鹅的舌长而厚，较灵活，除舌体后部外，侧缘有丝状的角质乳头，与喙侧缘的横褶一起参与水的滤出。家禽的舌黏膜内味蕾较少，味觉机能较差，但对水的温度敏感。

3.唾液腺

唾液腺很发达，分布广泛。主要分布于口腔、咽黏膜的固有层内，几乎连成一片，其导管直接开口于咽黏膜的表面，分泌黏液性唾液。

(二)食管和嗉囊

家禽的食管较宽，壁薄，易扩张，可分为颈段和胸段。颈段食管与气管一同偏于颈的右侧，位于皮下。鸡、鸽的食管在胸前口处膨大，形成嗉囊；鸭、鹅没有真正的嗉囊，但颈部食管粗大，也有贮存食物的作用。食管壁由黏膜层、肌层和外膜构成，在黏膜层有食管腺，分泌黏液，颈部食管后部的黏液膜层内含有淋巴组织，形成淋巴滤泡，称为食管扁桃体，鸭较发达。

(三)胃

家禽的胃分为前后两部分，前部叫腺胃，后部叫肌胃(图 12-4)。

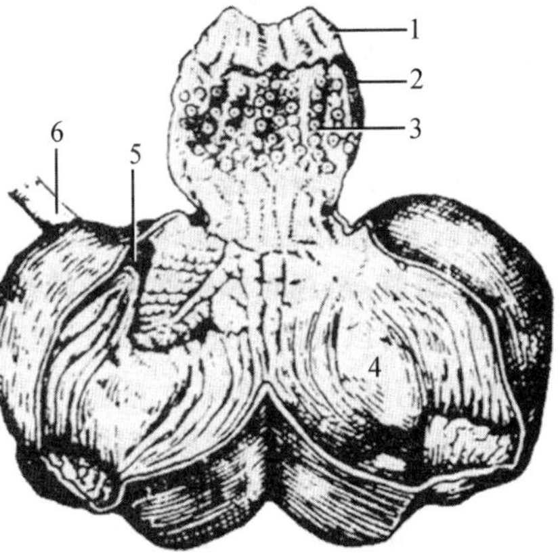

1.食管　2.腺胃　3.腺胃乳头及深腺开口　4.肌胃侧肌　5.幽门　6.十二指肠

图 12-4　鸡胃

1.腺胃

腺胃又称前胃，呈短纺锤形，位于腹腔左侧，前以贲门与食管的胸段相接，后以峡与肌胃相接。胃壁较厚，内腔较小，食物存留的时间比较短。黏膜表面分布有乳头，鸡的较大，鸭、鹅的较小、较多。腺胃黏膜浅层形成许多隐窝，隐窝内有单管状腺，叫腺胃浅腺，能分泌黏液。前胃的深腺是复管泡状腺，分布于黏膜的肌层之间，以集合管开口于黏膜乳头上，分泌盐酸和胃蛋白酶。

2. 肌胃

肌胃位于腹腔的左下部，呈双面凸的圆盘状，其壁厚而坚实，由平滑肌构成。背腹两块厚的侧肌构成较厚的背侧部和腹侧部，前后两块薄的中间肌构成薄的前囊和后囊。四块肌肉在胃的两侧以腱相连接，形成腱镜。

肌胃黏膜内有许多腺体，其分泌物与脱落的上皮细胞一起，在酸的作用下形成一层角质层，由于胆汁的反流作用而呈黄色，其上有搓板楞状皱褶，称作鸡内金，对胃壁及黏膜有保护作用。肌胃内含有沙砾，因此又叫砂囊，对吞入的食物，特别是颗粒状的饲料起机械磨碎作用。

(四)肠、肝、胰

家禽的肠比较短，分为大肠和小肠，后部延续为泄殖腔。家禽的肠与躯干之比是：鸡为体长的 7～9 倍，鸭为 8.5～11 倍，鹅为 10～20 倍。

1. 小肠

小肠分为十二指肠、空肠、回肠。

(1)十二指肠。位于腹腔右侧，形成"U"字形肠袢(鸭为马蹄形)，分降支、升支，两支平行，以韧带相连接，其折转处可达骨盆腔。升支在胃的幽门处移行为空肠。

(2)空肠。形成许多环状肠袢，鸡为 10～11 圈。鸭、鹅为 6～8 圈。在空肠的中部有一小的突起，叫卵黄囊憩室，是卵黄囊柄的遗迹。

(3)回肠。较短且直，以系膜与 2 条盲肠相接。

小肠的组织结构与哺乳动物相似，其特点是：无十二指肠腺，小肠绒毛长，无中央乳糜管，脂肪直接吸收入血；黏膜下层较薄，小肠腺较短。

2. 大肠和泄殖腔

(1)大肠。家禽的大肠有盲肠和直肠。盲肠有 2 条，长 14～23 cm，沿回肠两侧向前伸延，分为盲肠基、盲肠体、盲肠尖 3 部分。盲肠基部较窄，以盲肠口通直肠。在盲肠基部黏膜内有淋巴组织分布，称为盲肠扁桃体，鸡的表现最明显，是诊断疾病时主要检查的部位。鸽的盲肠很不发达，小如芽状。禽没有明显的结肠，直肠短，也称结直肠。

大肠的组织结构与小肠相似，但绒毛短宽。

(2)泄殖腔。它是直肠末端膨大形成的腔道，是消化系统、泌尿系统、生殖系统的共同通道。泄殖腔内以两个环行的黏膜褶，将泄殖腔分为粪道、泄殖道、肛道 3 部分(图 12-5)。

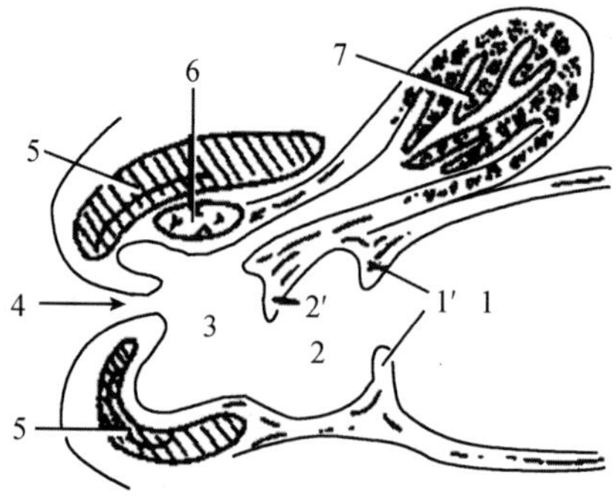

1. 粪道 1′. 粪道泄殖道壁 2. 泄殖道 2′. 泄殖道肛道壁 3. 肛道 4. 肛门
5. 括约肌 6. 肛道背侧腺 7. 腔上囊

图 12-5 幼禽泄殖腔正中矢面示意图

粪道是直肠的末端，较膨大，前接直肠，黏膜上有短的绒毛。

泄殖道较短，前以环行褶与粪道为界，后以半月褶与肛道为界。背侧有一对输尿管的开口。在输尿管开口的背侧略后方，雄禽有一对输精管乳头，是输精管的开口；雌禽在输尿管的左侧有一个输卵管的开口。

肛道通过泄殖孔与外界相通，在肛道的背侧有腔上囊（法氏囊）的开口。腔上囊呈椭圆形，幼禽发达，性成熟后开始退化。在肛道的背侧壁和外侧壁内有肛道背侧腺、外侧腺，能分泌黏液。

泄殖孔是泄殖腔对外的开口，也称肛门，由背侧唇和腹侧唇围成，内有环行括约肌。

3. 肝和胰

（1）肝。肝是家禽体内最大的消化腺，分为左、右 2 叶，右叶略大，有胆囊（鸽无胆囊）。肝的颜色因年龄和肥育状况而不同，成年禽呈红褐色，肥育禽因贮存脂肪而为黄褐色或土黄色，刚出壳的雏禽由于吸收卵黄素而呈黄色。肝位于腹腔前下部，两叶之间夹有心脏、腺胃、肌胃。肝右叶分泌的胆汁，先贮存于胆囊，再经胆囊管运至十二指肠；肝左叶分泌的胆汁，不经胆囊，由肝管直接排入十二指肠。肝的两叶各有一个肝门，均有肝动脉和门静脉等由此出入。家禽肝的肝小叶结构不明显。

（2）胰。胰位于十二指肠肠袢内，淡黄色或淡红色，长条分叶状。通常分为背叶、腹叶和脾叶。鸡有 2～3 条胰管，鸭、鹅有 2 条，与胆管一起开口于十二指肠的终部。

任务四　呼吸系统

家禽的呼吸系统由鼻腔、咽、喉、气管、鸣管、支气管、肺和气囊等组成。鸣管和气囊是家禽特有的呼吸器官。

（一）鼻腔

家禽的鼻腔较窄，鼻孔位于上喙的基部。鸡的鼻孔有膜质性鼻瓣，其周围有小羽毛，可防止小虫、灰尘等异物进入。鸭、鹅的鼻孔有柔软的蜡膜。鸽的两鼻孔与上喙的基部形成发达的蜡膜，其形态是品种的重要特征之一。

在眼球的前下方有 1 个三角形眶下窦，鸡的较小，鸭、鹅的较大。眶下窦有两个开口，1 个通鼻腔，1 个通后鼻甲腔。家禽在患呼吸道疾病时，眶下窦往往发生病变。

在眼眶顶壁和鼻腔侧壁有一特殊的腺体，有分泌氯化钠调节渗透压的作用，称为鼻盐腺。鸡的不发达，鸭、鹅等水禽的较发达，呈半月形，鼻盐腺是在海洋上生活的禽类的重要腺体。

（二）喉

喉位于咽的底部，舌根的后方，由环状软骨和勺状软骨构成。喉腔内无声带，喉口呈裂缝状，由两个发达的黏膜褶形成。喉软骨上有扩张和闭合喉口的肌肉分布，吞咽时，喉口肌收缩，可关闭喉口，防止食物误入喉中。

（三）气管、鸣管和支气管

1. 气管

家禽的气管很长，与食管伴行，在颈的下半部偏至右侧，入胸腔前时又转至颈腹侧。气管入胸腔后，在心基的上方分叉，形成鸣管和支气管。气管由许多软骨环构成，相邻的软骨环相互套叠，可以伸缩，以适应头部的灵活运动。

2. 鸣管

它也叫后喉，是禽类特有的发音器官。其支架是气管和几块支气管软骨环和一块楔形的鸣骨。鸣骨位于气管分叉的顶部，鸣腔的分叉处。在鸣管的内侧壁、外侧壁，有 2 对弹性薄膜，分别叫内鸣膜和外鸣膜。两鸣膜之间形成 1 对夹缝，当呼吸时，空气振动鸣膜而发声(图 12-6)。

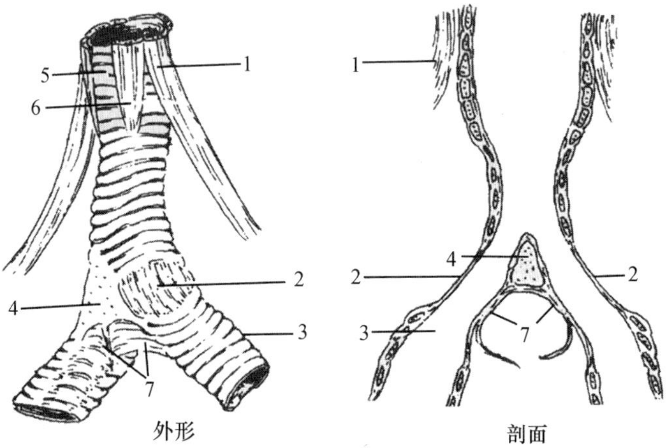

1. 胸骨气管肌　2. 外鸣膜　3. 支气管　4. 鸣骨　5. 气管　6. 气管肌　7. 内鸣膜

图 12-6　鸡的鸣管

鸭的鸣管主要由支气管构成，公鸭的鸣管在左侧形成 1 个膨大的骨质性鸣管泡，无鸣膜，故发出的声音嘶哑。刚孵出的雏鸭可通过触摸鸣管，来鉴别雌雄。鸣禽的鸣管还具有一些复杂的小肌肉，能发出悦耳多变的声音。

3. 支气管

家禽的支气管经心基的背侧进入肺，以“C”字形的软骨环为支架，缺口面向内侧。

(四)肺

禽的肺较小(图 12-7)，呈鲜红色，质地柔软，一般不分叶。位于第 1～6 肋之间，背侧面嵌入肋骨间，形成肋沟。在腹侧面有肺门，是肺血管出入的门户。在肺的稍后方，有膜质的膈。

支气管在肺门处进入肺后，纵贯全肺，并逐渐变细，称为初级支气管，其后端出肺，连接腹气囊。从初级支气管上分出背内侧、腹内侧、背外侧、腹外侧四群次级支气管，末端出肺，形成气囊。次级支气管再分出众多的袢状三级支气管，连于两群支气管之间。因此，禽肺内的支气管分支形成互相通联的管道，而不像哺乳动物那样形成支气管树。从三级支气管分出辐射状的肺房。肺房是不规则的囊腔，上皮为单层扁平上皮，相当于家畜的肺泡囊。肺房的底部又分出若干个漏斗，漏斗的后部形成丰富的肺毛细管，相当于家畜的肺泡，是气体交换的场所。1 条三级支气管及其所分出的肺房、漏斗、肺毛细管，构成 1 个肺小叶。禽肺虽然不大，但呼吸毛细管形成的气体交换面积以体重计算比哺乳动物大得多。

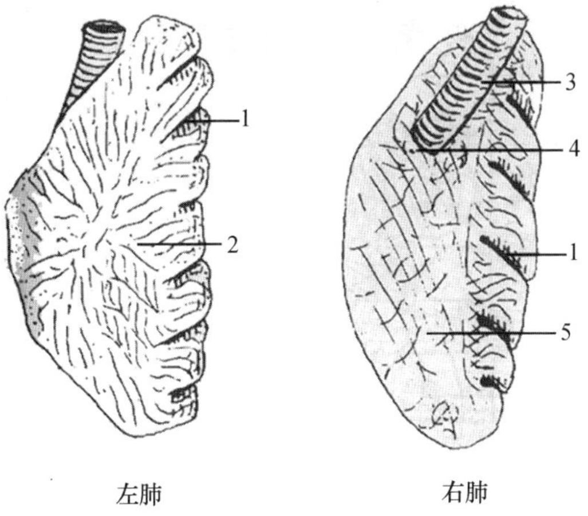

1.肋沟　2.背侧面　3.支气管　4.肺门　5.腹侧面

图 12-7　鸡的肺

(五)气囊

气囊是禽类特有的肺部衍生器官。容积比肺大 5～7 倍。是初级支气管或次级支气管出肺后形成的黏膜囊,囊壁极薄,囊腔大部分与含气骨腔相通。禽有 9 个气囊,1 个锁骨间气囊、1 对颈气囊、1 对胸前气囊、1 对胸后气囊和 1 对腹气囊(图 12-8)。

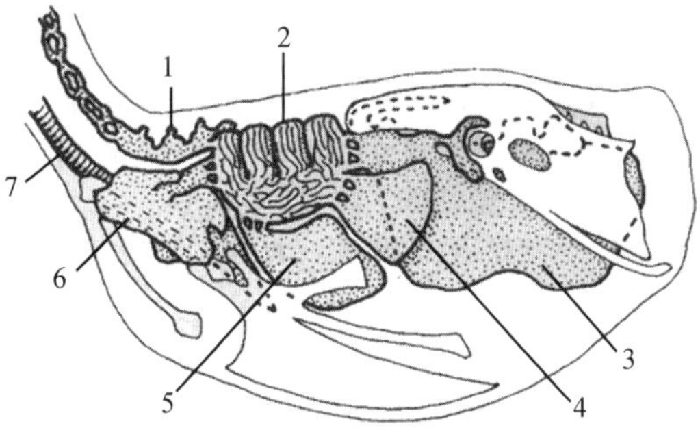

1.颈气囊　2.肺　3.腹气囊　4.胸后气囊　5.胸前气囊　6.锁骨间气囊　7.气管

图 12-8　禽气囊分布模式图

气囊具有贮存空气、参与肺的呼吸、加强气体交换、减轻体重、散发体热、调节体温、加强发音等多种生理功能。另外,水禽在潜水时,可利用气囊内贮存的气体在肺部进行气体交换。雄禽的腹气囊紧贴睾丸,使睾丸能维持较低的温度,保证精子的正常生成。因气囊的存在,不论在吸气还是呼气时,肺内均可进行气体交换,以适应禽体强烈地新陈代谢的需要。因为禽肺的各部均与气囊直接相通,当肺部有感染时往往比哺乳动物严重。

任务五 泌尿系统

家禽的泌尿系统由肾、输尿管组成，无膀胱和尿道（图 12-9）。

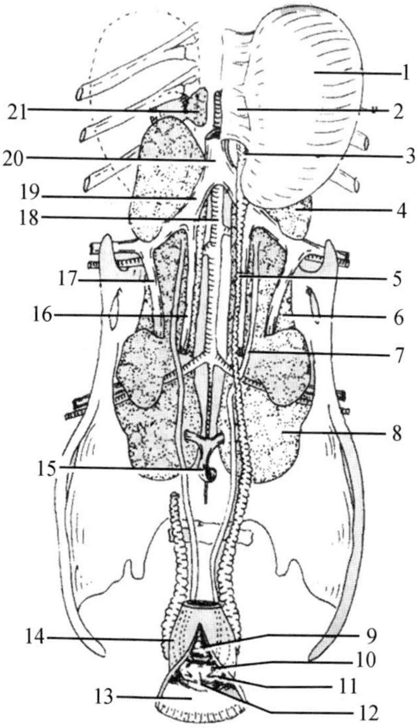

1. 睾丸 2. 睾丸系膜 3. 附睾 4. 肾前叶 5. 输精管 6. 肾中叶 7. 输尿管 8. 肾后叶 9. 粪道 10. 输尿管口 11. 输精管乳头 12. 泄殖道 13. 肛道 14. 泄殖腔 15. 肠系膜后静脉 16. 肾后静脉 17. 肾门静脉 18. 主动脉 19. 髂总静脉 20. 后腔静脉 21. 肾上腺（右）

图 12-9 公鸡泌尿生殖器官（腹侧观，右侧睾丸和部分输精管切除）

1. 肾

家禽的肾较发达，呈红褐色，为长条豆荚状。肾质软而脆，剥离时易碎。位于综荐骨两旁髂骨的内侧，前端可达最后肋骨，向后几乎达综荐骨的后端。每侧肾分前、中、后 3 叶，前叶略圆，中叶狭长，后叶略膨大。无肾门，血管、神经、输尿管在不同部位进出肾脏。肾无脂肪囊，有气囊形成的肾周憩室将肾与其背侧的骨隔开。

肾的实质由许多肾小叶形成，从肾的表面即可看出。表层为皮质区，含有许多肾单位；深部为髓质区，主要由集合管和髓袢构成。禽肾单位的肾小球不发达，构造简单，仅有 2～3 条血管袢。集合管不断汇合，最后形成输尿管。

2. 输尿管

输尿管是输送尿液的肌质性管道，分别从肾的中部发出，沿肾的腹面向后伸延，末端开口于泄殖腔顶壁的两侧。输尿管管壁薄，常因尿液中含有尿酸盐而显白色。

任务六　生殖系统

家禽的生殖系统分雄性生殖系统和雌性生殖系统。其主要作用是产生成熟的生殖细胞和分泌性激素。

一、雄禽的生殖系统

雄禽的生殖系统由睾丸、附睾、输精管和交配器官组成。

1. 睾丸

家禽的睾丸是成对的实质性器官，位于腹腔内，以较短的系膜，悬吊在肾前叶的腹面，周围与胸腹气囊相接触。幼禽的睾丸很小，如小公鸡的只有米粒大，呈黄色。成年家禽明显增大，在性成熟后特别是繁殖季节睾丸体积最大，如鸽蛋大小，呈黄白色或白色。睾丸的体表投影位置是最后两个肋骨的上部。睾丸外面包有薄的白膜，间质不发达，小梁也很少，不形成睾丸小叶和睾丸纵隔，但有丰富的曲细精管和直细精管。曲细精管产生精子，直细精管能分泌精清，精子与精清一起形成精液。家禽的精液呈弱碱性，pH 为 7.0～7.6，每次的射精量为 0.1～1 mL，但精子浓度较高。

公鸡在 12 周龄开始生成精子，但直到 22～26 周龄才产生受精率较高的精液。1～2 岁的雄禽，精液的质量最佳。精液的质量可受年龄、机体状态、营养、交配次数、环境、气候、光照、内分泌等因素的影响。

2. 附睾

家禽的附睾不发达，附着于睾丸的背内侧缘，又叫睾丸旁导管系统。有贮存、浓缩、运输精子、分泌精清等功能。睾丸和附睾与较大的血管相邻，在进行阉割手术时，要特别注意。

3. 输精管

输精管是一对细而弯曲的管道，与输尿管并行，其末端形成射精管，呈乳头状突入泄殖道中。输精管在繁殖季节加长增粗，因贮存精子而呈白色。输精管有分泌精清、贮存精子、运输精液的机能。

4. 交配器官

公鸡的交配器官不发达，是 3 个并列的小突起，称阴茎体，位于肛门腹唇的内侧。刚孵出的小鸡阴茎体明显，可以此来鉴别雌雄。鸭、鹅有发达的阴茎，长 6～9 cm，平时位于肛道壁的囊中，交配时勃起伸出，将精液输送到雌禽泄殖腔内。

二、雌禽的生殖系统

雌禽的生殖器官仅由左侧卵巢和左侧输卵管构成，右侧在个体发育中停止发育并逐渐退化（图 12-10）。

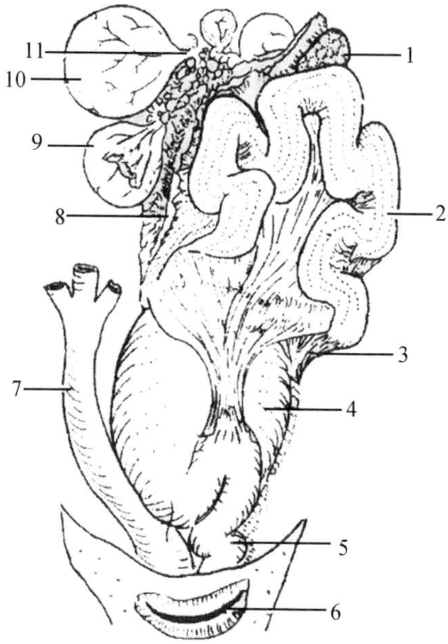

1. 左肾前部　2. 输卵管蛋白分泌部　3. 输卵管峡部　4. 输卵管子宫部　5. 输卵管阴道部　6. 泄殖孔
7. 直肠　8. 输卵管漏斗部　9. 排卵后的卵泡　10. 成熟卵泡　11. 卵泡蒂

图 12-10　母鸡生殖器官

(一)卵巢

卵巢位于左侧的前下方,以短的系膜悬挂在左肾前叶的腹侧。卵巢的体积和外形随年龄的增长和机能状态而有较大变化。幼禽的较小,呈扁平的椭圆形,灰白色或白色,表面略呈颗粒状。随着雌禽年龄的增长和性活动期的出现,卵泡逐渐成熟,并贮积大量卵黄,突出卵巢表面,至排卵前仅以细的卵泡蒂与卵巢相连,如一串葡萄状。在产蛋期,卵巢经常保持 4～5 个较大的卵泡。排卵时,卵泡膜在薄而无血管的卵泡斑处破裂,将卵子排出。卵泡没有卵泡腔和卵泡液,排出后不形成黄体。在非繁殖季、孵化季节及换羽期,卵泡停止排卵和成熟,卵巢萎缩;到下一个产卵期卵泡再开始生长。

(二)输卵管

家禽左侧输卵管发达,是一条长而弯曲的管道,以输卵管背侧韧带悬挂在腹腔背侧偏左。在产蛋期,输卵管长达 60～70 cm,为体长的 1 倍。在孵卵期缩至 30 cm,在换羽期只有 18 cm。根据输卵管的构造和机能的不同,可将输卵管分为漏斗部、蛋白分泌部、峡部、子宫部和阴道部 5 部分。

1. 漏斗部

漏斗部位于卵巢的后方,是输卵管的前端扩展而成,其边缘有游离的黏膜褶,叫输卵管伞,中央有输卵管的腹腔口。漏斗部有摄取卵子的作用,也是受精的场所。

2. 蛋白分泌部

蛋白分泌部长而弯曲,管腔大,管壁厚,黏膜形成螺旋形的纵襞,在繁殖期呈乳白色,有分泌蛋白的作用。

3. 峡部

峡部短而窄，位于蛋白分泌部与子宫之间，管壁薄。黏膜内有腺体，能分泌角质蛋白，形成卵壳膜。

4. 子宫部

子宫部是输卵管的膨大部，管壁较厚，常呈扩张状态，灰色或灰红色。黏膜内有腺体，能分泌钙质、角质和色素，形成蛋壳。

5. 阴道部

阴道部是输卵管的末端，形状呈“S”形，开口于泄殖道的左侧，是雌禽的交配器官。阴道部的黏膜呈白色，形成细而低的褶，在与子宫相连的一段含有管状的子宫腺，叫精小窝，能贮存精子。黏膜内有腺体，分泌物在卵壳表面形成一薄层致密的角质膜。

任务七　心血管系统

心血管系统由心脏、血管和血液构成。

一、心脏

心脏为圆锥形的肌质性器官，位于胸腔前下部的心包内，上部为心基，与第 1 肋骨相对；下部为心尖，夹在肝的左右两叶之间。禽的心脏结构与哺乳动物相似。

心脏的传导系统除窦房结、房室结、房室束干和左右脚外，房室束还发出返支，环绕主动脉口，与房室结绕过右房室口的分支相连，形成右房室环。另外，禽的房室束及其分支无结缔组织包裹，兴奋易扩布到心肌，这与禽的心跳频率较高有关。

二、血管

1. 动脉

家禽的动脉由右心室发出肺动脉干，分出左右两支肺动脉，分别进入左右两肺。由左心室发出主动脉，先形成右主动脉弓，主干延续为降主动脉。主动脉弓分支为左、右臂头动脉。每一臂头动脉又分出左、右颈总动脉和左、右锁骨下动脉。左、右颈总动脉分布到头颈部，左、右锁骨下动脉延续为翼部动脉。降主动脉沿体腔背侧正中后行，分出壁支和脏支。壁支有肋间动脉、腰动脉和荐动脉；脏支有腹腔动脉、肠系膜前动脉、肠系膜后动脉和肾前动脉。降主动脉在分出壁支和脏支后继续后行，在肾前部与肾中部的交界处，分出 1 对髂外动脉到后肢；在肾中部与肾后部的交界处，又分出 1 对较粗的坐骨动脉到后肢。坐骨动脉又发出肾前动脉、肾中动脉、肾后动脉。降主动脉在最后分出 1 对细的髂内动脉后，延续为尾动脉。髂内动脉分布到泄殖腔、腔上囊等处。

2. 静脉

全身的静脉汇集形成 2 条前腔静脉和 1 条后腔静脉，开口于右心房的静脉窦（鸡的左前腔静脉直接开口于右心房）。前腔静脉是由同侧的颈静脉、锁骨下静脉汇集形成。两侧颈静脉在颅底有颈静脉间吻合，称为桥静脉。翼部的尺深静脉是前肢的最大静脉，在皮下可清楚地看到其走向，是家禽采血和静脉注射的部位。后腔静脉是由左右髂总静脉汇合形成。

三、血液

家禽的血液由血细胞和血浆组成。血细胞有红细胞、白细胞、凝血细胞 3 种。红细胞有核，呈卵圆形，体积比家畜的大，数量比家畜的少。白细胞有嗜异性粒细胞、嗜酸性粒细胞、嗜碱性粒细胞、淋巴细胞、单核细胞，数量比家畜的多。无血小板，有凝血细胞。凝血细胞呈卵圆形，有核，较小，多三五个聚集在一起，参与血液凝固过程。

家禽的心率快。公鸡约为 302 次/min，母鸡约为 357 次/min，成年鸭约为 200 次/min，鹅为 120～160 次/min。

任务八　免疫系统

家禽的免疫系统由淋巴器官和淋巴管组成。淋巴器官包括胸腺、法氏囊、脾、淋巴结、淋巴组织和哈德氏腺。淋巴管在组织里发布成网，末端为盲端，内面衬有内皮细胞，由毛细淋巴管逐渐汇流入较大的淋巴管，最后加入血液循环。

一、淋巴器官

1. 胸腺

家禽胸腺呈黄色或灰红色，分叶状，鸡约有 14 叶，鸭有 10 叶，分成两列，呈一长链状，位于颈部皮下气管的两侧，沿颈静脉直到胸腔入口的甲状腺处。幼禽发达，在接近性成熟时最大，以后随着年龄的增长逐渐退化，到成年鸡时只留下残迹。胸腺的作用主要是产生与免疫活动有关的 T 细胞。T 细胞产生后转移到脾、盲肠扁桃体和其他淋巴组织中，在特定的区域定居、繁殖，参与细胞免疫。有的学者还认为家禽胸腺可以影响钙的代谢。

2. 法氏囊

法氏囊又称腔上囊，是家禽所特有的免疫器官，位于泄殖腔背侧，开口于肛道。鸡的法氏囊呈椭圆形盲囊状，在 4～5 月龄最发达，性成熟后开始退化，10 月龄基本消失。法氏囊的主要机能是产生 B 淋巴细胞，参与体液免疫。

3. 脾

鸡的脾呈球形，鸭、鹅的脾呈三角形。脾呈棕红色，位于腺胃与肌胃交界处的右背侧。直径约 1.5 cm，雌禽约重 3 g，雄禽约重 4.5 g。家禽脾脏功能主要是造血、滤血和参与免疫反应等。无贮血和调节血量作用。

4. 淋巴结和淋巴组织

鸡无淋巴结。淋巴结仅见于鸭、鹅等水禽，主要有 2 对淋巴结，1 对是颈胸淋巴结，呈纺锤形，位于颈基部颈静脉与椎静脉所形成的夹角内；另 1 对是腰淋巴结，位于腰部主动脉的两侧。家禽的淋巴组织广泛地分布于消化管及其他实质性器官内。有的呈弥散状，有的呈小结节状。在盲肠基部和食管末端的淋巴集结，又称为盲肠扁桃体、食管扁桃体。

5. 哈德氏腺

哈德氏腺也称瞬膜腺，较发达，呈淡红色，位于第三眼睑（瞬膜）的深部，为复管泡状腺。腺体内含有许多淋巴组织和大量的淋巴细胞，参与机体的免疫。

二、淋巴管

禽体内的淋巴管丰富，在组织内密布成网，较大的淋巴管通常伴随血管运行。淋巴管除少数在胸腔前口处直接注入静脉外，多数汇集于胸导管。

任务九 神经系统

家禽的神经系统由中枢神经和外周神经组成，与家畜相比有不同的特点。

一、神经系统

1. 中枢神经的特点

家禽的脊髓细而长，纵贯椎管全长，尾部不形成马尾。家禽脑较小，脑桥不明显，延髓不发达。大脑半球前部较窄，后部较宽，皮质层较薄，表面光滑，不形成脑沟和脑回。

2. 外周神经的特点

家禽脊髓也有颈膨大和腰荐膨大。从颈膨大处发出神经根形成臂神经丛，臂神经丛分出桡神经和正中神经支配翼部。从腰荐膨大部发出神经根形成腰荐神经丛，腰荐神经丛分出穿过坐骨孔而到后肢内侧的坐骨神经（禽体最大的神经），支配后肢。

二、感觉器官

1. 视觉器官

家禽的视觉发达，眼睛较大，位于头部两侧。由眼球和眼球的辅助器官构成。

眼球较扁，相对比例较大，能通过头、颈的灵活运动，弥补眼球活动范围小的不足。瞬膜（第三眼睑）发达，为半透明薄膜，能将眼球完全盖住，有利于水禽的潜水和飞翔。泪腺较小，位于下眼睑后部的内侧。瞬膜内有哈德氏腺，能分泌黏液性分泌物，有清洁、湿润角膜作用。哈德氏腺含淋巴细胞参与免疫功能。

2. 位听觉器官

家禽无耳郭，有短的外耳道。外耳孔呈卵圆形，周围有褶，被小的羽毛覆盖，可减弱啼叫时剧烈震动对脑的影响，还能防止小昆虫、污物的侵入。中耳只有 1 块听小骨，叫耳柱骨，中耳腔内有通往颅骨内气腔的小孔。内耳由骨迷路和膜迷路构成，半规管较发达，耳蜗不形成螺旋状，是略弯曲的短管。

任务十 内分泌系统

家禽的内分泌系统由脑垂体、腮后腺、甲状腺、甲状旁腺、肾上腺、松果体等内分泌器官和分散于胰腺、卵巢、睾丸等器官内的内分泌细胞构成。

1. 脑垂体

家禽垂体呈扁平长卵圆形，位于丘脑下部，分为前叶和后叶。由腺垂体和神经垂体两部分组成。脑垂体能分泌多种激素，对机体的生长发育及新陈代谢有重要的调节作用。

2. 腮后腺

腮后腺也称腮后体，1 对，淡红色，呈球形，位于颈后部甲状腺和甲状旁腺的后方，可分泌降钙素。具有调节禽体内钙代谢的作用。产蛋期降钙素分泌减少，血钙水平增加。

3. 甲状腺

家禽甲状腺呈椭圆形，色暗红，成对，位于胸腔前口处气管两侧。其分泌的甲状腺素主要是调节机体新陈代谢，促进生长发育及周期性换羽。

4. 甲状旁腺

甲状旁腺有 2 对，左右各 1 对，常融合成一个腺团，呈黄色或淡褐色，紧位于甲状腺后方。其分泌的甲状旁腺素能调节钙、磷代谢，维持血钙和血磷浓度的相对稳定。

5. 肾上腺

肾上腺有 1 对，呈卵圆形、锥形或不规则形，黄色或橘黄色，位于肾前端。成体家禽的每个腺体重 100～200 mg。肾上腺分皮质和髓质，皮质主要分泌糖皮质激素、盐皮质激素；髓质主要分泌肾上腺激素和去甲肾上腺激素。它是禽体生命活动不可缺少的内分泌腺，主要是调节电解质平衡，促进蛋白质和糖的代谢，影响性腺、法氏囊和胸腺等的活动并与羽毛脱落有关。

6. 松果体

松果体呈钝的圆锥形实心体，淡红色，位于大脑两半球与小脑之间。成年鸡约重 5 mg。松果体对家禽的生长、性腺发育和产蛋生理功能有密切关系。从视觉来的光刺激可经植物性神经传至松果体，松果体可能是家禽对 1 d 之内的明暗进行生物学节律调节的生物钟。

7. 胰岛

胰岛是分散在胰腺中的内分泌细胞群，可分泌胰岛素和胰高血糖素。胰岛素能降低血糖浓度；胰高血糖素能升高血糖浓度。二者相互协同调节禽的糖代谢，维持血糖的平衡。

8. 雄禽睾丸间质细胞

雄禽睾丸间质细胞可分泌雄性激素，促进雄禽生殖器官、精子发育成熟和第二性征出现。

9. 雌禽卵巢髓质间质细胞和卵泡外腺细胞

它可分泌雌激素和孕激素。雌激素可促进输卵管发育，促进第二性征出现；孕激素能促进雌禽排卵。

【学习要求】

识记　家禽骨骼、肌肉、皮肤及皮肤衍生物的形态、结构；家禽消化、呼吸、泌尿、生殖系统的组成。

理解　家禽的呼吸系统与哺乳动物的呼吸系统异同点；雌禽生殖系统构造的特点；家禽免疫系统特征。

应用　(1)结合禽类骨骼的特征，谈谈禽类有哪些生活习性。结合家禽的消化系统特点，谈谈家禽生产中应该注意哪些问题。(2)如何通过冠判断鸡的成熟度和健康状况？

【知识拓展】

蛋的结构及胎膜

一、蛋的结构

蛋由蛋壳、蛋白和蛋黄 3 部分组成。

1. 蛋壳

蛋壳是蛋最外面的硬壳，主要成分是碳酸钙。在蛋壳的内侧是蛋壳膜，分为内外两层，外层叫蛋外壳膜，厚而粗糙；内层叫蛋内壳膜，薄而致密。在蛋的钝端形成气室。蛋壳上密布小的气孔，在胚胎发育过程中可进行水分和气体的代谢。

2. 蛋白

蛋白位于蛋壳内蛋黄外，靠近蛋黄周围的是浓蛋白，接近蛋壳的是稀蛋白。蛋黄两端形成白色螺旋形的系带，有固定蛋黄的作用。

3. 蛋黄

蛋黄呈黄色的球状，也就是家禽的卵细胞。位于蛋的中央，由薄而透明的蛋黄膜包裹。在蛋黄上面有一白色圆点，受精蛋称胚盘，结构致密；未受精蛋称胚珠，结构松散。

二、家禽胎膜结构

家禽胚胎的营养和呼吸主要靠胎膜实现，鸡的胎膜主要有羊膜、浆膜、卵黄囊和尿囊 4 种。

1. 羊膜和浆膜

羊膜和浆膜是同时发生的两种胎膜。羊膜在孵化第 2 天即覆盖胚胎的头部，并逐渐包围胚体，到第 4 天时羊膜合拢，胚胎被包围起来，而后增大，并充满透明的液体，即羊水。羊水可保护胚胎不受机械损伤，防止粘连。由于羊膜节律性的收缩，能起到促进胚胎运动的作用。浆膜的胚层结构与羊膜相同，但位置相反。

2. 卵黄囊

卵黄囊从第 2 天开始形成，到第 9 天几乎覆盖整个卵黄表面。卵黄囊由卵黄囊柄与胎儿连接，卵黄囊上分布着浓密的血管，胚胎由卵黄得到营养物质，孵化期前 6 天还供应胚胎所需要的氧气，孵出前与卵黄一起被吸入腹腔内。

3. 尿囊

尿囊位于羊膜、卵黄囊之间，孵化第 3 天开始形成，而后迅速增大，孵化至第 6 天时，达到壳膜内表面。孵化第 10～11 天，包围整个蛋的内容物，而在蛋的小头合拢。尿囊表面布满血管，胎儿通过尿囊血液循环，吸收蛋白中的营养物和蛋壳的矿物质，并于气室和气孔吸收外界氧气，排出二氧化碳。因此，尿囊既是胎儿的营养、排泄器官，又是呼吸器官。

执业兽医资格考试真题

1. 家禽大肠的特点是(　　)【2009 年】

A. 有一条盲肠　B. 有一条结肠　C. 有一对盲肠　D. 有一对结肠　E. 有一对直肠

2. 雌性家禽生殖系统的特点是(　　)【2009 年】

A. 卵巢不发达　B. 输卵管不发达　C. 卵巢特别发达　D. 左侧的卵巢和输卵管退化　E. 右侧的卵巢和输卵管退化

(3～4 题共用备选答案)【2010 年】

A. 峡部　B. 膨大部　C. 漏斗部　D. 子宫部　E. 阴道部

3. 鸡输卵管中分泌物形成蛋壳的部位名称是(　　)

4. 鸡输卵管中分泌物形成浓稠的白蛋白的部位名称是(　　)

5. 家禽的泌尿系统特殊,是因为(　　)【2011 年】

A. 肾脏发达　B. 肾脏退化　C. 肾合并　D. 膀胱发达　E. 缺乏膀胱

(6～7 题共用备选答案)【2015 年】

A. 睾丸　B. 卵巢　C. 肾　D. 输精管　E. 膀胱

6. 与家畜相比,家禽缺失的泌尿器官是(　　)

7. 鸡仅左侧正常发育的生殖器官是(　　)

8. 鸡的盲肠扁桃体位于(　　)【2016 年】

A. 回盲韧带　B. 盲肠体　C. 盲肠尖　D. 盲肠基部　E. 盲肠体和尖

9. 鸡消化道的特点之一是(　　)【2017 年】

A. 1 条盲肠　B. 2 条盲肠　C. 3 条盲肠　D. 盲肠消失　E. 盲肠退化

10. 家禽的发声器官是(　　)【2020 年】

A. 鸣管　B. 声带　C. 鼻腺　D. 眶下窦　E. 鸣骨

11. 位于气管分叉处顶部的楔形小骨为(　　)【2020 年】

A. 鸣管　B. 声带　C. 鼻腺　D. 眶下窦　E. 鸣骨

12. 家禽的喉腔无(　　)【2020 年】

A. 鸣管　B. 声带　C. 鼻腺　D. 眶下窦　E. 鸣骨

(13～14 题共用备选答案)【2012 年】

A. 鸣管　B. 气囊　C. 鸣膜　D. 鸣骨　E. 鸣泡

13. 鸡气管分叉处形成的特殊结构是(　　)

14. 鸭的发声器官是(　　)

(15～16 题共用备选答案)【2013 年】

A. 鼻　B. 咽　C. 喉　D. 气囊　E. 鸣管

15. 位于气管分叉处,由数个气管环和支气管环及一块鸣骨组成的禽类发声器官是(　　)

16. 有前后两群共 9 个,作为储气装置而参与肺呼吸作用的禽类特有器官是(　　)

模块四
相关技能训练

项目十三　显微镜的使用

【学习目标】

掌握显微镜的正确使用和保养方法。

能在镜下准确识别血细胞和基本组织的形态结构。

【学习内容】

显微解剖(组织学)是动物解剖的重要组成部分,也是对有机体内部构造的深层次认知。因此,要全面系统的了解机体构造,必须熟练掌握显微镜等解剖学仪器设备的正确使用方法,在此基础上方能深入学习和研究有机体微观结构。

任务一　显微镜的构造、使用和保养

一、实训目标

了解显微镜的构造,掌握显微镜的使用方法和保养方法。观察鸡血涂片,掌握动物细胞的一般构造。

二、材料设备

显微镜、鸡血涂片(瑞氏染色)。

三、方法步骤

(一)显微镜的一般构造

生物显微镜的种类很多,但基本构造可分为 2 大部分(图 13-1)。

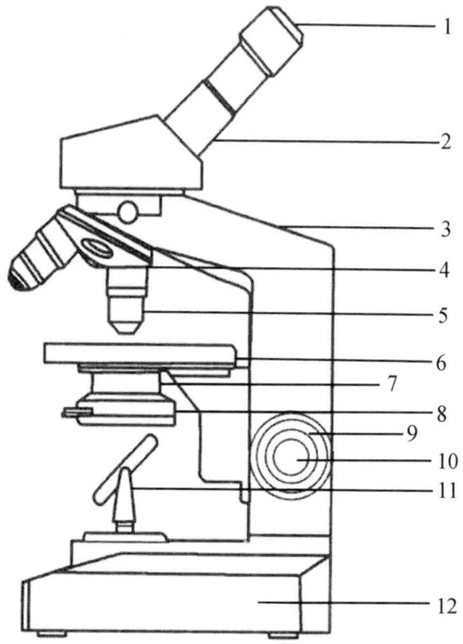

1.目镜 2.镜筒 3.镜壁 4.物镜转换器 5.物镜 6.载物台 7.聚光器 8.光圈 9.粗调节螺旋 10.细调节螺旋 11.反光镜 12.镜座

图 13-1 显微镜的结构

1.机械部分

机械部分有镜座、镜柱、镜臂、镜筒、活动关节、粗调节器、细调节器、载物台、压夹、推进器、转换器、聚光器升降螺旋等。

镜座:呈马蹄铁形或方形,是直接与实验台接触的部分。

镜柱:是与镜座相连接的部分,与镜座一起支持和稳定整个显微镜。在斜行显微镜的镜柱内有细调节器的螺旋。

镜臂:与镜柱连接的弯曲部分,握持移动显微镜时使用。

镜筒:是附着于镜臂上端前方的圆筒。

活动关节:可使镜臂倾斜,用于调节镜柱与镜臂之间的角度。

粗调节器:可调节物镜与组织切片标本之间的距离。

细调节器:可调节切片中物体的清晰度,用以精确调节焦距。可使镜筒升降 0.1 mm。

载物台:是放组织切片的平台,有圆形和方形的。中央有通光孔。

压夹:用于固定组织切片。

推进器:用于移动组织切片。可使标本前、后、左、右移动。

转换器:在镜筒下部,内有不同倍数的物镜,用于转换物镜。

聚光器升降螺旋:能使聚光器升降,从而调节光线的强弱。

2.光学部分

光学部分包括目镜、物镜、反光镜和聚光器。

目镜:在镜筒的上端,筒壁数字表示放大的倍数。有 5×、8×、10×、16×等。

物镜：安装在转换器上，是显微镜中最贵重的部分。有低倍镜、高倍镜、油镜3种。低倍物镜有8×、10×、20×、25×。高倍物镜有40×、60×。油镜一般为100×。显微镜的放大倍数是目镜和物镜倍数的乘积。

反光镜：有平面和凹面。大多数显微镜无反光镜，直接安装灯泡作为光源。

聚光器：在载物台的下方，内装有光圈。

（二）显微镜的使用方法

1. 显微镜的取放

取放显微镜时，必须右手托镜臂，左手托镜座，靠在胸前，轻轻地将其放在实验台上或显微镜箱内。

2. 对光

先用低倍镜对光（避免光线直射），直至获得清晰、均匀、明亮的视野为止。如用自然光源（阳光），可用反光镜的平面；如果用点状光源（灯光）可用反光镜的凹面。

3. 放置标本片

置组织切片于载物台上，将欲观察的组织切片中的组织块，对准通光孔的中央（有盖玻片的组织切片，盖玻片朝上），用压夹固定。

4. 调焦

转动粗调节器，使显微镜筒徐徐下降，将头偏于一侧，用眼睛注视显微镜的下降程度（原则上物镜与组织切片之间的距离缩到最小），防止压碎组织切片，当转换高倍镜或油镜时更要注意。

5. 观察物像

观察时，身要坐端正，胸部挺直，边观察边转动粗调节器，物镜上升到一定的程度，就会出现物像，再慢慢转动细调节器进行调节，直到物像清晰为止。在观察时，如果需要观察细胞的结构，可再转换高倍镜至镜筒下，并转动细调节器进行调节，以获得清晰的物像。有些显微镜在转换高倍镜时，必须先转动粗调节器，使载物台下移（或镜筒上移），然后再转动粗调节器，使载物台上移（或镜筒下移），到接近组织切片时进行观察。组织学的切片标本，大多数在高倍镜下即能辨认。如果需要采用油镜观察时，应先用高倍镜观察，把欲观察的部位置于视野的中央，然后移开高倍镜，将香柏油滴在欲观察的标本上，转换油镜与标本上的油液相接触，再轻轻转动细调节器，直到获得最清晰的物像为止。观察物像程序可概括为“先低后高，先降后升，先粗后细”。

6. 调节光线

在调节光线时，可扩大或缩小光圈的开孔；也可调节聚光器的螺旋使聚光器上升和下降；有的还可以直接调节灯光的强度。

（三）显微镜的保养方法

（1）使用完显微镜后，取下组织切片标本，旋动转换器，使物镜叉开呈“八”字形，转动粗调节器，使载物台下移，然后用绸布包好，放入显微镜箱内。

（2）若显微镜的目镜或物镜落有灰尘时，要用擦镜纸擦净，严禁用口吹或手抹。

（3）切勿粗暴转动粗、细调节器，并保持该部的清洁。

（4）切勿将显微镜置于日光下或靠近热源处。

（5）不要随意弯曲显微镜的活动关节，防止机件因磨损而失灵。

(6)不许随意拆卸显微镜任何部件,以免损坏和丢失。

(7)在使用过程中,切勿用酒精或其他药品污染显微镜。一定将其保存在干燥处,不能使其受潮,否则会使光学部分发霉,机械部分生锈,尤其是在多雨季节或多雨地区更应特别注意。

(8)用完油镜后,应立即用擦镜纸蘸少量的二甲苯擦去镜头、标本的油液,再用擦镜纸擦。对无盖玻片的标本片,可采用"拉纸法",即把一小张擦镜纸盖在玻片上的香柏油处,加数滴二甲苯,趁湿向外拉擦镜纸,拉出后丢掉,如此 3～4 次,即可把标本上的油擦净。

(四)鸡血细胞的观察

低倍镜:选择涂片最薄处,分辨出红细胞和白细胞,然后转换高倍镜观察红细胞。

高倍镜:红细胞呈卵圆形,中央有一深蓝色的卵圆形细胞核,细胞膜和细胞核之间是细胞质,呈粉红色。鸡血细胞形态详见二维码 1-3。

任务二　基本组织的观察

一、目的要求

掌握上皮组织、结缔组织和肌组织的结构特点。进一步熟练掌握显微镜的使用方法。

二、材料设备

显微镜、擦镜纸、腹膜铺片、甲状腺切片、小肠切片、皮肤切片、皮下疏松结缔组织铺片、平滑肌切片、心肌切片、骨骼肌切片、鸡血涂片。

三、方法步骤

(一)上皮组织观察

观察单层扁平上皮(腹膜铺片)、单层立方上皮(甲状腺)、单层柱状上皮(小肠)的假复层柱状纤毛上皮(气管横切切片)、复层扁平上皮、变移上皮的细胞形态特征,比较不同上皮的形态结构差异。

(二)结缔组织观察

1. 疏松结缔组织观察

观察胶原纤维和弹性纤维的形态结构特征,观察成纤维细胞、脂肪细胞、巨噬细胞及浆细胞的形态结构特征。

2. 骨组织观察

观察骨松质、骨密质、骨膜、内环骨板、外环骨板及骨单位的形态结构特征。

3. 血涂片观察

观察红细胞、中性粒细胞、嗜酸性粒细胞、嗜碱性粒细胞、单核细胞、淋巴细胞的形态结构特征。

(三)肌组织观察

观察骨骼肌、心肌、平滑肌三种肌纤维的形态结构特征,比较三种肌纤维的形态结构差异。

四、考核指标

显微镜的使用及主要器官切片观察操作规范及量化考核指标见表13-1。

表13-1　显微镜的使用及主要器官切片观察操作规范及量化考核指标

项目	内容	技术要求与规范	量化考核分值	实际得分	备注
1	准备工作（5分）	操作者按要求身着工作服	3		
		显微镜及用具取出、摆放合理，整齐有序	2		
2	小肠切片的观察（20分）	黏膜层、黏膜下层、肌层、外膜	5		
		单层柱状上皮、杯状细胞	5		
		肠绒毛	5		
		淋巴小结、十二指肠腺	5		
3	肝切片的观察（20分）	肝小叶	5		
		中央静脉	5		
		门管区	5		
		肝细胞索、血窦	5		
4	肺切片的观察（15分）	肺泡、肺泡囊	5		
		肺泡壁毛细血管	5		
		细支气管	5		
5	肾切片的观察（10分）	肾小体（血管球、肾小囊）	5		
		肾小管（近曲小管、髓袢、远曲小管）	5		
6	食管切片的观察（10分）	黏膜层（复层扁平上皮）	3		
		黏膜下层	2		
		肌层	2		
		外膜	3		
7	气管切片的观察（15分）	黏膜层（假复层柱状纤毛上皮）	5		
		黏膜下层（气管腺）	5		
		外膜（透明软骨）	5		
8	器械整理（5分）	器械归整，合理有序	2		
		显微镜镜头摆放准确	3		
总分			100		

项目十四　各系统组织器官观察

【学习目标】

遵循系统解剖学规律，掌握动物体各器官的形态、位置（包括主要内脏器官的体表投影）和大体结构；熟悉各器官组织结构特点。

能在标本、模型、动物尸体以及活体上准确识别各器官的位置、形态和主要宏观结构，在镜下准确识别各器官组织结构。

【学习内容】

坚持局部与整体相统一、宏观与微观相结合是解剖学的基本原则，坚持由浅入深、由表及里是人们探究客观世界的基本规律。因此，要全面系统的了解有机体的形态结构，还需要借助标本、模型、动物尸体以及活体来辨识各器官的形态、位置和主要宏观结构，在镜下研究掌握其微观结构。

任务一　运动系统技能训练

一、牛的全身主要骨、关节和骨性标志的识别

(一)实训目标

在标本、活体上识别牛主要的骨、关节和骨性标志。

(二)材料设备

牛的完整骨骼标本、活牛。

(三)方法步骤

(1)在牛的骨骼标本上观察、识别头部、躯干部和四肢的主要骨、骨性标志及前后肢的主要关节。

(2)在牛活体上识别前、后肢的主要骨、关节和骨性标志。

(四)考核指标

牛(羊)主要骨骼和骨性标志的识别操作规范及量化考核指标见表14-1。

二、牛全身主要肌肉和肌性标志的识别

(一)实训目标

在标本、活体上识别牛的主要肌肉和肌性标志。

(二)材料设备

牛的整体肌肉标本、活牛。

(三)方法步骤

(1)在牛的肌肉标本上观察、识别牛全身的主要肌肉、肌沟。

(2)在牛活体上识别全身主要的肌肉和肌性标志。

表 14-1 牛(羊)主要骨骼和骨性标志的识别操作规范及量化考核指标

项目	内容	技术要求与规范	量化考核分值	实际得分	备注
1	头部骨骼(16 分)	额骨	2		
		上颌骨	2		
		颞骨	1		
		下颌骨	2		
		切齿骨	2		
		下颌间隙	2		
		下颌血管切迹	2		
		顶骨	1		
		枕骨	1		
		泪骨	1		
2	躯干骨骼(24 分)	颈椎(寰椎、枢椎)	3		
		胸椎	2		
		腰椎	1		
		荐椎	1		
		尾椎	1		
		肋(肋骨、肋软骨、真肋、假肋)	5		
		胸骨(胸骨柄、胸骨体、剑状软骨)	4		
		肋弓	2		
		椎骨(椎体、椎弓、椎孔、棘突、横突)	5		

续表14-1

项目	内容	技术要求与规范	量化考核分值	实际得分	备注
3	前肢骨骼（27分）	肩胛骨（肩胛冈、肩臼、肩峰、冈上窝、冈下窝）	6		
		臂骨（臂骨头）	2		
		前臂骨（桡骨、尺骨）	3		
		腕骨	2		
		掌骨	2		
		指骨	2		
		籽骨	2		
		肩关节	2		
		肘关节	2		
		腕关节	2		
		指关节	2		
4	后肢骨骼（33分）	髋骨（髂骨、耻骨、坐骨、髋臼、髋结节、荐结节、坐骨结节、坐骨弓、耻骨前缘、闭孔、骨盆联合）	12		
		股骨（股骨头）	2		
		髌骨	2		
		小腿骨（腓骨、胫骨）	3		
		跗骨	2		
		趾骨	2		
		荐髂关节	2		
		髋关节	2		
		膝关节	2		
		跗关节	2		
		趾关节	2		
总分			100		

任务二　被皮系统技能训练

一、皮肤、蹄形态结构的识别

（一）实训目标

掌握皮肤、蹄的形态和结构。

（二）材料设备

牛的皮肤、蹄的标本或模型。

(三)方法步骤

(1)在皮肤模型上,识别表皮、真皮、皮下组织和毛、皮肤腺。

(2)在牛蹄标本或模型上,识别蹄的蹄壁、蹄冠、蹄缘、蹄球、蹄小叶等。

二、奶牛修蹄技术

(一)实训目标

掌握奶牛修蹄技术操作规程及修蹄技能。

(二)材料设备

器械:蹄刀、锉、锯、锤及线绳等;药品:消毒棉、硫酸铜、来苏尔、10%碘酊、松馏油、高锰酸钾粉及绷带等。

(三)方法步骤

(1)把奶牛保定在四柱栏,将牛蹄吊起。

(2)术者根据不同蹄形及病情进行整修。

①长蹄。用蹄刀将蹄趾过长部分修去,并用修剪刀将蹄底面修理平整,再用锉将其边缘锉平,使其呈圆形。

②宽蹄。将蹄刀放于蹄背侧缘,用木槌打击刀背,将过宽的角质部截除,再将蹄底面修理平整,锉其边缘。

③翻卷蹄。将翻卷蹄底内侧增生部分除去,用锯除去过长的角质部,最后锉其边缘。

④腐蹄、蹄趾间腐烂。首先根据其蹄形变化,将蹄底修整平后,再分别用药物进行处治。

(四)注意事项

(1)对蹄质坚硬者,术前先用消毒液软化。为防止术后感染,修蹄应选晴好天气进行,修后加强护理,及时用4%硫酸铜液或福尔马林液等进行蹄浴。

(2)不可过多地修去角质,否则会引起出血。

(3)对翻卷蹄应分次整修,否则往往因过度修去角质而造成出血。

(4)凡因蹄病修整后的病牛,应在平整、干净、干燥的地面上饲养,保持牛蹄清洁,以便尽快康复。

任务三　消化系统技能训练

一、消化器官形态、位置与构造的识别

(一)实训目标

准确识别牛、羊、猪消化器官的形态、位置和构造(表14-2、表14-3)。

(二)材料设备

牛消化器官浸制标本、模型,羊、猪的新鲜尸体。

(三)方法步骤

(1)观察牛消化器官浸制标本及模型,观察各消化器官的形态。

(2)在羊的新鲜尸体上识别口腔、食管、瘤胃、网胃、瓣胃、皱胃、小肠、大肠、肝和胰等器官的形态、结构和位置。剖开瘤胃、网胃、瓣胃和皱胃,分别观察4个胃的内部结构、胃黏膜的形态,观察结肠形态。

(3)在猪的新鲜尸体上识别口腔、食管、胃、小肠、大肠、肝和胰等器官的形态、结构和位置。观察结肠圆锥的形态,并与牛、羊的结肠进行比较。

二、胃、小肠、肝组织构造的识别

(一)实训目标

识别胃、小肠和肝的组织构造。

(二)材料设备

显微镜、胃底部、空肠、肝的组织切片。

(三)方法步骤

在教师的指导下,观察胃、小肠和肝的组织构造。

1. 胃的组织构造

先用低倍镜观察胃壁的4层结构和胃小凹,再换高倍镜观察黏膜上皮和胃腺。

2. 小肠的组织构造

先用低倍镜观察小肠壁的4层结构和肠绒毛,再换高倍镜观察黏膜上皮、肠腺和肠绒毛的构造。

3. 肝的组织构造

先用低倍镜观察肝小叶、门管区的形态、结构,再换高倍镜观察肝细胞和肝巨噬细胞。

任务四　呼吸系统技能训练

一、呼吸器官的观察与识别

(一)实训目标

了解动物呼吸系统的构成,观察并识别各呼吸器官的形态、构造、位置及它们之间的相互关系(表14-2、表14-3)。

(二)材料设备

牛、羊、猪等动物的新鲜尸体标本;呼吸器官的离体浸泡标本。

(三)方法步骤

在牛、羊、猪等动物的新鲜尸体标本上找出各呼吸器官,先观察各器官的形态和位置,然后解剖。

对鼻腔、喉、气管、支气管、肺、胸膜腔的形态位置的观察。注意胸膜腔的构成。

二、肺组织构造的观察

(一)实训目标

认识肺的组织结构。

(二)材料设备

肺组织切片、显微镜。

(三)方法步骤

用显微镜(先用低倍镜,后用高倍镜)观察肺的组织切片,注意观察肺泡、肺泡囊、肺泡管、呼吸性细支气管、终末细支气管、支气管的结构特点。

任务五　泌尿系统技能训练

一、泌尿器官的观察与识别

(一)实训目标

了解动物泌尿系统的构成,观察并识别各泌尿器官的形态、构造、位置及它们之间的相互关系(表 14-2、表 14-3)。

(二)材料设备

牛、羊、猪等动物的新鲜尸体标本;泌尿器官的离体浸泡标本。

(三)方法步骤

在牛、羊、猪等动物的新鲜尸体标本上找出各泌尿器官,先观察各器官的形态和位置,然后解剖。

对肾、输尿管、膀胱、尿道的形态位置的观察,注意雄性尿生殖道和雌性尿道的区别。

二、肾组织构造的观察

(一)实训目标

认识肾的组织结构。

(二)材料设备

肾组织切片、显微镜。

(三)方法步骤

用显微镜(先用低倍镜,后用高倍镜)观察肾的组织切片,注意观察肾各部分的组织结构特点。

任务六　生殖系统技能训练

一、生殖器官的观察与识别

(一)实训目标

了解动物生殖系统的组成,观察并识别各生殖器官的形态、构造、位置及它们之间的相互关系(表 14-2、表 14-3)。

(二)材料设备

牛、羊、猪等动物的新鲜尸体标本;生殖器官的离体标本。

(三)方法步骤

在牛、羊、猪等动物的新鲜尸体标本上找出各生殖器官,先观察各器官的形态和位置,然后解剖。

1. 雄性生殖器官

注意观察阴囊、睾丸、附睾、精索和输精管的形态、结构及它们之间的位置关系。

2. 雌性生殖器官

注意观察卵巢、子宫的形态、结构、位置及各器官之间的位置关系。

二、睾丸和卵巢组织构造的观察

(一)实训目标

认识睾丸和卵巢的组织结构。

(二)材料设备

睾丸和卵巢组织切片、显微镜。

(三)方法步骤

用显微镜(先用低倍镜,后用高倍镜)观察睾丸和卵巢的组织切片,注意观察睾丸和卵巢各部分的组织结构特点。

任务七　心血管系统技能训练

心脏、血管形态结构的观察。

(一)实训目标

掌握心脏形态结构特征，观察心脏的外形特征、心包腔的结构、心壁的分层、心脏的构造及心脏瓣膜、房室口、梳状肌、腱索、乳头肌、冠状动脉、主动脉口、肺动脉口的结构(表 14-2、表 14-3)。观察动物血管的分布。

(二)材料设备

牛、羊、猪等动物的新鲜尸体标本；心脏的离体浸泡标本。

(三)方法步骤

1. 心脏观察

在牛、羊、猪等动物的新鲜尸体标本上找出心脏，先观察心脏的形态和位置，然后解剖。

对心脏瓣膜、房室口、梳状肌、腱索、乳头肌、冠状动脉、主动脉口、肺动脉口观察。

2. 血管观察

观察主动脉弓、胸主动脉、腹主动脉、臂头动脉总干、左右髂外动脉、左右髂外动脉的分支及其分布，观察前腔静脉、后腔静脉、门静脉、奇静脉汇入分支及其位置。

任务八　免疫系统技能训练

一、淋巴结、脾形态、结构和位置识别

(一)实训目标

通过观察，了解不同动物脾脏的形态、位置和全身主要淋巴结的分布(表 14-2、表 14-3)。掌握兽医临床上动物尸体常检淋巴结的名称、位置、形态和作用。

(二)材料设备

牛、羊和猪新鲜标本。解剖器械。

(三)方法步骤

分别在牛、羊和猪的尸体标本上找到下颌淋巴结、颈深淋巴结、肩前淋巴结、腋淋巴结、股前(膝上)淋巴结、腘淋巴结、腹股沟深淋巴结、腹股沟浅淋巴结、纵隔淋巴结、髂内淋巴结、肝门淋巴结、胃门淋巴结、肠系膜淋巴结和脾。

二、淋巴结和脾组织结构观察

(一)实训目标

通过显微镜观察，了解和掌握淋巴结和脾的组织构造，从而进一步加深理解该器官的功能，并熟练掌握显微镜的使用方法。

(二)材料设备

淋巴结和脾的组织切片(苏木精-伊红染色)。显微镜、擦镜纸。

(三)方法步骤

1. 淋巴结的观察

先用低倍镜后用高倍镜观察淋巴结切片的下列构造:被膜、淋巴小结、副皮质区、皮质淋巴窦、髓索和髓窦。

2. 脾的观察

先用低倍镜后用高倍镜观察脾组织切片的下列构造:被膜、脾小梁、脾小体、边缘区、动脉周围淋巴鞘、脾索和脾窦。

表 14-2 牛(羊)主要器官形态结构的识别操作规范及量化考核指标

项目	内容	技术要求与规范	量化考核分值	实际得分	备注
1	消化系统(30 分)	食管	1		
		瘤胃	1		
		网胃	1		
		瓣胃	1		
		皱胃	1		
		贲门	2		
		幽门	2		
		十二指肠(肠系膜)	2		
		空肠	2		
		回肠(回盲口)	4		
		盲肠(回盲韧带)	4		
		结肠	2		
		直肠	1		
		肝(肝门)	4		
		胰	2		
2	呼吸系统(10 分)	气管	1		
		肺(尖叶、心叶、膈叶、副叶、肺门、3 个面、3 个缘)	7		
		左肺心切迹	2		
3	泌尿系统(12 分)	肾(肾门、脂肪囊、肾包膜、皮质、髓质、肾锥体、肾乳头)	9		
		输尿管	1		
		膀胱	2		

续表14-2

项目	内容	技术要求与规范	量化考核分值	实际得分	备注
4	心血管系统(24分)	心脏(左心室、左心房、右心室、右心房、二尖瓣、三尖瓣、冠状沟、心外膜、心肌、心内膜)	10		
		臂头动脉总干	2		
		前腔静脉	2		
		后腔静脉	2		
		肺动脉	2		
		主动脉	2		
		心包	2		
		心耳	2		
5	生殖系统(16分)	卵巢	2		
		输卵管(输卵管漏斗、输卵管壶腹、输卵管峡部)	5		
		子宫(子宫角、子宫体、子宫颈、子宫阜)	5		
		阴道	2		
		尿生殖前庭	1		
		阴门	1		
6	免疫系统(8分)	脾	2		
		肝门淋巴结	2		
		肺门淋巴结	2		
		肠系膜淋巴结	2		
总分			100		

表 14-3　猪主要器官形态结构的识别操作规范及量化考核指标

项目	内容	技术要求与规范	量化考核分值	实际得分	备注
1	消化系统（28 分）	食管（食管裂孔）	1		
		胃（贲门、幽门、胃大弯、胃小弯）	6		
		十二指肠（肠系膜）	2		
		空肠	2		
		回肠（回盲口）	4		
		盲肠（回盲韧带）	4		
		结肠	2		
		直肠	1		
		肝（肝门）	4		
		胰	2		
2	呼吸系统（10 分）	气管	1		
		肺（尖叶、心叶、膈叶、副叶、肺门、3 个面、3 个缘）	7		
		左肺心切迹、心压迹	2		
3	泌尿系统（12 分）	肾（肾门、脂肪囊、肾包膜、皮质、髓质、肾锥体、肾乳头）	9		
		输尿管	1		
		膀胱	2		
4	心血管系统（26 分）	心脏（左心室、左心房、右心室、右心房、二尖瓣、三尖瓣、冠状沟、心外膜、心肌、心内膜）	12		
		臂头动脉总干	2		
		前腔静脉	2		
		后腔静脉	2		
		肺动脉	2		
		主动脉	2		
		心包	2		
		心耳	2		
5	生殖系统（16 分）	卵巢	2		
		输卵管（漏斗部、壶腹部、峡部）	5		
		子宫（子宫角、子宫体、子宫颈）	5		
		阴道	2		
		尿生殖前庭	1		
		阴门	1		

续表14-3

项目	内容	技术要求与规范	量化考核分值	实际得分	备注
6	免疫系统（8分）	脾	2		
		肠系膜淋巴结	2		
		肺门淋巴结	2		
		肝门淋巴结	2		
总分			100		

任务九　神经系统技能训练

一、脑、脊髓形态结构观察

（一）实训目标

掌握脑和骨髓的形态结构。

（二）材料设备

脑和脊髓的浸泡标本，脑正中矢状面显示脑各部构造和脑室的标本、脑干标本，脑、脊髓形态结构挂图。

（三）方法步骤

（1）在脑的背侧面观察大脑半球、小脑半球、蚓部，脑沟、脑回。在脑的腹侧面观察嗅球、视觉神经交叉、脑垂体、大脑脚、脑桥和延髓等。

（2）在脑的正中矢状面上，观察胼胝体、灰质、白质、延髓、脑桥、中脑、间脑及脑室等。

（3）在标本上识别脊髓的外部形态和分段，观察背正中沟、腹正中裂、颈膨大、腰膨大、脊髓圆锥和马尾。

二、反射弧分析

（一）实训目标

通过实验证明任何一个反射，只有在反射弧存在并完整的情况下才能实现。

（二）材料设备

蟾蜍、解剖器械、铁架台、烧杯、滤纸片、纱布、0.5%的 H_2SO_4 溶液等。

（三）方法步骤

（1）从蛙的鼓膜前缘剪去全部脑髓，使其成为脊蛙，悬挂在铁架台上，进行实验。

（2）正常反射活动观察：将蛙的一只后腿浸入0.5%的 H_2SO_4 溶液中，可见有屈腿反射出现。当反射出现后，迅速用清水将后腿皮肤上的 H_2SO_4 溶液洗净。

（3）用剪刀在同侧后肢股部皮肤做一个切口，并将皮肤剥离，再用上述方法刺激，观察结果。在另一侧后肢股部背侧，沿坐骨神经的方向将皮肤作一个切口，将坐骨神经分出，并在下面穿一条线以便将坐骨神经提起，再以同样的方式进行刺激，观察结果。剪断坐骨神经，再将其浸入 H_2SO_4 溶液观察反应。

(4)用探针插入另一只青蛙的脊髓，将脊髓破坏，再刺激机体任何部位，观察反应。

任务十　家禽解剖

一、实训目标

熟悉家禽主要器官的形态结构，掌握家禽的解剖技术。

二、材料设备

活鸡、解剖器械、酒精棉球、注射器等。

二维码 14-1
鸡的解剖(视频)

三、实验步骤

(一)鸡的解剖

鸡的解剖步骤如下。

(1)将鸡致死(可从颈静脉放血或用铁钉插入枕骨大孔破坏延髓，也可采取口腔放血)。拔尽羽毛或用水把颈、胸、腹部羽毛刷湿，以免羽毛飞扬。

(2)将鸡仰卧于解剖台上，用力掰开两腿，使髋关节脱臼。

(3)自喙尖开始沿颈、胸的腹侧剪开皮肤至肛门，并向两侧剥离至左、右翼和后肢与躯干相连处。

(4)自胸骨后端至泄殖腔之间剪开腹壁，再由此切口沿胸骨两侧缘及肋骨中部向前剪至锁骨，并剪断心脏、肝脏与胸骨间的联系。然后把胸骨翻向前方(此项操作要注意勿伤气囊)。

(5)由喉口插入细胶管(玻璃管)慢慢吹气，观察各气囊的位置与形状。

(6)剪除胸骨，观察体腔内各器官的形态、位置。

(二)鸡各器官的观察

1.鸡体表观察

观察冠、肉髯、耳垂、喙、鼻孔、爪、主翼羽、副翼羽、主尾羽、覆尾羽、距、第 1 趾、第 2 趾、第 3 趾、第 4 趾。

2.运动系统观察

观察鸡全身主要骨骼，重点观察舌骨、综荐骨、尾综骨、肋骨、胸骨、乌喙骨、锁骨、髂骨、耻骨、坐骨的形态特征；观察鸡全身主要肌肉，重点观察胸部肌和腿部肌，观察白肌、红肌、中间肌的分布及区别。

3.鸡内脏器官观察

观察口腔、咽、食管、嗉囊、腺胃、肌胃、小肠、大肠、泄殖腔、肝、胰的形态位置结构特征，观察喉的结构、气管软骨环的形态、鸣管的位置结构、肺的形态结构、气囊的形态位置，观察肾的形态位置及结构特征、输尿管的起止部位，观察睾丸和附睾的形态位置、输精管的径路及开口位置、交配器的形态结构，观察卵巢的形态位置、输卵管(漏斗部、膨大部、峡部、子宫部、阴道部)的形态及开口位置。

4.淋巴器官观察

观察胸腺的形态位置、法氏囊的形态结构、脾的形态位置。

四、考核指标

家禽主要器官形态结构的识别操作规范及量化考核指标见表14-4。

表14-4　家禽主要器官形态结构的识别操作规范及量化考核指标

项目	内容	技术要求与规范	量化考核分值	实际得分	备注
1	消化系统（52分）	食管	3		
		嗉囊	3		
		腺胃	3		
		肌胃	3		
		贲门	3		
		幽门	3		
		十二指肠	3		
		空肠	3		
		回肠	4		
		盲肠（盲肠基、盲肠体、盲肠尖）	12		
		直肠	3		
		泄殖腔	3		
		肝	3		
		胰	3		
2	呼吸系统（9分）	气管	3		
		肺	3		
		气囊	3		
3	泌尿系统（6分）	肾	3		
		输尿管	3		
4	生殖系统（21分）	卵巢	3		
		输卵管（漏斗部、蛋白分泌部、峡部、子宫部、阴道部）	15		
		睾丸	3		
5	其他（12分）	心脏	3		
		脾	3		
		法氏囊	3		
		胸腺	3		
总分			100		

下篇

动物生理

- ☞ 模块五　动物细胞生理基础
- ☞ 模块六　家畜生理
- ☞ 模块七　家禽生理
- ☞ 模块八　相关技能训练

模块五
动物细胞生理基础

项目十五　细胞的基本机能

【学习目标】

掌握细胞膜的物质转运形式及功能。理解细胞的兴奋性与生物电现象。

【学习内容】

细胞是生物体结构和功能的基本单位。体内所有的生理功能和生化反应都是在细胞及其产物(如细胞间隙内的胶原蛋白和蛋白聚糖)的物质基础上进行的。人类对细胞结构和功能的研究,经历了细胞水平、亚细胞水平和分子水平等研究层次,揭示出众多基本生命过程的原理。各种动物体、组织、器官及系统在细胞及分子水平实现的基本生命活动过程及其原理都是高度一致的,因此,学习生理应由学习细胞生理开始。

任务一　细胞膜的物质转运功能

细胞由细胞膜、细胞质和细胞核 3 部分构成,其中细胞膜把细胞内容物和细胞的周围环境(主要是细胞外液)分隔开来,使细胞能完整而又相对独立,可防止胞液流失,完成细胞内外的物质转运,保持细胞内化学成分相对稳定,并完成细胞与细胞间的信息传递。在细胞新陈代谢过程中,不断有大量物质进出细胞,其中极少数脂溶性小分子物质能直接通过细胞膜进出细胞,大多数物质需跨膜转运才能进出细胞,此过程与膜蛋白有关,一些大的团块性固态或液态物质的进出细胞(吞噬、分泌),则与膜的更复杂的生物学过程有关。

一、单纯扩散

单纯扩散,也称为简单扩散,是指脂溶性物质由细胞膜高浓度一侧向低浓度一侧扩散的现象。一般条件下,物质扩散速度取决于膜两侧浓度差和细胞膜对该种物质的通透性。

细胞膜的基本组成是脂质双分子层,所以,只有脂溶性物质才能以单纯扩散的方式进出细胞膜。在机体内，靠单纯扩散方式进出细胞膜的物质并不多，如 O_2、CO_2 等气体分子，他们能溶于水，也溶于脂质，它们可以顺浓度差自由进出细胞膜。此外，体内一些甾体(类固醇)激素也是脂溶性的，理论上也可以靠单纯扩散进入细胞内，但由于相对分子质量较大，近年来认为也需膜上某种特殊蛋白质的"协助"，才能使转运过程加快。

单纯扩散的特点是：①不消耗能量；②顺浓度梯度，即从高浓度到低浓度转运。

二、易化扩散

易化扩散，也称为帮助扩散，是指非脂溶性小分子物质依靠细胞膜上一些特殊蛋白质分子的"帮助"下，由细胞膜高浓度一侧向低浓度一侧扩散的现象。

易化扩散的特点：①不需要消耗能量；②顺浓度梯度转运；③需要膜蛋白参与。

三、主动转运

主动转运是指细胞通过本身的某种耗能过程将物质由细胞膜低浓度一侧向高浓度一侧转运的现象。主动转运的特点：①需要消耗能量；②逆浓度梯度转运；③需要膜蛋白参与(钠泵、钙泵等)。

主动转运分为原发性主动转运和继发性主动转运，一般所说的主动转运是指原发性主动转运。

1. 原发性主动转运

细胞通过本身的某种耗能过程将物质从细胞膜低浓度一侧向高浓度一侧转运的过程称为原发性主动转运。它是通过某种生物泵把物质从低浓度一侧"泵"到高浓度一侧，就像水泵把水从低处泵到高处一样，必须提供能量。目前研究最充分、分布最广泛、作用最重要的生物泵是钠-钾泵，即钠泵。

2. 继发性主动转运

依赖离子泵转运而储备的势能来完成其他物质的逆浓度跨膜转运，称为继发性主动转运或联合转运。

四、胞吞作用和胞吐作用

对于大分子物质或团块不能直接通过上述方式通过细胞膜，而是通过胞吞作用与胞吐作用进出细胞。

1. 胞吞作用

大分子物质或团块进入细胞内的过程称为胞吞作用。如蛋白质、细菌、病毒、异物等进入细胞时都采用这种方式。胞吞作用的过程首先是这些物质被细胞识别并相互接触，之后细胞膜逐渐向内凹陷包裹异物等，最后与细胞膜断裂，使物质连同包裹它的细胞膜一起进入细胞内，形成吞噬小泡(图 15-1)。胞吞作用包括 2 种方式：如果进入细胞的物质是固体，称为吞噬；如果进入细胞的物质是液体，称为吞饮。

2. 胞吐作用

大分子物质或团块排出细胞的过程称为胞吐作用。如内分泌细胞分泌激素、外分泌细胞分泌酶原、神经末梢释放递质等。大分子物质在细胞内形成后，通常被一层膜性结构所包裹，形成分泌囊泡，当分泌活动开始时，囊泡向细胞膜移动、接触，使囊泡膜与细胞膜融合，进而在融合处向外破裂，将囊泡内的物质一次性全部排空（图 15-2）。

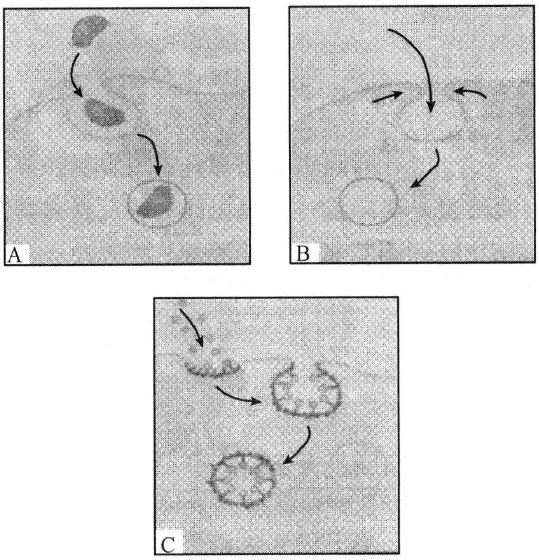

A. 吞噬　B. 吞饮　C. 受体介导的吞噬

图 15-1　入胞过程

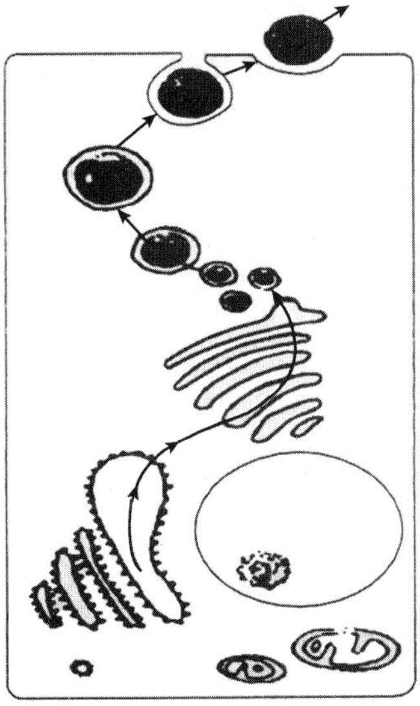

图 15-2　出胞过程

任务二　细胞的兴奋性和生物电现象

一、细胞的兴奋性

（一）细胞兴奋性含义

19 世纪中后期认为兴奋性是指某些组织或细胞受到一些外界刺激时有发生反应的能力。事实上，几乎所有活组织或细胞都具有兴奋性，只是反应的灵敏度和反应的表现形式有所不同。但在各种动物组织中，一般以神经、肌肉和腺体表现出较高的兴奋性，因此习惯上将它们称为可兴奋细胞或可兴奋组织。

随着电生理技术的发展和实验资料的积累，发现虽然各种可兴奋细胞兴奋时表现各不相同，却都是首先表现为膜电位改变，产生动作电位，这同时也是表现其他功能的前提或触发因素。因此在近代生理学中，兴奋性被理解为细胞在受到内外环境刺激时产生动作电位的能力。而兴奋就是指产生了动作电位，或者说产生了动作电位才是兴奋。

（二）应激性与兴奋性

应激性是指活的机体、组织、细胞对内外环境刺激发生反应的能力或特性，是原生质普遍的特性。无论是低等的原生动物还是高等的禽类、哺乳动物均具有应激性。

虽然不同细胞对刺激产生的反应不同，但其本质都是细胞受到刺激后膜电位发生变化的结果。细胞膜电位变化有 2 种形式：①神经、肌肉、腺体等组织细胞，接受刺激后膜电位的变化表现为可传播的动作电位，这类细胞称为可兴奋细胞。②结缔组织的细胞接受刺激后，膜电位变化仅表现为局部膜电位下降，并不产生动作电位，这类细胞称非兴奋细胞。通常把非兴奋细胞接受刺激发生反应的能力或特性称为应激性，把可兴奋细胞接受刺激发生反应的能力或特性称为兴奋性。

（三）刺激与兴奋的关系

能引起组织细胞发生反应的各种内外环境因素统称为刺激。组织细胞受到刺激后发生的功能活动的改变称为反应，包括兴奋和抑制两种形式。但是并不是所有的刺激都能引起组织细胞发生反应，刺激引起组织细胞产生反应必须具备以下条件。

1. 适宜的刺激强度

刺激必须达到一定强度才能引起组织细胞发生反应。能引起组织细胞发生反应的最小强度的刺激称为阈刺激（即能引起细胞产生动作电位的最小强度的刺激）；低于阈刺激强度的刺激称为阈下刺激；反之称为阈上刺激。阈刺激越小说明组织细胞的兴奋性越高，反之则兴奋性越低。

2. 适宜的刺激时间

刺激作用于组织细胞必须达到一定时间才能引起反应。时间过短，则不能引起细胞发生反应，但时间过长，也会引起组织细胞适应而反应减弱或消失。

3. 刺激强度对时间的变化率

在一定范围内，引起兴奋的强度与时间呈反比关系，即刺激强度越大，所需时间越短，反之亦然（图 15-3）。当刺激持续时间超过一定的限度时，时间因素不再影响强度阈值，或者说，引起组织细胞兴奋有一个最低的基本刺激强度，称为基强度。当刺激强度为基强度的 2 倍时，刚能引起反应所需的最短刺激持续时间为时值，时值与组织或细胞的兴奋性也呈反比关系。

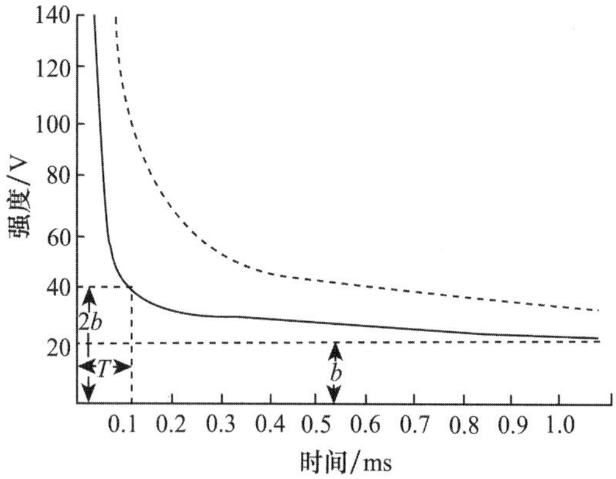

b. 基强度　*T*. 时值

图 15-3　强度-时间曲线

（四）组织细胞兴奋性的周期变化

在细胞接受一次刺激而出现兴奋后，其兴奋性将经历一系列有规律的变化，然后才恢复正常。一般而言，细胞发生一次兴奋后，其兴奋性依次经历以下 4 个时期（图 15-4）。

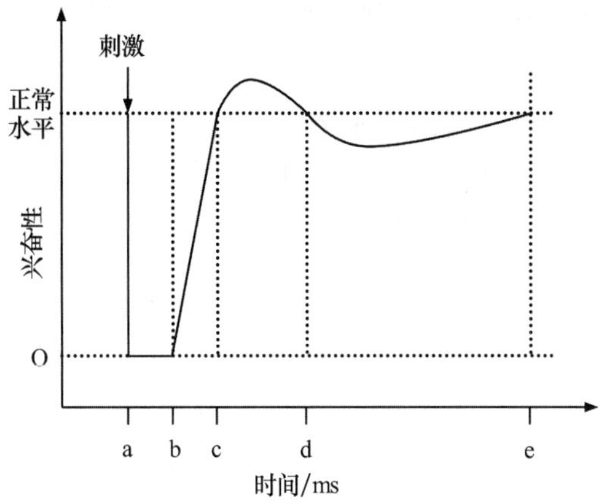

a-b. 绝对不应期 b-c. 相对不应期 c-d. 超常期 d-e. 低常期

图 15-4 组织兴奋时兴奋性的变化示意图

1. 绝对不应期

绝对不应期是指组织细胞兴奋性暂时消失，对任何刺激都不能发生反应的时期。一般持续时间为 0.3～0.5 ms。

2. 相对不应期

相对不应期是指组织细胞兴奋性逐渐恢复但尚低于正常水平的时期。阈上刺激可以引起组织细胞发生反应。一般持续时间为 0.5～1.0 ms。

3. 超常期

超常期是指组织细胞兴奋性高于正常水平的时期。这一时期即使阈下刺激也能引起反应。一般持续时间十到几十毫秒。

4. 低常期

低常期是指组织细胞兴奋性低于正常的时期。一般持续时间 70 ms 以内。

组织细胞兴奋时的兴奋性变化具有十分重要的生理意义，特别是绝对不应期，它的长短决定了组织细胞两次兴奋间的最短时间间隔，从而对组织细胞的功能产生重要影响。如心室肌细胞绝对不应期特别长，从而使心肌收缩只能形成单收缩，完成泵血功能。而骨骼肌绝对不应期特别短，从而使骨骼肌能形成强直收缩，完成负重和运动功能。

二、细胞的生物电现象

细胞生命活动中出现的电现象称为细胞的生物电现象。生物电现象是细胞的基本特性之一，是细胞兴奋的基础，因此学习细胞生物电现象及原理是学习生理学的重要基础，同时也具有重要的临床价值。目前，生物电已被广泛应用于医学实验和临床，如心电图、脑电图等在相关疾病的诊断中起着十分重要的作用。

细胞的生物电现象有静息电位和动作电位 2 种表现形式。

(一)静息电位

静息电位是指细胞在安静时，即未受刺激时，膜内外两侧的电位差(膜内为负、膜外为正的极化状态)称为静息电位或膜电位。神经细胞和肌细胞的膜电位为$-90 \sim -70$ mV。

(二)动作电位

动作电位是指可兴奋组织或细胞接受刺激而发生兴奋时,细胞膜原来的极化状态立即消失,并在膜的内外两侧发生一系列电位变化,这种电位变化称为动作电位。动作电位包括3个基本过程:①去极化。膜内原来存在的负电位迅速消失,即膜电位的极化状态消失。②反极化。继去极化之后,进而发展为极化状态倒转,即转变为膜内电位为正,膜外电位为负。③复极化。膜内电位达到顶峰后开始下降,恢复至原来静息电位水平。

由图15-5可见,当细胞受到刺激时,膜内电位迅速升高,从-70 mV升高到0 mV,极化状态逐渐减弱以至消失称为去极化,进而膜内电位继续升高,从0 mV升高至$+30$ mV,使膜电位变为内正外负状态称为反极化或超射。去极化过程和反极化过程共同构成动作电位的上升支,历时约0.5 ms。一般为叙述简便,常把去极化和反极化统称为去极化或除极化。去极化至顶点后,动作电位迅速下降,膜电位又回到内负外正的极化状态称为复极化。复极化过程构成动作电位的下降支。在动作电位过程中,其主要部分电位曲线呈尖峰状,习惯称为峰电位,共需0.5～1.0 ms。峰电位产生是细胞兴奋的标志。在复极化末期,膜电位发生微小而缓慢的电位波动,称为后电位,包括负后电位和正后电位。后电位一般时程比较长,约为44 ms。

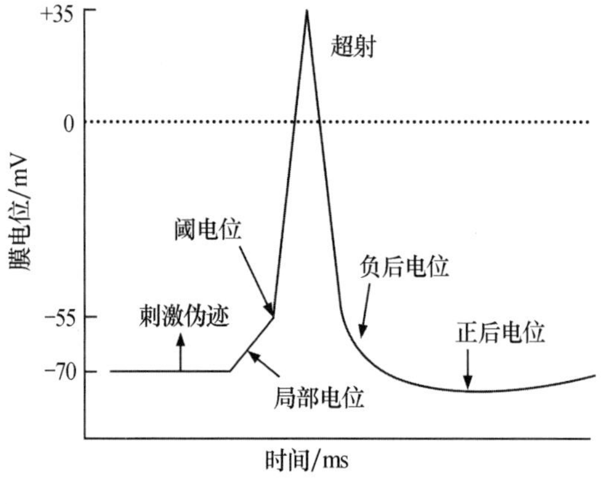

图15-5 动作电位过程

(三)生物电现象产生的机理

细胞膜内外离子分布很不相同。在正离子方面,细胞内K^+浓度高,为膜外的39倍,而细胞外Na^+浓度约高于膜内的12倍。在负离子方面,细胞外Cl^-浓度较细胞内高,而细胞内大分子有机物(A^-)较细胞外多。因此细胞膜内外两侧存在离子分布的不平衡,即存在离子浓度差和电位差,在电化学梯度的作用下,离子就有扩散到膜另一侧的可能性。

在静息状态下,K^+不断外流,而A^-不能随之外流,这样就形成了膜外正电荷越来越多而膜内负电荷越来越多的内负外正的极化状态,但K^+外流并不能无限制地进行下去,因为随着K^+外流形成的内负外正的电场力会阻止K^+外流。当浓度差形成的促进K^+外流的力量与电场力形成的阻止K^+外流的力量达到平衡时,K^+的净移动就会等于零,因此,静息电位主要是K^+的平衡电位。

当刺激作用于细胞膜，使膜电位达到一定程度时，钠通道被激活而大量开放，使 Na^+ 通透性突然增大，引起 Na^+ 大量内流产生去极化和反极化，直至达到 Na^+ 的平衡电位，构成峰电位的上升支。之后钠通道迅速失活而关闭，K^+ 通道（不同于静息时的 K^+ 通道）迅速开放引起 K^+ 迅速外流而引起复极化，形成峰电位的下降支。在复极化末期，膜电位的数值虽然已经恢复到接近静息电位水平，但细胞内外离子的浓度差已发生变化。细胞每兴奋一次或每产生一次动作电位，细胞内 Na^+ 浓度的增加及细胞外 K^+ 浓度的增加都是十分微小的变化，但是足以激活细胞膜上的钠泵，使钠泵加速运转，逆着浓度差将细胞内多余的 Na^+ 主动转运至细胞外，将细胞外多余的 K^+ 主动转运入细胞内，从而使细胞内外的 Na^+、K^+ 分布恢复到原先的静息水平，这个过程引起膜电位的微小波动，即产生后电位。

（四）细胞兴奋的产生和传导

1.细胞兴奋的产生

细胞产生动作电位的过程称为兴奋。刺激作用于细胞，并不一定能引起细胞产生动作电位，只有当刺激使膜电位去极化至某一临界值时，才能引起钠通道大量开放而产生动作电位，该临界值称为阈电位（TP）。阈电位一般比静息电位低 10～20 mV。一般来说，细胞兴奋性的高低与细胞的静息电位和阈电位的差值呈反比关系，即差值越小，细胞的兴奋性越高；差值越大，细胞的兴奋性越低。

能引起细胞产生动作电位的最小刺激强度称为阈刺激（阈强度），其本意就是能使膜的静息电位去极化达到阈电位的刺激强度。超过阈强度后，细胞动作电位并不随刺激强度的增加而改变，这种现象称为动作电位的“全或无”现象。

比阈强度弱的刺激称为阈下刺激。单个阈下刺激不能引起细胞产生动作电位，但也会引起少量的 Na^+ 内流，产生低于阈电位的去极化电位，且只局限于受刺激的部位，这种电位称为局部电位，在受刺激局部产生的微弱的去极化反应称为局部反应。局部反应具有以下特点：①电位幅度小且不能向外远距离传播。②无“全或无”现象，局部反应随着刺激强度增加而增强。③有总和作用，即先后连续多次阈下刺激产生的局部电位（时间总和）或多个阈下刺激同时刺激相邻部位产生的局部电位（空间总和）具有累加作用，当多个局部电位累加达到阈电位时，就可以引发细胞产生动作电位。因此，动作电位可以由一次阈刺激或阈上刺激引起，也可由多个阈下刺激产生的局部电位的总和而引起。

2.细胞兴奋的传导

细胞某一部位兴奋产生动作电位后，能够沿着细胞膜传导至整个细胞，使整个细胞兴奋的现象。

动作电位发生传导的原因是：当膜受到刺激时，兴奋部位的膜两侧电荷分布为内正外负，而相邻部位则是内负外正。由于两部位存在电位差产生局部电流，局部电流刺激邻近的静息部位引起兴奋，使膜去极化，引发新的动作电位，如此顺次重复，使动作电位沿整个膜传导。

【学习要求】

识记　单纯扩散；易化扩散；主动转运；胞吞作用；胞吐作用；兴奋性；绝对不应期；相对不应期；静息电位；动作电位；极化；阈电位；可兴奋细胞的兴奋周期。

理解　刺激和兴奋的关系；应激和兴奋性的区别；动作电位的产生过程；动作电位和局部

电位的区别。

应用 (1)细胞膜物质转运形式有几种？有什么特点？(2)细胞的生物电现象是什么？有几种形式？是如何产生的？

【知识拓展】

骨骼肌的收缩机理

动物所有骨骼肌的活动，都是在中枢神经系统控制下完成的。从运动神经元的兴奋到肌肉的收缩共包括 3 个过程：首先，中枢神经系统发出的指令以神经冲动(动作电位)的形式，沿躯体运动神经传导，并传递给肌细胞，这个过程称为神经-肌肉间的兴奋传递；其次，肌细胞膜表面的动作电位通过肌细胞的三联管结构传到肌细胞内部，触发信息物质 Ca^{2+} 从肌浆网释放到肌浆，并将信息传递给肌浆内调节蛋白，这一过程称为兴奋一收缩耦联；最后，肌浆中高浓度 Ca^{2+} 通过肌浆内调节蛋白，触发收缩蛋白的结合，并使肌肉收缩。

神经肌肉间的兴奋传递

1. 神经-肌肉接头的结构

运动神经元是通过神经-肌肉接头将神经冲动传递给骨骼肌的。运动神经纤维末梢和肌细胞(即肌纤维)相接触的部位，称为神经-肌肉接头或运动终板。一条运动神经纤维末梢，进行反复分支，每一分支都支配一条肌纤维。当某一神经元兴奋时，其冲动可引起它所支配的全部肌纤维收缩。每个运动神经元和它所支配的全部肌纤维，称为一个运动单位。

如图 15-6 所示，当神经分支的末端接近肌纤维时，失去髓鞘，末梢膨大，以裸露的神经末梢嵌入肌细胞膜的凹陷中，形成神经-肌肉接头。神经-肌肉接头由接头前膜、接头后膜、接头间隙 3 部分组成。在神经末梢中含有大量囊泡，称为接头小泡，接头小泡内含有大量乙酰胆碱(ACh)分子。在接头后膜上有能与 ACh 特异性结合的 N 型乙酰胆碱受体，现已证明，它们是一些化学门控通道，具有能与乙酰胆碱特异性结合的亚单位和附着其上的胆碱酯酶。接头前、后膜之间有 200 A 的间隙，称为接头间隙。接头间隙与细胞外液相通。

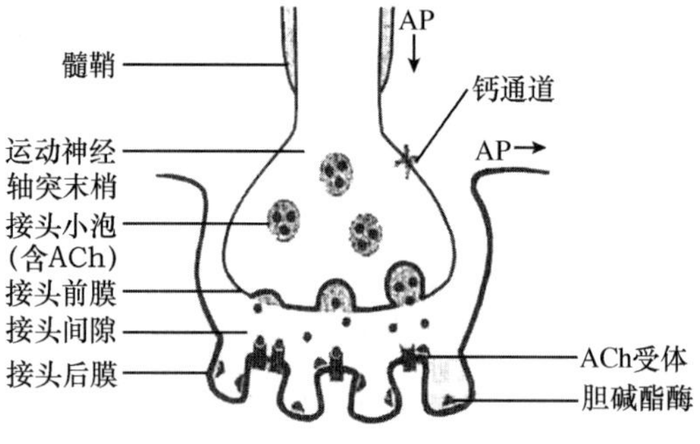

图 15-6 神经-骨骼肌接头结构及其传递过程示意图

2. 神经-骨骼肌接头处兴奋传递的过程

在安静状态时，神经末梢只有少数囊泡随机进行自发释放，通常不足以引起肌细胞的兴奋。如图 15-6 所示，当神经冲动传到运动神经末梢时，立即引起轴膜去极化，改变轴膜对 Ca^{2+} 的通透性，使细胞外液中的 Ca^{2+} 进入轴突内，触发囊泡移向前膜，并与接头前膜融合、破裂，将囊泡内 ACh 一次性全部释放到接头间隙中，称为量子式释放。ACh 通过接头间隙扩散到达接头后膜时，立即与 N 型乙酰胆碱受体结合，并使它的通道结构开放。通道开放时，允许 Na^+、K^+ 等通过，引起 Na^+ 的跨膜内流和 K^+ 的跨膜外流，尤其是 Na^+ 的大量内流，导致接头后膜去极化，形成终板电位。终板电位以电紧张的形式引起终板膜临近的一般肌纤维膜电压门控的 Na^+ 通道大量开放，导致 Na^+ 大量内流而爆发动作电位并传遍整个肌细胞，引起肌细胞兴奋，从而完成一次神经与骨骼肌之间的兴奋传递。终板电位属于局部电位，不表现"全或无"的特性，而具有总和作用。它的大小与接头前膜释放的 ACh 多少呈正比关系。

在轴突末梢释放的乙酰胆碱，一般在 1～3 ms 就被受体附近的胆碱酯酶破坏。每个神经冲动传到末梢，只释放一次递质，也只能与受体发生一次结合，并产生一次终板电位和动作电位，所以神经冲动与动作电位以 1∶1 的传递方式进行，这是神经肌肉间兴奋传递的一个重要特征，它不同于中枢神经系统内的突触传递。这对于肌肉能够准确完成适应性收缩反应极为重要。如果胆碱酯酶被破坏，则会导致乙酰胆碱在接头间隙积聚，使骨骼肌细胞发生持续的兴奋和收缩而发生痉挛。临床上有机磷中毒的发病机理就主要是有机磷通过破坏胆碱酯酶活性而引起的。

由于接头间隙与细胞外液直接相通，因而各种环境因素，如细胞外液的酸碱度、温度的改变和药物或其他体液性物质的作用都可以影响神经一肌肉接头处的兴奋传递。临床上，许多调节骨骼肌运动的药物，如肌松药、骨骼肌兴奋药、胆碱酯酶复活剂等都是利用这一特性来进行治疗的。

执业兽医资格考试真题

1. 细胞膜的静息电位主要是(　　)【2009 年】

　A. K^+ 平衡电位　　B. Na^+ 平衡电位　　C. Mg^+ 平衡电位

　D. Ca^{2+} 平衡电位　　E. Fe^{2+} 平衡电位

2. 神经元兴奋性突触后电位产生的主要原因是(　　)【2009 年】

　A. K^+ 内流　　B. k^+ 外流　　C. Na^+ 内流

　D. Na^+ 外流　　E. Cr 内流

3. 阈电位的绝对值(　　)【2020 年】

　A. 小于静息电位　　B. 等于静息电位　　C. 大于静息电位

　D. 等于零　　E. 等于超极化值

4. 细胞产生兴奋后，可以接受阈下刺激而引起第二次兴奋的阶段是(　　)【2011 年】

　A. 超常期　　B. 低常期　　C. 绝对不应期

　D. 相对不应期　　E. 有效不应期

(5～6 题共用备选答案)【2012 年】

　A. Na^+　　B. K^+　　C. Ca^{2+}　　D. Mg^{2+}　　E. Fe^{2+}

5. 分布于细胞外液的主要离子是(　　)

6. 分布于细胞内液的主要离子是(　　)

7. 心室肌细胞产生动作电位时，其膜内电位由－90 mV 变为 0 mV 的过程称为(　　)【2013 年】

A. 极化　B. 反极化　C. 去极化　D. 复板化　E. 超极化

8. 白细胞伸出伪足做变形运动并得以穿过血管壁的现象属于(　　)【2013 年】

A. 血细胞渗出　B. 趋化性　C. 吞噬作用　D. 可塑变形性　E. 渗透脆性

9. 紫外线消毒是因为它能引起蛋白质(　　)【2014 年】

A. 变构　B. 变性　C. 断裂　D. 水解　E 聚合

10. 生物膜功能的主要体现者是(　　)【2014 年】

A. 蛋白质　B. 脂类　C. 糖类　D. 水　E. 无机盐类

模块六
家畜生理

项目十六　消化和吸收

【学习目标】

熟悉单胃动物胃肠的消化过程；理解瘤胃中对各种营养物质的消化过程；理解胃肠的吸收过程；理解消化腺的分泌过程与特点。

掌握胃、肠音的听诊方法。能够借助检查器械判断胃肠活动情况。

【学习内容】

动物在生命活动过程中，需要不断地采食饲料，摄取其中的营养物质，氧化分解产生能量，供机体利用。饲料中的营养物质包括蛋白质、脂肪、糖类（主要为纤维素和淀粉）、水、无机盐和维生素等。其中水、无机盐和维生素一般可以直接被机体吸收利用，而蛋白质、糖类和脂肪为大分子物质，必须在消化道内经过较长时间的作用，分解为小分子物质后，才能被机体吸收利用，这个过程即为消化。

任务一　概　　述

一、消化方式

消化系统完成消化的方式主要有以下 3 种。

1. 机械性消化（物理性消化）

机械性消化是指通过消化器官的运动，改变饲料物理性状的一种消化方式，如咀嚼、反刍、胃肠运动等，将大块物质变为小块物质的过程。有磨碎饲料、混合消化液、促进内容物后移和营养物质吸收的作用。

2. 化学性消化

化学性消化是指在消化酶和植物性饲料本身的酶作用下对饲料进行的消化。它能改变营养物质的化学结构，使其成为能被吸收的小分子物质的过程。

3.微生物消化（生物性消化）

微生物消化是指消化道内的微生物对饲料的消化。这种消化方式对草食动物尤为重要。草食动物的饲料中含有大量的纤维素，而其体内并不分泌分解纤维素的酶。纤维素的分解是在消化道内微生物的作用下完成的。牛的微生物消化主要在瘤胃内进行，马属动物主要在大肠内进行。

上述3种消化方式在消化过程中是同时进行、互相协调的。但各类动物的消化道有其不同的结构特点，其消化方式也各有侧重。对于草食动物（包括反刍动物）微生物的发酵作用非常重要；犬、猫等肉食动物以化学性消化为主；而猪等杂食动物的饲料消化除消化酶的作用外，大肠内微生物的作用也较重要。

二、消化道平滑肌的特性

在整个消化道中，除口、咽、食管上端和肛门外括约肌是横纹肌外，其余都由平滑肌组成。消化道平滑肌除具有肌肉组织所共有的兴奋性、收缩性等生理特征外，又有它自己的特性。

（1）兴奋性低，收缩缓慢。

（2）富有伸展性，能适应实际需要而伸展，最长时可为原来长度的2～3倍，适宜容纳食物。

（3）紧张性，平滑肌经常保持在一种微弱的持续收缩状态，具有一定的紧张性。它使消化道的管腔内保持一定的基础压力和消化道各部分保持一定的形状和位置。

（4）自动节律性运动是肌原性的，但整体上受神经和体液因素的调节。

（5）对化学、温度和机械性牵张刺激较为敏感。

三、消化腺及消化液的功能

动物消化腺包括壁外腺（3对大型唾液腺、胰腺、肝脏）和壁内腺（胃腺、肠腺等）。这些腺体分泌的消化液主要参与化学性消化。

腺细胞分泌是主动的活动过程，为周期性分泌。它包括由血液内摄取原料，在细胞内合成分泌物，将分泌物由细胞内排出以及细胞结构和机能的恢复等一连串的复杂活动。消化液主要成分是酶、其他有机物、电解质和水等。消化液的主要功能是：①通过分泌黏液、抗体和大量液体，保护消化道黏膜，防止物理性和化学性的损伤。②改变消化腔内的pH，使之适应消化酶活性的需要。③水解结构复杂的食物成分，使之便于吸收。④稀释食糜，使之与血浆的渗透压相等，以利于吸收。

任务二　口腔消化

动物口腔内的消化主要是机械性消化，包括采食、饮水、唾液分泌、咀嚼和吞咽等过程。

一、采食和饮水

动物依靠唇、舌、齿配合颞下颌关节的运动进行采食。因动物食性的不同，采食方式也有其自身特点，采食特点的变化也是兽医临床疾病诊断的重要依据之一。牛主要依靠长而灵活的舌将饲料卷入口内；绵羊和山羊主要靠舌和切齿采食，绵羊上唇有裂隙，能啃食短的牧草；猪喜欢用吻突掘取食物，舍饲时靠齿、舌和头部的特殊运动采食；马主要靠上唇和门齿采食，马的上唇尤其灵活，便于收集草茎、谷粒，并依靠头部牵拉动作将不易咬断的草茎扯断。

动物饮水时，先把上、下唇合拢，中间留一小缝，伸入水中，然后下颌下降，舌向咽后部移，使口腔内形成负压，水便被吸入口腔。幼畜吮乳也是靠下颌和舌的节律性运动来完成。

二、唾液分泌

动物口腔内有腮腺、颌下腺和舌下腺3大唾液腺，此外还有无数散在的小唾液腺。唾液是由这些大小唾液腺分泌的混合液。一昼夜唾液分泌量：牛为100～200 L、绵羊为8～13 L、猪为15～18 L、马约为40 L。唾液分泌量往往受饲料种类影响而发生变化。

(一)唾液的性质和成分

唾液是一种无色、无味、透明、略带黏性的液体。一般呈碱性，平均pH为：牛(羊)8.2、猪7.32、马7.56。唾液的主要成分为水(98.5%～99.4%)、少量有机物和无机物。有机物主要为黏蛋白和其他蛋白质，此外，猪的唾液中还含有少量淀粉酶；无机物主要有钾、钠、钙的氯化物、磷酸盐和碳酸氢盐等。

(二)唾液的生理作用

唾液的主要作用如下。

(1)湿润和软化饲料，黏合食物形成食团，便于咀嚼和吞咽。

(2)溶解饲料中的可溶性物质，刺激舌的味觉感受器，引起食欲，促进各种消化液的分泌。

(3)帮助清除口腔中的一些饲料残渣和异物，清洁口腔。

(4)唾液呈碱性，进入胃无腺部或反刍动物瘤胃后，可维持该部中性或碱性环境，有利于微生物对饲料的发酵作用。

(5)水牛、犬等汗腺不发达的动物，可借唾液中水分的蒸发来散热。

(6)唾液中含溶菌酶，具有杀菌作用。

(7)猪等动物的唾液中有淀粉酶，能将淀粉分解为糊精和麦芽糖。

(8)反刍动物有大量尿素经唾液进入瘤胃，参与机体的尿素再循环，以减少氮的损失。

此外，有些异物(如汞、铅等)、狂犬病和脊髓灰质炎的病毒等也可随唾液排出。

(三)唾液分泌的特点

动物的唾液分泌具有明显的种别特点，而且受生理状态和饲料组成的影响。猪非采食期间，唾液分泌很少，采食时唾液分泌明显增加，特别是腮腺，只有在采食时才分泌，而且两侧腮腺活动呈不对称性；马属动物也主要是在采食期间大量分泌；反刍动物的腮腺则是连续分泌，但采食和反刍时，分泌量明显增加，而颌下腺、舌下腺一般只在采食时分泌，反刍时不分泌。

三、咀嚼

咀嚼是在齿、舌、颊、唇的协同作用下完成的。牛、羊在采食过程中很少进行咀嚼，咀嚼主要在反刍时进行；马的咀嚼比较充分。

咀嚼对食物的消化具有很重要的意义：①磨碎食物，增大消化液作用的表面积，尤其是破坏植物细胞的细胞壁，暴露其内容物，有利于消化；②使磨碎后的食物与唾液混合，形成食团，便于吞咽；③反射性引起消化腺分泌和胃肠运动，为随后的消化做准备。

咀嚼的质量可影响食物的消化率，咀嚼不良可影响到动物健康，甚至导致消化系统疾病。咀嚼又会消耗动物大量能量，过多咀嚼会显著降低饲料的利用率，因此，对饲料进行适当的加工（切短、磨碎、浸泡等）可以提高饲料的利用率和养殖的经济效益。所谓“寸草切三刀，没料也上膘”就是这个道理。

四、吞咽

吞咽是使食物从口腔送入胃内的复杂反射动作。它由舌、咽、喉、食道、贲门协调完成。

吞咽是由神经控制下完成的一种复杂的反射活动，故当神经麻醉时，会引起吞咽障碍而易发生异物性肺炎、气管堵塞窒息等，因此在动物进行手术麻醉时要特别注意，以防发生意外。

任务三　单胃消化

单胃动物的胃有暂时贮存饲料和初步消化饲料两大功能，单室胃主要进行化学性消化和机械性消化。

一、胃液

单胃黏膜分为有腺区和无腺区。有腺区包括贲门腺区、胃底腺区和幽门腺区，其中贲门腺区和幽门腺区只分泌黏液，而胃底腺可分泌黏液、消化酶、盐酸和内因子。马和猪等动物在近食管端为无腺区。

（一）胃液的性质和成分

纯净的胃液无色、透明的强酸性液体，pH 为 0.9～1.5。胃液主要成分包括水、无机物和有机物。无机物主要有 H^+、Cl^-、K^+、Na^+、HCO_3^- 等无机离子；有机物主要有消化酶、黏蛋白、内因子及少量的胃肠激素。

（二）胃液的作用

1. 盐酸

由胃底腺壁细胞分泌出来后，有一部分与黏液中的有机物结合，称为结合酸，未被结合的部分称为游离酸，二者合称为总酸，其中绝大部分是游离酸。其主要的生理功能有以下几个方面。

（1）盐酸是胃蛋白酶原的致活剂，为胃蛋白酶提供酸性环境。

（2）使蛋白质膨胀变性，有利于消化。

（3）杀死随食物进入胃内的细菌。

（4）盐酸进入小肠后，可引起胰泌素的释放，从而促进胰液、胆汁、小肠液的分泌。

（5）造成酸性环境有助于 Fe^{3+}、Ca^{2+} 的吸收。

幼畜的胃液中含盐酸很少或完全缺乏，消化蛋白质和杀灭细菌的能力很弱，这是幼畜易患某些消化道疾病的一个重要原因。

2. 消化酶

胃内消化酶是由胃底腺的腺细胞分泌的，主要有胃蛋白酶、凝乳酶、胃脂肪酶等。

（1）胃蛋白酶。它是胃底腺的主细胞分泌产生的，刚分泌出来时无活性，在胃酸或已激活的胃蛋白酶作用下转变为有活性的胃蛋白酶，在 pH 为 2 的较强酸性环境下将蛋白质水解为脲和胨，产生多肽和少量的氨基酸。当 pH 升高达到 6 以上时，此酶即发生不可逆性变性。因此，盐酸对胃蛋白酶的消化是必需的。

(2)凝乳酶。它由胃底腺的主细胞以酶原形式分泌出来，在酸性条件下被激活。主要作用是使乳汁凝固，延长乳在胃内停留的时间，以加强胃液对乳的消化，这种酶哺乳期幼畜胃液内含量较高，哺乳期结束，则逐渐减少，甚至消失。

(3)胃脂肪酶。主要是肉食动物胃液中含有少量丁酸甘油酯酶，可分解丁酸甘油酯。

3. 黏液和碳酸氢盐

黏液是由胃黏膜上皮细胞及胃腺的黏液细胞所分泌的液体，富含黏多糖、蛋白质等，分为可溶性黏液和不溶性黏液。

(1)可溶性黏液。由胃腺的黏液细胞所分泌的黏液，具有润滑作用。

(2)不溶性黏液。由胃黏膜上皮细胞分泌的黏滞性很强的黏液，其黏稠度是水的 30～260 倍。不溶性黏液中含有大量糖蛋白和 HCO_3^-。不溶性黏液覆盖于胃黏膜表面，形成 500 μm 厚的凝胶层，即黏液-碳酸氢盐屏障，可有效保护胃黏膜免受机械性、化学性损伤，当胃腔内的 H^+ 从黏膜表面的黏液层向上皮细胞扩散时，其移动速度明显减慢，并不断与从黏膜表面向胃腔扩散的 HCO_3^- 相遇，发生中和反应，于是在胃黏液层中形成一个 pH 梯度，黏液层靠近胃腔的一面，呈酸性，pH 为 2 左右，而在靠近上皮细胞表面呈弱碱性，pH 为 7 左右，从而使胃黏膜免受 H^+ 的侵蚀，并使胃蛋白酶丧失了分解蛋白质的作用，从而保护胃黏膜免受化学性侵蚀作用。

正常情况下，黏液层靠近胃腔侧的 HCO_3^- 不断被中和，糖蛋白不断被胃蛋白酶水解，使黏液由凝胶状态变为溶胶状态而进入胃液。但在正常情况下，HCO_3^- 被中和及黏液水解的速度与上皮细胞分泌黏液及 HCO_3^- 速度处于动态平衡，从而保持了黏液-碳酸氢盐屏障的完整性和连续性。当盐酸分泌过多或上皮细胞分泌机能减退时，黏液-碳酸氢盐屏障的完整性遭到破坏，胃黏膜就容易被盐酸、胃蛋白酶等侵蚀而发生胃炎、胃溃疡。

4. 内因子

由壁细胞分泌的一种相对分子质量为 6 万的糖蛋白，内因子可与胃内维生素 B_{12} 结合而促进其吸收。当胃液中缺乏内因子时，机体就会因维生素 B_{12} 的缺乏而影响红细胞的生成，引起贫血。

胃腺机能对饲料的特征有很强的适应性，长期用一定的营养制度来饲养动物，能使胃腺分泌活动定型。如果改变营养制度，则必须经过一段时间后，才能建立起新的胃腺分泌定型。所以，改变饲养管理制度必须缓慢进行，骤然改变，超过胃腺的适应能力，往往造成消化机能紊乱，畜牧生产中需引起注意。

(三)胃液分泌的调节

胃液分泌受神经和体液双重调节。根据动物不同生理状态可把胃液的分泌分为基础胃液分泌和消化期胃液分泌。基础胃液分泌是指动物空腹在 12～24 h 的胃液分泌。5:00—11:00 时最低，下午 2 时到翌日凌晨 1 时最高，这与迷走神经的紧张性及少量胃泌素自发释放有关。动物进食后的胃液分泌称消化期胃液分泌，一般按接受食物刺激的部位先后分成头期、胃期和肠期 3 个阶段。

1. 头期

它是由食物进入口腔后直接刺激口腔和咽部感受器而引起的。可用假饲实验加以证实。先在动物胃部安装瘘管收集胃液，再做食管瘘管手术。这样，动物进食时吞咽下的食物就由食管瘘管口漏出。感受器受到刺激后将冲动传入中枢，再由迷走神经末梢释放乙酰胆碱，一方面直接引起胃液分泌，另一方面通过刺激幽门 G 细胞释放胃泌素而引起胃液分泌。

2. 胃期

食糜进入胃后，可通过以下途径继续刺激胃液分泌。①扩张刺激胃底胃体部感受器，通过迷走神经及壁内神经丛的反射引起胃腺分泌。②扩张刺激幽门部，通过壁内神经丛作用于 G 细胞释放胃泌素，胃泌素经血液循环引起胃腺分泌。③食物的化学成分直接作用于 G 细胞，引起胃泌素的分泌。

3. 肠期

食糜进入十二指肠后，食糜和半消化产物对小肠黏膜感受器进行机械刺激，可引起小肠黏膜细胞释放激素，并经血液循环作用于胃，从而保证胃液的持续分泌。

三期胃液分泌各有其特点：头期分泌潜伏期长，分泌持续时间长，分泌量多，占分泌总量的 20%，酸度高，酶含量高；胃期分泌酸度较高，酶含量较头期少，分泌量占分泌总量的 70%；肠期分泌量较少，分泌量仅占分泌总量的 10%。

饲料的不同成分对胃液分泌有一定影响，蛋白质具有强烈的刺激胃液分泌的作用，糖类也有一定的刺激作用，脂肪则抑制胃液分泌。

二、胃的运动

胃壁平滑肌的收缩和舒张产生胃的运动。通过胃运动使胃容纳食物、将食物与胃液混合形成半流体食糜、将食糜分批排入十二指肠。

(一)胃的运动形式

胃的运动主要有容纳性舒张、紧张性收缩和蠕动 3 种形式。

1. 容纳性舒张

当咀嚼和吞咽食物时，刺激口腔、咽、食管等部位的感受器，反射性地引起胃壁平滑肌的舒张，使胃容量增大而胃内压力却很少增加，称容纳性舒张。食物进入胃后逐层重叠，先进入的在周围，后进入的在中央。这种分层排列使胃液不易迅速浸透饲料，使混有唾液的饲料在胃的中心和无腺部保持较长时间的中性、弱碱性环境，来进行淀粉的消化。

2. 紧张性收缩

胃壁平滑肌经常处于微弱的收缩状态，称为紧张性收缩。进食后不久，胃开始紧张性收缩，胃内压力逐渐增高，使胃液渗入食物，并协助推动食物向幽门方向移动。

3. 蠕动

胃壁平滑肌交替收缩和舒张引起的波形运动。蠕动波从胃底部开始，向幽门方向呈波浪式推进并不断增强。蠕动一方面使胃内食物和胃液充分混合；另一方面使胃内食物向幽门移行，并通过幽门进入十二指肠。

(二)胃排空

随着胃的蠕动，胃内食糜分批次排入十二指肠的过程称为胃排空。排空取决于许多因素，其中最主要的是幽门两侧的压力差和酸度差。当胃内压或酸度高于十二指肠并达到一定数值时，则可反射性地引起幽门括约肌舒张，食糜即由胃内进入十二指肠（治疗急性胃扩张灌服乳酸或酸菜汤就是利用此原理）。反之，胃内容物的排空则受到抑制。胃的排空受神经和体液因素的调节，动物处于惊慌不安、疲劳等情况下，会引起胃的排空抑制，因此饲养管理时应加以注意。

(三)呕吐

呕吐是将胃及十二指肠内容物经口腔强力驱出的一种反射性动作。机械性、化学性刺激作用于舌根、咽部、胃、大肠、胆总管、泌尿生殖系统等部位的感受器均可引起呕吐。视觉和内耳前庭位置的感受器受到刺激，也可引起呕吐。

呕吐时，胃和食管下端舒张，膈肌和腹肌强烈收缩，挤压胃内容物经食管从口腔驱出。同时，十二指肠和空肠上部也明显收缩，甚至痉挛，使十二指肠内容物倒流入胃内，因此，呕吐物常混有胆汁和小肠液等。

呕吐基本中枢在延髓。当颅内压升高时可直接刺激该中枢而引起呕吐。

呕吐是机体的一种防御性反射，可将咽入胃内的有害物质吐出，避免对机体造成伤害，故临床上常通过催吐来抢救中毒病畜。但频繁而剧烈地呕吐可引起脱水、电解质紊乱和酸碱平衡失调等并发症，需要及时止吐处理。

三、饲料在胃内的消化过程

饲料在没有被胃液浸透而成为酸性之前（pH 低于 4.5），唾液淀粉酶继续发挥作用，将淀粉分解为麦芽糖、糊精等，随饲料进入的微生物进行发酵分解，将糖类分解为挥发性脂肪酸（VFA）、乳酸等，同时分解少量蛋白质。

随胃酸不断渗透和有机酸产生，胃内酸度不断升高，淀粉酶和微生物作用被抑制，胃蛋白酶开始发挥作用，将蛋白质分解为蛋白脲和蛋白胨，产生少量多肽和氨基酸。

任务四 复胃消化

复胃消化与单胃消化的主要区别在于前胃。除了特有的反刍、食管沟反射和瘤胃运动外，主要是在前胃内进行微生物消化，其中瘤胃是主要部位。网胃相当于一个“中转站”，一方面，将粗硬的饲料返送回瘤胃；另一方面，将稀软的饲料送入瓣胃。瓣胃相当于一个“过滤器”，收缩时把饲料中较稀软的部分送入皱胃，而把粗糙部分留在叶片间揉搓研磨，以利于下一步消化。

一、瘤胃的消化

瘤胃、网胃可以看作是一类发酵罐。饲料内 70%～85%的干物质，约 50%粗纤维经过瘤胃的微生物分解，产生 VFA、NH_3、N_2、CO_2、CH_4、H_2、乳酸等，同时还可合成蛋白质和 B 族维生素。

(一)瘤胃内环境特点

瘤胃可看作是厌氧微生物繁殖高效培养器。瘤胃内具有微生物生存繁殖的适宜温度，通常为 39～41 ℃。瘤胃内容物的含水量相对稳定,渗透压维持于接近血液水平,pH 为 5.5～7.5。瘤胃内容物高度乏氧。瘤胃上部气体通常含 CO_2、CH_4 及少量 N_2、H_2、O_2 等气体,H_2、O_2 主要随食物进入瘤胃内,O_2 迅速地被微生物繁殖所利用。因此瘤胃内环境经常处于相对稳定状态。

(二)瘤胃微生物种类及其作用

瘤胃微生物主要是厌氧性纤毛虫、细菌及真菌,种类甚为复杂,并随饲料种类、饲喂制度及动物年龄等因素而变化。1 g 瘤胃内容物中,含 150 亿～250 亿个细菌和 60 万～180 万个纤毛虫,其总体积约占瘤胃液的 3.6%,其中细菌和纤毛虫约各占 1/2。

1. 纤毛虫

瘤胃中的纤毛虫有全毛虫与贫毛虫两大类,都严格厌氧,依靠体内的酶能发酵糖类产生乙酸、丁酸、乳酸、CO_2、H_2、少量丙酸、水解脂类、氢化不饱和脂肪酸、降解蛋白质。此外,纤毛虫还能吞噬细菌。

瘤胃内纤毛虫的数量和种类明显地受饲料及瘤胃内 pH 的影响。当因饲喂高水平淀粉(或糖类)的日粮,pH 降至 5.5 或更低时,纤毛虫的活力降低,数量减少或完全消失。此外,纤毛虫数量也受饲喂次数的影响。饲喂次数多,则数量也多。

反刍家畜在瘤胃内没有纤毛虫的情况下,个体也能生长良好,不过在营养水平较低的情况下,纤毛虫能提高饲料的消化率与利用率,动物体储氮和挥发性脂肪酸产生都大幅度增加。纤毛虫蛋白质的生物价与细菌相同(约为 80%),但消化率超过细菌蛋白(纤毛虫 91%,细菌为 74%),同时纤毛虫的蛋白质含丰富的赖氨酸等必需氨基酸,其营养品质超过细菌蛋白,成为畜体蛋白的重要来源。由于纤毛虫能分解许多营养物质,又有一些细菌在其体内共生,故有“微型反刍动物”之称。

2. 细菌

它是瘤胃中最主要的微生物,数量大、种类多,极为复杂,随饲料种类、采食后时间和动物状态而变化。瘤胃内的细菌,大多数是不形成芽孢的厌氧菌,偶有形成芽孢的厌氧菌;牛链球菌和某些乳酸杆菌等非严格厌氧的细菌有时也很多。这些细菌多半利用饲料中的多种碳水化合物作为能源;不能利用碳水化合物的细菌可利用乳酸的中间代谢产物;也有极少的细菌只能利用一种能源。

此外,还有分解蛋白质和氨基酸或脂类的细菌,以及合成蛋白质和维生素的菌群。其中有些菌群既能分解纤维素又能利用尿素。

总之,瘤胃饲料中的碳水化合物,在多种不同的细菌的重叠或相继作用下,通过相应酶系统的作用,产生 VFA、CO_2 和 CH_4 等,并合成蛋白质和 B 族维生素供畜体利用。

3. 真菌

瘤胃内存在厌氧性真菌,厌氧性真菌含有纤维素酶,能够分解纤维素。此外,真菌还可利用饲料中的碳、氮源合成胆碱和蛋白质,进入后段消化道被利用。

瘤胃微生物之间存在彼此制约、互相共生的关系。纤毛虫能吞噬和消化细菌作为自身的营养,或用菌体酶类来消化营养物质。瘤胃内存在多种菌类,能协同纤维素分解菌分解纤维素。纤维素分解菌所需的氮,在不少情况下,是靠其他微生物的代谢来提供的。更换饲料不宜太快,以便使微生物群逐渐适应改变的饲料,避免动物发生急性消化不良。

(三)瘤胃内营养物质的消化代谢

在瘤胃内微生物作用下,饲料在瘤胃内发生一系列复杂的消化过程,分述如下。

1. 糖类的发酵

饲料中的纤维素、果胶、半纤维素、淀粉、可溶性糖以及其他糖类物质,均能被瘤胃内微生物群降解发酵,产生 VFA、CO_2、CH_4 等代谢终产物。发酵速度以可溶性糖最快,淀粉次之,纤维素和半纤维素最慢。瘤胃内糖类物质消化代谢过程见图 16-1。

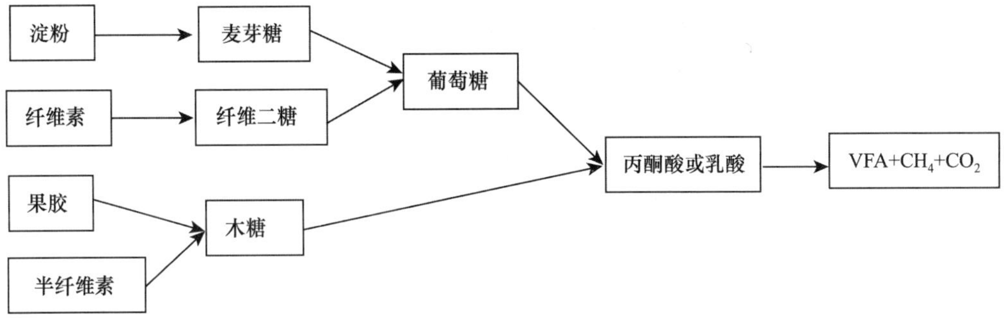

图 16-1　瘤胃内糖类物质消化代谢示意图

瘤胃内糖类发酵终产物中以 VFA 最为重要,VFA 是反刍动物主要的能量来源。牛瘤胃一昼夜产生的 VFA 为 90～150 mmol/L,占机体所需能量的 60%～70%。VFA 中主要是乙酸、丙酸和丁酸,其比例大体为 70∶20∶10,但随饲料种类而发生显著的变化(表 16-1)。

表 16-1　不同饲料种类喂养时乳牛瘤胃内挥发性脂肪酸(VFA)的含量　　%

饲料	乙酸	丙酸	丁酸
精料	59.60	16.60	23.80
多汁料	58.90	24.85	16.25
干草	66.55	28.00	5.45

VFA 约有 88%通过盐类形式吸收。通常,乙酸和丁酸通过三羧酸循环而代谢,不增加糖原的储藏,在泌乳期它们是反刍动物生成乳脂的主要原料;丙酸是反刍动物血液葡萄糖的主要来源,占血糖的 50%～60%。乙酸也能提供动物的代谢能,丁酸在瘤胃上皮内代谢为 β-羟基丁酸或乙酸盐。β-羟基丁酸是瘤胃上皮的一个主要能源。

瘤胃微生物在发酵糖类的同时,利用分解出的单糖和双糖合成自身的多糖,并储存于体内。待微生物到达皱胃,即被盐酸杀死释放出多糖,随食糜进入小肠后,经相应酶的作用分解为单糖,而被动物吸收利用,成为反刍动物机体的葡萄糖来源之一。泌乳的牛,吸收入血的葡萄糖约有 60%用来合成牛乳。

2. 蛋白质的消化

瘤胃微生物主要是利用饲料蛋白质和非蛋白质氮,合成微生物蛋白质,当其经过皱胃和小肠时,又被消化分解为氨基酸,供动物机体吸收利用。

(1)瘤胃内蛋白质分解和氨的产生。瘤胃的饲料蛋白质 50%～70%被微生物蛋白酶分解为肽和氨基酸，大部分氨基酸在微生物脱氨基酶作用下脱去氨基而生成 NH_3、CO_2 和有机酸。尿素、铵盐、酰胺等饲料中的非蛋白质含氮物，被微生物分解后也产生氨。氨的代谢有 4 条代谢途径：①被微生物利用；②被瘤胃壁吸收；③进入瓣胃；④以嗳气的形式排放出去，除被微生物利用外，其余氨的代谢途径都降低了饲料蛋白的利用率。运用过瘤胃蛋白技术(物理法、化学法和包埋法)将饲料蛋白质保护起来，避免在瘤胃内被发酵、降解，直接进入小肠被消化吸收，从而提高饲料蛋白质的利用率。对高品质饲料蛋白质的过瘤胃保护十分必要。

(2)瘤胃内微生物对氨的利用。可直接利用氨基酸、氨和其他非蛋白质氮(如尿素、铵盐、酰胺等)合成菌体蛋白和虫体蛋白，这些微生物蛋白进入小肠后被消化吸收，成为反刍动物体内蛋白质的重要来源。

(3)瘤胃的尿素再循环作用。瘤胃内的氨除了被微生物利用外，其余的被瘤胃壁迅速吸收入血，经血液送到肝脏，在肝脏内通过鸟氨酸循环变成尿素。尿素经血液循环一部分随唾液重新进入瘤胃，一部分通过瘤胃壁弥散到瘤胃内，剩下的就随尿排出。在低蛋白质日粮情况下，反刍动物就依靠这种内源性的尿素再循环作用节约氮的消耗，维持瘤胃内适宜的氨浓度，以利于微生物蛋白质的合成。

在畜牧业生产中，可用尿素来代替日粮中约 30% 的蛋白质，降低饲养成本。但因尿素在瘤胃内脲酶作用下迅速分解，产生氨的速度为微生物利用氨速度的 4 倍，容易使瘤胃内储积氨过多而发生氨中毒。故必须通过抑制脲酶活性、制成胶凝淀粉或尿素衍生物使其释放氨的速度延缓，并在日粮中供给易消化糖类，使微生物合成蛋白质时能获得充分能量，才能提高它的利用率和安全性。

3. 脂类的消化

饲料中的甘油三酯和磷脂能被瘤胃微生物水解，生成甘油和脂肪酸等物质。其中甘油多半转变成丙酸，而脂肪酸的最大变化是不饱和脂肪酸加水氢化，变成饱和脂肪酸。饲料中脂肪是体脂和乳脂的主要来源。

4. 维生素的合成

瘤胃微生物能合成硫胺素、核黄素、生物素、吡哆醇、泛酸、维生素 B_{12} 等 B 族维生素以及维生素 K 和维生素 C。因此，一般日粮中少量缺乏这些维生素不致影响成年反刍动物的健康。

二、网胃的消化

网胃在前胃中是个“中转站”，将来自瘤胃细小的饲料送到瓣胃，将瓣胃过滤无法通过的饲料返回瘤胃进一步消化。

三、瓣胃消化

瓣胃主要起过滤作用。来自网胃的流体食糜含有许多微生物和细碎的饲料以及微生物发酵的产物，当通过瓣胃的叶片之间时，其中一部分水分被瓣胃上皮吸收，另一部分被叶片挤压出来流入皱胃，食糜变干。截留于瓣胃叶片之间的较大食糜颗粒，被叶片的粗糙表面揉搓研磨，使之变得更为细碎。

四、皱胃的消化

皱胃的结构和功能与单胃动物的胃大致相似。

(一)胃液分泌

1. 胃液

皱胃黏膜为有腺黏膜,其功能与单胃动物的胃相似,可分泌胃液,胃液中也主要含有盐酸、胃蛋白酶、凝乳酶等。牛皱胃液 pH 为 2.0～4.1,绵羊为 1.0～1.3。与单胃动物的胃液相比较,皱胃胃液盐含量明显较低,而凝乳酶含量较高,特别是哺乳期含量更高。

2. 胃液分泌调节

因食糜不断进入皱胃,其胃液分泌是连续的。胃液分泌受神经、体液调控。迷走神经兴奋可以促进其分泌,VFA 可能是主要的刺激因子。此外还受十二指肠的反射性调节,十二指肠扩张和酸性食糜刺激均可反射性引起胃液分泌减少。胃泌素是促进胃液分泌的主要体液调节因素,而皱胃食糜的 pH 是影响胃泌素分泌的主要因素。当皱胃食糜 pH 升高时,促进胃泌素的分泌,而皱胃食糜 pH 降低时,则抑制胃泌素的分泌。

(二)皱胃内饲料的消化过程

前胃食糜进入皱胃后,瘤胃微生物不断被盐酸杀死,这些微生物蛋白及未被瘤胃微生物消化的饲料蛋白质等被胃蛋白酶初步分解后排入十二指肠。

五、复胃的运动

(一)前胃的运动

前胃的机械性消化借助前胃的运动来完成。前胃的运动是互相密切配合的,其运动的顺序是:网胃→瘤胃→瓣胃,其中瓣胃运动与网胃协同进行。

1. 网胃的运动

网胃的运动称为双相收缩,即分 2 次进行:第一次只收缩一半即行舒张,可将漂浮在网胃上部的粗饲料压回瘤胃;紧接着发生第二次完全收缩,可把网胃下部稀软饲料推进到瓣胃内。这种双相收缩每间隔 30～60 s 重复 1 次。反刍时,在双相收缩前还增加 1 次收缩,称为附加收缩,使胃内食物逆呕回口腔,又称逆呕收缩。

由于网胃体积较小,如果网胃内存在铁丝、铁钉等各种尖锐的异物,当网胃发生强烈收缩时,极易引起创伤性网胃炎,进而继发创伤性网胃-腹膜炎、创伤性网胃-心包炎,因此,饲喂反刍动物时必须仔细去除饲料中的尖锐异物,防止创伤性网胃疾病的发生。

2. 瘤胃的运动

瘤胃的收缩紧接网胃的第二次收缩,收缩的方式有 2 种:第一种称 A 波,先由瘤胃前庭开始,沿背囊由前向后,然后转为腹囊,接着又沿腹囊由后向前。伴随 A 波的发生,瘤胃内容物也沿蠕动波传导的方向被移动和混合。第二种,在嗳气时瘤胃还可发生一次单独的附加收缩,称为 B 波,起始于后腹盲囊,向上向前经后背盲囊、前背盲囊,最后到达前腹盲囊。

瘤胃运动机能是反映前胃机能的重要指标,因此,瘤胃运动机能检查是兽医临床检查的重要内容,一般可以在左肷窝通过听诊、触诊来检查瘤胃运动的频率及运动强度。一般情况下,瘤胃运动频率为:休息时 1.8 次/min,进食时 2.8 次/min,反刍时约 2.3 次/min。每次收缩 15～25 s。

3. 瓣胃的运动

缓慢而有力,它与网胃收缩相配合。当网胃第二次收缩时,瓣胃舒张,网瓣口开放。压力降低,于是一部分食糜由网胃移入瓣胃,其中液体部分可通过瓣胃沟直接进入皱胃,较粗糙的部分则进入瓣胃叶之间,进行研磨后再送入皱胃。因此,瓣胃内容物比较干燥,当瓣胃运动机能减弱时,极易发生瓣胃阻塞(百叶干)。

(二)皱胃的运动

一般情况下,胃体部处于静止状态,幽门部出现强烈的收缩时,将食糜送入十二指肠,即胃的排空。

胃的排空受神经、体液调节。迷走神经兴奋时,皱胃运动增强。当皱胃充满时,刺激皱胃感受器,反射性促进皱胃运动,促进胃的排空;而食糜进入十二指肠后刺激十二指肠感受器,则反射性抑制皱胃运动,抑制胃的排空。胆囊收缩素、胰泌素、胃泌素等胃肠激素是主要体液调节因素。胆囊收缩素、胰泌素抑制皱胃运动,抑制胃的排空;胃泌素则促进皱胃运动,促进胃的排空。

兽医临床上,皱胃移位发病率较高,目前认为主要是高精料饲喂条件下,大量 VFA 和乳酸进入皱胃,导致皱胃运动抑制的结果。

六、反刍

反刍动物将吞入瘤胃的饲料经浸泡软化一定时间后,再返回到口腔仔细咀嚼的特殊消化活动称为反刍。反刍动物在摄食时,饲料不经充分咀嚼即吞入瘤胃,在瘤胃内浸泡和软化。当休息时,较粗糙的饲料(秸秆不能切得过短)刺激网胃、瘤胃前庭和食管沟黏膜的感受器,使食物逆呕回口腔,进行仔细咀嚼、混合唾液后再吞咽入胃。反刍过程可分为 4 个阶段,即逆呕、再咀嚼、再混唾液和再吞咽。

反刍的生理意义:充分咀嚼,帮助消化;混入唾液,中和胃内容物发酵时产生的有机酸;排出瘤胃内发酵产生的气体;促进食糜向后部消化道的推进。动物有病和过度疲劳都可能引起反刍的减少或停止,因此反刍是反刍动物健康的标志。

犊牛在出生后 3～4 周出现反刍,此时犊牛开始选食草料,瘤胃内有微生物滋生,如训练犊牛及早采食粗料或喂以成年牛逆呕出来的食团,则反刍可提前出现。成年动物一般在饲喂后 0.5～1 h 出现反刍,每次反刍平均为 40～50 min,然后间隔一段时间再开始第二次反刍。这样一昼夜进行 6～8 次(幼畜可达 16 次)。每天用于反刍的时间为 7～8 h。

七、嗳气

瘤胃微生物发酵产生的气体通过食管和口腔排出的过程,称为嗳气。瘤胃微生物的强烈发酵,不断产生大量的气体,主要是 CO_2 和 CH_4,含有少量的 H_2、O_2、N_2、H_2S 等,这些气体约有 1/4 被吸收入血经肺排出;还有一部分被瘤胃微生物利用,剩余的气体则通过食管排出。牛嗳气平均 17～20 次/h。

牛、羊初春放牧,常因啃食大量幼嫩青草而发生瘤胃臌气。其机理是由于瘤胃内饲料急剧发酵产生大量气体，不能及时排出。同时，幼嫩青草迅速由前胃转入皱胃及肠内，刺激这些部位的感受器，反射性抑制前胃运动，于是形成急性臌气。

八、食管沟的作用

犊牛和羔羊在吸吮乳汁或液态食物时，能反射性地引起食管沟唇闭合成管状，使乳汁或液态食物由食管经食管沟和瓣胃沟直接进入皱胃，在前胃内不停留。引起食管沟发射的外周感受器主要分布在唇、舌、颊黏膜及咽部。若用桶给犊牛或羔羊喂乳，由于缺乏吸吮刺激，食管沟闭合不完全，部分乳汁会溢入瘤胃、网胃，引起异常发酵，导致腹泻。

食管沟闭合反射随着动物年龄的增长而减弱。某些化合物质能引起食管沟闭合反射，如 $NaCl$ 和 $NaHCO_3$ 溶液可使 2 岁牛的食管沟闭合，$CuSO_4$ 溶液能引起绵羊的食管沟闭合。兽医临床利用这些化学药品闭合食管沟的特点，可将药物直接输送到皱胃，以达到治疗的目的。

任务五　小肠消化

小肠是消化的重要部位，大部分营养物质在此被消化分解。而且以化学性消化为主，同时也有机械性消化过程。小肠的化学性消化主要是胰液、胆汁、小肠液的作用。

一、化学性消化

（一）胰液

1.胰液的性质和成分

胰液是无色、无臭的碱性液体，pH 为 7.8～8.4。胰液中含无机物与有机物。

胰液中无机成分有 Cl^-、Na^+、K^+、Ca^{2+}、碳酸氢盐等。其中碳酸氢盐含量最高，主要作用是中和进入十二指肠的胃酸，使肠黏膜免受强酸的侵蚀；同时也为小肠内多种消化酶活动提供了最适合的 pH 环境。

2.胰液的生理功能

胰液中有多种消化酶，其生理功能有以下几个方面。

(1)胰淀粉酶。不需激活就有活性，可分解淀粉为麦芽糖。

(2)胰脂肪酶。分解脂肪为甘油和脂肪酸。

(3)胰蛋白酶和糜蛋白酶。两者都以酶原形式存在于胰液中，胰蛋白酶经自身作用或被肠激酶激活后，分解蛋白质为脲和胨，2 种酶共同作用时可分解蛋白质为小分子的多肽和氨基酸。

(4)糜蛋白酶。糜蛋白酶被胰蛋白酶激活后，可分解蛋白质为多肽小分子物质。

(5)羧肽酶。羧肽酶被胰蛋白酶激活后，作用于多肽末端的肽键，释放具有自由羧基的氨基酸。

(6)核糖核酸酶和脱氧核糖核酸酶。使相应的核酸部分地水解为单核苷酸。

3.胰液分泌的调节

胰液分泌受神经和体液双重控制，以体液调节为主。

(1)神经调节。食物刺激口腔和胃，都可通过迷走神经直接作用于胰腺腺体或通过胃泌素的释放而间接作用于胰腺引起胰液分泌。

(2)体液调节。

①促胰液素:酸性食糜刺激小肠黏膜S细胞释放促胰液素,经血液循环作用于胰腺小导管的上皮细胞,使其分泌富含碳酸氢盐而含酶较少的稀薄胰液。

②胆囊收缩素(又名促胰酶素或胆囊收缩素-促胰酶素):蛋白质分解产物和脂肪酸使前段小肠黏膜释放的胆囊收缩素,经血液循环促使胰腺分泌含碳酸氢盐较少、含酶较多的浓稠胰液。

对于胰腺的活动,促胰液素和胆囊收缩素之间有协同和相互加强的作用。胃泌素也能促进胰液分泌。

(二)胆汁

1.胆汁的性质和成分

胆汁是由肝细胞分泌的黏稠、具有强烈苦味的碱性液体。牛、猪、犬等有胆囊的动物分泌出来的胆汁储存在胆囊内,消化时才从胆囊排入十二指肠。胆囊壁能分泌黏蛋白和从胆汁中吸收水分。所以胆囊内胆汁比肝胆汁浓稠。马、鹿、骆驼等没有胆囊的动物有相当于胆囊的胆管膨大部,可代替胆囊的机能。由于肝管开口处缺乏括约肌,分泌的胆汁几乎连续地从肝管流入十二指肠。草食动物的胆汁呈暗绿色,肉食动物的胆汁呈红褐色,猪的胆汁呈橙黄色。

胆汁中没有消化酶,除水外,还有胆色素、胆盐、胆固醇、脂肪酸、卵磷脂以及其他无机盐等。

2.胆汁的生理功能

胆汁的生理功能主要有以下几个方面。

(1)胆盐、胆固醇和卵磷脂可乳化脂肪,增加胰脂肪酶的作用面积。

(2)胆盐可与脂肪酸结合成水溶性复合物,促进脂肪酸的吸收。

(3)胆汁可促进脂溶性维生素A、维生素D、维生素E和维生素K的吸收。

(4)胆汁可以中和十二指肠中部分胃酸。

(5)胆盐排到小肠后,绝大部分由小肠黏膜吸收入血,再入肝脏重新形成胆汁,即为胆盐的肠—肝循环。

3.胆汁的分泌与排出的调节

胆汁的分泌与排出受神经和体液双重影响,但主要受体液调节。

(1)神经调节。进食动作或食物对胃、小肠的刺激,可通过神经反射经迷走神经直接作用于肝细胞引起胆汁分泌,可作用于胆囊,促使胆囊收缩,排出胆汁;还可通过释放胃泌素引起胆汁分泌。交感神经冲动能使胆汁在胆囊内潴留。

(2)体液调节。胆酸盐是促进胆汁分泌的主要体液调节因素。胆酸盐在小肠内被迅速吸收,经门静脉回到肝脏,刺激肝细胞分泌胆汁。此外,促胰液素和胃泌素也能促进胆汁的分泌。胆囊收缩素能引起胆囊肌收缩和胆管括约肌舒张,促进胆汁的排出。

(三)小肠液

1.小肠液的性质和成分

纯净的小肠液是一种无色或灰黄色的浑浊碱性液体,其pH为8.2~8.7。主要成分为水、无机物、有机物。无机物主要是碳酸氢盐；有机物主要包括黏蛋白、消化酶、免疫球蛋白等。此外，小肠液中含有较多固体颗粒，这些固体颗粒主要是脱落的黏膜上皮细胞、白细胞等。

2. 小肠液的生理功能

小肠液的生理功能主要有以下几个方面。

(1)大量小肠液可以稀释食糜，使其渗透压下降，有利于营养物质的吸收。

(2)小肠液中的肠致活酶(肠激酶)，能激活胰液中的胰蛋白酶原变为有活性的胰蛋白酶，有利于蛋白质的消化。肠致活酶可能是小肠腺分泌到肠腔中唯一的消化酶。其他消化酶主要来自脱落的黏膜上皮细胞，它们对肠腔内的消化可能不起作用。

(3)中和胃酸，保护肠黏膜，并为消化酶提供适宜的环境。小肠液中含有大量碳酸氢盐，特别是十二指肠腺分泌的小肠液，碳酸氢盐含量更高。

(4)小肠有许多细胞内酶，如肠肽酶、双糖酶等，主要位于肠上皮细胞的刷状缘上或细胞内，将刷状缘上或进入细胞内的肽、双糖等营养物质彻底分解。

3. 小肠液的分泌调节

小肠液的分泌是经常性的，在不同条件下其分泌的变化较大。

(1)神经调节。肠壁内在神经系统在肠液分泌调节中很重要。食糜进入小肠后，刺激肠黏膜的机械、化学感受器(尤其是机械扩张刺激最为敏感)，通过肠壁内在神经系统反射性引起小肠液分泌增加。外来神经对小肠液的分泌影响较小。

(2)体液调节。小肠液的分泌同样受胃肠激素的调节。胰泌素、胆囊收缩素、胃泌素、血管活性肠肽等都能够刺激小肠液的分泌。

二、小肠的运动及调节

(一)小肠运动

小肠的运动由食糜进入小肠后刺激小肠黏膜感受器引起，靠肠壁平滑肌的舒缩来实现。其作用是：使食糜与消化液充分混合，有利于消化；使食糜紧贴肠壁黏膜有利于吸收；有利于食糜向后推移。运动形式有蠕动、分节运动和钟摆运动 3 种。为防止食糜过快进入大肠，有时还出现逆蠕动。

1. 蠕动

蠕动是环行肌和纵行肌协同舒缩产生的波状运动。蠕动波较弱，通常只进行一段短距离(约数厘米)后即消失，蠕动速度一般为 1～2 cm/s。蠕动的生理意义在于将经过消化的食糜向大肠方向推进。此外，还有一种进行速度很快(5～25 cm/s)和推进距离较长的蠕动，称为蠕动冲。它由进食时吞咽动作或食糜进入十二指肠所引起，可将食糜从小肠始端一直推送到末端。在十二指肠和回肠末段有时还出现逆蠕动，与蠕动比较，除了方向相反外，收缩力量较弱，传播范围也较小。逆蠕动与蠕动相配合，使食糜在肠管内来回移动，以便有足够的时间进行消化和吸收。

2. 分节运动

分节运动是以环行肌节律性收缩与舒张为主的运动。当食糜进入肠管的某段后，该段肠管许多点同时出现收缩，将食糜分为若干小节，随后原来收缩处舒张，原来舒张处收缩，使食糜又形成许多新的节段。如此继续几十分钟后，由蠕动把食糜推到下一段肠管，又在一个新肠段进行同样的运动。分节运动在反刍动物和肉食动物的小肠中最常见。分节运动的作用是使食糜和消化液充分混合，便于化学性消化；使食糜和肠壁紧密接触，为吸收创造良好条件；可挤压肠壁，有助于血液和淋巴的回流。

3. 钟摆运动

钟摆运动是以纵行肌节律性舒缩为主的运动。当食糜进入一段小肠后，该段肠的纵行肌一侧发生节律性的舒张和收缩，对侧相应的收缩和舒张，使肠段左右摆动，肠内容物随之充分混合，以利消化和吸收。

（二）小肠运动的调节

小肠运动受神经、体液因素的调节。

1. 神经调节

(1)肠道内在神经丛的调节。食糜进入小肠后，刺激小肠黏膜机械、化学性感受器，通过内在神经丛，反射性引起该段及其后段小肠运动增强，同时抑制其前段小肠运动。这种调节作用在回盲括约肌部分表现最为明显。

(2)外来神经的调节。一般来说，迷走神经兴奋，小肠运动增强；交感神经兴奋，小肠运动减弱。但外来神经的作用还与肠管平滑肌所处状态有关，如肠管平滑肌的紧张性很高，则无论迷走神经兴奋还是交感神经兴奋，肠管运动都减弱；反之，如果肠管平滑肌的紧张性很低，则无论迷走神经兴奋还是交感神经兴奋，肠管运动都增强。

2. 体液调节

主要是胃肠道激素作用。其中胃泌素、胆囊收缩素、P 物质等促进小肠运动，胰泌素、血管活性肠肽、胰高血糖素、生长抑素等抑制小肠运动。

三、饲料在小肠内的消化过程

进入小肠内的食糜，混以大量消化液，形成半流体食糜，一般 1 kg 饲料干物质可以形成 14～15 L 食糜，食糜中含水量很高，达 90%～95%，使其渗透压与血浆接近，利于营养物质的吸收。其中，稀释食糜的水分 1/4 来自饲料，3/4 来自消化液。

食糜进入小肠后，饲料中各种营养物质在各种消化酶的作用下，彻底分解成可被吸收的小分子物质。

1. 碳水化合物的消化

饲料中未消化的淀粉在胰淀粉酶作用下被分解产生糊精、麦芽糖、麦芽寡糖等，这些分解产物(包括经唾液淀粉酶消化产生的糊精、麦芽糖等)以及饲料中的蔗糖、乳糖等双糖在小肠黏膜刷状缘表面肠寡糖酶(麦芽糖酶、糊精酶、双糖酶等)的作用下分解为单糖(主要是葡萄糖)。

2. 蛋白质的消化

饲料中的蛋白质在胃内初步消化后，在胰蛋白分解酶的作用下分解为多肽、小肽、氨基酸，肽在羧肽酶、肠肽酶(在小肠黏膜刷状缘表面或上皮细胞内进行)作用下分解为小肽和氨基酸。

3. 脂肪的消化

饲料中的脂肪在胰脂肪酶和胆汁的作用下分解为甘油、脂肪酸和甘油一酯。

任务六　大肠消化

食糜经小肠消化和吸收后，剩余部分进入大肠。由于大肠腺只能分泌少量碱性黏稠的消化液，含消化酶甚少或不含。所以大肠的消化除依靠随食糜而来的小肠消化酶继续作用外，主要进行微生物消化。

一、大肠液

大肠黏膜上的腺体分泌富含黏液和碱性分泌物（主要为碳酸氢盐）的大肠液，含消化酶很少。黏液的作用在于保护肠黏膜和润滑粪便；碱性分泌物能中和酸性内容物，以利于微生物的繁殖和活动。

食糜刺激大肠机械感受器反射性引起大肠液分泌增加，迷走神经兴奋，大肠液分泌增加；交感神经兴奋，大肠液分泌减少。

二、大肠内的消化过程

各种动物大肠内的消化过程不完全一样，分述如下。

(一)草食动物大肠内的消化

草食动物特别是单胃草食动物的大肠特别发达，食糜在大肠内停留时间很长，因而在整个消化过程中占有非常重要的地位，是机体能量的主要来源之一（提供所需能量的 1/2）。牛、羊等反刍动物虽然有发达的瘤胃，但大肠消化阶段仍有活跃的微生物发酵，能消化饲料中15%～20%的纤维素。大肠中的微生物将饲料中纤维素、糖分解为 VFA、CO_2、CH_4 等，其中 VFA 被吸收利用。蛋白质、氨基酸等分解产生 NH_3，NH_3、氨基酸被吸收或被微生物利用合成蛋白质，但合成的微生物蛋白质是否能吸收利用尚不清楚。兔有吞食软粪习性，有助于微生物蛋白的利用。此外，微生物也能合成 B 族维生素和维生素 K。

(二)杂食动物大肠内的消化

杂食动物的大肠消化介于草食动物和肉食动物之间。以植物性饲料为主时，其大肠消化与草食动物相似；以精料为主时，其大肠消化与肉食动物相似。

(三)肉食动物大肠内的消化

肉食动物大肠很不发达，因而大肠消化的作用较差。在肉食动物大肠内主要发生的是蛋白质的腐败发酵，产生吲哚、粪臭素、酚等有毒物质，这些腐败发酵产物一部分吸收入血，经肝脏解毒后通过尿液排出体外，一部分经粪便排出体外。未消化的脂肪、糖类被细菌降解产生脂肪酸、单糖、有机酸等。

肉食动物大肠消化的主要生理意义在于水和无机盐的吸收或分泌排泄，形成粪便。

三、大肠的运动

大肠运动与小肠运动大体相似，但速度较慢，强度较弱。其主要运动形式如下。

(一)袋状往返运动

由环行肌不规律收缩引起的一种运动形式，多见于空腹时。这种运动使肠袋内容物向两个方向短距离移动，但并不向后段推进。其主要作用在于使内容物充分混合和与肠壁紧密接触，利于吸收。

（二）蠕动

由环行肌交替舒缩产生的运动形式，其主要作用在于将食糜缓慢向后段肠管推进。此外，大肠也可产生逆蠕动。

（三）集团蠕动

大肠内发生的一种收缩力强、推进速度快、推进距离远的运动形式。

大肠音如雷鸣音、远炮音。听诊大肠音来判断大肠运动强度和运动频率是兽医临床上检查大肠机能的主要手段。

四、粪便的形成和排粪

食糜经消化吸收后，其中的残余部分进入大肠后段，由于水分被大量吸收而逐渐浓缩，形成粪便。

排粪是一种复杂的反射活动。当直肠粪便不多时，肛门括约肌处于收缩状态，粪便停留在直肠内。当粪便积聚到一定数量时，引起肠壁感受器兴奋，经传入神经（盆神经）传到腰荐部脊髓的低级排粪中枢，并由此继续上传至高级中枢（位于延髓和大脑皮层）。然后从高级中枢发出神经冲动到低级中枢，并继续沿盆神经传到大肠后段，引起肛门内括约肌舒张，直肠壁肌肉收缩，同时腹肌也收缩以增大腹压进行排粪。腰荐部脊髓和脑部损伤，会导致排粪失禁。

任务七　吸　　收

饲料经消化后，其分解产物经消化道的上皮细胞进入血液或淋巴液的过程称为吸收。消化道吸收的营养物质被运输到机体各部位，供机体代谢利用。

一、吸收机理与部位

（一）吸收的机理

营养物质的吸收可以通过 2 条途径进入血液或淋巴：一条是跨细胞途径，即通过肠黏膜上皮细胞的腔面膜进入上皮细胞内，再通过上皮细胞基底面膜或细胞侧膜进入组织液，再进入血液或淋巴；另一条是旁细胞途径（细胞旁路），即通过细胞间的紧密连接进入细胞间隙，再进入血液或淋巴。营养物质通过细胞膜的机制包括被动转运和主动转运 2 种方式。

1. 被动转运

被动转运主要包括滤过、弥散、渗透等作用。肠黏膜上皮是一层薄的通透性膜，允许小分子物质通过。当肠腔内压力超过毛细血管和毛细淋巴管内压时，水和其他一些物质可以滤入血液和淋巴液，这一过程叫滤过；当肠黏膜两侧压力相等，但浓度不同时，溶质分子可从高浓度侧向低浓度侧扩散，这一过程叫弥散；当黏膜两侧的渗透压不同时，水则从低渗透压一侧进入高渗透压一侧，直至两侧溶液渗透压相等，这一过程叫渗透。

2. 主动转运

主动转运指某些物质在肠黏膜上皮细胞膜上载体的帮助下，由低浓度一侧向高浓度一侧转运的过程。营养物质转运时，在上皮细胞的肠腔侧，载体与营养物质结合成复合物。复合物穿过上皮细胞膜进入细胞内，营养物质与载体分离被释放入细胞中，进而进入血液中，而载体则又返回到细胞膜肠腔侧。这样循环往复，主动吸收各种营养物质，如单糖、氨基酸、钠离子、钾离子等。

(二)吸收的部位

消化道的不同部位，对物质吸收的程度是不同的。这主要取决于该部位消化管的组织结构、食物的消化程度以及食物在该部位停留的时间。口腔和食管基本上不吸收；反刍动物的前胃可吸收大量挥发性脂肪酸和氨；单胃和皱胃只吸收少量水分、醇类和无机盐；小肠的吸收能力最强，是吸收的主要部位；大肠主要吸收水分和盐类，单胃草食动物大肠还可吸收大量的挥发性脂肪酸。

小肠之所以是吸收的主要部位，原因是：小肠具有适于吸收各种物质的结构，如小肠长，盘曲多，黏膜具有环状皱褶，并拥有大量指状的肠绒毛，绒毛表面又有微绒毛，具有很大的吸收面积；小肠黏膜上皮为单层柱状上皮，具有吸收功能；食物在小肠内已被充分消化，适于吸收；食物在小肠内停留时间长。

二、各种主要营养物质的吸收

(一)盐类和水分的吸收

1. 钠的吸收

由钠泵主动转运吸收。

2. 铁的吸收

主要出现在小肠上段。饲料中的铁绝大部分是三价铁，必须还原为二价铁后方可被吸收。肠黏膜吸收铁的能力决定于黏膜细胞内的含铁量。存积于细胞内的铁量高，会抑制铁的再吸收。

被吸收的二价铁在肠黏膜细胞内氧化为三价铁，并和细胞内的去铁蛋白结合形成铁蛋白暂时储存起来，慢慢向血液中释放。一小部分被吸收，但尚未与去铁蛋白结合的二价铁，则以主动吸收方式转移至血浆中。铁的转运过程需消耗能量，为主动转运。

3. 钙的吸收

只有在水溶液状态，且不被肠腔内任何物质沉淀的情况下，才能被吸收。钙的吸收也是主动转运，需要大量的维生素 D。肠内容物偏酸以及脂肪食物都会影响钙的吸收。

4. 负离子的吸收

小肠内吸收的负离子主要为 Cl^- 和 HCO_3^-。由钠泵所产生的电位可使负离子向细胞内转移，负离子也可按浓度差独立进行被动转运。

5. 水分的吸收

主要出现在小肠。小肠主要借助渗透、滤过作用吸收水分。

(二)糖的吸收

饲料中的糖类在肠腔和黏膜细胞的外表面，经消化酶降解成单糖和双糖。大部分单糖被吸收后，经门静脉送到肝脏，小部分单糖也能经淋巴液转运。绝大多数动物的肠黏膜上皮的纹状缘含有各种双糖酶，保证在吸收时所有双糖都能分解为单糖。

单糖的吸收是耗能的主动转运过程。

(三)挥发性脂肪酸(VFA)的吸收

反刍动物瘤胃产生的VFA大部分是在瘤胃中被吸收的。分子状态的VFA吸收速度较离子状态快，分子质量越小吸收越慢，即丁酸＞丙酸＞乙酸。

VFA吸收时在瘤胃上皮还发生强烈代谢作用。据测定，被吸收的丁酸有85%、乙酸有45%被代谢产生大量酮体；丙酸有65%在瘤胃上皮内转变成乳酸和葡萄糖。由于瘤胃的作用，来自瘤胃血液中的VFA浓度与吸收速度相反，即乙酸＞丙酸＞丁酸。

单胃草食动物盲肠和结肠吸收VFA，与反刍动物的瘤胃相似。

(四)蛋白质的吸收

绝大部分蛋白质被分解为小肽和氨基酸后吸收，未经消化的天然蛋白质及蛋白质的不完全分解产物只能被微量吸收进入血液。

吸收氨基酸的部位是小肠，氨基酸的吸收是主动转运，需要提供能量。氨基酸被吸收后几乎完全进入血液。

新生哺乳动物在最初一段时间内，可从初乳中以胞饮方式完整吸收免疫球蛋白，从而获得被动免疫。

(五)脂肪的吸收

摄入的脂肪大约有95%被吸收。脂肪消化后生成甘油、游离脂肪酸和甘油一酯，在胆盐的作用下形成水溶性复合物，再经聚合形成脂肪微粒。吸收时，脂肪微粒中各主要成分被分离开来，分别进入小肠上皮。甘油一酯和脂肪酸靠扩散作用在十二指肠和空肠被吸收；胆盐靠主动转运在回肠末段被吸收。脂肪吸收后，各种水解产物重新合成中性脂肪，外包一层卵磷脂和蛋白质的膜成为乳糜微粒，通过淋巴和血液2条途径(主要是淋巴途径)进入肝脏。

(六)胆固醇和磷脂的吸收

胆固醇在胆盐、胰液和脂肪酸的帮助下，通过单纯扩散进入肠上皮细胞再转入淋巴管而被吸收。磷脂只有小部分不经水解可直接进入肠上皮，大部分须完全水解为脂肪酸、甘油、磷酸盐等才能进入肠上皮再转入淋巴管而被吸收。

(七)维生素的吸收

水溶性维生素吸收各有特点，一般认为吡哆醇以单纯扩散方式吸收；维生素C、硫胺素、核黄素、烟酸、生物素等的吸收则依赖于特异性载体的主动转运过程；B族维生素必须与内因子结合才能在回肠被吸收；脂溶性维生素(包括维生素A、维生素D、维生素E、维生素K)的吸收与类脂物质相似。

【学习要求】

识记　反刍；嗳气；蠕动；分节运动；集团蠕动；消化、吸收的概念；消化方式；营养物质吸收的部位；复胃、单胃、小肠、大肠的运动形式；消化液的功能。

理解　瘤胃内的环境特点；吸收的机理；牛的4个胃在消化中的作用；食管沟的作用；胃、肠的运动形式；盐酸、唾液、胆汁、胰液、小肠液的生理功能；纤维素、脂肪、蛋白质在消化道内的消化过程；单胃动物胃的消化过程；消化道平滑肌的特性；反刍的过程和生理意义。

应用　(1)结合实践说明反刍动物对含氮饲料的利用过程。如何利用尿素再循环进行饲料加工以提高氮的利用率？(2)结合生产实践解释“寸草切三刀，没料也上膘”的道理。(3)盐酸有什么生理功能？为什么幼畜易患某些消化道疾病？(4)什么是黏液一碳酸氢盐屏障？为什么黏液一碳酸氢盐屏障的完整性遭到破坏而发生胃炎、胃溃疡？(5)内因子的作用是什么？为什么在畜牧业生产中突然改变饲料会引起消化机能紊乱？(6)食管沟的作用是什么？在兽医临床上有什么应用？为什么在养殖过程中不能用木桶给犊牛和羔羊喂乳？

【知识拓展】

消　化　酶

酶是体内细胞产生的一种具有催化作用的特殊蛋白质，通常称为生物催化剂。具有消化作用的酶称为消化酶，由消化腺产生，多数存在于消化液中，少数存在于肠黏膜脱落细胞或肠黏膜内。消化酶多为水解酶，具有高度的特异性，即一种酶只能作用于某一种营养物质的分解过程，对其他物质无作用。如淀粉酶只能加快淀粉的分解，对蛋白质、脂肪及双糖都无作用。根据酶的作用对象不同，将其分为 3 种类型：蛋白质分解酶、脂肪分解酶和糖分解酶。

酶的活性受各种因素的影响，如温度、酸碱度、激动剂、抑制剂等。温度对酶的活性影响最大，通常 37～40 ℃是消化酶的最适宜温度，此时酶促反应速度最强。酶对环境的 pH 非常敏感，每种酶都有其特殊适合的环境，有的在酸性环境中最佳(如胃蛋白酶)，有的则在碱性环境中最好(如胰蛋白酶)，有的则在中性环境中最活跃(如唾液淀粉酶)。有些物质能增强酶的活性，称为激动剂，如氯离子是淀粉酶的激动剂；有些物质能使酶的活性降低甚至完全消失，称为抑制剂，如重金属(Ag、Cu、Hg、Zn 等)离子。

大多数消化酶在刚分泌出来时没有活性，称为酶原。酶原在一定条件下才能转化为有活性的酶，这一转化过程称为酶致活。完成酶致活过程的物质称为致活剂。如盐酸是胃蛋白酶原的致活剂。

执业兽医资格考试真题

1. 小肠吸收葡萄糖的主要方式是(　　)【2009 年】

A. 胞吞　　B. 易化扩散　　C. 简单扩散

D. 继发性主动转运　　E. 原发性主动转运

(2～4 题共用备选答案)【2010 年】

A. 胆盐　　B. 内因子　　C. 胃蛋白酶　　D. 胰蛋白酶　　E. 胰脂肪酶

2. 消化液中由主细胞分泌，能被盐酸激活并发挥作用的成分是(　　)

3. 消化液中能与维生素 B_{12} 结合成复合体，并促进维生素 B_{12} 吸收入血的成分是(　　)

4. 消化液中能降低脂肪表面张力，增加脂肪与酶的接触面积，并促进脂肪分解产物吸收的成分是(　　)

5. 瘤胃发酵产生的气体大部分(　　)【2016 年】

A. 经呼吸道排出　　B. 被微生物利用　　C. 经嗳气排出

D. 经直肠排出　　E. 被胃肠道吸收

6. 激活胃蛋白酶原的因素是(　　)【2018 年】

A. 碳酸氢盐　B. 内因子　C. 磷酸氢盐　D. 盐酸　E. 钠离子

7. 主要由肠环形肌产生的节律性收缩和舒张形成的小肠运动形式是(　　)【2018 年】

A. 紧张性收缩　B. 蠕动冲　C. 逆蠕动　D. 分节运动　E. 钟摆运动

8. 铁在肠道内吸收的主要部位是(　　)【2019 年】

A. 直肠　B. 盲肠　C. 十二指肠　D. 回肠　E. 结肠

9. 促进胃液分泌的激素是(　　)【2019 年】

A. 降钙素　B. 甲状旁腺激素　C. 胃泌素　D. 胆囊收缩素　E. 雌激素

10. 反刍动物的胃中,起化学消化作用的胃是(　　)【2012 年】

A. 前胃　B. 瘤胃　C. 皱胃　D. 瓣胃　E. 网胃

11. 瘤胃生态环境中少见的微生物是(　　)【2012 年】

A. 厌氧细菌　B. 需氧细菌　C. 贫毛虫　D. 全毛虫　E. 真菌

12. 胆汁的组分中参与消化的主要成分是(　　)【2012 年】

A. 内因子　B. 卵磷脂　C. 胆固醇　D. 胆盐　E. 胆色素

13. 营养物质在小肠吸收的主要机制包括(　　)【2013 年】

A. 简单扩散、易化扩散、主动转运　B. 滤过、易化扩散、易化扩散

C. 滤过、简单扩散、易化扩散　D. 自噬、简单扩散、主动转运

E. 自噬、易化扩散、主动转运

(14～16 题共用备选答案)【2013 年】

A. 淀粉酶　B. 舌酯酶　C. 蛋白酶　D. 核酸酶　E. 溶菌酶

14. 唾液的浆液性分泌产物中富含的消化酶是(　　)

15. 具有清洁作用的酶是(　　)

16. 以乳为食的犊牛等幼畜唾液中特有的消化酶是(　　)

(17～19 题共用备选答案)【2014 年】

A. 内因子　B. 碳酸氢盐　C. 胰脂肪酶　D. 胆盐　E. 胃蛋白酶原

17. 与维生素 B_{12} 结合,从而促进其吸收的是(　　)

18. 由主细胞分泌并能被盐酸激活而发挥作用的是(　　)

19. 与脂肪的分解产物脂肪酸、甘油酯结合成复合物,从而促进其吸收的是(　　)

项目十七　呼吸

【学习目标】

熟悉呼吸过程的三环节;理解气体交换原理及发生部位;理解呼吸的全过程及其发生机理。

掌握呼吸式的观察判定、呼吸音听诊以及呼吸频率测定方法。

【学习内容】

动物体在新陈代谢过程中,要不断地从外界吸入氧气,以氧化体内的营养物质而产生能

量，满足机体活动的需要；同时，又要不断地将体内氧化过程中所产生的二氧化碳等代谢产物排出体外，以维持正常生命活动。机体与外界环境之间的气体交换过程称作呼吸。呼吸过程包括外呼吸、气体运输和内呼吸 3 个环节（二维码 17-1）。外呼吸（包括肺通气和肺换气）是外界环境与肺内气体之间实现的交换过程，又称肺呼吸；内呼吸是血液与组织细胞之间的气体交换过程，又称组织换气。气体运输是气体在血液中的运输过程。

二维码 17-1
呼吸全过程示意图

任务一　肺通气

肺通气是指肺与外界环境之间的气体交换过程，气体进出肺取决于气体流动的动力和阻力之间的相互作用，只有在动力克服阻力的情况下，才能实现肺通气。大气和肺泡气之间的压力差是气体进出肺的直接动力；呼吸肌群的舒缩所引起的胸廓节律性运动是气体进出的根本动力。

一、呼吸运动

呼吸运动是指因呼吸肌群的交替舒缩而引起胸腔和肺节律性扩大或缩小的运动，包括吸气动作和呼气动作 2 个时相。其中，胸腔和肺共同扩大使外界空气流入肺泡的过程叫吸气；胸腔和肺共同缩小将肺泡内气体逼出体外的过程叫呼气。呼吸运动是肺呼吸发生的原动力，参与呼吸运动的吸气肌主要是肋间外肌和膈肌，呼气肌主要是肋间内肌和腹肌。呼吸运动包括平静呼吸和用力呼吸 2 种类型。

（一）吸气和呼气动作的发生

1. 吸气动作的发生

平静呼吸时，吸气动作是一个主动过程，主要由肋间外肌和膈肌收缩来完成。肋间外肌收缩引起肋骨向前向外伸举，胸骨稍下降，胸廓横径增大；膈肌收缩，膈顶后移，胸廓纵径增大。伴随胸腔的扩大肺也随之扩张，肺内压迅速降至低于大气压，空气便经呼吸道进入肺，引起吸气。随着空气的进入，肺内压又逐渐上升，当升至与大气压相等时，吸气停止，转为呼气。

2. 呼气动作的发生

（1）动物平静时，它是被动过程。吸气过程一停止，肋间外肌和膈肌立即舒张，肋骨、膈顶和胸骨自然恢复原位，使胸腔和肺收缩，肺内压会迅速升至高于大气压，肺内气体经呼吸道排出体外，完成呼气。随着气体的排出，肺内压又逐渐下降，当降至与大气压相等时，呼气停止，转为吸气。

（2）用力呼吸时，呼气动作是主动过程。除肋间外肌和膈肌舒张外，肋间内肌和腹壁肌群也参与收缩，使胸腔和肺进一步缩小，肺内压升得更高，于是呼气比平时更快更多，此时吸气也会相应加强。

（二）呼吸类型、呼吸频率和呼吸音

1. 呼吸类型

根据引起呼吸运动的主要肌群的不同和胸腹部起伏变化的程度，将呼吸运动的形式（呼吸

式)可分为以下 3 种。

(1)胸式呼吸。以肋间外肌收缩和舒张为主,胸部起伏明显的呼吸运动,称为胸式呼吸。动物腹腔内器官发生病变或母畜怀孕时多采用胸式呼吸。

(2)腹式呼吸。以膈肌收缩和舒张为主,腹壁起伏明显的呼吸运动,称为腹式呼吸。动物胸腔内器官发生病变时多表现为腹式呼吸。

(3)胸腹式呼吸。肋间肌和膈肌都参与,胸壁和腹壁都有明显的起伏,称为胸腹式呼吸(混合式呼吸)。健康动物中除犬外(胸式呼吸)均为胸腹式呼吸。因此,观察动物的呼吸式对临床诊断具有重要的意义。

2. 呼吸频率

健康动物安静状态下每分钟呼吸的次数为呼吸频率(表 17-1)。可以通过观察呼吸式或感知鼻孔处气流等方法测定。

表 17-1 常见健康动物的呼吸频率 次/min

动物种类	呼吸频率
乳牛	10～30
绵羊	12～24
山羊	10～20
猪	15～24
马	8～16

呼吸频率因动物种类不同而异,同时还受年龄、外界温度、生理状况、海拔高度、使役以及疾病等因素的影响。如幼年动物呼吸频率比成年的略高;在气温高、寒冷、高海拔、使役等条件下,呼吸频率也会增高;乳牛泌乳高峰期呼吸频率会高于平时。因此诊断中应综合考虑并加以区别。

3. 呼吸音

呼吸运动时,气体通过呼吸道及出入肺泡产生的声音叫呼吸音。在胸廓表面和颈部气管附近,可以听到 3 种呼吸音。

(1)肺泡呼吸音。类似"fu"的延长音,是肺泡扩张时产生的呼吸音。正常肺泡呼吸音在吸气时在肺区能较清楚听到。

(2)支气管呼吸音。类似"he"的延长音,是气流通过声门裂引起涡旋产生的呼吸音。在喉头和气管附近可听到(在呼气时能听到较清楚的支气管音),小动物和很瘦的大动物也可在肺的前部听到。

(3)支气管肺泡音。支气管肺泡音是肺泡音和支气管音混合在一起产生的一种不定性呼吸音,是病理性呼吸音。

当肺部发生病变时,如炎症、肿胀、炎性分泌物渗出或管道狭窄、肺泡破裂等,都能听到呼吸音的异常变化,支气管肺泡音可为临床诊断提供依据。

(三)肺内压和胸内压

1. 肺内压

肺内压是指肺泡内的压力。在呼吸暂停,呼吸道通畅时,肺内压与大气压相等。吸气之初,肺容积增大,肺内压暂时低于大气压,外界气体在此压推动下进入肺泡,随肺内气体逐渐增加而肺内压升高,至吸气之末,肺内压升至与大气压相等,停止吸气。反之,在呼气之初,肺容积减小,肺内压暂时升高并超过大气压,肺内气体流出肺,肺内压逐渐下降,至呼气之末,肺内压与大气压相等。在呼吸过程中正是由于肺内压的周期性交替升降,造成肺内压和大气压之间的压力差,这一压力差是推动气体进出肺的直接动力。

2. 胸内压

胸内压是指胸膜腔内的压力。因其总是略低于外界大气压，故称为胸内负压。

呼吸运动中，肺之所以随胸廓的运动而运动，是因为在肺和胸廓之间存在一密闭的潜在的胸膜腔和肺本身具有可扩张性的缘故。胸膜脏层紧贴于肺的表面，壁层紧贴于胸壁内侧。正常情况下，两层胸膜之间实际没有真实的空间，内有少量的浆液将它们黏附，一方面起润滑作用，另一方面浆液分子内聚力使两层胸膜贴附在一起不易分开，胸廓运动时，肺就可以随胸廓的运动而运动。

3. 胸内负压的形成原理

胸膜壁层受到胸廓的保护，故不受大气压的影响。作用于胸膜脏层的力有两种。一是肺内压，即肺泡内压力，使肺泡扩张；二是肺的回缩力，使肺泡缩小。因此，胸膜腔内的压力实际上是这两种相反的作用力的代数和，即：

胸内负压＝肺内压－肺回缩力

在吸气之末和呼气之末肺内压等于大气压，若以大气压为零位标准，则：

胸内负压＝－肺回缩力

正常情况下，肺总是表现出回缩倾向，胸膜腔内压通常为负。吸气时胸廓扩大，肺被扩张，回缩力增大，胸内负压也增大；吸气时相反，胸内负压减小。只有在紧闭声门用力呼气时，胸内压可以为正值。

4. 胸内负压的生理意义

胸内负压的维持有重要的生理意义。一是使肺维持扩张状态，不致因回缩力而使肺完全塌陷，从而使肺换气持续发生。二是使胸腔内的大静脉和淋巴导管处于扩张状态，有助于静脉血和淋巴的回流。三是使胸部食管处于扩张状态，有利于呕吐反射，对反刍动物的逆呕也有促进作用。

胸膜腔的密闭性是胸内负压形成的前提，如果胸膜腔破裂(肺的穿孔性病灶或胸壁透创)，与大气相通，空气将立即进入胸膜腔，形成气胸，胸内负压消失，两层胸膜彼此分开，肺将因其本身的回缩力而塌陷，呼吸功能被破坏。这时，尽管呼吸运动仍在进行，肺却缩小或不再随胸廓运动，从而影响肺通气功能。显然，胸腔大静脉和淋巴回流也将受阻。严重的气胸不仅影响呼吸功能，也影响循环功能，甚至危及生命。

(四)肺容积、肺容量和肺通气量

1. 肺容积

有 4 种基本肺容积：潮气量、补吸气量、补呼气量和余气量。他们互不重叠，全部相加等于肺的最大容量。

(1)潮气量。平静呼吸时每次吸入或呼出的气量。各种家畜的潮气量约为：奶牛躺卧时 3 100 mL，站立时 3 800 mL，绵羊 260 mL，山羊 310 mL，猪 300～500 mL，马 6 000 mL。运动时，潮气量将增大。

(2)补吸气量或吸气贮备量。平静吸气末，再尽力吸气所能吸入的气量。马约为 12 L。

(3)补呼气量或呼气贮备量。平静呼气末，再尽力呼气所能呼出的气量。马的补吸气量约为 12 L。

(4)余气量或残气量。最大呼气末存留于肺中不能再呼出的气量。余气量无论如何用力也无法将其呼出,只能用间接方法测定。马的余气量约为 12 L。

2. 肺容量

肺容量是基本肺容积中两项或两项以上的联合气量。

(1)深吸气量。从平静呼气末做最大吸气时所能吸入的气量为深吸气量,等于潮气量和补吸气量之和,是衡量最大通气潜力的一个重要标志。胸廓畸形、胸膜腔积液、肺组织病变和呼吸肌麻痹,则深吸气量减少。

(2)功能余气量。平静呼气末,肺内存留的气量为功能余气量,是余气量和补呼气量之和。功能余气量的生理意义是缓冲呼吸过程中肺泡中氧和二氧化碳分压 P_{O_2} 和 P_{CO_2} 的急剧变化。由于功能余气量的缓冲作用,吸气时,肺内 P_{O_2} 不致突然升得太高,P_{CO_2} 不致降得太低;呼气时,肺内 P_{O_2} 则不会降得太低,P_{CO_2} 不致升得太高。这样,肺泡气和动脉血液的 P_{O_2} 和 P_{CO_2} 就不会随呼吸而发生大幅度的波动,以利于气体交换。

(3)肺活量。最大吸气后,用力呼气所能呼出的最大气量称作肺活量,它是潮气量、补吸气量和补呼气量之和。肺活量有较大的个体差异,与躯体的大小、性别、年龄、体征、呼吸肌强弱等因素有关。

(4)肺总量。肺所能容纳的最大气量为肺总量,是肺活量和余气量之和。其值因性别、年龄、运动情况和体位不同而异。

3. 肺通气量

肺通气量包括每分通气量和肺泡通气量。

(1)每分通气量。它是指每分钟吸入或呼出肺的气体总量,等于呼吸频率与潮气量的乘积。每分通气量的大小与动物的活动状态密切相关,动物活动增强,呼吸频率和呼吸深度都增加,每分通气量也相应增大。所以,每分通气量比肺总量能更好地反映肺的通气功能。

(2)无效腔和肺泡通气量。上呼吸道至呼吸性细支气管之间的气体因不参与气体交换过程,故将这部分结构称为解剖无效腔。每次吸入气体的一部分将留在解剖无效腔内,进入肺泡内的气体,也可因血流在肺内分布不均而未能全部与血液进行气体交换。进入肺而未能发生气体交换的这一部分肺泡容量称为肺泡无效腔。肺泡无效腔与解剖无效腔一起合称生理无效腔。健康动物的肺泡无效腔很小,可忽略不计,因此,正常情况下生理无效腔与解剖无效腔容量大致相等。

由于存在无效腔,每次吸入的潮气量不能都到达肺泡进行气体交换。每次呼出的潮气量也总有部分留在无效腔内。这是因为每次吸气首先吸入的是留在呼吸道(无效腔)内的气体。这是上次呼气时留下的肺泡气,此后才是新鲜气。同样,每次呼气,首先呼出的不是肺泡气,而是前一次吸气时留在无效腔内的新鲜空气,随后才呼出肺泡气。由此可见,肺泡通气量才是真正的有效通气量。肺泡通气量是每分钟吸入肺泡,并与血液进行气体交换的新鲜空气量,即:肺泡通气量=(潮气量-无效腔通气量)×呼吸频率。

如潮气量是 500 mL,无效腔通气量是 150 mL,则每次吸入肺泡的新鲜空气是 350 mL,若功能余气量为 2 500 mL,则每次呼吸仅使肺泡内气体更新 1/7 左右。潮气量减少或功能余气量增加,均使肺泡气体更新率降低,不利于气体交换。无效腔气量增大(如支气管扩张)或功能余气量增大（如肺气肿），均使肺泡气体更新率降低。潮气量和呼吸频率的变化，对肺通气和肺泡通气影响不同（表 17-2），在潮气量减半和呼吸频率加倍或潮气量加倍而呼吸频率减半时，肺通气量保持不变，但是肺泡通气量却发生明显的变化。所以，在一定范围内，深而慢的呼吸可使肺泡通气量增大，肺泡气更新率加大，有利于气体交换。

表 17-2　不同呼吸频率和潮气量时的肺通气量和肺泡通气量

呼吸特点	呼吸频率/（次/min）	潮气量/mL	肺通气量/（mL/min）	肺泡通气量/（mL/min）
平静呼吸	16	500	8 000	5 600
深慢呼吸	8	1 000	8 000	6 800
浅快呼吸	32	250	8 000	3 200

任务二　气体交换

肺换气和组织换气（内呼吸）统称为气体交换。

气体的交换发生在肺和全身组织，交换的动力是气体分压差，交换的先决条件是气体通透膜的通透性。气体分压是指在混合气体中每种气体成分所产生的压力。其大小取决于气体的浓度和总压力，即气体分压＝总压力×该气体的容积百分比。

在混合气体中某种气体的浓度越高，其气体分压也越高，反之则越低。根据气体分子扩散原理，在通透膜两侧，若某种气体的分压值不相等（即有气体分压差），则该气体分子可透过通透膜，由气体分压较高的一侧扩散到较低的一侧。

一、肺换气

肺泡与肺毛细血管之间的气体交换过程，称为肺换气，是外呼吸的重要环节。肺换气是通过呼吸膜完成的。

1. 呼吸膜

肺泡气体与肺毛细血管之间进行气体交换所通过的组织结构，称为呼吸膜。在电子显微镜下，呼吸膜由 6 层组成：肺泡表面活性物质、液体分子、肺泡上皮细胞、间隙、毛细血管的基膜和毛细血管内皮细胞。总厚度仅为 0.2～1 μm，通透性大，O_2 和 CO_2 分子极易通过。正常情况下，肺泡内充满气体，肺泡上皮内表面分布有极薄的液体分子层，它与肺泡气体形成气－液界面，产生表面张力，因而是肺泡趋向回缩，防止肺泡过度膨胀。肺泡表面活性物质具有减弱肺泡表面张力的作用。

2. 肺换气过程

肺换气是指气体在肺泡与肺泡毛细血管血液之间的交换，是通过呼吸膜进行的。肺换气之所以能够进行，是由于具备了以下两个条件：一是呼吸膜很薄，通透性大，气体分子可以自由通过。二是在呼吸膜两侧存在气体分压差，气体分子可以由分压高的一侧向分压低的一侧扩散。据测定，在呼吸膜肺泡一侧的氧分压 P_{O_2} 相对较高，在毛细血管一侧的二氧化碳分压 P_{CO_2} 相对较高。因此，肺泡与肺毛细血管之间发生了如下气体交换：

$$\begin{array}{ccc} P_{O_2}\text{高} & & P_{O_2}\text{低} \\ \text{肺泡} & \underset{CO_2}{\overset{O_2}{\rightleftharpoons}} & \text{肺毛细血管血液} \\ P_{CO_2}\text{低} & & P_{CO_2}\text{高} \end{array}$$

肺换气的结果是肺毛细血管血液发生了气体成分改变，即血液中 O_2 增多，CO_2 减少，静脉血变成了动脉血。

3. 影响肺换气的因素

(1)呼吸膜的厚度。呼吸膜很薄，O_2 和 CO_2 分子极易通过。动物患有肺炎和肺水肿时，呼吸膜厚度增厚，造成气体分子扩散速率降低，影响肺换气。

(2)呼吸膜的面积。呼吸膜面积越大，扩散的气体量就越多。在动物运动或使役时，呼吸膜面积会增大；在肺气肿、肺不扩张和毛细血管栓塞等疾病时，呼吸膜面积会减小，从而影响肺换气。

(3)肺血流量。体内 O_2 和 CO_2 靠血液循环运输，所以单位时间内肺血流量增多会影响呼吸膜两侧 O_2 和 CO_2 的分压，从而影响肺换气。

二、组织换气(内呼吸)

1. 组织换气过程

组织换气是血液与组织细胞间的气体交换。组织换气之所以能够进行，一是由于毛细血管壁很薄，具有良好的气体通透性，气体分子可以自由通过；二是由于组织细胞在代谢过程中不断消耗 O_2，产生 CO_2，因而组织中 P_{O_2} 较低，而 P_{CO_2} 较高，在毛细血管壁两侧存在气体分压差。因此，毛细血管血液与组织液之间发生气体交换：

$$\begin{array}{ccc} P_{O_2}\text{高} & & P_{O_2}\text{低} \\ \text{组织毛细血管血液} & \underset{CO_2}{\overset{O_2}{\rightleftharpoons}} & \text{组织细胞} \\ P_{CO_2}\text{低} & & P_{CO_2}\text{高} \end{array}$$

组织换气的结果是血液中 O_2 含量减少，而 CO_2 含量增多，动脉血转变为静脉血。同时组织细胞浆中得到 O_2 供应，CO_2 得以排出。组织换气是整个呼吸过程的核心环节。

2. 影响组织换气因素

(1)气体通透膜的通透性。通透性在正常情况下，气体分子通透膜具有很强的通透性。但在组织水肿等病理情况，通透性会降低，影响组织换气。

(2)组织细胞代谢水平和组织血流量。代谢增强或局部血流量加大时，都会使气体分压差改变，将直接影响气体扩散速率和组织换气功能。在心力衰竭、局部贫血、淤血等病理情况下，会出现全身血液循环障碍，组织换气会受到影响，严重时会引起局部缺氧。

三、气体运输

在呼吸过程中，血液以物理溶解和化学结合 2 种方式不断地将 O_2 从肺运到组织，同时将 CO_2 从组织细胞运到肺。

1. 氧的运输

O_2 在血液中的运输形式有以下 2 种。

(1)直接溶解于血液中，以 O_2 分子形式运输。此种方式运输的 O_2 占 0.8%～1.5%。

(2)以氧合血红蛋白(HbO_2)形式运输。大多数 O_2 与血红蛋白(Hb)结合成氧合血红蛋白(HbO_2)而运输。此种方式运输的 O_2 占 98.5%～99.2%。

Hb 存在于红细胞内，它与 O_2 的结合受 P_{O_2} 的影响，而且是可逆的。在肺部，由于 P_{O_2} 高，Hb 与 O_2 结合。在组织内，由于组织细胞不断消耗 O_2，P_{O_2} 降低，此时 HbO_2 发生解离，O_2 扩散到组织中。

$$Hb+CO_2 \underset{P_{O_2}\text{低}}{\overset{P_{O_2}\text{高}}{\rightleftharpoons}} HbO_2$$

2. 二氧化碳的运输

CO_2 在血液中的运输形式有以下 3 种。

(1)直接溶解于血液中，以 CO_2 分子形式运输。约占运输总量的 5%。

(2)以氨基甲酸血红蛋白(HbNHCOOH)形式运输。约占运输总量的 7%。CO_2 与 Hb 结合生成 HbNHCOOH。结合是可逆的，在组织毛细血管处血液中 P_{CO_2} 高，Hb 与 CO_2 发生结合；在肺毛细血管血液中 P_{CO_2} 低，HbNHCOOH 发生解离，释放出的 CO_2 扩散到肺泡中，最后被呼出体外。

$$HbNH_2O_2+H^++CO_2 \underset{\text{组织 } P_{CO_2}\text{ 低}}{\overset{\text{肺中 } P_{CO_2}\text{ 高}}{\rightleftharpoons}} HHbNHCOOH+O_2$$

(3)以碳酸氢盐形式运输。约占运输总量的 88%。经组织换气，CO_2 扩散进入血液，先部分地溶解于血浆，并与水结合成碳酸。由于血浆中缺乏碳酸酐酶，此反应只是以极缓慢的速度进行。随着进入血浆的 CO_2 增多，P_{CO_2} 随之增高，于是 CO_2 扩散进入红细胞内。由于红细胞内含有碳酸酐酶，可使 CO_2 与水结合生成碳酸的速度加快。在红细胞内生成的碳酸又迅速电解，成为 H^+ 和 HCO_3^-。当红细胞中的 HCO_3^- 浓度升高，大于血浆中浓度时，HCO_3^- 即由红细胞扩散入血浆。在红细胞内，HCO_3^- 与 K^+ 结合成 $KHCO_3$；在血浆内，HCO_3^- 与 Na^+ 结合成 $NaHCO_3$。血浆中的 $NaHCO_3$ 与红细胞中的 $KHCO_3$ 之比为 2∶1。反应过程如下所示：

$$CO_2+H_2O \overset{\text{碳酸酐酶}}{\rightleftharpoons} H_2CO_3$$

$$H_2CO_3 \rightleftharpoons H^++HCO_3^-$$

$$Na^+(\text{或 } K^+)+HCO_3^- \rightleftharpoons NaHCO_3(\text{或 } KHCO_3)$$

以上各项反应是可逆的，当碳酸氢盐随血液循环到肺毛细血管时，因 P_{CO_2} 较低，以上反应向相反的方向进行，CO_2 解离出来，经扩散进入肺泡中，随动物的呼气排出体外。

任务三　呼吸运动的调节

呼吸运动是一种节律性活动，有机体通过神经和体液调节来实现呼吸的节律性并控制呼吸的深度和频率。

一、神经调节

在中枢神经系统内，有许多调节呼吸运动的神经细胞群，统称为呼吸中枢。它们分布于脑、脊髓的许多部位(包括大脑皮层、间脑、脑桥、延髓和脊髓)，其中基本的呼吸中枢在延髓。

延髓呼吸中枢分为吸气中枢和呼气中枢，两者之间存在交互抑制关系，即吸气中枢兴奋时，呼气中枢抑制，引起吸气运动；呼气中枢兴奋时，吸气中枢则抑制，引起呼气运动。由延髓呼吸中枢发出的神经纤维，控制脊髓中支配呼吸肌的运动神经元，又通过肋间神经和膈神经支配呼吸肌的活动。

肺泡壁上有肺牵张感受器，当肺因吸气而扩张时，肺泡壁上的肺牵张感受器受到刺激而产生兴奋，冲动沿迷走神经传入延髓的呼吸中枢，引起呼气中枢兴奋，同时吸气中枢抑制，从而停止吸气而产生呼气；呼气之后，肺泡缩小，不再刺激肺泡壁上牵张感受器，呼气中枢转为抑制，于是又开始吸气。吸气运动之后，又是呼气运动，如此循环往复，形成了节律性的呼吸运动，上述过程称为肺牵张反射。

喉、气管和支气管的黏膜上有感受器，对机械刺激和化学刺激很敏感，当受炎性分泌物等化学性刺激时产生兴奋，冲动通过迷走神经传入延髓，触发一系列反射，称为咳嗽反射；鼻黏膜上也有敏感的感受器，刺激物作用于鼻黏膜时而产生兴奋，冲动沿三叉神经传入延髓，触发一系列反射，称为喷嚏反射。咳嗽反射和喷嚏反射均属于防御性反射。

在脑桥中有呼吸调整中枢，对维持呼吸运动的节律性和呼吸深度有一定意义。

大脑皮层可以控制呼吸运动，使之变慢、加快或暂时停止。

总之，动物正常的节律性呼吸，是延髓呼吸中枢调节的结果，而延髓呼吸中枢的兴奋性又受肺部传来的迷走神经传入纤维和脑桥呼吸调整中枢的影响，呼吸调整中枢又受脑的高级部位乃至大脑皮层的控制。

二、体液调节

调节呼吸运动的体液因素主要是血液中的 CO_2、O_2 浓度和酸碱度。

1. CO_2 浓度对呼吸运动的影响

呼吸中枢对 CO_2 浓度十分敏感。当动脉血中 CO_2 浓度在正常生理范围内(0.04%～4%)适度增加时，就会兴奋呼吸中枢，使呼吸运动增强；反之会减弱，甚至使呼吸暂停。当 CO_2 过量(含量超过 7%)，则使呼吸中枢抑制，出现呼吸困难、昏迷等中枢征候。

2. O_2 浓度对呼吸运动的影响

吸入气体中 P_{O_2} 在一定范围内下降(如降至 10.6 kPa 以下)，可通过刺激外周化学感受器，反射性引起呼吸中枢兴奋，呼吸加深、加快，肺通气增加。当严重缺氧时，外周化学感受器的反射效应不足以克服低氧对中枢的抑制作用，将导致呼吸障碍，甚至呼吸停止。在低氧时如吸入纯氧，由于解除了对外周化学感受器的低氧刺激，会引起呼吸暂停。临床上给氧治疗时应予以注意。

3. 酸碱度

H^+ 主要是通过外周化学感受器，特别是颈动脉体而发挥呼吸调节作用。当血液 pH 降低时，呼吸运动增强；当血液 pH 升高时，呼吸活动减弱。

【学习要求】

识记　呼吸；外呼吸；内呼吸；呼吸运动；气体分压；呼吸的三个环节。

理解　呼吸运动的发生机理；胸内负压及其意义；气体交换的发生机理；气体运输的方式及其原理；呼吸运动的调节方式。

应用　(1)胸内负压是如何形成的？气胸的危害是什么？(2)什么是肺的牵张反射？它对维持正常的呼吸节律有什么意义？

【知识拓展】

牛易发生肺脏疾病的生理学特点

牛呼吸系统具有易于发生肺脏疾病的解剖学和生理学特点，以下几个特点在这方面可能是重要的。

(一)牛的生理性气体交换容量小

牛的生理性气体交换容量小，结果使基础通气活动增大。由于牛的气体交换容量小，在处于高原上和加强体力或代谢活动时，容易降低其细支气管或肺泡的氧水平。此时低氧张力或缺氧可减慢黏膜纤毛活动和肺泡巨噬细胞的吞噬活动，以及降低肺清除作用的速度。牛的基础通气活动比其他哺乳动物大，大概是作为对气体交换容量小的代偿形式。当吸入空气被传染性、变应原性或有害物质严重污染时，这种增大的通气活动对于肺脏疾病过程的发生就变得很重要了。

为了取得更大的消化能力、肌肉质量、产乳量或生长速度，牛的遗传选育应当集中于增加与肺气体交换容量有关的全身代谢氧的需要。在遗传选育中有关牛的生理性气体交换容量这一特征应当采用标准化的检测方法。

(二)牛的溶菌酶数量少

牛的溶菌酶数量少，且生物活性低，其呼吸道黏液中溶菌酶存在与否有待证实。牛的溶菌酶数量明显减少或生物活性降低在引起牛对传染性肺脏疾病的敏感性上可能具有重要意义。

(三)牛肺具有更加完整的各级小叶间的解剖学分隔

牛肺比其他家畜的肺具有更加完整的各级小叶间的解剖学分隔。这种分隔容易使气道闭塞部的末梢端发生缺氧。正常肺的气道是通畅的，一旦发生堵塞，就导致末梢端区域的缺氧。缺氧区的肺泡巨噬细胞吞噬作用减慢，招致传染性致病因子滞留或繁殖。

(四)牛肺泡腔或气道内肺泡巨噬细胞数量少

牛肺泡腔或气道内在正常情况下只有少量的肺泡巨噬细胞。由于这些细胞是积极参与正常肺的清除作用，因而在牛肺泡腔或气道内巨噬细胞稀少的条件下，就会使牛容易发生急性传染性肺脏疾病。

执业兽医资格考试真题

1. 抑制动物吸气过长过深的调节中枢位于(　　)【2009 年】

A. 脊髓　　B. 延髓　　C. 间脑　　D. 脑桥　　E. 大脑皮层

2. 呼吸过程中的有效通气量是(　　)【2010 年】

A. 肺活量　B. 潮气量　C. 补吸气量　D. 补呼气量　E. 肺泡通气量

3. 健康猪的每分钟呼吸次数是(　　)【2017 年】

A. 10～30　B. 10～20　C. 20～30　D. 10～40　E. 20～25

4. 颈动脉体和主动脉体化学感受器可感受的刺激是(　　)【2015 年】

A. 白蛋白含量变化　B. 氢离子浓度变化　C. 钠离子浓度变化

D. 钙离子浓度变化　E. 钾离子浓度变化

5. 吸气时胸膜腔内的压力变化是(　　)【2015 年】

A. 负压消失　B. 负压减小　C. 负压增大

D. 压力等于大气压　E. 压力大于大气压

6. 肺是气体(　　)【2016 年】

A. 进入的器官　B. 排出的器官　C. 存储的器官

D. 冷却的器官　E. 交换的器官

7. 提供肺泡与血液间气体扩散的方向主要取决于(　　)【2016 年】

A. 气体的分压差　B. 气体的分子量　C. 呼吸运动

D. 气体与血红蛋白亲和力　E. 呼吸膜通透性

8. 二氧化碳在血浆中运输的主要化学结合形式是(　　)【2017 年】

A. 碳酸氢铵　B. 碳酸氢钠　C. 碳酸氢钾

D. 磷酸氢钾　E. 磷酸氢钠

9. 平静呼气末肺内留存的气体量称为(　　)【2018 年】

A. 肺活量　B. 潮气量　C. 补吸气量　D. 补呼吸量　E. 功能余气量

10. 对于肺扩张反射不正确的表述是(　　)【2019 年】

A. 感受器位于细支气管和肺泡内　B. 传入神经是迷走神经　C. 中枢位于延髓

D. 传出神经为运动神经　E. 效应器为呼吸肌

(11～13 题共用备选答案)【2011 年】

A. 气胸　B. 呼气末　C. 吸气末　D. 平静呼吸　E. 用力呼吸

11. 胸膜腔内负压最大发生在(　　)

12. 胸膜腔内负压最小发生在(　　)

13. 引起胸膜腔负压消失的情况是(　　)

14. 呼吸系统中,真正执行气体交换功能的器官是(　　)【2012 年】

A. 鼻　B. 咽　C. 喉　D. 肺　E. 气管

15. 平静呼吸时,与呼气运动无关的是(　　)【2012 年】

A. 膈肌舒张　B. 肺内容量减小　C. 肋间外肌舒张

D. 腹壁肌肉收缩　E. 肺内压高于大气压

项目十八 尿的产生与排出

【学习目标】

熟悉尿生成的过程;理解尿生成的机理及影响尿生成的因素。

掌握抗利尿激素和醛固酮对动物机体的作用;能通过尿量简单判断动物泌尿系统生理机能。

【学习内容】

任务一 尿的生成

动物在新陈代谢过程中产生的各种代谢产物和多余的水分,应及时排出体外,才能维持正常的生命活动。而泌尿系统是动物机体最主要的排泄系统,此外肾脏还具有调节机体水盐平衡、酸碱平衡的作用。

一、尿的理化特性

尿主要来源于血液,是肾脏活动的产物。尿的成分和性状在一定程度上能反映畜体代谢的变化和肾的机能,故在临床实践中,常采用化验尿的办法,进行某些疾病的诊断。

(一)尿的成分

尿是由水、无机物和有机物组成的。水分占96%~97%,无机物和有机物占3%~4%。无机物主要是氯化钠、氯化钾、氯化钙、氯化镁,其次是碳酸盐、硫酸盐和磷酸盐。有机物主要是尿素,其次是尿酸、肌酐、肌酸及少量的氨、尿胆素、某些激素、维生素和酶等。在动物使用药物时,尿液成分中还会出现药物的代谢物。

(二)尿的理化特性

动物尿的颜色差异与其中所含色素(尿色素、尿胆素)数量多少有直接关系。在一般情况下,草食动物的尿液呈碱性,淡黄色。刚排出的尿为清亮的水样液,如放置时间较长,则因尿中碳酸钙逐渐沉淀而变得浑浊;肉食动物的则为酸性;杂食动物的有时呈酸性,有时呈碱性,这与它们采食的饲料种类有关。家畜每昼夜排尿量为:牛6~8 L,羊1~1.5 L,猪2~4 L、马3~8 L。

影响尿量的因素有很多,如进食量、饮水量、外界温度、使役及汗液分泌情况等。

尿的成分和理化性质的变化反映泌尿系统的机能状态,而且在一定程度上也能代表体内物质代谢情况和全身机能活动状态。因此,在兽医临床诊断上常以尿液检查作为诊断一些疾病的重要辅助手段。在畜牧生产上通过尿液分析来作为动物代谢平衡试验和制定饲料标准的重要参考依据。

二、尿的生成

尿的生成包括2个阶段:一是肾小球的滤过作用,生成原尿;二是肾小管和集合管的重吸收、分泌、排泄作用，生成终尿。

(一)肾小球的滤过作用

血液流经肾小球毛细血管时，由于血压较高，除了血细胞和大分子蛋白质外，血浆中的水和其他物质(如葡萄糖、氯化物、无机磷酸盐、尿素和肌酐等)都能通过滤过膜滤过到肾小囊腔内，这种滤出液叫原尿。原尿中除了不含血细胞和大分子蛋白质外，其他成分均与血浆基本相同。

肾小球滤过率：单位时间内从肾小球滤过的原尿量，称为肾小球滤过率，以 mL/min 表示。原尿的生成取决于两个条件：一是肾小球滤过膜的通透性；二是肾小球有效滤过压。前者是原尿产生的前提条件，后者是原尿滤过的必要动力。

1. 肾小球滤过膜的通透性

肾小球滤过膜由 3 层膜构成：最内层是肾小球毛细血管的内皮细胞，极薄(厚约 40 nm)，内皮之间有许多贯穿的微孔(孔径大小为 50～100 nm)；中间层为极薄的内皮基膜(厚约 325 nm)，膜上有许多网孔(孔径大小为 4～8 nm)；外层是肾小囊脏层(厚约 40 nm)，由具有突起的足细胞构成。足细胞紧贴于毛细血管的基膜上，突起间形成裂隙，裂隙上有一层滤过裂隙膜，膜上有直径 4～14 nm 的孔。这些结构决定了滤过膜有良好的通透性。因此，水、晶体物质和分子量较小的部分清蛋白均可从血浆滤过到肾小囊腔中。

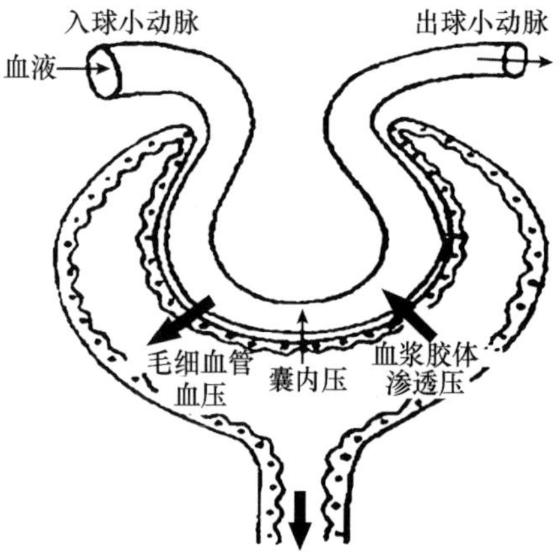

图 18-1　肾小球有效滤过压示意图

2. 肾小球有效滤过压

肾小球滤过作用的发生，其动力是滤过膜两侧的压力差。这种压力差称为肾小球的有效滤过压(图 18-1)。

肾小球的有效滤过压可用下列公式表示：

肾小球有效滤过压＝肾小球毛细血管血压－(血浆胶体渗透压力＋肾小囊内压)。

直接测定肾小体内各段压力的结果表明：入球小动脉和出球小动脉的血压几乎相等，平均为 6.0 kPa；肾小囊内压平均为 1.3 kPa；至于血浆胶体渗透压，由于从入球小动脉端开始，不断发生滤过作用，因而不同部位的胶体渗透压不同；入球小动脉端的胶体渗透压为 2.7 kPa，出球小动脉端则增至 4.7 kPa。由以上公式可计算得：

入球小动脉端有效滤过压(kPa)＝6.0－(1.3＋2.7)＝2.0

出球小动脉端有效滤过压(kPa)＝6.0－(1.3＋4.7)＝0

上述结果表明，并不是肾小球毛细血管全部都有滤过作用，只有有效滤过压为正值的血管段才发生滤过作用。生理条件下，肾小球毛细血管内的血浆胶体渗透压随着滤过液不断生成而升高，因此有效滤过压也逐渐降低。当有效滤过压下降至零时，即达到了滤过平衡，滤过作用停止。

(二)肾小管和集合管的重吸收、分泌、排泄作用

血液经肾小球的滤过作用生成原尿，原尿在流经肾小管和集合管时，其中的许多物质被重

新吸收回血液中，称为重吸收作用。肾小管和集合管的重吸收作用具有一定的选择性。凡是对机体有用的物质，如葡萄糖、氨基酸、钠、氯、钙、重碳酸根等，几乎全部或大部分被重吸收；对机体无用或用处不大的物质，如尿素、尿酸、肌酐、SO_4^{2-}、CO_3^{2-} 等，则只有少许被重吸收或完全不被重吸收。肾小管对某些物质的重吸收有一定的限度，如超过一定限度的葡萄糖将不能被重吸收而形成糖尿。

肾小管和集合管能将血浆或肾小管上皮细胞内形成的物质，如 H^+、K^+ 和 NH_4^+ 等分泌到肾小管腔中。同时也能将某些不易代谢的物质（如尿胆素、肌酸）或由外界进入体内的物质（如药物）排泄到管腔中。习惯上把前者称为分泌作用，后者称为排泄作用。

原尿经过肾小管和集合管的重吸收、分泌与排泄作用后形成终尿。终尿由输尿管输送到膀胱贮存。膀胱内的尿液充盈到一定程度时，通过排尿反射，由尿道排出体外。

（三）影响尿生成的因素

1.影响肾小球滤过作用的因素

（1）滤过膜通透性的改变。在正常情况下，滤过膜的通透性比较稳定，血细胞和大分子的血浆蛋白不能透过滤过膜，所以尿中不含有这些物质。但在机体缺氧或中毒的情况下，肾小球滤过膜通透性增大，滤过率增加，使原尿生成量增加。同时，会引起血细胞和血浆蛋白滤过，出现血尿或蛋白尿；在发生急性肾小球肾炎时，由于肾小球内皮细胞肿胀，使滤过膜增厚，通透性减少，从而导致原尿生成减少，出现少尿等。

（2）有效滤过压的改变。在正常情况下，有效滤过压比较稳定。但当决定有效滤过压的三个因素发生变化时，有效滤过压也随之发生变化，影响尿的生成。如当动物大量失血时，流入肾的血液量减少，肾小球毛细血管的血压下降，有效滤过压降低，从而导致原尿生成量减少，出现少尿或无尿现象；当血浆蛋白含量减少时（如静脉注射大量生理盐水引起单位容积血液中血浆蛋白含量减少），血浆胶体渗透压会降低，有效滤过压增大，原尿生成量增加，出现多尿；当输尿管结石或肿瘤压迫肾小管时，尿液流出受阻，肾小囊内压增高，有效滤过压降低，原尿生成量减少，发生少尿。

2.影响肾小管和集合管重吸收、分泌和排泄的因素

（1）原尿溶质浓度过高。当原尿中溶质浓度增加，并超过肾小管对溶质的重吸收限度时，会有部分溶质不能被重吸收。这些溶质使原尿的渗透压升高，阻碍水分的重吸收，引起多尿，这称渗透性利尿。如静脉注射大量高渗葡萄糖溶液后会引起多尿。

（2）激素。影响尿生成的激素主要有抗利尿激素和醛固酮。

抗利尿激素的作用是增加远曲小管对水的通透性，促进水的重吸收，从而使排尿量减少。在反刍动物，抗利尿激素还能增加 K^+ 排出。血浆渗透压升高和循环血量的减少，均可引起抗利尿激素的释放，创伤及一些药物也能引起抗利尿激素的分泌，减少排尿量。

醛固酮对尿生成的调节是促进远曲小管重吸收 Na^+，同时促进 K^+ 排出。即醛固酮有保 Na^+ 排 K^+ 作用。

【学习要求】

识记　肾小球滤过率；原尿；终尿；尿的生成；影响尿生成的因素。

理解　肾的血液循环特点；尿的成分和理化特性；肾小球的滤过作用；肾小管和集合管的

重吸收分泌和排泄作用。

应用 (1)在什么情况下,机体会出现少尿、多尿和蛋白尿?(2)家畜大量饮水、大剂量注射生理盐水和注射高渗葡萄糖溶液后为什么出现多尿?(3)大量出汗后,尿量会发生什么变化?为什么?

【知识拓展】

尿生成的调节与排放

有机体对尿生成的调节,是通过对终尿生成过程的三个环节进行调节而实现的。关于肾脏血流量的调节以及影响肾小球滤过的各种因素,已于上述。这里着重讨论神经和体液因素对肾小管和集合管的重吸收、分泌的调节。

一、抗利尿激素的作用

抗利尿激素(ADH)的作用主要是改变远曲小管和集合管上皮细胞对水的通透性,从而影响这些部位对水的重吸收功能。因此,ADH是决定尿量多少、调节体内水平衡的一种重要激素。

抗利尿激素分泌出来后被附近血管吸收,经血液循环入肾,与远曲小管和集合管上皮细胞管周膜的受体相结合,激活膜内的腺苷酸环化酶,使细胞内ATP转化为cAMP。cAMP增多并激活蛋白激酶,使膜蛋白磷酸化,构型改变,导致水通道开放,于是使滤过膜对水具有通透性。

影响抗利尿激素释放的因素如下。

1. 血浆晶体渗透压的改变

血浆晶体渗透压是生理情况下调节ADH释放的重要因素。下丘脑视上核及其周围区域存在渗透压感受器,它对血浆晶体渗透压,尤其是对NaCl和葡萄糖浓度的改变非常敏感。当血浆渗透压增加1%~2%时,血浆中ADH的浓度可增加2~4倍。大出汗、严重呕吐或腹泻时机体失水,血浆渗透压升高,刺激渗透压感受器,促使ADH释放量增多,加强远曲小管和集合管对水的重吸收,尿量因而减少。血浆渗透压升高的刺激,同时可引起渴觉,产生饮欲。这样通过"节流、开源"途径,保持并增加体内水分。反之,当大量饮水后,血液被稀释,血浆晶体渗透压降低,ADH释放量少,肾脏重吸收水减弱,使多余水分以稀释尿形式排出。

2. 循环血量的改变

循环血量的改变对ADH释放的影响,不如血浆渗透压变化那样敏感,当全身血量减少大于10%时才引起ADH释放的变化。

血量变化通过两条途径影响ADH的释放,即通过心-血管反射系统和肾素-血管紧张素-醛固酮系统(R-A-A系统)。后一途径将在"醛固酮的作用"中讨论。

当血量增多时,颈动脉窦、主动脉弓(高压系统)的压力感受器和左心房、肺静脉(低压系统)的压力感受器受到刺激,其传入冲动增多,反射性地引起ADH释放减少或抑制。肾重吸收水减少,排出大量的尿;反之,当血量减少或动脉血压降低时,对上述两个压力系统感受器的刺激减弱,传入冲动减少,于是引起ADH分泌增加和诱起渴觉。

渗透压调节和血容量调节可相互作用。如在高渗性失水时，血量降低的同时伴有晶体渗透压升高，这时两种调节有协同作用，ADH 释放量明显增加，增加的量约为两者单独调节时的相加；而在低渗性失水时，血量减少伴有血浆晶体渗透压的降低。但是这时渗透压的降低作用被血量的减少作用所“淡化”，表现为 ADH 释放增加；但其增加的量少于高渗性失水的刺激。

二、醛固酮的作用

醛固酮是肾上腺皮质球状带所分泌的一种激素。它的主要作用是促进远曲小管和集合管对 Na^+ 的主动重吸收和 K^+ 的排出，即有保钠排钾的作用，醛固酮可进入曲小管和集合管上皮细胞内与胞浆受体结合，形成激素－胞浆受体复合物后进入核膜，通过 mRNA 产生一种诱导蛋白，促进生物氧化产生较多的 ATP，从而促进 Na^+ 泵的运转，并能增加肾小管管腔膜对 Na^+ 的通透性，最后导致 Na^+ 的重吸收加强。在 Na^+ 重吸收的同时，一方面促进 Na^+-K^+ 交换，起保 Na^+ 排 K^+ 作用，另一方面对 Cl^- 和水的重吸收加强，因而体液增多，保持细胞外液量。

近年来认为，心房肌细胞合成并释放心钠素，具有抑制醛固酮和抗利尿激素释放的作用，因而可促进肾脏排钠和排水。

醛固酮的分泌受肾素-血管紧张素-醛固酮系统（R-A-A 系统）的控制，并直接受 K^+ 浓度的调节。

R-A-A 系统：当全身血压下降或血量减少时，肾小球入球小动脉压力降低，管壁牵张减弱，引起肾素分泌增加。另外，当肾小球滤过率下降，滤液中 Na^+ 量减少，这时通过激活致密斑感受器，也可以促使肾素分泌增加。肾素是一种蛋白水解酶，能催化血浆中无活性的血管紧张素原生成血管紧张素Ⅰ(10 肽)，再经血液和肺组织转换酶的作用，降解为血管紧张素Ⅱ(8 肽)。血管紧张素Ⅱ能直接刺激肾上腺皮质球状带合成并分泌醛固酮，并对血管有较强的收缩作用，引起血压回升。血管紧张素Ⅱ还可以被氨基肽酶降解为 7 肽血管紧张素Ⅲ，它也可以促进肾上腺皮质分泌醛固酮。

血 K^+ 和血 Na^+：当血 K^+ 升高或血 Na^+ 降低时，可直接作用于肾上腺皮质球状带，促使醛固酮分泌增加；反之，血 K^+ 降低或血 Na^+ 升高时，则醛固酮分泌减少。

三、排尿

尿液生成过程是连续不断的，而生成的尿液进入膀胱后要积存达一定量时，才间歇性地引起排尿反射动作，将尿液经尿道排放于体外。

1. 输尿管运动

输尿管起始部（与肾盂相连接）的平滑肌细胞有自动节律性，发出的节律性兴奋沿输尿管向后传导，兴奋波传到之处平滑肌收缩，以蠕动波形式推动尿液汇入膀胱。肾盂中尿量越多，内压越大，输尿管自律性频率越高，蠕动越强。

2. 排尿反射

膀胱中的尿液储集到一定容量时，对膀胱壁的牵张感受器构成有效刺激，产生的冲动经盆神经传入纤维，到达腰荐部脊髓排尿反射低级中枢；冲动可同时上传到脑干和大脑皮层的排尿反射中枢，产生尿意。如果当时条件不适于排尿，低级排尿中枢可被大脑皮层抑制，使膀胱壁进一步松弛，继续储存尿液，直至有排尿的条件或膀胱内压过高时，低级排尿中枢的抑制才被解除。这时排尿反射的传出冲动沿盆神经传到膀胱，引起膀胱逼尿肌收缩，膀胱内括约肌松弛，尿液被逼进尿道。尿道的尿液又刺激尿道的感受器，冲动沿盆神经传入支传到荐髓排尿中枢，反射性抑制阴部神经，使尿道外括约肌松弛，于是尿液被强大的膀胱内压所驱出。逼尿肌的收缩又可刺激膀胱壁的牵张感受器，又进一步引起膀胱反射性收缩，如此连续地正反馈式反射活动，直至尿液排空为止。

动物排尿的地点及排尿频率，可通过调教或训练加以控制。即采用建立条件反射的方法，使动物能定时、定地点排尿，这对于节省管理用工、减轻劳动强度和改善环境条件均具有实际意义。

执业兽医资格考试真题

1. 急性肾小球肾炎时，动物出现少尿或无尿的主要原因是（　　）【2010年】
A. 肾小囊内压降低　B. 肾小球滤过率降低　C. 毛细血管血压下降
D. 血浆胶体渗透压升高　E. 血浆晶体渗透压升高
2. 形成蛋白尿时，蛋白质首先通过的肾结构是（　　）【2015年】
A. 近端小管　B. 肾小管细段　C. 远端小管　D. 肾结合小管　E. 滤过膜
3. 影响肾小球滤过膜通透性的因素不包括（　　）【2016年】
A. 肾小球毛细血管内皮细胞肿胀　B. 肾小球毛细血管内皮下的基膜增厚
C. 肾小球毛细血管管腔狭窄　D. 囊内皮孔隙加大
E. 肾小球旁细胞分泌增加
4. 肾小球滤过率是指（　　）【2018年】
A. 两侧肾脏生成的原尿量　B. 一侧肾脏生成的原尿量　C. 流经两侧肾脏的血量
D. 流经一侧肾脏的血量　E. 一个肾单位生成的原尿量
5. 肾脏重吸收原尿中葡萄糖的主要部位是（　　）【2011年】
A. 集合管　B. 近球小管　C. 远球小管　D. 髓袢升支细段　E. 髓袢降支细段
6. 决定尿液浓缩和稀释的重要因素是（　　）【2011年】
A. 肾小球血流量　B. 肾小球滤过率　C. 肾小球囊液渗透压
D. 肾小球滤过分数　E. 远曲小管和集合管对水的通透性
7. 动物严重呕吐或者腹泻时，尿量减少的主要机制是（　　）【2012年】
A. 抗利尿激素分泌增加　B. 血浆晶体渗透压降低　C. 血浆胶体渗透压降低
D. 入球小动脉舒张　E. 肾小囊内压升高
8. 葡萄糖在近曲小管的吸收机制为（　　）【2013年】
A. 简单扩散　B. 内吞　C. 渗透　D. 滤过　E. 继发性主动转运
9. 促进抗利尿激素分泌的主要因素是（　　）【2014年】
A. 血浆胶体渗透压升高或血容量增加　B. 血浆晶体渗透压降低或血容量增加
C. 血浆胶体渗透压降低或血容量降低　D. 血浆晶体渗透压升高或血容量降低
E. 肾小球滤过率增大

项目十九　生殖与泌乳

【学习目标】

理解性成熟、体成熟和性季节的概念及对于生产实践的意义；掌握雄性和雌性生殖生理的规律及特点；掌握动物泌乳规律。

能运用动物生殖生理规律特点为畜牧业生产实践服务。

【学习内容】

任务一　概　　述

生殖是动物保持种族延续、繁衍种系的最基本的生理活动。生物体生长发育成熟后，便具有了生殖能力。生殖是通过两性生殖器官的活动和两性生殖细胞的结合而实现的。生殖过程包括两性生殖细胞生成、交配、受精、妊娠、分娩及哺乳等环节。

一、性成熟、体成熟

（一）性成熟

哺乳动物生长发育到一定时期，生殖器官已基本发育完全，并具备繁殖后代的能力，称为性成熟。到性成熟时，动物的性腺能产生成熟的生殖细胞和分泌性激素；出现各种性反射；能完成交配、受精、妊娠和胚胎发育等生殖过程。

性成熟是一个发展过程，它的开始阶段称初情期。母畜初情期的标志是第一次发情，但这时的发情和发情周期是不正常和不完全的；公畜的初情期较难判断，这时可表现出不明显的性行为。

家畜性成熟的年龄随种类、品种、性别、气候、营养和管理等情况而有所不同。一般来讲，小动物比大动物性成熟早，雌性动物比雄性动物性成熟早。早熟品种、气温较高和良好的饲养管理等都能使性成熟提前。

（二）体成熟

动物达到性成熟时，身体仍在发育，直到具有成年动物固有的形态结构和生理特点，称为体成熟。

（三）初配年龄的确定

各种动物的初配年龄，应根据地区特点、品种、饲养管理等条件灵活掌握。早熟品种、优良饲养管理、南方地区可以把初配年龄适当提早；晚熟品种、粗放饲养管理、北方寒冷地区应该适当推迟。

动物性成熟时，虽然已具备繁殖能力，但一般不宜立即用来配种、繁殖。这是由于这一时期家畜自身仍处于生长期，过早的繁殖，不但影响自身的生长发育，而且影响胎儿的生长发育。在生产实践中，一般选择在体成熟或体成熟之后进行初配，大家畜体重要达到成年体重的70%后才开始配种。

常见动物性成熟和初配年龄见表19-1。

表19-1 常见动物性成熟和初配年龄 月龄

动物种类	性成熟		初配年龄	
	公畜	母畜	公畜	母畜
牛	10～18	8～14	24～36	18～24
羊	6～10	6～10	12～18	12～18
猪	4～8	4～8	9～12	8～10
马	18～24	12～18	36～48	30～36
兔	3～4	3～4	6～8	6～8
犬	10～12	7～9	12～18	12～18
猫	7～9	5～8	10～12	10～12

二、性季节和发情周期

(一)性季节

性季节也叫发情季节，是指在一年中，某些动物出现周期性发情表现并能繁殖的季节。动物的性季节具有明显的种别特点，牛和猪在一年之中除妊娠期外，都能循环出现多次发情，称终年多次发情；羊、马、猫等动物只在一定季节里表现多次发情，称为季节性多次发情，马一般在春季，羊一般在秋季；犬、狐等动物在发情季节中只出现一次发情，称为季节性单次发情，犬一般在春、秋两季各发情一次。

季节性发情动物在发情季节之间要经过一段无发情表现的时期，称为乏情期。

影响季节性发情的因素有营养、光照等。季节性发情动物随着驯化程度和饲养管理的改善，季节性在逐渐减弱。

(二)发情周期

处在繁殖阶段的母畜，其形态、功能以及性行为均呈周期性变化，这种生理现象称为性周期或发情周期。发情周期通常指本次发情开始到下次发情开始的间隔时间。根据动物生殖器官和行为方面的典型变化，可将发情周期分为发情前期、发情期、发情后期和休情期4个阶段。

1. 发情前期

发情前期是发情开始的一个准备阶段。此时，卵巢中有新的卵泡发育，雌激素分泌增加，腺体活动开始加强，分泌增多，生殖道轻微充血、肿胀，但动物比较安静，一般无交配欲。

2. 发情期

发情期是发情症状集中表现的阶段。此时，卵泡迅速发育成熟并排卵，输卵管和子宫开始蠕动，母畜外阴部充血、肿胀，子宫黏膜增生，腺体分泌增多，子宫颈口开张，并有黏液从阴道流出，牛称为“吊线”。母畜有强烈的性欲和性兴奋，能够接受公畜交配，有的动物还会出现“爬跨”行为。

3. 发情后期

发情后期是发情结束后的一段时期。卵巢中出现黄体，黄体分泌孕激素(孕酮)。在孕酮作用下，子宫内膜增厚，腺体增生，为接受胚胎附植做准备。母畜恢复安静并拒绝交配。如果排出的卵子受精，发情周期中止，进入妊娠阶段，直到分娩后再重新出现发情周期。如未受精，即进入休情期。

4. 休情期

休情期是动物发情后的一个生理活动相对静止期。在此期间，卵巢中黄体逐渐萎缩退化，一旦黄体完全消失，就有新的卵泡开始发育，向下一个发情周期逐渐过渡。休情期动物行为正常，无交配欲。

在生产实践中，常结合外阴变化、阴道黏液变化、行为变化或结合公畜试情等方式进行发情鉴定。掌握发情周期的规律性，可以在畜牧业生产中有计划地繁殖动物，调节分娩时间和畜群的产乳量，防止畜群的不孕或空怀等。

常见动物的发情周期、发情期持续时间及排卵时间有各自的特点(表 19-2)。

表 19-2　常见动物的发情周期、发情期持续时间和排卵时间

动物种类	发情周期/d	发情持续时间	排卵时间
乳牛	21～22	18～19 d	发情结束后 10～11 h
黄牛	18～21	1～2 d	发情结束后 10～15 h
绵羊	16～17	24～36 h	发情开始 24～30 h
山羊	19～21	32～40 h	发情开始 30～36 h
猪	19～21	48～72 h	发情开始 35～45 h
马	19～25	4～8 d	发情结束前 1～2 d

任务二　雄性动物的生殖机能

雄性动物的生殖活动是由雄性生殖系统来完成的，主要包括精子的产生、成熟，精液的排放等系列活动，该活动是在神经与内分泌的调节下进行的。下面按照生殖器官的序列简述其功能。

一、睾丸的功能

睾丸具有产生精子和分泌雄性激素的功能。睾丸的曲细精管是产生精子的场所，睾丸间质细胞可分泌雄性激素。睾丸的外面包着阴囊，具有保护睾丸和调节睾丸温度的作用。阴囊能随体温和外界环境温度的变化而收缩、松弛。当天气炎热时，阴囊的皮肤汗腺出汗，同时阴囊松弛，使热量散发，以降低温度。天气寒冷时，阴囊收缩，使睾丸靠近腹部，便于保温。这样，睾丸能保持所需要的温度，保证精子少受外界温度变化的影响。通常，睾丸温度比体温低 3～4 ℃，这对精子的生成、储藏很有利。隐睾或单睾的动物无生殖能力，不能留作种用。

(一)精子的生成

精子是由睾丸曲细精管中的精原细胞转化而来的。精原细胞是生精干细胞，每个精原细胞分裂成 1 个非活动的精原细胞和 1 个活动的精原细胞，其中活动的精原细胞经 4 次分裂后生成 16 个初级精母细胞。初级精母细胞经过 2 次减数分裂：第一次减数分裂生成 2 个次级精母细胞(为单倍体细胞)；每一个次级精母细胞经第二次减数分裂生成 2 个精子细胞。精子细胞经过形态变化形成精子。精原细胞经过上述发育阶段最后形成 64 个精子。待精子进入管腔后，即沿曲细精管、直细精管及睾丸网进入附睾。在附睾内精子逐渐成熟并储藏于此，到射精时才释放出来。如不射精，精子在附睾中经一定时间后，即衰老、死亡并被吸收。

精子在生成过程中，从曲细精管壁上的支持细胞获得支持和营养。要保证精子有良好的受精能力和获得优良的后代，必须考虑雄性动物的年龄、环境温度和饲养管理等因素。

(二)雄性激素的分泌

睾丸曲细精管之间的间质细胞能分泌雄激素以及少量雌激素。

从睾丸和雄性动物尿中获得的各种激素，都叫雄激素。其中作用最强的是由睾丸间质细胞所分泌的睾丸酮，简称睾酮。睾酮在体内代谢后，转变为雄酮随尿排出。

雄性激素的主要作用是刺激雄性动物副性腺的发育和第二性征的出现，其具体作用见“项目二十三内分泌”。

二、其他性器官的功能

(一)附睾的功能

附睾内适宜精子的存活和发育，具有贮存、成熟、浓缩、运输精子等作用。附睾的上皮能分泌供精子发育所需的养分，能促进精子发育成熟；能吸收精子悬浮液中的水分，浓缩精子悬浮液；附睾尾部较粗，能贮存较多的精子；管壁肌层收缩有力，能使动物在交配前把精子排至输精管。

(二)副性腺的功能

精囊腺、前列腺和尿道球腺的分泌物构成精清的主要成分，具有稀释、营养精子及增加精子活力等作用。

1. 精囊腺

精囊腺的分泌物是淡乳白色黏稠液体。分泌物中富含果糖，能被精子吸收、利用，为精子供能；分泌物中的前列腺素 E_2(PGE_2)能使子宫颈松弛，增强精子穿过宫颈黏液的能力；精囊腺分泌的一种蛋白酶抑制物，对精子和顶体膜有稳定作用。猪和马精囊腺的分泌物，在射精后能在阴道或子宫颈口很快凝固形成栓塞，以防止精液倒流，增加受精的机会。

2. 前列腺

前列腺分泌物为乳白色、浑浊液体，带有特殊腥味，精液特有的气味主要由此产生。分泌物呈碱性(pH 为 7.5～8.2)，随精子排出后进入母畜生殖道，能中和阴道内的酸性物质，并吸收精子排出的 CO_2，以利于精子的活动。

3. 尿道球腺

尿道球腺分泌物为透明黏液，呈碱性(pH 为 7.5～8.2)，在射精时首先排出，可冲洗尿道，中和母畜阴道内的酸性分泌物，为精子通过创造条件。

(三)输精管的功能

输精管为输送精子的管道。精子由于输精管的蠕动而从附睾尾部被送到输精管壶腹部，交配时将精子排到尿生殖道。

(四)阴茎的功能

阴茎是交配器官，当阴茎海绵体间隙内血管充满血液时，表现勃起，以利于交配。

三、交配

交配是由性成熟的雄性和雌性动物共同完成的一种性行为。在自然条件下，通过交配实现受精过程，交配的最终结果是射精。

(一)交配行为

交配行为是复杂的性行为，经过一系列性反射和性行为来完成。在交配过程中，这些性反射的出现有一定的顺序，而每一种反射又是独立的，可以单独发生。性反射是复杂的神经反射活动，雄性动物的性反射共有 4 种。

(1)勃起反射。主要生理变化为阴茎充血、勃起，突出于包皮囊。某些性的刺激通过雄性动物的嗅觉、视觉、听觉和触觉等，引起腰荐部脊髓的勃起中枢兴奋，进而引起阴茎海绵体充血，使阴茎勃起。

(2)爬跨反射。雄性动物爬跨在雌性动物的后躯上面，同时有拥抱动作，又称为“拥抱反射”。

(3)抽动反射。这一反射常常在前 2 个反射之后出现。由臀部肌肉的强烈收缩所形成，是将阴茎插入雌性动物阴道所必需的动作，而以阴茎接触到阴道时表现最为明显。

(4)射精反射。附睾尾、输精管、副性腺、尿道和阴囊等由于腰荐脊髓的射精中枢的兴奋而引起强烈的分泌和收缩，结果使精液排出。射精反射过程中，动物非常安静。此过程的长短，因动物的种别及射精量的大小而有所不同。

雄性动物的交配行为阶段明显，雌性动物不甚显著。各种动物交配所需时间不同，猪 5～8 min，马 1.5～2 min，牛、羊只有几秒钟。

(二)射精

射精指雄性动物将精液射入雌性动物生殖道内的过程。动物射精的部位一般可分为以下 2 种类型。

(1)阴道射精型。将精液射至阴道深处和子宫颈口附近，如牛、羊等。

(2)子宫射精型。将精液射入子宫内，如猪、马、驴、骆驼等。

四、精液

精液由精清和精子组成，黏稠不透明，具有特殊腥味，pH 为 7.0～7.3，渗透压与血浆相似。精子在精液中所占比例很小，射精量主要取决于精清的多少，动物每次交配时的射精量越多，单位体积内精子数就越少；射精量越少，精子数就越多。常见动物的射精量及精子浓度见表 19-3。

表 19-3 常见动物的射精量及精子浓度

动物种类	1 次射精量/mL	1 mL 中精子数/10^{10}	1 次射精的总精子数/10^{10}
牛	4～5	1～2	4～10
羊	1～2	2～5	2～10
猪	200～400	0.1～0.2	20～30
马	50～100	0.08～0.2	4～20

(一)精清

精清是副性腺、附睾和输精管的混合分泌物,呈弱碱性,其成分复杂,内含果糖、蛋白质、磷脂化合物、无机盐和各种酶等。主要作用为稀释精子,便于精子运行;为精子提供能量,保持精液正常的 pH 和渗透压;刺激子宫、输卵管平滑肌的活动,有利于精子运行。

(二)精子

精子是高度分化的雄性生殖细胞,呈蝌蚪形,分为头、颈、尾 3 部分。头部呈扁圆形,内有 1 个核,核的前面为顶体。核主要携带父系遗传物质(DNA)。尾部很长,是精子的运动器官。精子形态异常(如头部狭窄、尾弯曲、双头、双尾等),都是精液品质不良的表现。

精子活动性是评定精子生命力的重要标志。精子的运动形式有 3 种:即直线前进运动、原地转圈运动和原地颤动。只有呈直线前进运动的精子,才具有受精能力。

环境因素对离体后的精子活力影响很大,甚至会造成精子死亡。如在 0 ℃下精子呈不活动状态;阳光直射、40 ℃以上温度、偏酸或偏碱、高渗或低渗环境及消毒液的残余等都会造成精子迅速死亡。在处理精液时,要注意避免不良因素的影响。

任务三　雌性动物的生殖机能

雌性动物的生殖活动主要包括卵子的生成、排卵、受精、妊娠、分娩和泌乳等一系列过程。该活动是由雌性生殖系统来完成的,是一个很复杂的过程。

一、卵巢的机能

卵巢的主要功能是生成卵子、排卵和分泌雌性激素(雌激素、孕激素等)。

(一)卵子的生成

卵巢皮质内有很多卵原细胞,成熟的卵母细胞来源于卵原细胞。卵子的生成与胚胎发育、卵泡发育及受精过程均有着密切联系,要经过增殖期、生长期和成熟期 3 个阶段。

增殖期:卵巢内的卵泡由原始卵泡发育成初级卵泡时,卵原细胞经过多次有丝分裂,数目增多,成为初级卵母细胞。这一过程在胚胎期或胎儿出生后不久完成。

生长期:卵泡由初级卵泡发育成次级卵泡时,初级卵母细胞经第 1 次成熟分裂,形成次级卵母细胞和第一极体。

成熟期:次级卵母细胞进行第 2 次成熟分裂,至分裂中期停止下来,虽然这时卵泡已发育成熟,但卵子仍处于次级卵母细胞阶段,在受精时精子核进入次级卵母细胞之后继续进行第 2 次成熟分裂,直到最后成熟,并排出第二极体。

(二)排卵

突出于卵巢表面的成熟卵泡破裂,卵母细胞及其周围的透明带、放射冠随卵泡液一同流出卵巢的过程。排卵发生的机制:由于成熟卵泡的体积增大,部分突出于卵巢表面,使隆起部分的卵泡壁、白膜和生殖上皮变薄,并出现一个卵圆形透明小区,称小斑。小斑处的组织被胶原酶、透明质酸酶分解使其破裂。排卵是由腺垂体分泌促黄体生成激素作用引起的,有 2 种类型。

(1)自发性排卵。牛、马、猪、羊等动物卵泡发育成熟后即自然发生排卵的现象称自发性排卵。

(2)诱发性排卵。猫、兔等动物只有交配才能诱发促黄体生成激素达到高峰,卵泡发育成熟后必须通过交配刺激才能发生排卵的现象,称诱发性排卵。

牛、马等动物每次发情一般只有 1 个卵泡成熟,只排出 1 个卵子,在左右两侧卵巢交替出现。少数可排出 2 个卵子。而猪、山羊、犬、兔等动物,每次发情有好几个卵泡同时成熟,排出 2 个以上的卵子。每次发情成熟的卵泡数目在很大程度上决定着动物的产仔数。

(3)内分泌机能。卵巢能分泌多种激素,如雌激素、孕激素、松弛素和少量雄性激素等(其生理作用在"项目二十三内分泌"中详述)。

二、其他性器官的功能

(一)输卵管的机能

输卵管既可以运输卵子,又是受精的部位。其生理机能如下。

(1)接纳卵巢排出的卵子。

(2)输卵管上皮纤毛的摆动和管壁肌层的收缩,推动精子或卵子运行。

(3)输卵管是精子获能和受精的场所。

(4)输卵管是受精卵卵裂和早期胚胎发育的场所。

(二)子宫的机能

子宫是胚胎发育的场所,子宫在生殖过程中的主要生理作用如下。

(1)交配时,子宫平滑肌的收缩有助于精子向输卵管运行。

(2)分娩时,子宫平滑肌的收缩是重要的产力。

(3)子宫乳对胚泡有滋养作用。

(4)参与形成胎盘,保证胎儿生长发育。

(5)子宫内膜分泌的前列腺素具有溶解黄体的作用。

(6)在妊娠期,子宫颈能分泌黏稠分泌物,闭塞子宫颈口,可以防止感染。

(三)阴道的机能

阴道是交配器官,是某些动物(如牛、羊)交配时精液的排放处,又是胎儿和胎盘产出时的通道。尿生殖前庭中的前庭腺分泌一种黏稠的液体,在发情时活动旺盛。阴门部的阴蒂是由勃起组织构成,具有丰富的感觉神经末梢,受性刺激,发生勃起。

三、受精

受精是指精子和卵子结合形成合子(受精卵)的过程。受精部位在输卵管的壶腹部。

(一)精子和卵子在受精前的准备

精子和卵子在受精部位相遇之前需要经历一系列变化,为受精做好准备,这样才有可能完成受精过程。

1. 精子在受精前的准备

精子在受精前必须经历某种生理学和形态上的变化,才具备受精能力。这一变化过程称为精子获能。精子的获能始于阴道,但主要部位是子宫和输卵管。精子的获能机制极为复杂,目前认为刚射出的精子表面有一种叫去能因子(糖蛋白)的物质,它使精子的受精能力受到抑制。当精子进入雌性生殖道(主要是子宫和输卵管)后,去能因子的作用被解除,精子才具有真正的受精能力。各种动物精子获能时间不同:牛 2～3 h,羊 1.5 h,猪 3～6 h。

2. 卵子在受精前的准备

卵子在受精前也有一个与精子获能类似的生理成熟过程,各种动物卵子的成熟程度不尽相同。牛、绵羊、猪排出的卵子是次级卵母细胞,第 2 次成熟分裂已进行到分裂中期,直到受精时第 2 次成熟分裂才完成。马排出的卵子为初级卵母细胞,在输卵管中进一步成熟。

(二)精子和卵子保持受精能力的时间

精子在雌性生殖道内保持受精能力的时间为:牛 15～56 h、羊 48 h、猪 50 h,马在配种 5 d 内仍有活的精子。卵子在输卵管内保持受精能力的时间为:牛 8～12 h、羊 12～16 h、猪 8～10 h、马 6～8 h。精子和卵子在母畜生殖道内保持受精能力的时间比较短,因此无论自然交配,还是人工授精,都要准确掌握配种时间,这对提高繁殖率非常重要。

(三)受精过程

1. 精子和卵子相遇

家畜的受精部位都在输卵管壶腹部。因此,精子要从射精部位(阴道或子宫)运行到受精部位;卵子也要从输卵管伞部运行到输卵管壶腹部,在此相遇,才有可能完成受精。

精子的运行主要是靠精子本身的前进运动和雌性生殖道(子宫和输卵管)的节律性收缩实现。各种动物精子运行至受精部位所需时间为:牛 2～12 min,羊几分钟至几小时,猪 15～30 min,马约 24 min。卵子的运行靠输卵管平滑肌收缩及输卵管上皮细胞纤毛的摆动实现。

2. 精子进入卵子

精子进入卵子需要穿过放射冠、透明带与卵黄膜三道屏障。精子与卵子相遇后,顶体膜破裂,顶体酶系统陆续释放出来,溶解卵子周围的放射冠及透明带,使精子进入卵黄周隙,接近卵黄膜。精子顶体酶系统的激活和释放过程称为顶体反应。精子头部与卵黄膜接触后,精子和卵子质膜相互融合,使精子进入卵黄质。

一旦精子穿过透明带后,卵子即改变透明带的成分,破坏精子受体结构,封闭透明带,使其他精子再难以进入卵子,这一反应称为透明带反应。而当精子穿过透明带触及卵黄膜时,卵黄膜会产生某种反应,阻止后来精子通过卵黄膜,这种反应称为卵黄封阻作用。透明带反应和卵黄封阻作用,是防止多精子受精的因素。

3. 雌、雄原核形成及合子生成

精子进入卵细胞后,头、尾部分离,头部膨大,细胞核内出现核仁、核膜,形成雄性原核。卵子受到精子激活后,完成第 2 次成熟分裂,也出现核仁和核膜,成为雌性原核。随后,雌、雄性原核逐渐在卵细胞中央靠拢,核膜消失,染色体相互聚集在一起重新进行组合,恢复为二倍体细胞(合子),完成受精全过程。

四、妊娠

受精卵在母体子宫内生长发育为成熟胎儿的过程,称为妊娠。妊娠过程漫长而复杂,伴随胚胎的生长发育,母体生殖器官的形态和整个生理机能都会发生一系列显著变化。

(一)卵裂

受精卵按一定规律进行多次重复分裂的过程，称卵裂。卵裂所形成的细胞，称卵裂球。卵裂主要在输卵管内进行。卵裂到16～32个卵裂球时，胚胎在透明带内呈实心细胞团，形似桑葚，称桑葚胚。卵裂末期的胚胎已经迅速通过输卵管进入子宫，随着细胞的进一步分裂，卵裂球之间出现腔隙，并逐渐增大成为囊胚腔，此时的胚胎称囊胚。囊胚细胞也开始分化，位于囊胚顶壁大的细胞团，称内细胞团或胚结；围绕囊胚腔的细胞逐渐变成扁平形，称滋养层。内细胞团将来发育为胚体和部分胎膜，滋养层将来发育为绒毛膜，通过它向胚胎提供营养。这时期的胚胎透明带消失，呈透明的泡状，称为胚泡。牛的胚泡期在排卵后8～10 d，绵羊8～9 d，山羊7～8 d，猪6～8 d。

(二)妊娠的建立

1.妊娠识别

卵子受精后在运往子宫的途中进行细胞分裂形成胚泡，此间产生某些因子，向母体发出信号，使母体识别胚胎的存在。在此之后，母体也做出相应的反应，包括子宫上皮增厚、分泌增加，为胚泡着床做准备。卵巢上形成妊娠黄体，继续分泌孕酮，抑制新的卵泡发育和排卵，以维持妊娠状态。

2.附植

胚泡发育初期，在子宫内处于游离状态。随后胚泡滋养层与子宫内膜逐渐发生组织学和生理学的联系，使胚泡固着于子宫内膜，这一生理过程称为附植(又称着床)。附植是在雌激素的协同下，由孕酮起主导作用完成的。完成附植的时间，牛在受精后45～75 d，马90～105 d，猪20～30 d，绵羊10～22 d。

(三)妊娠的维持

胚泡附植后，由胎盘提供营养，使胚泡在子宫内继续生长发育直至分娩的生理过程称为妊娠的维持。胎盘是妊娠维持的必要器官。胎盘由胎膜的绒毛膜和妊娠子宫内膜共同构成。前者称为胎儿胎盘，后者称为母体胎盘。

胎盘在胎儿生长发育过程中起重要作用，它的主要功能有：①胎盘是胎儿与母体之间进行物质交换的器官，胎儿与母体之间的血液并不直接相通，它们之间的物质交换是通过渗透和弥散作用来实现的。②胎盘的渗透和弥散作用是具有选择性的，既保证胎儿获得营养物质，又可保护胎儿免受有害物质(如细菌、寄生虫)的侵害，也称为胎盘屏障。③胎盘是一种暂时性内分泌器官，分泌主要的激素有孕酮、雌激素、促性腺激素、前列腺素等，对于维持妊娠、保证胎儿发育和顺利分娩等有着重要意义。

(四)妊娠期胚胎的生长发育及其调节

1.胚胎的生长发育

从受精卵到胎儿发育成熟，一般要经历3个阶段。

(1)胚芽期(合子期)。合子不断地进行细胞分裂和增殖，细胞数目增加，但形态变化不大。胚芽期的持续时间在牛、马中约1周。

(2)胚胎发生期。细胞发生分化，形成内胚层、中胚层和外胚层，并由各胚层分别形成各器官和系统，牛这一时期发生在妊娠第2～6周。

(3)胎儿生长期。表现为胎儿重量和体积的不断增长。胎儿生长速度早期比较缓慢，随后变快，至分娩前又趋缓慢。呈“S”形生长曲线。

2. 胚胎生长的调节

胚胎的生长取决于母体—胎盘—胎儿三者之间的关系，妊娠期间，三者都产生新的生物活性物质和激素，通过三者的功能整合，保证充足的营养供给，并调节胚胎的生长发育。

(五)妊娠期母体的变化

在妊娠期，为适应胎儿的生长发育，母体生理机能也会发生一系列的变化。

1. 生殖器官的变化

妊娠黄体分泌大量孕酮；抑制排卵和降低子宫平滑肌的兴奋性；子宫颈分泌黏液堵塞子宫颈口；乳腺增生，导管和腺泡发育完全，为哺乳做准备。

2. 内分泌机能的变化

甲状腺、甲状旁腺、肾上腺和垂体机能亢进；孕酮在整个妊娠期维持高水平，至分娩之前迅速下降；雌激素含量在妊娠中期增加，分娩前几天急剧上升；催产素和肾上腺皮质激素含量也在分娩前上升。

3. 消化、代谢机能的变化

在妊娠前期和中期，母体代谢增强，食欲旺盛，对饲料的消化吸收能力提高，因此体重增加，全身被毛平直而光亮；到妊娠后期由于胎儿快速生长而母体反见消瘦。

4. 其他变化

由于胎儿的生长发育，腹围加大，内脏器官受到子宫挤压向前移动，因此出现浅而快的胸式呼吸；心脏负担加重而出现代偿性心肌肥大；到妊娠末期，血液中碱储减少，出现酮体，形成生理性酮血症；排粪、排尿次数增多，尿中出现蛋白质。

(六)妊娠期

从卵子受精至正常分娩所经历的时间，称为妊娠期。常见动物的妊娠期见表 19-4。

表 19-4 常见动物的妊娠期 d

动物种类	平均妊娠期	变动范围	动物种类	平均妊娠期	变动范围
牛	282	240～311	马	340	307～402
水牛	310	300～327	犬	62	59～65
羊	152	140～169	猫	58	55～60
猪	114	110～140	兔	30	28～33

五、分娩

发育成熟的胎儿和胎衣通过母畜生殖道产出的过程，称为分娩。子宫肌、腹壁肌和膈肌的收缩是分娩时的主要动力，临床上称为产力。

(一)分娩前的预兆

母畜临近分娩前有一系列生理和行为的变化，这是分娩的预兆，主要表现为：外阴肿胀，黏液塞溶解，乳房红肿并有自动排乳现象；臀部肌肉塌陷，经常回顾后腹等；有的动物在临近分娩前还会提前做窝或离群。

(二)分娩的过程

分娩过程一般分为开口期、胎儿产出期和胎衣排出期3个阶段。

1. 开口期

子宫平滑肌发生间歇性的收缩，称为阵缩。开始收缩频率较低，以后频率加快，间歇时间变短。这时子宫内压增大，把胎儿和胎水挤入子宫颈，使子宫颈扩张，部分胎膜突入阴道，最后破裂流出胎水，胎儿前部进入骨盆腔(硬产道)。

2. 胎儿产出期

子宫平滑肌发生强烈、频繁而持久的收缩。同时腹壁肌和膈肌也发生强烈的收缩，动物呈弓腰排便状，称为努责。这时腹内压显著升高，迫使胎儿从子宫经阴道排出体外。

3. 胎衣排出期

胎儿排出后，经短暂的间歇，子宫又开始阵缩，使胎衣与子宫壁分离，随后排出体外。胎衣排出后，子宫收缩压迫血管裂口，阻止继续出血。

犬、猫等动物的胎衣随着胎儿同时排出。猪在全部胎儿排出后很快就排出胎衣。马胎衣较容易脱落，故排出很快，一般不超过1 h。牛胎衣不易脱落，排出较慢，但一般不超过12 h。

(三)分娩的机制

分娩机制的学说很多。一般认为，当胎儿在母体子宫内增大时，使子宫平滑肌伸展，并刺激子宫和子宫颈的感觉神经。这种刺激引起垂体后叶增加催产素的分泌，并与雌激素协同作用于子宫平滑肌，使子宫平滑肌的兴奋性增强，启动子宫阵缩。此时孕酮浓度已下降，解除了对子宫平滑肌收缩的抑制作用，于是在强有力的阵缩推动下，胎儿经过已开放的子宫颈口和扩张的阴道而产出。

任务四 泌 乳

泌乳是家畜繁衍后代的一个重要生理过程，不但为仔畜提供营养丰富的食物，而且将母畜的一些信息传递给仔畜。另外，乳牛等乳用动物的泌乳，还是乳业生产的基础。黄牛和水牛的泌乳期为90～120 d，人工培育的乳牛泌乳期长达300 d。从乳腺停止泌乳到下次分娩为止的一段时期，称为干奶期。

一、泌乳

乳腺组织的分泌细胞从血液中摄取营养物质再转化为乳汁，并分泌入腺泡腔的过程，称为泌乳。泌乳过程包括3个阶段：①乳前体的获得——血液中营养成分进入乳腺。②乳的合成——乳腺细胞内合成乳的部分成分。③乳腺分泌物转运进入腺泡腔内。

(一)乳前体的获得

乳的前体来源于血液，比较血液和乳中的相应组分，可发现乳中的无机盐、某些激素及一些蛋白质等与血液相似，它们直接来自血液。而乳糖、乳脂及大部分乳蛋白与血液不同，是由乳腺细胞合成的。

(二)乳的合成

乳中的乳蛋白、乳脂和乳糖等是乳腺细胞利用血液中的原料，经过复杂的生化反应合成而来。

1. 乳糖

乳糖是乳中的主要糖类，它由一分子葡萄糖和一分子半乳糖组成。乳腺细胞中葡萄糖来源于血液，乳腺血液中有 60%～70% 的血糖用来合成乳糖。大部分半乳糖由葡萄糖转变而来。

乳糖是维持乳中渗透压的主要因素，上皮细胞的分泌和水分重吸收很大程度上取决于乳糖的含量，因此泌乳量与乳糖浓度密切相关，当乳糖分泌不足时，产乳量下降。

2. 乳脂

乳脂中甘油三酯占 97%～98%，磷脂及其他脂肪仅占 2%～3%。乳腺细胞中乳脂主要有 3 种来源：①由葡萄糖在糖酵解过程中产生的甘油和脂肪酸合成甘油三酯；②血脂在通过毛细血管和分泌上皮的细胞膜时被分解成脂肪酸、甘油和甘油一酯，成为合成乳脂的原料；③瘤胃微生物消化产生的乙酸，经吸收后运送至乳腺，进而合成脂肪酸。

3. 乳蛋白

乳中的蛋白质主要是酪蛋白和乳清蛋白。乳中大部分蛋白质(90%)是利用血液游离氨基酸合成的；另外一些蛋白质(如免疫球蛋白、血清白蛋白)则直接来源于血液；还有少量可能来自废弃或完整的细胞。

(三)乳腺分泌物的转运

乳腺分泌物转运进腺泡腔要经过两个过程：乳组分从合成部位到达腺泡细胞膜顶端；跨膜进入腺泡腔。其中蛋白质、脂肪、乳糖分子以胞吐作用的形式进入腺泡腔，而无机离子主要通过主动转运机制转运。

二、乳

乳可分为初乳和常乳两种。

(一)初乳

母畜分娩后 7 d 内所分泌的乳称为初乳。初乳色黄而浓稠，稍有咸味，干物质含量较高。在干物质中又以蛋白质(血清白蛋白和免疫球蛋白)和无机盐(主要是镁盐)含量最多。初乳中还含有白细胞及大量免疫球蛋白。新生仔畜哺喂初乳后，初乳中的蛋白质通过消化道可迅速吸收入血，以补充新生仔畜血浆蛋白的不足；在新生仔畜出生后 24～36 h，免疫球蛋白可通过肠黏膜直接吸收，使其获得被动免疫，以增强抗病能力；镁盐具有缓泻作用，可促使胎粪的排出。因此，给新生仔畜及时哺喂初乳，具有很重要的生理意义。

(二)常乳

初乳期过后，乳腺所分泌的乳汁称为常乳。各种动物的常乳，均含有水、蛋白质、脂肪、糖、无机盐、酶和维生素等。蛋白质主要是酪蛋白，其次是白蛋白和球蛋白。当乳变酸时(pH 为 4.7)，酪蛋白与钙离子结合而沉淀，致使乳汁凝固。乳中还含有来自饲料的各种维生素和植物性饲料中的色素(如胡萝卜素、叶黄素等)以及血液中的某些物质(抗毒素、药物等)。

三、排乳

哺乳或挤乳可引起乳腺系统紧张性改变,使贮积在腺泡和乳导管系统的乳迅速流向乳池的过程称为排乳。

排乳是一种复杂的反射过程。由于哺乳或挤乳时刺激了母畜乳头的感受器,反射性地引起腺泡和细小输乳管周围的肌上皮收缩,于是腺泡乳就流入导管系统,接着乳道或乳池的平滑肌强烈收缩,乳池内压迅速升高,乳头括约肌弛缓,乳汁就排出体外。在挤乳期间,乳池内压力保持较高水平,并在一定范围内波动,方可保证乳汁不断流出。最先排出的是乳池内的乳,之后排出的是从乳腺腺泡及乳导管所获得的乳,称为反射乳。

排乳反射能建立条件反射。挤乳的地点、时间、各种挤乳设备、挤乳操作、挤乳人员的出现等,都能作为条件刺激物形成条件反射。在固定的时间、地点、挤乳设备和熟悉的挤乳人员以及按操作规程进行挤乳,可提高产乳量。反之,不正规挤乳、不断地更换挤乳人员、喧扰环境等因素均可抑制排乳,降低产乳量。因此,在畜牧业生产中必须根据生理学原理,进行合理的挤乳才能获得高产效益。

【学习要求】

识记　精液的组成;牛、羊、猪、马等动物性成熟、体成熟和初配的年龄;各种动物的平均妊娠期;性成熟、体成熟、发情周期、排卵、受精、妊娠、分娩、泌乳和排乳反射等概念;胎盘的生理作用。

理解　各生殖器官的生理功能;公畜的性反射;发情周期的规律及母畜的发情表现;卵泡的发育过程;排卵的机制;精子和卵子的成熟过程;受精过程;精子获能;胚泡的附植过程;透明带反应和卵黄封阻作用;分娩的过程及机制;泌乳的原理;胚胎的生长发育;妊娠母体的变化。

应用　(1)观察母畜的发情表现及分娩前的预兆有何实践意义?(2)给新生仔畜及时哺喂初乳有何生理意义?(3)在畜牧生产实践中如何利用排入反射?(4)精子和卵子在受精前分别做什么样的准备?(5)在畜牧业生产过程中如何通过掌握配种时间提高受孕率?

【知识拓展】

初乳改善胃肠功能

牛初乳多种功能组分可直接清除肠道有害细菌、病毒,进而减轻免疫系统负担,使先天防御系统更好地对付肠外其他病菌。乳铁蛋白(LF)是一种铁结合糖蛋白,在牛初乳中含量因来源不同浓度变动范围为 1.5～50.0 mg/mL,是常乳的 50～100 倍,LF 能增强肠道系统对铁的吸收,LF 的氨基和羧基末端的 2 个铁离子结合区域,能高亲和并可逆地与铁离子结合,从而维持铁元素在一个较广的 pH 范围内完成在十二指肠中被细胞吸收和利用;LF 能抑制大肠杆菌、沙门氏菌、痢疾杆菌、金黄色葡萄球菌和单细胞李斯特菌等多种革兰阴性菌和革兰阳性菌,因此 LF 属于广谱抑菌剂。许多研究者相信乳铁蛋白的抑菌能力归功于与铁离子形成结合物,剥夺了细菌生长的基本营养。在婴儿肠道内,铁离子含量少,乳铁蛋白夺取了细菌所需的铁源,因此乳铁蛋白对婴儿抑菌作用更为明显。1980 年,Arnold 等通过荧光免疫研究发现,乳铁蛋白可与菌体表面结合，从而隔断外界营养物质进入菌体，致使菌体死亡。溶菌酶在牛初乳中含量较高，为 0.14～0.70 mg/L，是常乳的 2 倍，是一种非特异性免疫因子，对杀死肠道腐败球菌有特殊作用。在婴儿体内可以直接或间接增加婴儿肠道双歧杆菌数量，有利于婴儿消化吸收。能够使血清灭菌蛋白、γ-球蛋白等体内防御因子的功能加强，从而增强抗感染能力，特别是对早产婴儿有预防体重减轻，预防消化系统疾病，增加体重的功效。乳过氧化物酶(LP)有破坏菌体蛋白质的硫氢(基)，抑制链球菌的生长和代谢，杀死大肠杆菌，抑制和杀灭沙门氏菌的双重功效。婴儿腹泻多是轮状病毒引起的，在治疗过程中把患儿分为用药物治疗组和用含特异性抗轮状病毒抗体的牛初乳治疗组，结果表明，用牛初乳治疗比用药物治疗轮状病毒从粪便排出的快。隐性孢子虫病以腹泻为主要特征，导致营养不良，极度消瘦，Ungar 等对一位患隐性孢子虫病的艾滋病患者用四环素、非类固醇抗炎药等多种药物治疗，病情均无好转，通过牛初乳治疗后，腹泻停止，粪检卵囊为阴性。帮助机体对抗胃肠道炎症，牛初乳可以减少抗炎药如阿司匹林、布洛芬和吲哚美辛引起的胃肠道溃疡，在大鼠试验中用 0.5 mL 和 0.1 mL 的牛初乳标样，可以减少由吲哚美辛引起的胃损伤分别达到 30%和 50%。同时还具有促进有益菌生长、调节肠道菌群平衡、改善胃肠胀气、促进营养消化吸收等功能。

执业兽医资格考试真题

1. 动物分泌雄激素的主要器官是(　　)【2009 年】

A. 睾丸　B. 附睾　C. 输精管　D. 精囊腺　E. 前列腺

2. 家畜受精时，精子必须首先穿过(　　)【2010 年】

A. 卵泡　B. 卵泡腔　C. 透明带　D. 放射冠　E. 卵细胞膜

3. 具有结缔绒毛膜胎盘(绒毛叶胎盘)的是(　　)【2010 年】

A. 马　B. 牛　C. 狗　D. 猪　E. 兔

4. 成熟卵泡破裂，释放出其中的卵细胞、卵泡液和一部分卵泡细胞的过程称为(　　)【2015 年】

A. 受精　B. 卵裂　C. 囊胚形成　D. 排卵　E. 桑葚胚形成

5. 属于自发性排卵的动物是(　　)【2015 年】

A. 猫　B. 兔　C. 骆驼　D. 猪　E. 水貂

6. 雄性幼龄家畜去势后，其副性腺(　　)【2016 年】

A. 发育良好　B. 发育不良　C. 功能亢进　D. 退化消失　E. 更加发达

7. 受精的生物学意义不包括(　　)【2016 年】

A. 标志着新生命的开始　B. 染色体的数目复原　C. 传递双亲的遗传基因
D. 决定性别　E. 染色体的数目减半

8. 抑制排乳反射的外周因素是(　　)【2016 年】

A. 神经垂体释放催产素　B. 下丘脑-垂体束兴奋
C. 乳导管平滑肌细胞紧张性降低　D. 交感神经末梢释放去甲肾上腺素减少
E. 肾上腺髓质释放肾上腺素

9. 奶牛乳房阻止病原体侵入的药理屏障，最重要的结构是(　　)【2018 年】

A. 腺泡　B. 分泌小管　C. 输入管　D. 输乳窦(乳泡)　E. 乳头管

10. 睾丸内能够合成睾酮的细胞是(　　)【2017 年】
A. 精原细胞　B. 精母细胞　C. 精细胞　D. 支持细胞　E. 间质细胞
11. 形似蝌蚪，分头、颈和尾三部分的生殖细胞是(　　)【2020 年】
A. 次级精母细胞　B. 初级精母细胞　C. 精子细胞　D. 支持细胞　E. 精子
12. 胎儿与母体进行物质交换的特殊结构是(　　)【2011 年】
A. 卵巢　B. 胎盘　C. 子宫颈　D. 输卵管　E. 子宫角
13. 具有自发性排卵功能的动物是(　　)【2012 年】
A. 猫　B. 兔　C. 骆驼　D. 水貂　E. 牛
14. 当合子(受精卵)分裂细胞数为 16～32 个细胞时，称为(　　)【2014 年】
A. 囊胚　B. 胚泡　C. 桑葚胚　D. 原肠胚　E. 原肠腔
15. 乳腺腺泡细胞合成的物质包括(　　)【2014 年】
A. 乳糖、酪蛋白和维生素　B. 葡萄糖、酪蛋白和维生素　C. 乳糖、酪蛋白、无机盐
D. 葡萄糖、酪蛋白和无机盐　E. 乳糖、酪蛋白和乳脂

项目二十　血液生理

【学习目标】

熟悉血液的组成；理解血细胞的生理功能；掌握血液的化学成分及理化特性；掌握凝血过程及促凝、抗凝措施。

能够在显微镜下识别不同的血细胞；能对离体血液进行抗凝血处理。

【学习内容】

血液是流动于心血管内的一种液态的结缔组织，是体液的重要组成部分。在心脏的推动下，血液在心血管系统内循环流动，执行运输各种营养物质及代谢产物、传递信息和维持机体内环境的稳定等生理机能。

任务一　血液生理

一、体液与机体内环境

1. 体液

体液是指动物机体内的水以及溶解于水中物质的总称。体液占体重的 60%～70%，其中存在于细胞内的称细胞内液，占体重的 40%～45%；存在于细胞外的称细胞外液，包括血浆、组织液、淋巴液和脑脊液等，占体重的 20%～25%，各种体液彼此隔开而又相互联系，通过细胞膜和毛细血管壁进行物质交换。

2. 机体内环境

细胞外液是细胞生存的直接环境，也是细胞与外界环境进行物质交换的媒介。因此，将细胞外液称为机体内环境。

内环境各种理化特性(温度、渗透压、酸碱度、含氧量等)保持相对稳定是细胞进行正常生命活动的必要条件。机体内环境的稳定是在神经-体液的调节下各器官系统相互协调的结果。血液的循环不仅具有运输各种物质的机能,而且在维持内环境稳定方面具有决定性意义:血液在各种组织与各脏器之间输送各种物质,从而维持内环境稳定;血液对内环境某些理化因素变化有一定的缓冲作用;血液可以反映内环境理化性质的微小变化,为维持内环境稳定的调节系统提供必要的反馈信息。

二、血液的组成和理化特性

(一)血液的组成

正常血液为红色黏稠的液体。由液体成分(血浆)和悬浮于其中的有形成分(血细胞和血小板)组成,二者合称为全血(图 20-1)。

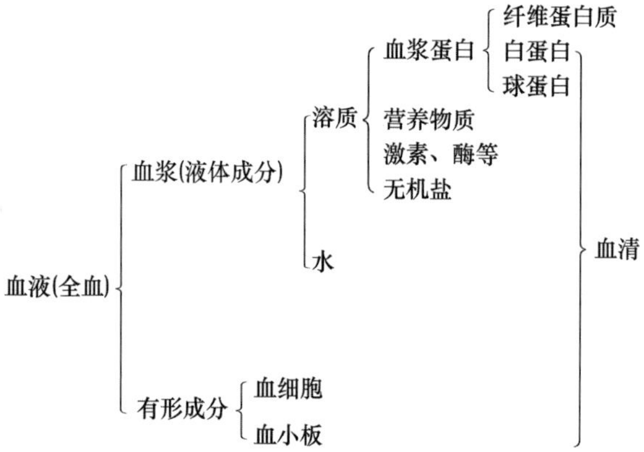

图 20-1 血液的组成

将离体血液加入抗凝剂(草酸钾或枸橼酸钠)置于离心管中离心沉淀后(3 000 r/min,30 min),能明显地分成 3 层:上层淡黄色液体为血浆;下层为深红色的红细胞;在红细胞与血浆之间有一白色薄层为白细胞和血小板。全血中被离心压紧的红细胞所占的容积百分比,称红细胞比容或红细胞压积。其正常值,大多数动物为 34%～45%。当血浆量或红细胞数发生改变时,均可使红细胞比容发生改变。测定红细胞比容有助于了解血液浓缩和稀释的情况,帮助诊断疾病。

离体血液如不作抗凝处理,将很快凝固成胶冻状的血块并逐渐紧缩析出淡黄色的透明液体,称为血清。血清与血浆的主要区别在于血清中不含纤维蛋白原,因为血浆中的可溶性纤维蛋白原参与血凝而凝集于血凝块中。

(二)血量

动物体内的血液总量称为血量,一般可按体重百分比计算:牛 8.0%、猪 4.6%、马 10.0%。在动物安静时这些血液并不全部参与循环,其中有一部分交替贮存于脾、肝、皮肤的毛细血管等处。这些具有贮存血液机能的脏器或部位称为血库,其贮存的血量为血量的 8%～10%。在机体剧烈活动或大失血时会迅速释放并参与循环。因此,家畜一次失血如果不超过 10%,不会影响健康。但如果一次性失血超过 20%,机体生命活动会受到影响;短时间内失血超过30%，可能危及生命。

（三）血液的化学成分

血液除有形成分外，其余成分就是血浆。血浆的化学成分中水分占90%～92%，溶质占8%～10%。血浆的化学成分有来自消化管吸收的消化产物，有来自组织细胞释放的代谢产物。在正常情况下，血浆的各种成分都保持在一定浓度范围内，如果它们发生较长时间或较大幅度的改变，则表示体内代谢过程发生了紊乱或某些器官的生理功能失调。因此，分析血浆化学成分，可作为疾病诊断的依据。

1. 血浆蛋白质

血浆蛋白占血浆总量的6%～8%。包括血清白蛋白、球蛋白和纤维蛋白原3种。α-球蛋白、β-球蛋白、清蛋白和纤维蛋白原由肝脏合成，γ-球蛋白由淋巴细胞和浆细胞制造。其中白蛋白最多，球蛋白次之，纤维蛋白原最少。

血浆蛋白可形成血浆胶体渗透压，调节血液与组织液之间的水平衡；可形成蛋白缓冲对，调节血液的酸碱平衡。γ-球蛋白是抗体、补体系统的主要成分，可参与体液免疫；纤维蛋白原与血液凝固密切相关。

2. 血糖

血液中所含的葡萄糖称为血糖，占0.06%～0.16%。

3. 血脂

血液中的脂肪称为血脂，占0.1%～0.2%，大部分以中性脂肪的形式存在，少部分以磷脂、胆固醇等形式存在。

4. 无机盐

血浆中无机盐的含量为0.8%～0.9%，均以离子状态存在于血液中，如Na^+、K^+、Ca^{2+}、Cl^-、HCO_3^-等，它们对维持血浆渗透压、酸碱平衡、神经肌肉的正常兴奋性都有重要作用。

5. 其他物质

血浆中含有维生素、激素、酶等物质，虽然含量甚微，对机体的代谢及生命活动却有重要的作用。

（四）血液的理化特性

1. 颜色、气味

血液呈红色，血液的颜色主要取决于血红蛋白的含氧量。动脉血含氧量高，氧合血红蛋白（HbO_2）较多，呈鲜红色；静脉血含氧量低，还原血红蛋白（HHb）较多，呈暗红色。血液中因含有NaCl而呈咸味，因含有挥发性脂肪酸而具有特殊的血腥味，肉食动物腥味更甚。

2. 血液的相对密度

血液的相对密度主要决定于红细胞的数量，其次是血浆蛋白的浓度。健康动物血液的相对密度为1.040～1.075。

3. 黏滞性

血液的黏滞性是指血液流动时内部分子互相摩擦所表现出来的黏着特性。其大小主要取决于所含红细胞数量和血浆蛋白的浓度。哺乳动物全血的黏滞性为水的4～6倍。

4. 血浆的渗透压

水通过半透膜向溶液中扩散的现象称为渗透。溶液促使水向半透膜另一侧溶液中渗透的力量，称为渗透压。渗透压的高低取决于溶液中溶质颗粒的多少。在单位体积的溶液中，溶质颗粒越多，渗透压就越高。

血浆的渗透压由两部分构成：一部分是由血浆中的晶体物质(包括无机离子、葡萄糖等)构成的晶体渗透压，约占总渗透压的99.5%；另一部分是由血浆蛋白构成的胶体渗透压，仅占总渗透压的0.5%。血浆晶体渗透压主要维持细胞内、外的水平衡，对于维持血细胞和组织细胞的正常形态和功能有重要意义；血浆胶体渗透压能促进组织液水分回流到毛细血管，维持血浆和组织液间的水分平衡，对于血容量及体内水平衡的保持有重要作用。

凡与血浆渗透压相等的溶液称为等渗溶液。临床输液常用的等渗溶液有0.9%的NaCl溶液(生理盐水)和5%的葡萄糖溶液。

5. 酸碱度

血液呈弱碱性，pH为7.35～7.45。生命活动能够耐受的血液pH最大范围为6.9～7.8。在正常情况下，血液pH之所以保持稳定，主要依赖于血液中的酸碱缓冲对。缓冲对通常是由弱酸和碱性弱酸盐这一对物质所组成。血浆中的缓冲对有：$NaHCO_3/H_2CO_3$、Na_2HPO_4/NaH_2PO_4、Na^+-蛋白质/H^+-蛋白质，其中以$NaHCO_3/H_2CO_3$最为重要。临床上把每100 mL血浆中$NaHCO_3$的含量称为碱储。

在一定范围内，碱储增加表示机体对固定酸的缓冲能力增强。家畜在过度运动或饲喂大量酸性饲料，或因代谢性疾病(糖尿病、酮血症等)导致血中酸性物质显著增加而超过其调节能力时，都会使碱储异常减少，造成代谢性酸中毒。

(五)血液的机能

1. 运输机能

血液的主要机能是运输营养物质和O_2到各组织细胞，同时将代谢产物运送到排泄器官排出体外。血液还可运输激素，以实现体液调节。

2. 调节机能

血液通过与细胞内液、组织液物质的不断交换及循环运输，可调节内环境的相对稳定。

3. 防御和保护机能

血液中的白细胞可吞噬细菌和病原体；抗体可参与免疫；凝血因子及血小板等参与凝血。因此血液对机体有重要的防御和保护作用。

三、血细胞生理

血液的有形成分包括红细胞、白细胞和血小板。

(一)红细胞

1. 红细胞的形态和数量

大多数哺乳动物成熟的红细胞呈双面凹的圆盘状，没有细胞核，在血涂片标本上，中央染色较浅，周围染色较深。骆驼和鹿的红细胞则呈卵圆状。单个红细胞呈黄绿色，大量红细胞聚集在一起则呈红色。禽类的红细胞呈椭圆形，有细胞核。

红细胞在血细胞中数量最多，其正常数量随动物种类、品种、性别、年龄、饲养管理和环境条件而有所变化。如高产品种比低产品种多，幼龄的比成年的多，雄性比雌性多，高原的比平原多，去势的比不去势的多，强健的比衰弱的多，饲养条件好的比差得多。

红细胞的细胞质内充满大量血红蛋白，约占红细胞成分的33％。血红蛋白的含量受品种、性别、年龄、饲养管理等因素的影响。血红蛋白含量常以每升血液中含有的克数表示。

单位容积内红细胞数量与血红蛋白的含量同时减少，或其中之一明显减少，都可被视为贫血。常见动物红细胞和血红蛋白的含量见表20-1。

表20-1　常见动物红细胞和血红蛋白的含量

动物种类	红细胞数量/($\times 10^{12}$/L)	血红蛋白含量/(g/L)
牛	7.0(5.0～10.0)	110(80～150)
绵羊	10.0(8.0～12.0)	120(80～160)
山羊	13.0(8.0～18.0)	110(80～140)
猪	6.5(5.0～8.0)	130(100～160)
马	7.5(5.0～10.0)	115(80～140)
犬	6.8(5.0～8.0)	150(120～180)
猫	7.5(5.0～10.0)	120(80～150)
鸡	3.5(3.0～3.8)	100(80～120)

2.红细胞的生理特性

(1)膜的选择通透性。红细胞膜对各种物质的通透性有严格的选择性，水、H^+、O_2和CO_2可自由通过；阴离子、葡萄糖、氨基酸和尿素较容易通过；阳离子很难通过；蛋白质不能通过。

(2)悬浮稳定性。红细胞能较稳定地悬浮于血浆中而不易下沉的特性，称为红细胞的悬浮稳定性。悬浮稳定性的大小通常用红细胞沉降率来表示，将抗凝血放入血沉管中垂直静置，红细胞由于密度较大而下沉。通常以红细胞在第1小时末下沉的距离表示红细胞的沉降速度，称为红细胞沉降率(简称血沉)。动物种别不同血沉也不同，如牛的血沉很慢，1 h红细胞仅沉降若干毫米；而马的血沉却很快，1 h可下降几十毫米。动物患某些疾病时，血沉发生明显变化，因而对兽医临床有一定的诊断价值。

(3)渗透脆性。红细胞对低渗溶液有一定的抵抗力，红细胞在低渗溶液中抵抗破裂和溶血的特性称为红细胞渗透脆性。通常红细胞内外液的渗透压相等，使红细胞保持一定的形态和大小。高渗溶液中，红细胞由于失水而皱缩，严重时即丧失机能；在低渗溶液中，水分会渗透入细胞内，使红细胞膨胀成球形，细胞膜最终破裂并释放出血红蛋白，这一现象称为溶血。

3.红细胞的功能　红细胞具有运载O_2和CO_2的能力，这一运载功能是靠细胞内的Hb来实现的。另外，红细胞对机体所产生的酸性或碱性物质起着缓冲作用。

如果Hb中的Fe^{2+}被氧化成Fe^{3+}，血红蛋白将失去携带O_2的能力。临床上亚硝酸盐中毒就是由于亚铁血红蛋白氧化成高铁血红蛋白的结果。蔬菜类的茎、叶中含有大量硝酸盐，在加工或存贮不当时，硝酸盐可转化为亚硝酸盐，动物采食后易中毒，如猪的“白菜叶子病”。此外，Hb与CO的亲和力比O_2大200多倍，空气中CO的浓度只要达到0.05％，血液中就有

30%～40%的 Hb 与之结合，生成一氧化碳血红蛋白(HbCO)，使 Hb 运输 O_2 的能力大大降低，严重时动物可发生 CO 中毒死亡，如动物的煤气中毒。

4. 红细胞的生成与破坏

红细胞主要由红骨髓的多功能造血干细胞分化增殖而成，生成后进入血液循环。红细胞生成的主要原料是蛋白质和铁，若供应或摄取不足，造血将发生障碍，出现营养性贫血。红细胞在体内存活的时间平均为 120 d。衰老的红细胞由脾、肝、骨髓中的巨噬细胞吞噬、破坏。

(二)白细胞

白细胞是血液中无色、有核的细胞，体积比红细胞大，多呈球形。

1. 白细胞的数量和分类

根据白细胞胞浆中有无特殊染色颗粒，可分为颗粒性白细胞和无颗粒白细胞两大类。颗粒性白细胞按其染色特点，又可分为 3 类，即中性粒细胞、嗜酸性粒细胞和嗜碱性粒细胞；无颗粒白细胞包括单核细胞和淋巴细胞。

白细胞数量变动范围较大，可随成年动物生理状态而变化。如下午的数量比早晨多，运动后比安静时多，但是各类白细胞之间的百分比却是相对恒定的，如表 20-2 所示。

表 20-2 成年动物白细胞总数及白细胞分类百分比

动物种类	白细胞总数/($\times 10^9$/L)	各种白细胞的百分比/%				
		中性粒细胞	嗜酸性粒细胞	嗜碱性粒细胞	淋巴细胞	单核细胞
牛	8.0	31.0	7.0	0.7	54.3	7.0
绵羊	8.2	37.2	4.5	0.6	54.7	3.0
山羊	9.6	42.2	3.0	0.8	50.0	4.0
猪	8.5	53.0	4.0	0.6	39.4	3.0
马	14.8	46.1	3.0	1.2	47.6	2.1
犬	9.0	61.0	6.0	1.0	25.0	7.0
猫	18.0	68.25	4.5	0.25	25.8	1.2
兔	7.6	35.0	1.0	2.5	59.0	2.0
鸡♂	16.6	25.8	1.4	2.4	64.0	6.4
鸡♀	29.4	13.3	2.5	2.4	76.1	5.7

2. 白细胞的主要功能

白细胞具有变形运动、趋化性和吞噬作用等特性，白细胞依靠其特性抵抗外来微生物对机体的损害，实现对机体的保护功能。白细胞的趋化性是指白细胞能够向其周围环境中存在的某些化学物质靠近的特性。

(1)中性粒细胞。中性粒细胞是颗粒性白细胞中数量最多的一种。胞体呈球形，胞质中有许多细小而分布均匀的淡紫色中性颗粒，可被酸性和碱性染料同时着色。核的形状随细胞的成熟程度而不同，分为幼稚型、杆状核和分叶型。中性粒细胞具有很强的变形运动和吞噬能力。当机体局部受到细菌侵害时，它对细菌产物和受损组织所释放的某些化学物质有趋向性，以变形运动穿出毛细血管，聚集到病变部位吞噬细菌和清除组织碎片。在急性化脓性炎症时，中性粒细胞显著增多。

(2)嗜酸性粒细胞。数量较少,细胞呈球形。胞核为肾形或分叶形,通常为2叶。胞质内充满粗大而均匀的圆形嗜酸性颗粒,一般染成橘红色。嗜酸性粒细胞能以变形运动穿出毛细血管进入结缔组织,在过敏性疾病或某些寄生虫疾病时明显增多。能吞噬抗原—抗体复合物,释放组胺酶,灭活组胺,从而减轻过敏反应。

(3)嗜碱性粒细胞。数量最少,细胞呈球形。胞核常呈S形或分叶形。胞质内含有大小不等、分布不均的嗜碱性颗粒,染成深紫色,胞核常被颗粒掩盖。颗粒内有肝素和组织胺。嗜碱性粒细胞能变形游走,但无吞噬功能。组织胺对局部炎症区域的小血管有舒张作用,能增大毛细血管的通透性,有利于其他白细胞的游走和吞噬活动。肝素对局部炎症部位有抗凝血作用。

(4)单核细胞。单核细胞是白细胞中体积最大的细胞,呈圆形或椭圆形。细胞核呈肾形、马蹄形或扭曲折叠的不规则形。细胞质呈弱嗜碱性,内有散在的嗜天青颗粒,染成浅灰蓝色。单核细胞由骨髓产生释放至血液后,很快进入疏松结缔组织,转变为体积大、含溶酶体多、吞噬能力强的巨噬细胞。患结核病、寄生虫病等慢性感染性疾病时,其数量显著增加。巨噬细胞是体内吞噬能力最强的细胞,能吞噬较大的异物和细菌。

(5)淋巴细胞。数量较多,呈球形,细胞核呈圆形、椭圆形或肾形。细胞质很少,仅在核周围形成蓝色的一薄层。淋巴细胞一般按直径大小分为大、中、小3种。健康动物血液中,大淋巴细胞极少,中淋巴细胞较少,主要是小淋巴细胞。淋巴细胞主要参与体内免疫反应。

3.白细胞的生成与破坏

各类白细胞来源不同,颗粒性白细胞是由红骨髓的原始粒细胞分化而来;单核细胞大部分来源于红骨髓,一部分来源于单核吞噬细胞系统,经血液进入疏松结缔组织,最后分化成巨噬细胞;淋巴细胞生成于脾、淋巴结、胸腺、骨髓、扁桃体及散在于肠黏膜下的集合淋巴结内。

白细胞在血液中停留的时间一般都不长,若干小时至几天。衰老的白细胞大部分被巨噬细胞所清除,小部分可在执行防御功能中被细菌或毒素所破坏,或经由唾液、尿、肺和胃肠黏膜被排出。

(三)血小板

血小板是一种无色、呈圆形或卵圆形的小体,有细胞膜和细胞器,但无细胞核,体积比红细胞小,是骨髓巨核细胞的胞质脱落碎片。

血小板的平均寿命为7～14 d,而后在脾脏和肝脏中被吞噬破坏,也可能在生理性止血及血管内皮修复过程中被消耗。

四、血液凝固及抗凝、促凝措施

血液凝固是指血液由流动的液体状态转变为不流动的胶体状凝块的现象。血液凝固是由于血浆中呈溶胶状态的纤维蛋白原转变为呈凝胶状态的纤维蛋白。纤维蛋白呈丝状交织成网,把血细胞网罗在一起,成为胶冻样血凝块。动物偶尔受伤出血,凝血作用可避免失血过多,因此凝血也是机体的一种保护功能。各种家畜血凝发生所需时间略有差异:牛为6.5 min、羊为2.5 min、猪为3.5 min、马为11.5 min。

(一)凝血过程

凝血过程是一个多因子参与的一系列酶促反应,大体可分为3步。

(1)凝血酶原激活物的形成。凝血酶原激活物不是一种单纯物质,而是由多种凝血因子经过一系列的酶促反应而形成的复合物。当组织受到损伤(外源性系统)或血管内皮损伤(内源性系统)时,就会使体内原来存在的一些没有活性的组织因子和接触因子被激活,这些因子进一步活化凝血因子,在 Ca^{2+} 的参与下,即可形成凝血酶原激活物。

(2)凝血酶原转变成凝血酶。血浆中有肝脏生成的没有活性的凝血酶原,当凝血酶原激活物出现后,即可在 Ca^{2+} 的参与下,使凝血酶原转变成有活性的凝血酶。

(3)纤维蛋白原转变为纤维蛋白。凝血酶出现后,在 Ca^{2+} 的参与下,使纤维蛋白原转变为纤维蛋白,从而使血液发生凝固。

血液在血管内流动时一般不发生凝固,其原因为:一方面是心血管内皮光滑,上述反应不易发生;另一方面是血浆中存在一些抗凝血物质,如肝素,可抑制凝血酶原激活物的形成,阻止凝血酶原转化为凝血酶,抑制血小板黏着、聚集,影响血小板内凝血因子的释放;此外,如果血液在心血管中由于纤维蛋白的出现而产生凝血时,血浆中存在的纤溶酶原也往往被激活,迅速将纤维蛋白溶解,使血液不再凝固,保证血液正常运行。

(二)抗凝、促凝措施

1. 抗凝方法

(1)低温。血液凝固是一系列酶促反应,而酶的活性受温度影响最大,将血液置于较低温度下可降低酶促反应而延缓血液凝固。

(2)加入抗凝剂。在凝血的 3 个阶段中,都有 Ca^{2+} 的参与。利用抗凝剂除去 Ca^{2+},可防止血凝。血液化验时常用的抗凝剂有草酸盐、乙二胺四乙酸(EDTA)和柠檬酸盐等。

(3)增加容器壁的光滑度。将血液置于特别光滑的容器内或预先涂有石蜡的器皿内,可以减少血小板的破坏,延缓血凝。

(4)脱纤维。若将流入容器内的血液,迅速用玻璃棒搅拌,由于血小板迅速破裂等原因,加快了纤维蛋白的形成,并使形成的纤维蛋白附着在玻璃棒上,血液不再凝固。

(5)使用肝素。肝素在体内、外都有抗凝血作用。

(6)使用双香豆素。双香豆素可阻止某些凝血因子在肝内合成,故注射到循环血液后能延缓血凝。草木樨的青贮或干草腐败、霉变时,由于所含的香豆素能转变为双香豆素,牛、羊连续采食此种饲料后,常引起皮下和肌肉中广泛的血肿及胸腔、腹腔内出血。

2. 促凝方法

(1)升高温度。血液升温后能提高酶的活性,加速凝血过程。

(2)提高创面粗糙度。可促进凝血因子的活化,促使血小板解体释放凝血因子,最后形成凝血酶原激活物。

(3)注射维生素 K。维生素 K 可促使肝脏合成凝血酶原,并释放入血,还可促进某些凝血因子在肝脏合成。因此,维生素 K 对出血性疾病具有止血的作用,是临床常用的止血药。

【学习要求】

识记　血液的组成;各类血细胞的形态结构及功能;血沉、血浆晶体渗透压、血浆胶体渗透压、碱储及血液凝固。

理解　血液的理化特性;血液凝固过程及原理;血清和血浆的区别。

应用　(1)给病畜大量输液时,为什么要输入等渗溶液?(2)实际工作中有哪些抗凝和促凝措施?(3)煤气中毒和亚硝酸盐中毒发生机理。

【知识拓展】

血　　型

一、血型的发现

血型通常是指红细胞膜上特异性抗原的类型。

早期医疗实践中采用输血治疗时,发现有的人接受输血之后,输入的红细胞会相互凝集成团,堵塞小血管,并引起血管内大量溶血,导致死亡;而有的受血者不会发生这种凝集现象,输血后安然无恙。这提示:不同人的血液之间存在类型的区别。这就是关于血型的初期概念。

随着免疫学研究进展,对血型本质的认识不断深入。

关于血型的定义,有狭义与广义之分。

狭义的血型定义是指能用抗体加以分类的血细胞抗原型。如人类的A型、B型、AB型、O型、MN型和Rh型等;牛的A、B、C系,马的pf、U系,猪的A、B、C系等血型。这一类血型的许多抗原都是镶嵌于血细胞膜上的糖蛋白和糖脂,糖链的组成及其联结顺序决定着血型抗原的特异性。

广义的血型定义是指血细胞、血清、脏器以及分泌液等,凡是能用一定方法加以分类的型。如采用凝胶电泳法,按血清或血浆中所含蛋白质划分血型:Pa型(前清蛋白型)、Alb型(清蛋白型)、Tf型(铁传递蛋白型)和Cp型(血浆铜蓝蛋白型)等。又如可按所含各种酶的同工酶电泳图谱进行血型分类。甚至也可以根据动物血清中含有的正常抗体,有否对应于人类的A、B、O血型红细胞的抗体,而划分出一定的血清型。

二、家畜血型的应用

家畜血型在畜牧和兽医实践中均有广泛的用途。

在畜牧实践中,由于血型抗原具有显性遗传特性,血型基因又与动物的某些经济性状相关,因此在血型系谱的建立、亲子血缘鉴定以及选种、育种工作中,均具有理论与实际价值。

血型在兽医临床工作中有如下用途。

1.血型与异性双胎中母犊的生育能力

牛怀孕异性双胎时,两胎间血管吻合的发生率约有12%。在发生血管吻合的情况下,一方面,雄胎性腺产生的雄激素可作用于尚未分化的雌胎性腺,使产出的母犊日后缺乏生殖功能;另一方面,一个胎儿造血器官中的原红细胞可通过吻合的血管流入另一胎儿体内。这样就使胎儿具有两种红细胞,这一现象称为红细胞嵌合。对红细胞嵌合的个体进行血型试验时,常呈现溶血反应;而没有红细胞嵌合的个体做血型试验时,则不发生溶血反应。因此,可以根据血型试验结果判断是否发生血管吻合,由此推断异性双胎的母犊长大后是否具有生育能力。

2.血型与初生仔畜的溶血病

马、驴、猪等有蹄类动物时有发生此病。这类母畜可产下健康仔畜,但它们一旦吃了母畜的初乳，往往发生严重的溶血性黄疸而死亡。这是由于母子血型不合，胎儿的血型抗原物质诱发母体产生相对应抗体，这种抗体不能通过胎盘，只能在分娩之后经由初乳转移给仔畜。因此，应及时应用血型鉴定原理进行初乳与仔畜红细胞的凝集反应试验，如为阳性反应，应将母仔隔离并禁吃初乳。

3. 血型与输血

除非情况紧急，可允许初次输给家畜少量的血型未明的同种血液（而且绝对禁止第二次输血），否则，为安全起见在输血之前必须做血型鉴定，只允许输同型血。

实际工作中常用交叉配血试验法确定能否输血。供血者红细胞和血清分别与受血者的血清和红细胞混合，观察是否发生凝集反应的试验，称为交叉配血试验。前者（即供血者红细胞与受血者血清混合者）为主侧反应；后者（供血者血清与受血者红细胞混合者）为次侧反应。两侧均为阴性者输血无妨。如果主侧反应阴性，次侧反应阳性，在别无选择的条件下，可以输血，但输血速度应慢，输血量也不能过大。当然，两侧反应均为阳性反应时，则不能输血。

4. 血型与组织相容性

异体器官或组织能相处并发挥正常功能的能力，称为相容性。由于存在免疫反应，机体往往对异体的器官、组织产生排斥反应。白细胞，特别是淋巴细胞血型所表现的相容性，能在一定程度上反映组织移植的相容性。因此，常将受体与供体的淋巴细胞混合作组织培养，根据细胞分裂状态来判别两者不相容的程度。随着细胞组织相容性抗原的研究不断深入，将有力推动器官移植工作的进展。

执业兽医资格考试真题

1. 内环境稳态是指（　　）【2009 年、2013 年】

A. 成分与理化性质均不变　　B. 理化性质不变，成分相对稳定

C. 成分不变，理化性质相对稳定　　D. 成分与理化性质均保持相对稳定

E. 成分与理化性质均不受外界环境的影响

2. 凝血过程的第三阶段是指（　　）【2009 年】

A. 形成凝血酶　　B. 形成纤维蛋白　　C. 肥大细胞分泌肝素

D. 血小板释放尿激酶　　E. 血小板填塞血管损伤处

3. 血红蛋白包含的金属元素是（　　）【2010 年】

A. 铜　　B. 锰　　C. 锌　　D. 钴　　E. 铁

4. 形成血浆晶体渗透压的主要成分是（　　）【2013 年】

A. NaCl　　B. KCl　　C. $KHCO_3$　　D. 白蛋白　　E. 以上都是

5. 产生促红细胞生成素的组织器官是（　　）【2013 年】

A. 骨髓　　B. 肺　　C. 肾　　D. 肝　　E. 脾

6. 血液凝固的主要步骤是（　　）【2014 年】

A. 凝血酶原形成，凝血酶形成，纤维蛋白原形成

B. 凝血酶原形成，凝血酶形成，纤维蛋白形成

C. 凝血酶原激活物形成，凝血酶形成，纤维蛋白形成

D. 凝血酶原激活物形成，凝血酶原形成，纤维蛋白形成

E. 凝血酶原形成，纤维蛋白原形成，纤维蛋白形成

7. 用盐析法可将血浆蛋白分为(　　)【2015 年】
A. 白蛋白、球蛋白和纤维蛋白　　B. 白蛋白、球蛋白和纤维蛋白原
C. 白蛋白、血红蛋白和纤维蛋白原　　D. 白蛋白、血红蛋白和纤维蛋白
E. 血红蛋白、球蛋白和纤维蛋白原
8. 不具有体液调节功能的物质是(　　)【2016 年】
A. 二氧化碳　B. 氢离子　C. 血管升压素　D. 双香豆素　E. 胃泌素
9. 构成血浆晶体渗透压的主要离子是(　　)【2016 年】
A. Na^+ 和 Cl^-　B. K^+ 离子和 Cl^-　C. Na^+ 和 HCO_3^- 离子
D. K^+ 和 $H_2PO_4^-$　E. Ca^{2+} 和 $H_2PO_4^-$
10. 常用的抗血液凝固方法是(　　)【2017 年】
A. 血液置于 37 ℃　B. 出血处接触面粗糙　C. 补充维生素 K
D. 血液中加入肝素　E. 血液中加入钙离子
11. 细胞外液主要指(　　)【2018 年】
A. 血清、组织液、淋巴液及脑脊液　　B. 血液、组织液、小肠液及脑脊液
C. 血浆、组织液、淋巴液及小肠液　　D. 血清、组织液、小肠液和脑脊液
E. 血浆、组织液、淋巴液和脑脊液
12. 细胞外液基本特点是(　　)【2019 年】
A. 组成成分相对不恒定　　B. 组成数量相对不恒定
C. 理化特性相对不恒定　　D. 组成成分和理化特质相对不恒定
E. 组成成分和数量相对恒定
13. 血浆晶体渗透压大小主要取决于(　　)【2019 年】
A. 血小板数量　B. 无机盐浓度　C. 血浆蛋白浓度
D. 白细胞数量　E. 血细胞数量
14. 不属于白细胞特性的是(　　)【2011 年】
A. 趋化性　B. 变形运动　C. 吞噬作用　D. 渗透特性　E. 白细胞渗出
(15～17 题共用备选答案)【2012 年】
A. 铁和蛋白质　B. 锌和蛋白质　C. 维生素 B_{12}、丁酸和铜离子
D. 维生素 B_{12}、叶酸和铜离子　E. 促红细胞生成素
15. 红细胞生成所需的原料主要是(　　)
16. 促成红细胞发育和成熟的物质主要是(　　)
17. 调节红细胞数量自稳态的物质主要是(　　)
18. 内环境稳态是指(　　)【2013 年】
A. 细胞内液的成分和理化性质保持相对稳定
B. 细胞内液的成分和理化性质稳定不变
C. 细胞外液的成分和理化性质保持相对稳定
D. 细胞外液的成分和理化性质稳定不变
E. 体液的成分和理化性质保持相对稳定

19. 血清指的是(　　)【2014 年】
A. 去除纤维蛋白原后的血浆组分　　B. 含纤维蛋白原的血浆组分
C. 去除血清蛋白后的血浆组分　　D. 去除球蛋白后的血浆组分
E. 去除胶体物质后的血浆组分

项目二十一　心脏与血管生理

【学习目标】

熟悉心肌的生理特性、心动周期和心率；理解心脏的泵血过程、心输出量及影响因素。

能在活体上进行血压的测量，找出常用的静脉注射、脉搏检查部位；能正确地进行心音听诊和脉搏检查。

【学习内容】

心脏和血管构成循环系统。动物体的循环系统包括体循环和肺循环。心脏有规律的收缩和舒张活动，像泵一样产生推动力，推动血液在循环系统中定向流动。一旦心脏活动停止，血流中断，意味着生命即将完结。

任务一　心脏生理

一、心肌的生理特性

心肌的生理特性包括自动节律性、传导性、兴奋性和收缩性。

(一)自动节律性

心脏在没有神经支配的情况下，能自动发生节律性跳动的特性称为自动节律性。自动节律性源于心脏的传导系统。构成心脏传导系统的细胞均有自律性，但自律性高低不一。窦房结的自律性最高，成为心脏正常活动的起搏点。其他自律细胞的自律性依次降低，在正常情况下不自动产生兴奋，只起传导兴奋的作用，所以是潜在的起搏点。以窦房结为起搏点的心脏节律性活动，称为窦性心律。当窦房结的功能出现障碍，兴奋传导阻滞或某些自律细胞的自律性异常升高时，潜在起搏点也可自动产生兴奋而引起部分或全部心脏的活动。这种以窦房结以外为起搏点的心脏活动，称为异位心律。

(二)传导性

传导性是指心肌细胞的兴奋沿着细胞膜向外传播的特性。由于心肌细胞之间存在闰盘结构，兴奋能通过闰盘传递到另一个心肌细胞，从而引起全部心肌细胞的兴奋和收缩。正常情况下，由窦房结发出的兴奋可沿心脏的传导系统传播到心脏各部，顺次引起整个心脏中的全部心肌细胞进入兴奋状态。兴奋在房室结的传导速度明显放慢，并有约 0.07 s 的短暂延搁，称为房-室延搁。其生理作用是保证心房完全收缩并把全部血液送入心室，使心室收缩时有充足的血液射出。

(三)兴奋性

心肌对适宜刺激发生反应的能力，称兴奋性。心肌细胞和其他可兴奋细胞一样，发生一次兴奋后，兴奋性也要经历各个时期变化之后才恢复正常。心肌细胞兴奋性的重要特点在于绝对不应期特别长。

1. 心肌兴奋性的周期性变化

当心肌兴奋时，它的兴奋性也发生相应的周期性变化。

(1)绝对不应期。心肌在受到刺激而出现一次兴奋后，有一段时间兴奋性极度降低到零，无论给予多大的刺激，心肌细胞均不发生收缩，称为绝对不应期。这对保证心肌细胞完成正常功能是极其重要的。

(2)相对不应期。在心肌开始舒张的一段时间内，心肌细胞的兴奋性有所恢复，但仍低于正常水平，此时给予较弱的刺激，心肌细胞不产生兴奋；若给予较强的刺激，可引起心肌细胞产生兴奋，称为相对不应期。

(3)超常期。在心肌舒张完毕之前的一段时间内，细胞兴奋性高于正常，此时给予较小强度的刺激即可引起心肌细胞兴奋，故称超常期。超常期过后，心肌细胞的兴奋性也恢复正常。

(4)低常期。在超长期过后，心肌细胞兴奋性低于正常水平，对阈刺激不产生反应，需经历一段较长时间(约 70 ms)，兴奋性方能恢复正常水平，此期称为低常期。

2. 期前收缩和代偿间歇

在心脏的相对不应期内，如果给予心脏一个较强的额外刺激，则心脏会发生一次比正常心律提前的收缩，称为期前收缩(早搏)；期前收缩后，往往发生一个较长的间歇期，称为代偿间歇，恰好补偿上一个额外收缩所缺的间歇期时间，以保证心脏有充足的时间补偿 O_2 和营养物质，而不至于发生疲劳。

(四)收缩性

心肌兴奋的表现是肌纤维收缩，称为收缩性。心肌的收缩性具有以下自身特点。

1. 不发生强直性收缩

心肌不会发生如骨骼肌那样的强直性收缩，能始终保持收缩后必有舒张的节律性活动，从而保证心脏的射血和血液回流等功能的实现。

2. 同步收缩

心肌细胞之间的闰盘电阻很低，因此兴奋在心房或心室内传导很快，几乎同时到达所有的心房肌或心室肌，从而引起全心房肌或全心室肌同时收缩，称为同步收缩。同步收缩效果好，力量大，有利于心脏射血。

心肌的各种特性，常因内环境中许多理化因素的改变而改变。如体温升高可使心跳加强加快，体温下降则使心跳变慢；血液 pH 低于 7.35 时，心肌收缩明显减弱；血液中 Na^+、K^+、Ca^{2+} 必须同时存在，因为 Na^+ 是维持心肌兴奋性必不可少的离子，K^+ 又可抑制心肌的兴奋性和传导性，如血钾过高会引起心动过缓，传导阻滞，心肌收缩不良，但血钾过低又会引起心肌自动节律性增强，发生期前收缩，Ca^{2+} 是心肌维持收缩性所必需的离子，过高会导致心脏舒张不全，甚至发生心脏停止于收缩期的现象。所以临床上输液时一定要注意上述 3 种离子的比例、用量和输液速度，必要时应调整给药方法。

二、心动周期和心率

(一)心动周期

心脏每收缩和舒张一次,称为一个心动周期。在一个心动周期中,心脏各部分的活动既遵循一定规律,又有严格的顺序性,一般分为 3 个阶段(图 21-1)。

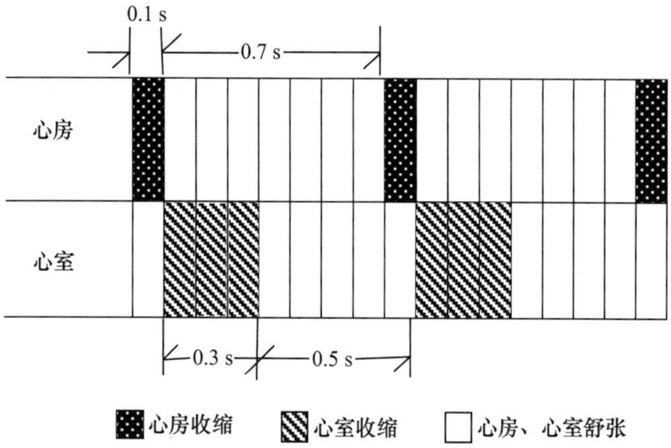

图 21-1 心动周期时序关系图解

1. 心房收缩期

左、右心房基本上同时收缩,两心室处于舒张状态。

2. 心室收缩期

左、右心室收缩,两心房已收缩完毕,进入舒张状态。

3. 间歇期(全心舒张期)

心室收缩完毕,进入舒张状态,而心房仍然保持舒张状态。

心动周期中间歇期占总时间的 50%,保证心脏有充足的时间使静脉血回流和充盈心室,并使心肌有充分的时间从冠状循环中获得足够的血液供应,因而心脏具有不疲劳性。

在心动周期中,由于心房和心室收缩期都比舒张期短,所以心肌在每次收缩后能够有效地补充 O_2 和营养物质以及排出代谢产物。由于心房的舒缩对射血意义不大,所以一般都以心室的舒缩为标志,把心室的收缩期叫心缩期,而把心室的舒张期叫心舒期。

(二)心率

动物在安静状态下单位时间内的心搏动次数称为心率。心率可因动物种类、年龄、性别、所处环境、地域等情况而不同。一般表现为基础代谢率高者,心率稍快。如幼龄、雄性、妊娠母畜、小动物等心率稍快,而运动剧烈、惊恐等情绪紧张时,心率也会加快。同一个体在安静或睡眠时心率较慢。常见动物心率的正常变动范围见表 21-1。

表 21-1　常见动物心率的正常变动范围　次/min

动物种类	心率	动物种类	心率
奶牛	60～80	骆驼	25～40
公牛	30～60	犬	80～130
羊	60～80	猫	110～130
马	28～42	兔	120～150
猪	60～80	鸡	300～400

三、心脏的泵血过程

(一)心房收缩期

此期正处于间歇期末，心室的压力低于心房的压力，房室瓣仍处于开放状态，所以心房收缩时，房内压升高，血液通过开放的房室口进入心室，使心室血液更充盈。

(二)心室收缩期

心房舒张的同时，心室即开始收缩，室内压逐渐升高，当超过房内压时，将房室瓣关闭，使血液不能逆流回心房。室内压继续升高，当超过主动脉和肺动脉内压时，血液冲开动脉瓣，迅速射入主动脉和肺动脉内。心室收缩时，心房已处于舒张期，可吸引静脉血液流入心房。

(三)间歇期

心室开始舒张，室内压急剧下降，低于动脉内压时，动脉瓣立即关闭，防止血液逆流回心室。当心室内压继续下降至低于心房内压时，房室瓣开放，吸引心房血液流入心室，为下一个心动周期做准备。

四、心音的听诊

心动周期中，由于心肌收缩和舒张、瓣膜启闭等因素引起血流振动产生的声音，称为心音。振动可通过周围组织传播到胸壁，通常在胸壁的心区可以听到。由“通—嗒”两个声音组成，分别为第一心音和第二心音。

第一心音为心缩音，在心脏收缩时，由于房室瓣关闭、腱索弹性震动，血液冲开主动脉瓣、肺动脉瓣及血液在动脉根部的震动以及心肌收缩心室壁的震动而产生。特点是音调低而持续时间长。

第二心音为心舒音，在心脏的舒张期，心室内压突然下降，引起心室壁震动，主动脉瓣、肺动脉瓣关闭产生的震动。特点是音调高而持续时间短。

在动物心区听诊心音，判断心音的频率及节律，注意心音的强度与性质的改变，是否有心音分裂和心杂音，依此推断心脏的功能及血液循环状态。

五、心输出量及其影响因素

(一)每搏输出量和每分输出量

在一个心动周期中，左、右心室射出的血量基本上是相等的。每个心室每次收缩射出的血量叫每搏输出量。每个心室每分钟射出的总血量称为每分输出量,简称心输出量。它是衡量心脏功能的一项重要指标。每分输出量大致等于每搏输出量和心率的乘积。即:

心输出量=每搏输出量×心率

正常生理状态下,心输出量随机体新陈代谢的强度而改变。新陈代谢增强时,心输出量会相应增加。心脏这种能够以增加心输出量来适应机体需要的能力,称为心脏的储备力。当心脏的储备力发挥最大限度后,仍不能适应机体需要时,即发生心力衰竭。

(二)影响心输出量的主要因素

心输出量的大小取决于心率和每搏输出量,而每搏输出量的大小主要受静脉回心血量和心室肌收缩力的影响。

1. 静脉回心血量

心脏能自动地调节并平衡射血量和回心血量之间的关系。在生理范围内,心脏能将回流的血液全部泵出,使血液不会在静脉内蓄积。心脏的这种自身调节不需要神经和体液的参与。所以当静脉回心血量增加时,心室容积相应增大,收缩力加强,每搏输出量就增多。反之,静脉回心血量减少,每搏输出量也减少。

2. 心室肌收缩力

在静脉回流量和心舒末期容积不变的情况下,心肌可在神经系统和各种体液因素的调节下,改变心肌的收缩力量。如动物运动时,心舒末期容积并不增大,但是在交感-肾上腺系统的调节下,心肌收缩力量增强,使心缩末期的容积比正常时进一步缩小,减少心室的残余血量,从而使每搏输出量明显增加。

3. 心率

心率加快在一定范围内能够增加心输出量。但心率过快会使心动周期的时间缩短,特别是舒张期的时间缩短。这样就造成心室还没有被血液完全充盈的情况下进行收缩,结果每搏输出量减少。此外,心率过快会使心脏过度消耗供能物质,从而使心肌收缩力降低。所以,动物心力衰竭时,尽管心率增快,但并不能增加心输出量而使循环功能好转。经过良好训练的动物,主要依靠增加每搏输出量的方式来提高心输出量;而没有经过充分锻炼的动物常依靠增加心率来提高心输出量。

任务二　血管生理

一、血管的种类与功能

血管不仅是运输血液的管道,而且在调节血压,控制各个局部器官的血流量,组织液的生成及进行物质交换等方面都有重要作用。血管系统包括动脉、毛细血管和静脉,按生理功能分为以下几类。

弹性血管:指主动脉及其大分支血管。这一类血管管壁厚,含弹性纤维较多,具有较大的可扩张性和弹性。

阻力血管:包括小动脉和微动脉。管壁富含平滑肌,在神经和体液的调节下可做舒缩活动，改变管径，使血液流动的阻力发生变化。

交换血管：指毛细血管。管壁纤薄，仅由单层内皮细胞构成，内皮细胞之间有裂隙，有很大的通透性，是血管内血液与组织液之间进行物质交换的场所。

容量血管：指静脉血管，与同级的动脉比较，数量多，口径大，管壁薄，容量大。在静息状态下，静脉系统容纳的血量可达循环血量的 60%～70%。

短路血管：指小动脉与小静脉之间的吻合支。这种结构可使动脉血液不经毛细血管网直接回流静脉系统，所以没有物质交换功能。这类血管主要分布于末梢等处的皮肤中，可能与体温调节有关。

二、血压

血压是指血液在血管内流动时对单位面积血管壁产生的侧压力，惯用毫米汞柱（mmHg）为单位，1 mmHg＝0.133 kPa。

（一）血压的形成

血压的形成需 3 个基本因素：血管内血液充盈，心脏射血，外周阻力。血量多或血管容量减小，则充盈程度大，反之则充盈程度小。心脏射血时，一方面推动血液向后流动，另一方面产生使血管壁扩张的侧压力。外周阻力是阻碍血液流动的作用力，这是血流的动能不断转化为压迫血管壁势能的必要条件。

由于血液从大动脉流向心房的过程中不断消耗能量，所以，血管系统各部分的血压是逐渐降低的。主动脉血压最高，中、小动脉血压较低，毛细血管血压进一步降低，到近心端的大静脉，血压降到最低点，而且常为负值。

（二）血压的测量

血压测量方法有直接和间接测量 2 种。直接测量即将导管一端插入动物动脉血管，另一端与带有 U 形管的水银检压计相连，通过观察 U 形管两侧水银柱高度差值，便可直接读出血压数值。但此法仅能测出平均血压的近似值，不能精确反映心动周期中血压的瞬间变动值。

间接测定通常用听诊法，或采用压力传感器将压力变化转换为可直接读取的数值，这种方法在兽医临床上使用较多。临床上大动物多在尾中动脉或正中动脉测量，小动物多在股动脉测量。

三、动脉血压和动脉脉搏

（一）动脉血压

通常所说的血压是指动脉血压。在一个心动周期中，动脉血压随心室的舒缩而不断变化。在心室收缩期，动脉血压升高，其最高值，称为收缩压。在心室舒张期末，动脉血压降至最低值，称为舒张压。收缩压与舒张压的差值，称为脉搏压。脉搏压可以反映动脉管壁的弹性，脉搏压越大则弹性越差，脉搏压越小则弹性越好。

动脉血压的平均值称为平均动脉压，通常可按下式计算：

平均动脉压＝舒张压＋1/3 脉搏压

动脉血压在血液循环中占有重要地位，它决定其他血管中的压力，是保证血液克服阻力供应各器官的主要因素。动脉血压过低不能保证有效的循环和血液供应;动脉血压过高会增加心脏和血管的负担,甚至损伤血管引起出血。血压长期过高往往会引起左心室代偿性肥大和心血管系统的其他功能性和器质性的病理性变化。常见成年动物颈动脉或股动脉的血压常值见表 21-2。

表 21-2　常见成年动物颈动脉或股动脉的血压　　kPa

动物种类	收缩压	舒张压	脉搏压	平均动脉压
牛	18.7	12.6	6.0	14.7
绵羊	18.7	12.0	6.7	14.3
猪	18.7	10.6	8.0	13.3
马	17.3	12.6	4.7	14.3
鸡	23.3	19.3	4.0	20.7
兔	16.0	10.6	5.3	12.4
犬	16.0	9.3	5.3	11.6
猫	18.7	12.0	6.7	14.3

动脉血压的数值主要取决于心输出量和外周阻力,因此,凡是能影响心输出量和外周阻力的各种因素,都影响动脉血压。

(二)动脉脉搏

1. 动脉脉搏的形成

每次心室收缩时血液射向主动脉,使主动脉管壁扩张。心室舒张时,主动脉内压下降,血管壁弹性回缩而复位。这种随着心脏节律性泵血活动,使主动脉管壁发生的扩张-回缩的振动,以弹性波形式沿血管壁传向外周,即形成动脉脉搏。通常临床上所说的脉搏是指动脉脉搏。

2. 脉搏检查的临床意义

由于脉搏是心搏动和动脉管壁的弹性所产生,它不但能够直接反映心率和心动周期的节律,而且能够在一定程度上通过脉搏的速度、幅度、硬度、频率等特性反映整个循环系统的功能状态。所以检查动脉脉搏有重要的临床意义。

3. 脉搏检查的部位

牛在尾中动脉或颌外动脉;马在颌外动脉;猪在桡动脉;羊和小动物在股动脉。

四、静脉血压和静脉回流

(一)静脉血压

血液通过毛细血管后,绝大部分能量用于克服血管系统的阻力而消耗,所以静脉血压很低,而且在整个静脉系统中的压力相差不大。右心房作为体循环的终点,血压最低,接近于零。通常将在右心房和胸腔内大静脉的血压称为中心静脉压,而各器官的静脉血压称为外周静脉压。

(二)静脉回流

血液在静脉内的流动,主要依赖于静脉与右心房之间的压力差。能引起这种压力差发生变化的任何因素都能影响静脉血的回流,从而改变静脉回流量。影响静脉回流量最主要的因素如下。

1.血压差促使血液回流

动物躺卧时,全身各大静脉大都与心脏在同一水平,由于静脉血压由远心端向近心端依次降低,所以单靠静脉系统中各段的血压差就可以推动血液流回心脏。

2.骨骼肌的挤压作用

动物在站立时,因受重力影响血液将积滞在心脏水平以下的腹腔和四肢的末梢静脉中,这时骨骼肌的收缩是促进静脉回流的重要因素。骨骼肌收缩时,挤压附近的静脉,使其中的血液推开瓣膜朝着向心的方向流动。静脉瓣游离缘只朝心脏方向开放,因此,肌肉舒张时静脉血不至于倒流。

3.胸内负压的抽吸作用

呼吸运动时胸内负压的变化也是促进静脉回流的另一个重要因素。胸内负压吸气时更低,所以吸气时胸腔内的大静脉受到负压牵引而被动扩张,使静脉容积增大,内压下降,因而对静脉血回流起着抽吸作用。此外,心舒期心房和心室内产生较小的负压对静脉回流也有一定的抽吸作用。

(三)静脉脉搏

由大静脉(如腔静脉、颈静脉等)不断流回心脏的血液,当心房收缩时回流受阻,静脉内压升高,静脉管壁受到压力而膨胀;当心房舒张时,滞留在静脉内的血液则快速流回心脏,静脉内压下降,管壁内陷。这样,随着心房舒缩活动引起大静脉管壁规律性的膨胀和塌陷,即形成静脉脉搏。此外,心室的舒缩活动也能间接影响静脉脉搏。

牛和马可在颈静脉沟处观察到颈静脉的搏动,尤其是牛更易看到。由于颈静脉脉搏能在一定程度上反映右心内压的变化,所以检查颈静脉脉搏具有临床意义。

五、微循环

微循环是指小动脉和小静脉之间微细血管的血液循环。微循环的功能是完成血液和组织液之间的物质交换。典型的微循环由微动脉、后微动脉、毛细血管前括约肌、真毛细血管、通血毛细血管、动-静脉吻合支和微静脉等 7 部分组成(图 21-2)。微动脉的管壁有环形的平滑肌,其收缩和舒张可控制微血管的血流量。微动脉分支成管径更细的后微动脉。每根后微动脉向一根至数根真毛细血管供血。在真毛细血管起始端通常有 1～2 个平滑肌细胞,形成一个环,即毛细血管前括约肌。该括约肌的舒缩状态决定进入真毛细血管的血流量。

在微循环系统中,血液由微动脉到微静脉有 3 条不同的途径。

(一)直捷通路

基本路径是微动脉→后微动脉→通血毛细血管→微静脉。这一通路途径较短,血流快并经常处于开放状态,物质交换功能较小。主要是促使血液迅速通过微循环而由静脉回流入心。直捷通路在骨骼肌组织的微循环中较为多见。

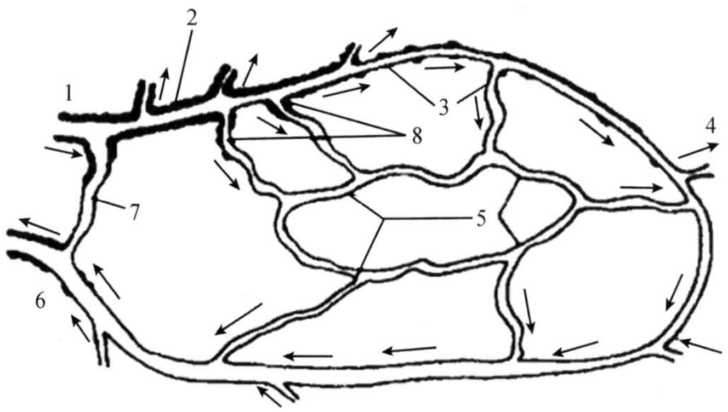

1.微动脉　2.后微动脉　3.前毛细血管　4.通血毛细血管　5.真毛细血管　6.微静脉
7.动-静脉吻合支　8.毛细血管前括约肌

图 21-2　微循环模式图

(二)营养通路

它又称迂回通路,基本路径是微动脉→后微动脉→毛细血管前括约肌→真毛细血管→微静脉。真毛细血管管壁薄,路径迂回曲折,血流缓慢,与组织接触面广,是血液与组织液间完成物质交换的主要场所。

(三)动-静脉短路

在某些情况下,血液从微动脉经动-静脉吻合支直接流进微静脉。这一通路管壁较厚,血液流速快,完全没有物质交换的作用。在一般情况下,此通路经常处于关闭状态,它的开闭活动主要与体温调节有关。这条通路多见于皮肤、耳郭、肠系膜、肝和脾等器官中。

六、组织液的生成与回流

存在于血管外组织细胞间隙中的体液成分称为组织液,是血液与血管外组织细胞之间进行物质交换的媒介。组织液大部分呈凝胶状态,不能自由流动,不会因重力作用而流向躯体的低垂部位。

(一)组织液的生成与回流

组织液是血浆通过毛细血管管壁滤出而生成的,同时组织液也会被毛细血管重吸收返回血液。正常生理状态下,组织液的生成与重吸收保持动态的平衡。因毛细血管管壁具有通透性,除血细胞和大分子物质(如高分子蛋白质)外,水和其他小分子物质(如营养物质、代谢产物、无机盐等)都可以通过弥散或滤过的方式透过毛细血管管壁,在血液和组织液之间进行物质交换。组织液中各种离子成分与血浆相同。组织液中也存在各种血浆蛋白质,但其浓度明显低于血浆。

组织液的生成与回流取决于 4 个因素:即毛细血管血压、组织液胶体渗透压、组织液静水压、血浆胶体渗透压。其中,毛细血管血压和组织液胶体渗透压是促使血浆的成分通过毛细血管管壁向外滤过的作用力,即组织液生成的动力;组织液静水压和血浆胶体渗透压是促使组织液的成分通过毛细血管管壁重吸收入血的作用力,即组织液生成的阻力。滤过的动力与阻力之差,称为有效滤过压。可表达为:

有效滤过压=(毛细血管血压+组织液胶体渗透压)-(组织液静水压+血浆胶体渗透压)

如图 21-3 所示,血浆胶体渗透压约为 3.3 kPa,毛细血管动脉端血压约为 4.0 kPa,毛细血管静脉端血压约为 1.6 kPa,组织液静水压约为 1.33 kPa,组织液胶体渗透压约为 2.0 kPa。将这些数值代入上式:

毛细血管动脉端有效滤过压:(4.0+2.0)-(3.3+1.33)=1.37(kPa)

毛细血管静脉端有效滤过压:(1.6+2.0)-(3.3+1.33)=-1.03(kPa)

由计算结果可以推断,在毛细血管动脉端有液体滤出,形成组织液;在毛细血管静脉端组织液被重吸收。约有 90%滤出的组织液又重新流回血液,其余约 10%进入毛细淋巴管,成为淋巴液。

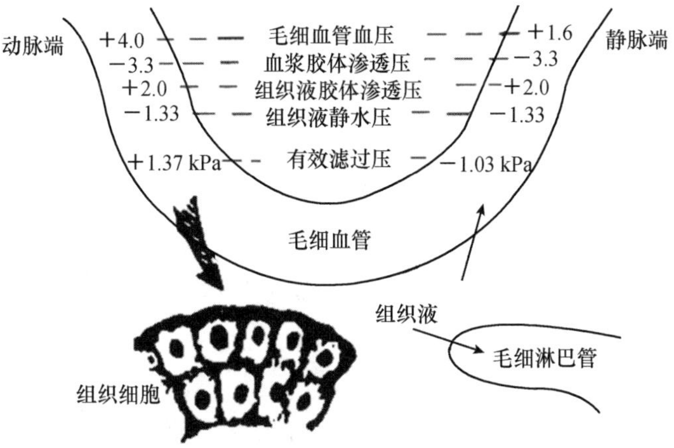

图 21-3 组织液生成与回流示意图

(二)影响组织液生成的因素

组织液的生成与回流取决于有效滤过压和毛细血管的通透性,因此凡是影响有效滤过压和毛细血管通透性的因素,均可影响组织液的生成。

1. 毛细血管血压

毛细血管血压升高,组织液生成增加。如炎症部位小动脉舒张,或静脉回流受阻时毛细血管后阻力增加,都可以使毛细血管血压升高,使组织液和淋巴液的生成量增加,导致水肿。

2. 血浆胶体渗透压

当血浆蛋白生成减少(如慢性消耗疾病、肝病等)或排出增加(如肾病)时,均可导致血浆蛋白减少,因而使血浆胶体渗透压下降,从而使组织液生成增多,甚至发生水肿。

3. 淋巴回流

由于一部分组织液经由淋巴管系统流回血液,当淋巴回流受阻(如丝虫病、肿瘤压迫等)时,组织间隙中组织液积聚,可导致局部水肿。

4. 毛细血管的通透性

当组织活动代谢增强,能使局部温度升高,pH 降低,O_2 消耗增加,这些都可以使毛细血管管壁通透性增大,促进组织液和淋巴液的生成。

【学习要求】

识记　血压；脉搏；心动周期；心率；心音；心输出量；心脏的起搏点；窦性心律；异位心律；微循环。

理解　心脏为何不发生强直收缩？影响心输出量的因素；血压和脉搏的形成；影响静脉回流的因素；微循环的3条途径及其功能；组织液的生成与回流。

应用　(1)如何测定动物的血压和检查脉搏？有什么临床意义？(2)实际工作中有哪些抗凝和促凝措施？(3)结合组织液的生成，说明水肿发生的机理。(4)机体在剧烈运动、惊恐、剧烈疼痛等紧张因素下，如何调整心血管的功能以适应环境的变化？

【知识拓展】

心血管功能的体液调节

心血管活动的体液调节是指血液和组织液中的某些化学物质，对心血管活动所产生的调节作用。按化学物质的作用范围，可分为全身性体液调节和局部性体液调节两大类。

一、全身性体液调节

体液中这类化学物质不易被破坏，可随血液循环到达机体各部，对心血管活动产生调节效应。

1. 肾上腺素和去甲肾上腺素

循环于血液中的肾上腺素和去甲肾上腺素，主要来自肾上腺髓质。其中肾上腺素约占80%，去甲肾上腺素约占20%。肾上腺素和去甲肾上腺素在化学结构上都属于儿茶酚胺类。

血液中的肾上腺素和去甲肾上腺素对心脏和血管的作用有许多共同点，但并不完全相同，因为两者对不同的肾上腺素能受体的结合能力不同。肾上腺素可与α和β两类肾上腺素能受体结合。在心脏，肾上腺素与β_1肾上腺素能受体结合，产生正性变时和变力作用，使心输出量增加；在血管，肾上腺素的作用取决于血管平滑肌上α和β肾上腺素能受体分布的情况。在皮肤、肾、胃肠、血管平滑肌上，α肾上腺素能受体在数量上占优势，肾上腺素的作用是使这些器官的血管收缩；在骨骼肌和肝脏的血管上，β肾上腺素能受体占优势，小剂量的肾上腺素常以兴奋β肾上腺素能受体的效应为主，引起血管舒张，大剂量时也兴奋α肾上腺素能受体，引起血管收缩。去甲肾上腺素主要与血管α受体结合，引起血管平滑肌的收缩，使外周阻力增大，血压升高；也可与心肌β受体结合，产生强心作用，但这种强心作用往往被升压作用引起的压力感受性反射所抑制，故强心作用较弱。这也是临床上将肾上腺素作为强心剂，而去甲肾上腺素作为收缩血管的升血压药物的主要原因。

2. 肾素-血管紧张素-醛固酮系统

当循环血量减少，动脉血压下降，使肾血流量减少时，可刺激肾脏产生并释放肾素。血浆中无活性的血管紧张素原在肾素的作用下水解，生成血管紧张素Ⅰ。血管紧张素Ⅰ在血浆和组织中(特别是肺循环血管内皮表面)的血管紧张素转换酶作用下；生成血管紧张素Ⅱ。血管紧张素Ⅱ在血浆和组织中的血管紧张素酶A的作用下，生成血管紧张素Ⅲ。血管紧张素Ⅱ和血管紧张素Ⅲ作用于血管平滑肌和肾上腺皮质等细胞的血管紧张素受体，引起相应的生理效应。其中以血管紧张素Ⅱ的作用最为重要,其主要作用包括:①可直接使全身微动脉收缩,血压升高;也可使静脉收缩,回心血量增多。②可作用于交感神经节后纤维,使其释放递质增多。③作用于中枢神经系统内一些神经元的血管紧张素受体,使交感缩血管神经元的紧张性加强。④与血管紧张素Ⅲ一起强烈刺激肾上腺皮质合成和释放醛固酮,后者可促进肾小管对 Na^+、水的重吸收,使循环血量增加。

由于肾素、血管紧张素、醛固酮三者关系密切,故将它们合称为肾素-血管紧张素-醛固酮系统。在某些病理情况下,如大量失血时,肾素-血管紧张素-醛固酮系统的活动加强,促使血压回升和血量增加,对循环功能的调节起重要作用。

3. 血管升压素

血管升压素(VP)由下丘脑的视上核和室旁核合成,经下丘脑-垂体束运输到神经垂体储存,需要时释放入血。其主要作用是促进肾远曲小管和集合管对水的重吸收,故又称抗利尿素(ADH)。血管升压素对循环系统的重要作用是引起全身血管平滑肌收缩,使血压升高。在正常生理情况下,由于血管升压素浓度过低而对血压调节作用不大。但在机体大量失血、严重失水等情况下,血管升压素大量释放,对保留体内液体、维持动脉血压具有重要意义。

二、局部性体液调节

1. 血管内皮生成的血管活性物质

近年的研究已证实,血管内皮细胞可以生成并释放若干种血管活性物质,引起血管平滑肌舒张或收缩。

(1)血管内皮生成的舒血管物质。血管内皮生成和释放的舒血管物质有多种。其中比较重要的是内皮舒张因子(EDRF)。EDRF 的化学结构尚未完全弄清,但多数人认为可能是一氧化氮(NO)。EDRF 可使血管平滑肌内收缩力降低而使血管舒张。还可以减弱缩血管物质对血管平滑肌的直接收缩效应。

(2)血管内皮生成的缩血管物质。血管内皮细胞也可产生多种缩血管物质,称为内皮缩血因子(EDCF)。近年来研究的较深入的是内皮素(ET)。内皮素是已知的最强烈的缩血管物质之一。给动物注射内皮素可引起持续时间较长的升血压效应。但在升血压之前常先出现一个短暂的降血压过程。

2. 激肽释放酶-激肽系统

激肽释放酶存在于动物血浆和某些组织中,能分解底物激肽原为激肽。激肽是一类舒血管多肽物质,最常见的为舒缓激肽和血管扩张肽。这类激肽有强烈的舒血管作用,使血管平滑肌舒张,增加毛细血管的通透性;但对其他的平滑肌则引起收缩。在一些腺体器官中生成的激肽,可以使器官局部的血管舒张,血流量增加。

3. 心钠素

心钠素(ANP)是由心房肌细胞合成和释放的一类多肽。心钠素可使血管舒张,外周阻力降低;也可使每搏输出量减少,心率减慢,故心输出量减少。心钠素作用于肾的受体,还可以使肾排水和排钠增多,故心钠素也称为心房钠尿肽。此外,心钠素还能抑制肾的近球细胞释放肾素,抑制肾上腺皮质球状带细胞释放醛固酮;在脑内,心钠素可以抑制血管升压素的释放。这些作用都可导致体内细胞间液量减少。

4. 前列腺素

前列腺素(PG)是一组活性强、类别多、功能复杂的脂肪酸衍生物,几乎存在于全身的所有组织中。各种前列腺素对血管平滑肌的作用是不同的,例如前列腺素 E2 具有强烈的舒血管作用,前列腺素 $F_{2\alpha}$ 则使静脉收缩。前列环素(即前列腺素Ⅰ2)是在血管组织中合成的一种前列腺素,有强烈的舒血管作用。

5. 阿片肽

垂体释放的β-内啡肽可使血压降低,其降压作用可能主要是中枢性的。血浆中的β-内啡肽可进入脑内并作用于某些与心血管活动有关的神经核团,使交感神经活动抑制,心迷走神经活动加强。除中枢作用外,阿片肽也可作用于外周的阿片受体。血管壁的阿片受体在阿片肽的作用下,可导致血管平滑肌舒张。交感缩血管纤维末梢也存在接头前阿片受体,这些受体被阿片肽激活时,可使交感纤维释放递质减少。

6. 组织胺

存在于疏松结缔组织的肥大细胞中,当组织受到损伤或发生炎症以及过敏反应时,就可释放出组织胺。组织胺可以使局部毛细血管高度扩张,血管壁的通透性明显增加,导致局部组织水肿。

执业兽医资格考试真题

1. 促使毛细血管内液体向外滤过的力量是(　　)【2009 年】
   A. 毛细血管血压、组织液静水压　B. 毛细血管血压、血浆胶体渗透压
   C. 组织液静水压、血浆胶体渗透压　D. 组织液静水压、组织液胶体渗透压
   E. 毛细血管血压、组织液胶体渗透压
2. 动物第一心音形成的原因之一是(　　)【2010 年】
   A. 房室瓣关闭　B. 半月瓣关闭　C. 心室的舒张
   D. 心房的收缩　E. 心室的充盈
3. 第一心音的产生的主要原因是(　　)【2013 年】
   A. 半月瓣关闭　B. 半月瓣开放　C. 房室瓣关闭
   D. 房室瓣开放　E. 以上都不是
4. 心率加快时,发生的情况是(　　)【2011 年】
   A. 心动周期持续时间不变　B. 心动周期持续时间延长　C. 舒张期不变,收缩期缩短
   D. 收缩期不变,舒张期缩短　E. 收缩期和舒张期均缩短,但后者较前者明显
5. 与组织液生成无关的因素是(　　)【2012 年】
   A. 毛细血管血压　B. 血浆胶体渗透压　C. 组织液胶体渗透压
   D. 组织液静水压　E. 血浆晶体渗透压
6. 正常情况下,心脏的起搏点是(　　)【2014 年】
   A. 房室结　B. 窦房结　C. 房室束　D. 左右束支　E. 蒲肯野纤维

(7～8 题共用备选答案)【2015 年】

A. 物质和气体交换　　B. 淋巴液回流　　C. 参与体温调节

D. 感受刺激　　E. 控制微循环血流量

7. 毛细血管前括约肌的主要功能是(　　)

8. 真毛细血管的主要生理功能是(　　)

9. 细胞兴奋后,其兴奋性变化的顺序依次为(　　)【2016 年】

A. 绝对不应期、相对不应期、超常期、低常期

B. 相对不应期、绝对不应期、超常期、低常期

C. 绝对不应期、相对不应期、低常期、超常期

D. 相对不应期、绝对不应期、低常期、超常期

E. 绝对不应期、低常期、相对不应期、超常期

(10～12 题共用备选答案)【2016 年】

A. 外周阻力大小　　B. 循环血量多少　　C. 动脉管壁弹性大小

D. 心肌传导速度快慢　　E. 每搏输出量多少

10. 舒张压主要反映(　　)

11. 脉搏压主要反映(　　)

12. 收缩压主要反映(　　)

13. 心室肌复极化时程较长的主要原因是存在(　　)【2017 年】

A. 复极初期　　B. 去极化期　　C. 平台期　　D. 复极末期　　E. 静息期

14. 在一个心动周期中,心室的压力,容积与功能变化的顺序是(　　)【2019 年】

A. 射血→等容收缩→充盈→等容舒张　　B. 等容收缩→射血→等容舒张→充盈

C. 射血→等压收缩→充盈→等压舒张　　D. 射血→等容收缩→充盈→等压舒张

E. 等容收缩→充盈→等容舒张→射血

项目二十二　神经生理

【学习目标】

熟悉神经元活动、反射活动的一般规律;掌握神经系统对躯体运动、内脏活动的调节。了解神经系统的感觉功能及脑的高级功能。

【学习内容】

动物适应内外环境变化,完成各种生命活动,都是神经系统调控的结果。其活动特点具有高度的整合作用,即把无数神经元联系和协调起来,组成一定的机能形式,调节机体各种机能活动。

神经系统对动物体生理机能的调控是一个复杂的过程,但其基本活动方式是反射,神经系统就是通过各种反射活动,使动物体适应多变的环境条件,并保持相对的平衡。

任务一　神经元、神经纤维传递兴奋特点

一、神经元活动的一般规律

神经元是神经系统的基本结构和功能单位，具有接受、整合和传递信息的功能。一般就长轴突神经元而言，树突和胞体接受从其他神经元传来的信息，并进行整合，然后通过轴突将信息传递给另一些神经元或效应器。

二、神经纤维传递兴奋的特点

在生理学上，将神经纤维传播的兴奋称为神经冲动。其传递兴奋的一般特征如下。

1. 完整性

神经纤维在结构上和生理功能上完整时，才能完成兴奋的传递。如果神经纤维受到损伤、切断、受压和麻醉等，兴奋就会降低或不能向下传递。

2. 绝缘性

在神经干中，每个神经纤维只传递自身的冲动，这样才能保证传递信息的准确性。

3. 双向传导性

在神经纤维的任何一点进行刺激，所产生的冲动可沿纤维向两端同时传递。

4. 相对不疲劳性

神经纤维始终保持传导能力，具有相对不疲劳性。

5. 不衰减性

神经纤维在传递兴奋时，不论传递距离多远，其兴奋的大小和速度自始至终不变，保证机体机能的调节及时、迅速和准确。

三、中枢神经元的联系方式及兴奋传导的特征

中枢神经系统内神经元数量巨大，相互间联系方式复杂，主要有以下几种(图 22-1)。

(一)辐散式

一个神经元通过其轴突末梢的分支与许多神经元建立突触联系，称为辐散式联系(图 22-1，A 右)。这种方式可以使一个突触前神经元的冲动传递给多个突触后神经元，引起它们的兴奋或抑制，从而扩大突触前神经元的作用范围。机体内的传入神经元和植物性神经的节前神经元，即主要以这种联系方式传递冲动。

(二)聚合式

多个突触前神经元的轴突共同与一个突触后神经元建立突触联系，称为聚合式联系(图 22-1，A 左)。这种联系方式使许多神经元引起同一个神经元发生兴奋总和，也可能使许多神经元的兴奋和抑制在同一个神经元上发生整合。

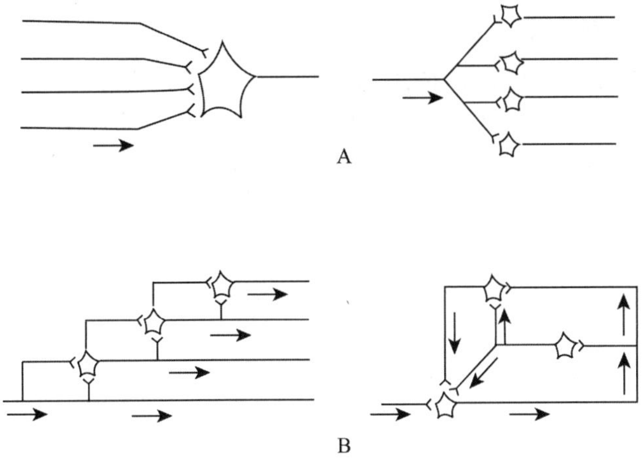

A. 聚合式(左)、环状式(右)　　B. 链锁式(左)、辐散式(右)

图 22-1　中枢神经元的主要联系方式

(三)链锁式与环状式

中枢神经系统内神经元间的辐散式和聚合式联系方式常常共同存在,并且通过中间神经元将这两种联系方式结合构成许多复杂的链锁式(图 22-1,B 左)和环状式(图 22-1,B 右)联系。当兴奋通过链锁式联系时,可以在空间上加强或扩大作用范围。当兴奋通过环状式联系时,如果其中各神经元都是兴奋性神经元,则兴奋得到加强和延续,起正反馈作用,并在停止刺激后,反射活动仍然持续一段时间,即所谓的“后放”。如果环路中的某些神经元是抑制性的,可使原来的神经活动减弱或终止,起负反馈作用。神经元间的这种多样化联系方式,是中枢神经系统功能高度复杂化的结构基础,使中枢神经系统能对各种反射活动进行精确调节,并使中枢神经系统各不同部位保持相互配合与协调。

任务二　中枢神经系统感觉与运动机能

一、中枢神经系统感觉机能

丘脑是感觉传导的接替站,除嗅觉外,各种感觉的传导通路均在丘脑内更换神经元,而后投射到大脑皮层。在丘脑内,只对感觉进行粗糙的分析与综合,在大脑皮层才对感觉进行精细的分析与综合。根据丘脑各部分向大脑皮层投射特征的不同,可把丘脑的感觉投射系统分为两类,即特异性投射系统和非特异性投射系统。

(一)特异性投射系统

特异性投射系统是指丘脑感觉接替核发出的纤维投射到大脑皮层的特定区域,具有点对点投射关系的感觉投射系统。其感觉传导通路为:从机体各种感受器传入的神经冲动进入中枢神经后(除嗅觉),均沿专一的特定传入通路到达丘脑,并在丘脑内更换神经元,再由丘脑发出上行纤维(投射纤维)到达大脑皮质的特定区域。其功能是传递精确信息到大脑皮层引起特定的感觉,并激发大脑皮层向外发放神经冲动。

(二)非特异性投射系统

非特异性投射系统是指丘脑内侧核群弥散性地投射到大脑皮层广泛区域的非专一性感觉投射系统。其感觉传导通路为:特异性投射系统中的各种感觉的传入纤维,在途经脑干时发出侧支与脑干网状结构内的神经元发生突触联系,传入冲动到网状结构与很多神经元作用后,失去了各种感觉特异性,然后抵达丘脑,从丘脑再发出神经纤维弥散地投射到大脑皮层。其生理作用是激动整个大脑皮层,维持和提高其兴奋性,使大脑处于觉醒状态。

特异性投射系统和非特异性投射系统两者相互影响,相互依存,引起大脑皮层产生感觉。

二、中枢神经系统的运动机能

大脑皮层是中枢神经系统控制和调节骨骼肌活动的高级中枢,是通过锥体系统和锥体外系统来实现的。

(一)锥体系统

皮层运动区内存在许多大锥体细胞,这些细胞发出粗大的下行纤维组成锥体系统,其纤维一部分经脑干交叉到对侧,与脊髓的运动神经元相连,调节各小组骨骼肌参与的精细动作。如锥体系统损坏,随意运动就消失。

(二)锥体外系统

除了大脑皮层运动区外,其他皮层运动区也能引起对侧或同侧躯体某部分的肌肉收缩。这些皮层运动区和皮质下神经结构发出的下行纤维,大部分组成锥体外系统。该系统调节肌肉群活动,主要调节肌肉紧张,使躯体各部分协调一致,若锥体外系统发生损伤,机体虽能产生运动,但动作不协调、不准确。

任务三　神经系统的其他机能

一、神经系统对内脏活动的调节

神经系统不但调节躯体运动,同时也调节机体内部的一切内脏活动,神经系统控制躯体运动的称为躯体神经系统;控制内脏活动的称为植物性神经系统。这种区分是人为的,决不能理解为两种神经系统的孤立和对立,事实上两者是在中枢神经系统的整合与协调下彼此互相联系的统一整体。

(一)植物性神经系统的机能

植物性神经的机能在于调节心肌、腺体(消化腺、汗腺及部分内分泌腺等)的活动。内脏活动一般是受交感神经和副交感神经的双重支配,这两种神经对同一内脏器官的调节作用是相反的,是互相协调统一的。植物性神经的中枢之间也存在有交互抑制作用,各种传入的信息,在使交感神经中枢活动加强的同时,也能使副交感神经中枢活动减弱,反之,能使交感神经中枢活动减弱的同时,也能对副交感神经中枢活动加强。从表面上看是彼此相反作用的调节,实际并不是对抗,而是彼此相互影响,使内脏器官功能活动既不过分增强,也不致过分减弱,从而保持动态平衡、相对稳定状态,有利于动物的正常生活。

1. 交感神经

交感神经的机能活动一般比较广泛，能促使机体适应环境的急骤变化。交感神经兴奋可使心脏活动加强加快，心率加快，皮肤和腹腔内血管收缩，使大量的血液流向脑、心及骨骼肌；使肺活动加强、支气管扩张和肺通气量增大；使肾上腺素分泌量增加，抑止泌尿和消化系统活动。

2. 副交感神经

副交感神经活动比较局限，主要是使机体休整，促进消化，贮存能量及加强排泄，提高生殖系统的机能。这些活动有利于营养物质的同化，增加能量物质在体内的积累，提高机体的储备能量。

由于交感神经和副交感神经在大多数情况下具有拮抗作用，它们不但在平时互相协作，保持动态平衡，使内脏比较稳定地进行活动，而且在不同情况下，通过它们的互相制约，可以打破原来的平衡状态，迅速而有效地改变各种内脏的活动，使它们适应于机体内外环境的变化。例如，在剧烈运动时，交感神经系统的活动占优势，而副交感神经系统的活动就受到制约而相应减弱。相反，在静息状态下，副交感神经系统的活动相对增强，而交感神经系统的活动就受到制约而相应减弱。

（二）植物性神经末梢的兴奋传递

植物性神经末梢的兴奋传递与躯体运动神经末梢一样，都是通过释放某种化学介质（神经递质）来实现的。

1. 胆碱能神经纤维和肾上腺素能神经纤维

植物性神经的全部节前纤维末梢、副交感神经的节后纤维末梢、支配某些汗腺和血管平滑肌的交感神经节后纤维末梢所释放的递质都是乙酰胆碱。大多数交感神经的节后纤维释放的递质是去甲肾上腺素。因此，凡是末梢释放乙酰胆碱的神经纤维都叫胆碱能神经纤维（包括躯体运动神经）；凡是末梢释去甲肾上腺素的神经纤维都叫肾上腺素能神经纤维。最近的研究表明，在植物性神经系统中，还有少量在末梢释放多巴胺的多巴胺纤维，它对依靠乙酰胆碱传递的植物性突触有抑制作用。

2. 植物性神经递质传递的受体

植物性神经末梢释放的化学递质，必须先与效应器细胞膜上的特殊受体结合，才能使效应器细胞产生一系列变化而引起兴奋或抑制效应。受体是具有特殊立体结构的蛋白质，能选择性地与特定的化学递质结合。由于各效应器的受体不同，因而同一递质在不同器官能引起不同效应，交感神经兴奋时之所以可使皮肤血管收缩而使冠状血管舒张，其原因就是血管上的受体不同。

能与乙酰胆碱结合的受体，叫胆碱能受体，主要分为毒蕈碱型受体（M）和烟碱型受体（N）；能与去甲肾上腺素结合的受体，叫肾上腺素能受体，分为 α 型受体和 β 型受体。

3. 植物性神经递质的灭活与移出

植物性神经递质从神经末梢释放后，一方面作用于受体，完成神经冲动的传递作用；另一方面又被迅速灭活与移除，以保证信息传递的准确性。

乙酰胆碱大部分能在几毫秒的时间内被存在于组织中的胆碱酯酶水解为乙酸和胆碱而失

去作用，小部分被神经末梢重吸收；去甲肾上腺素大部分被重吸收回轴浆中，小部分被组织中的儿茶酚胺氧化酶所破坏，但速度较慢。

二、皮质下各级中枢的机能

（一）脊髓的机能

脊髓具有传导兴奋和反射机能，如排尿和排粪反射等。

（二）脑干的机能

1. 延髓的机能

传导和反射机能。反射机能包括呼吸中枢、心血管运动中枢、吞咽中枢和消化腺分泌反射中枢，因此有“生命中枢”之称。

2. 脑桥的机能

传导和反射机能。反射中枢有角膜反射、呼吸调整中枢等。

3. 中脑的机能

协调躯体运动，维持躯体正常姿势；视觉、听觉反射低级中枢。

4. 间脑的机能

（1）丘脑。一切感觉冲动在此更换神经元，传递感觉冲动，对冲动进行分析、综合。

（2）下丘脑。比较复杂，具有调节植物性神经、体温、摄食和水的代谢等；还具有调节性行为、生殖过程、情绪反应等。间接影响内脏活动，整合作用。

（三）小脑的机能

调节肌紧张，维持躯体平衡，使随意运动准确而协调。

三、大脑皮质的机能

（一）大脑皮质的机能分区

躯体感觉区：顶叶；视觉区：枕叶；听觉区：颞叶；内脏感觉区：边缘叶；躯体运动区：额叶十字沟周围。

（二）非条件反射和条件反射

非条件反射：通过遗传而获得的先天性反射活动，生来就有。条件反射：动物出生后，后天逐渐获得的反射活动。

1. 条件反射的形成

动物采食时，食物进入口腔刺激口腔黏膜引起唾液分泌，这是非条件反射；而条件反射是一个复杂的过程，如食物在入口之前，给予哨声刺激，最初哨声与食物没联系，只是一个无关的刺激出现，哨声并不引起唾液的分泌，但经过多次结合后，只给哨声就引起唾液的分泌，便形成了条件反射，这个过程需要强化。

2. 条件反射与非条件反射的区别

非条件反射是先天遗传的，有固定的反射弧，在大脑皮层以下各级中枢就能完成。特点是：非条件刺激引起，数量有限，适应性差。条件反射是后天获得的，在一定条件下形成，有个体差异，无固定反射弧，易变，不强化就消退，必须经大脑皮层才能完成。其特点是：条件刺激引起，数量无限，适应性强。

四、动物的行为

动物行为指动物具有适应性意义的行动或活动状态，即动物有机体对内外环境条件的改变所作的调整性活动。可以分为摄食行为：包括采食、放牧和饮水行为。性行为：包括雌雄动物的性行为。母性行为：包括分娩行为、哺乳行为、育仔（雏）行为。群体行为或社会行为：包括依恋行为、争斗行为等。应激行为：包括母子分离、断奶、畜群变动、拥挤、运输、圈禁以及屠宰场条件下的行为特征。

【学习要求】

识记　神经递质；特异性投射系统；神经冲动；条件反射；非条件反射；中枢延搁。

理解　条件反射与非条件反射的区别；胆碱能神经纤维和肾上腺素能神经纤维的生理作用与区别；皮质下各级中枢的机能；中枢神经系统的运动机能和感觉机能；神经纤维对兴奋的传递的特点。

应用　(1)条件反射是怎样形成的，有何实践意义？(2)简述小脑对运动的调节作用。(3)简述锥体系统和锥体外系统的概念、特点及功能。

【知识拓展】

觉醒与睡眠

觉醒和睡眠都是生命活动不可缺少的生理过程。机体在觉醒状态下才能从事各种活动；通过睡眠使机体的机能得以恢复，保护脑细胞的功能。睡眠机能障碍将导致中枢神经系统的功能失常。

一、觉醒

觉醒是动物进行正常活动的基础，但对它的发生和维持的机理至今仍未完全清楚。实践证明，脑干网状结构的前行激动系统、丘脑的弥散投射系统、边缘系统、中脑蓝斑核、脑桥和延髓的某些部位，以及以多巴胺、去甲肾上腺素和乙酰胆碱为递质的神经元，都与觉醒有关。

觉醒状态的维持包括脑电觉醒状态（呈现快波）与行为觉醒状态维持两方面。行为觉醒的维持可能与黑质多巴胺递质系统的功能有关。脑电觉醒与蓝斑上部去甲肾上腺素递质系统和脑干网状结构上行激动系统（乙酰胆碱递质系统）两者有关。蓝斑上部去甲肾上腺素递质系统起持续的紧张性作用；上行激动系统具有调制前者的脑电觉醒的作用。

二、睡眠

1. 睡眠觉醒周期

动物在正常时有明显的睡眠觉醒周期。大多数鸟类都在白天保持觉醒而夜间进入睡眠。这种每昼夜只进行一次觉醒与睡眠交替形式叫单相睡眠。牛、羊等反刍动物也倾向于单相睡眠。许多野生动物和大多数哺乳动物的幼畜在一昼夜中呈现多次觉醒与睡眠交替的多相睡眠。马每昼夜交替3～16次(平均9次);猪白天50%～60%时间在睡眠,每昼夜有10次以上的交替。

2.睡眠的时相变化

根据不同睡眠状态下脑电特征,睡眠可分为两种时相,即慢波睡眠时相(SWS)和异相睡眠时相(PS)。

(1)慢波睡眠。与觉醒比较,其脑电特征呈高幅慢波。这时循环系统、呼吸和植物性神经系统的活动水平降低,但很稳定,表现闭目、瞳孔缩小,不出现眼球快速转动。

(2)异相睡眠。脑电特征是出现一种低电压快波脑电变化。肌张力明显降低,完全松弛,眼球出现快速转动,血压、心跳、呼吸和植物性神经系统,出现短暂的、较明显的不规则变动。

慢波睡眠和异相睡眠能互相转化。睡眠开始时,先进入SWS,持续一段时间后转入PS。PS持续较短时间(一般10 min左右,猪可达30 min)后,又转入SWS,随后再转入PS。在整个睡眠期间,两种时相可以反复多次出现转化。SWS和PS都可以直接转化为觉醒状态;但觉醒状态只能进入SWS,不能直接转化为PS。PS在各种动物中所占睡眠期间的比例是不相同的,猪为15%～20%,绵羊为4%～6%,牛为5%～10%,马为15%～25%。在同种动物中,幼畜的PS所占的比例较大,以后随着动物的生长而逐渐减少。PS似乎是正常睡眠所必需。动物缺乏异相睡眠时,行为上变得易于激怒。如果动物在一段时间内PS不足,随后一段时间会使PS在整个睡眠中比例增大,以补偿过去的不足。

3.睡眠的发生机理

睡眠的发生机理极其复杂,至今还了解甚少。虽然提出了各种学说,但仍不能圆满地解释各种与睡眠有关的现象。主要的睡眠学说如下。

(1)抑制扩散学说。它是巴甫洛夫首先提出来的,他认为睡眠是大脑皮层、皮层下神经节、丘脑、下丘脑等中枢高级部位广泛地发生抑制活动的结果。

(2)睡眠中枢学说。实验发现,脑干中缝核前部有能使脑电图同步化和引起睡眠的特殊区域。刺激这一部位使脑电图出现梭形慢波,动物在行为上表现为典型的SWS。这一区域被称为SWS中枢;颞叶梨状区、扣带回前部、丘脑中部和下丘脑的视前区、视上区等边缘系统结构也有促进睡眠的区域。生理性睡眠可能就是这些在脊髓上行与皮层下行冲动的影响下,脑干中有关睡眠与觉醒的中枢结构相互颉颃而向睡眠状态转化产生的。实验证明,慢波睡眠与脑干5-羟色胺递质系统有关。异相睡眠则与脑干5-羟色胺、乙酰胆碱和去甲肾上腺素递质系统有关。用药物抑制5-羟色胺在脑中的合成,可导致动物长期失眠;恢复5-羟色胺的合成,可恢复慢波睡眠,失眠现象消失。如用药物阻断乙酰胆碱的作用,或减弱去甲肾上腺素递质系统的功能,可使异相睡眠受到抑制。

有报道,可从实验性失眠动物的脑脊液中提取出某种能促进睡眠的化学物质,称为"催眠素"。已从兔脑脊液提取到这种物质,它是一种9肽,可促进慢波睡眠,被命名为δ-睡眠促进物质。

执业兽医资格考试真题

1. 恒温动物体温调节的基本中枢位于(　　)【2010 年】

A. 小脑　　B. 大脑　　C. 脊髓　　D. 延髓　　E. 下丘脑

2. 心交感神经节后神经末梢释放的递质是(　　)【2013 年】

A. 乙酰胆碱　　B. 去甲肾上腺素　　C. γ-氨基丁酸　　D. 多巴胺　　E. 肾上腺素

3. 属于胆碱能受体是(　　)【2015 年】

A. M 受体和 N 受体　　B. M 受体和 β 受体　　C. α 受体和 β 受体

D. M 受体和 α 受体　　E. N 受体和 α 受体

4. 神经-肌肉接头突触前膜囊泡中的神经递质是(　　)【2017 年】

A. 肾上腺素　　B. 去甲肾上腺素　　C. 乙酰胆碱　　D. 5-羟色胺　　E. 多巴胺

5. 正常情况下，迷走神经兴奋时心血管活动的变化是(　　)【2018 年】

A. 心率加快　　B. 心肌收缩力增强　　C. 心输出量增加　　D. 外周血管口经缩小

E. 房室传导减慢

6. 关于缩血管神经纤维的描述，正确的是(　　)【2020 年】

A. 平时无紧张性活动　　B. 均来自副交感神经　　C. 都属于交感神经纤维

D. 兴奋时使被支配的器官血流量增加　　E. 节后纤维释放的递质为乙酰胆碱

7. 神经调节的基本方式是(　　)【2011 年】

A. 反射　　B. 肌紧张　　C. 皮层活动　　D. 突触传递　　E. 感觉传导

8. 属于肾上腺素能受体的是(　　)【2011 年】

A. M 受体和 N 受体　　B. M 受体和 β 受体　　C. M 受体和 α 受体

D. N 受体和 β 受体　　E. α 受体和 β 受体

9. 神经-骨骼肌接头后膜(终板膜)的胆碱能受体是(　　)【2012 年】

A. a 受体　　B. β 受体　　C. M 受体　　D. N_1 受体　　E. N_2 受体

10. 心交感神经节后神经末梢释放的递质是(　　)【2013 年】

A. 乙酰胆碱　　B. 去甲肾上腺素　　C. γ-氨基丁酸　　D. 多巴胺　　E. 肾上腺素

11. 箭毒可与之结合而起阻断作用的受体是(　　)【2013 年】

A. a 受体　　B. β 受体　　C. M 受体　　D. N_1 受体　　E. N_2 受体

(12～13 题共用备选答案)【2013 年】

A. 脊硬膜　　B. 脊蛛网膜　　C. 脊软膜　　D. 硬膜外腔　　E. 蛛网膜下腔

12. 脊髓麻醉是将麻醉剂注入(　　)

13. 脊膜中最薄而紧贴在脊髓表面的是(　　)

项目二十三　内分泌

【学习目标】

熟悉激素的概念和作用特点;掌握各种激素的生理功能。

【学习内容】

内分泌系统是动物体内所有内分泌腺和散在的内分泌细胞的总称,主要包括:①内分泌器官,如脑垂体、甲状腺、肾上腺、性腺、松果体等;②下丘脑和中枢神经系统内某些核团和其他成分;③胰腺和胃肠道内的内分泌细胞;④胸腺、肾、皮肤、胎盘和心血管系统内具有内分泌功能的细胞等。

任务一　内分泌概述

一、内分泌的含义

内分泌腺或内分泌细胞合成和分泌的某些特殊化学物质,通过血液循环或扩散传递给相应的靶细胞,调节其生理功能的过程,称为内分泌,它是细胞间化学信息传递的一种方式。根据化学信息如何到达靶细胞,将细胞间信息传递分为以下几种类型。

1.内分泌或远距分泌

内分泌细胞分泌的化学信使进入血液,经血液循环到达靶细胞发挥生理作用。

2.神经分泌

神经细胞分泌的化学信使(神经递质)由轴突末梢释放,经突触传递至突触后细胞影响其生理功能。

3.神经内分泌

神经细胞分泌的化学信使(激素)进入血液,通过血液循环到达靶细胞发挥作用。

4.旁分泌

细胞分泌的化学信使进入细胞间液,通过扩散到达邻近的靶细胞起作用。

5.自身分泌

细胞分泌的化学信使进入细胞间液对其自身起调节作用,通常表现为负反馈影响。

此外,化学信使还可以通过细胞间的微管连接到达另一细胞起调节作用,称为表分泌。

二、激素的概念和种类

激素是指内分泌腺或内分泌细胞所分泌的高效能的生物活性物质。

从化学本质上看,激素主要分为两类,即多肽类激素和类固醇激素。脑垂体、甲状腺、甲状旁腺、胰岛、肾上腺髓质的分泌物为多肽类激素;此类激素容易被胃肠道消化酶分解破坏,不宜口服;肾上腺皮质和性腺分泌的激素为类固醇激素。这类激素可口服。目前,许多激素能被提纯或人工合成,并应用于畜牧生产和兽医临床治疗工作中。

三、激素的作用特点

激素在发挥生理作用时，具有共同的特点。

1. 高效性

激素是一种高效能的生物活性物质，很少的剂量就能对机体的生长发育、新陈代谢等机能产生较强的调节作用。如将 10^{-11} g 的雌二醇直接作用于阴道黏膜或子宫内膜，就能使其分泌黏液量增多，子宫和阴道活动加强；10^{-8} g 的肾上腺素就能使全身血压升高。

2. 特异性

激素的特异性即某种激素只能对某些组织细胞的功能、某些代谢过程或某一种酶的活性发生调节作用，但一般无种间特异性，所以从某种动物体内获得的激素，对另一种动物的同种器官也能产生相应调节作用。

3. 激素分泌速度和发挥作用的快慢不一致性

不同激素对机体相应调节作用的速度是不一致的。如肾上腺素几秒钟即可发生效能，胰岛素需几小时，甲状腺素则需要几天。

4. 激素在体内活性的可变性

激素在体内经过复杂的代谢过程，可通过水解、氧化、还原、结合等方式，逐渐失去活性，从体内消失。

任务二　内分泌器官机能

一、脑垂体的机能

腺垂体能分泌生长激素(STH)、催乳素(LTH)、促甲状腺素(TSH)、促肾上腺皮质激素(ACTH)、促性腺激素，促性腺激素包括卵泡刺激素(FSH)和促黄体生成素(LH)。神经垂体能贮存由下丘脑视上核和室旁核所分泌的抗利尿激素(加压素)和催产素，在机体需要时释放入血，参与机能调节。脑垂体分泌激素的作用如下。

1. 生长激素

生长激素可促进动物的生长发育。若生长激素分泌过多，过度生长，即发生高大畸形，而分泌不足则生长停滞，体躯矮小，性器官等发育不良。

2. 催乳素

催乳素可促进乳腺发育，并使具备泌乳条件的乳腺开始泌乳。

3. 促甲状腺素

促甲状腺素可促使甲状腺生长发育和甲状腺素的合成与分泌。

4. 促肾上腺皮质激素

促肾上腺皮质激素可促进肾上腺皮质的生长发育和糖皮质激素分泌。

5. 卵泡刺激素

卵泡刺激素可促进卵巢生长发育，对公畜则可促使睾丸、曲细精管增生发育。

6. 促黄体生成素

促黄体生成素与卵泡刺激素协同作用，促使母畜分泌雌激素，并使卵泡成熟和排卵；对公畜则刺激睾丸间质细胞发育和产生雄性激素，又称间质细胞刺激素。促性腺激素在实践中有很重要的意义，可以用来提高公母畜的性活动和繁殖率，治疗某些因性激素不足引起的生殖障碍疾病。

7. 抗利尿素(加压素)

抗利尿素可促进肾远曲小管和集合管对水的重吸收，使尿液生成量减少；抗利尿素还能使全身小动脉平滑肌和毛细血管强烈收缩(脑和肾血管除外)，使血压升高，故也称加压素。但短期内重复使用时，升压作用减弱，这是因为它使冠状血管收缩从而使心室收缩力变弱所致。因此，临床上一般不作升压药使用。

8. 催产素(子宫收缩素)

催产素可使妊娠末期的子宫平滑肌强烈收缩，促进分娩，临床上常用它来催产或产后止血。此外，它还能引起乳腺导管平滑肌收缩，引起泌乳。

二、甲状腺的机能

甲状腺的主要功能是碘的聚集与合成、贮藏和分泌甲状腺素。甲状腺素能促进机体的新陈代谢与生长发育，特别是对幼畜的骨骼、神经和生殖器官的发育影响较大，如幼畜甲状腺机能减退，其生长发育非常缓慢甚至停止，动物体躯矮小，反应迟钝，形成“呆小症”。

甲状腺内还有一种内分泌细胞，称为滤泡旁细胞，常位于腺泡上皮与基膜之间，能产生降钙素。降钙素能增强成骨细胞的活性，促进骨组织钙化而降低血钙。

三、甲状旁腺的机能

甲状旁腺分泌的激素叫甲状旁腺素，是一种多肽物质，它能调节钙、磷代谢，维持血钙和血磷浓度的相对稳定。具体作用如下。

(1)在维生素 D 存在的情况下，可促进小肠对钙的吸收。

(2)刺激破骨细胞的活性，使骨骼中磷酸钙溶解并转入血液，以补充血磷，提高血钙含量。

(3)促进肾小管对钙的重吸收和磷的排泄(即保钙排磷的作用)，使血钙浓度升高，血磷降低。

甲状旁腺素升高血钙的作用与降钙素可降低血钙的作用有着密切的联系，甲状旁腺素和降钙素的分泌都受血钙浓度的调节。当血钙浓度升高时，可抑制甲状旁腺素的分泌，使降钙素分泌增多。血钙浓度降低时，可促进甲状旁腺素的分泌，使降钙素分泌减少。

四、肾上腺的机能

(一)肾上腺皮质的机能

肾上腺皮质所分泌的激素叫肾上腺皮质素，可分为 3 大类：糖皮质激素、盐皮质激素和性激素。

皮质束状区分泌糖皮质激素，主要调节糖、蛋白质和脂肪的代谢。皮质多形区分泌盐皮质激素，主要调节水盐代谢，促进肾小管对钠的重吸收和对钾的排泄，因此具有保钠排钾的作用。皮质网状区分泌少量的性激素，其性质与睾丸或卵巢分泌的性激素相似，但在正常情况下其分泌较少，不做详细介绍。

1. 糖皮质激素

糖皮质激素主要代表为氢化可的松，其次有少量的皮质酮。其生理作用如下。

(1)对物质代谢的影响。糖皮质激素能促进肝糖原分解,抑制葡萄糖的氧化,从而使血糖升高,有对抗胰岛素的作用。促进脂肪分解,使血液中游离的脂肪酸升高。能促进蛋白质分解,并促进氨基酸进入肝细胞内转变为糖。

(2)糖皮质激素可增加机体的应激机能。内外环境中的一切有害刺激可通过下丘脑和脑垂体前叶引起糖皮质素大量分泌,从而改变机体的代谢机能,以适应这些不利的刺激。这一系列的生理功能改变称为应激反应。

(3)其他作用。能使血液中嗜酸性粒细胞数量减少,减少抗体生成,故有抗过敏作用;能降低毛细管通透性,抑制纤维组织增生,故有抗炎症作用。此外,糖皮质激素有保钠排钾作用,但比醛固酮的作用弱得多。

2. 盐皮质激素

盐皮质激素以醛固酮为代表,调节体内水盐代谢平衡。醛固酮能促进肾脏远曲小管对钠和水的重吸收,抑制对钾的重吸收(保钠排钾),从而维持体内钠钾的平衡和细胞外液水分含量及血量的相对稳定。

(二)肾上腺髓质的机能

肾上腺髓质分泌肾上腺素和去甲肾上腺素。它们的生理机能相似,均有类似交感神经兴奋的作用,但仍有某些差别。

1. 对心脏的作用

肾上腺素能增加心肌的兴奋性,使心跳加强加快,心输出量增加,使心室收缩压升高。去甲肾上腺素对心脏也有类似的作用,但不如肾上腺素作用强。

2. 对血管的作用

肾上腺素对血管的作用不一致,它能使皮肤、黏膜、腹腔内大多数内脏的血管强烈收缩,升高血压;但对心、肺、肝、脑的血管作用很弱,对骨骼肌的血管则使之舒张。去甲肾上腺素除冠状血管外,有普遍缩血管作用。在去甲肾上腺素的作用下,外周阻力明显增大,使心缩压和心舒压均升高。

3. 对内脏平滑肌的作用

两者均能使气管和消化道平滑肌舒张,引起支气管扩张,胃肠运动减弱,还可使膀胱舒张,瞳孔扩大,被毛竖立。其中以肾上腺素作用较为强烈。

4. 对代谢的作用

肾上腺素能促使肝糖原和肌糖原分解,使血糖浓度升高和乳酸增加。肾上腺素能分解脂肪,去甲肾上腺素也有相同的作用,但很弱。

5. 对神经系统的作用

两者都能提高中枢神经系统的兴奋性,使机体处于警觉状态,以利于应付紧急情况。

五、松果体的机能

松果体分泌褪黑激素,有抑制促性腺激素的释放,防止性早熟的作用。光照能抑制松果体合成褪黑激素,促进性腺活动。此外,松果体内含有大量的5-羟色胺和去甲肾上腺素等物质。

六、胰腺的内分泌机能

胰腺的内分泌细胞群主要有α细胞和β细胞两类,其中α细胞分泌胰高血糖素,β细胞分泌胰岛素。

(一)胰岛素的作用

1.对糖的代谢作用

胰岛素可促进葡萄糖透过细胞膜进入细胞内,促进骨骼肌和脂肪组织对葡萄糖的利用,导致血糖下降。

2.促使脂肪的贮存

胰岛素可促进葡萄糖转化为脂肪,又能抑制贮存的脂肪水解,使血中游离的脂肪酸减少。

3.促进蛋白质的合成

胰岛素可促进氨基酸进入细胞,合成蛋白质。

(二)胰高血糖素的作用

胰高血糖素有对抗胰岛素的作用,可促进肝糖原分解和糖的异生作用,使血糖升高。此外,还可促进脂肪分解,使血中的游离脂肪酸浓度升高。

七、性腺的内分泌机能

睾丸间质细胞分泌雄性激素,主要成分是睾酮。卵巢内卵泡细胞可分泌雌激素,其中作用最强的是雌二醇;妊娠黄体细胞分泌孕激素(主要是孕酮);在妊娠末期黄体和某些动物的胎盘能分泌松弛素。

1.雄性激素的作用

(1)促进雄性生殖器官(前列腺、精囊腺、尿道球腺、输精管、阴茎和阴囊)的生长发育,并维持其成熟状态。

(2)刺激公畜产生性欲和性行为。

(3)促进精子的发育成熟,并延长在附睾内精子的贮存时间。

(4)促进雄性动物第二性征的出现,并维持其正常状态。

(5)促进蛋白质的合成,使肌肉和骨骼比较发达,并使体内贮存脂肪减少。

(6)促进公畜皮脂腺的分泌增强,特别是公羊和公猪比较明显。

2.雌激素的作用

(1)促进母畜生殖器官的生长发育。

(2)促进雌性动物第二性征的出现,并维持其状态。

(3)促进母畜发情。

(4)刺激母畜发生性欲和性兴奋。

3.孕激素的作用

(1)在雌激素作用基础上,进一步促进排卵后子宫内膜的增厚(血管和腺体增生),腺体分泌子宫乳,为受精卵在子宫附植和发育准备条件。

(2)抑制子宫平滑肌的活动,为胚胎创造安静环境,故有保胎作用。

(3)在雌激素作用的基础上,进一步刺激乳腺腺泡的生长,使乳腺发育完成,准备泌乳。

4.松弛素的作用

松弛素的生理机能是扩张产道,使子宫和盆骨联合韧带松弛,便于分娩。

【学习要求】

识记 内分泌腺;激素。

理解 激素的作用特点;内分泌腺的形态和位置;肾上腺激素种类及生理机能。

应用 (1)为什么说激素是动物体内高效生物活性物质?(2)在畜牧业生产和兽医临床中,激素应用应注意哪些事项?

【知识拓展】

激素的合成、分泌、转运和代谢

一、激素的合成

肽类和蛋白质激素的合成与一般蛋白质合成过程相似,即先在细胞核内将多肽激素 DNA 中的遗传信息转录到信使 RNA(mRNA),然后被送到细胞浆,并在核糖体上通过 mRNA 的翻译过程形成多肽激素链。通常是先形成比激素分子大得多的前身物质称为前激素原,前激素原进入内质网经裂解脱去一肽段成为激素原,激素原除含有活性的肽段外,还有无活性的肽段,经降解再脱去其中的肽段即加工成为具有活性的激素。

类固醇激素、胺类激素不是直接由基因转录和翻译产生,而是依靠细胞浆或分泌小泡内制造的各种专门的酶,通过一系列酶促反应过程以胆固醇、酪氨酸等为原料而合成的。

二、激素的分泌

内分泌细胞合成激素后释放到细胞外和血液中的过程,称为分泌。各种激素由于其合成和贮存的方式不同,分泌的方式也有较大差异。含氮类激素合成后都以颗粒形式在细胞内贮存,然后经胞吐作用从细胞释放至细胞外或体液中。胞吐作用是一个耗能的过程,要靠胞浆内微管和微丝系统的运动并有赖 Ca^{2+} 进入细胞,增加胞内 Ca^{2+} 浓度和激活腺苷酸环化酶或鸟苷酸环化酶生成环-磷酸腺苷(cAMP)或环-磷酸鸟苷(cGMP)才能完成。类固醇激素很少贮存,它们合成后主要通过单纯扩散经细胞膜释放至细胞外的体液中。

三、激素的转运

激素分泌后经血液循环或体液扩散到达靶细胞的过程,称为激素的转运。转运的路程有的很短,如下丘脑释放的激素经垂体门脉系统到达垂体的靶细胞;有的较长,如垂体-肾上腺轴和垂体-性腺轴激素的转运。转运的方式也有不同,通常是以游离状态随血液运行或与非特异性运载蛋白或特异性结合蛋白结合而转运。游离型激素与结合型激素之间有一定的正常比例,结合型激素代谢速度慢并可起临时“储藏库”作用,以维持血中游离激素的含量不致急剧变动,以满足机体的生理需要。

四、激素的代谢

激素从释放出来直到失活并被清除的过程,称为激素的代谢。代谢速度通常用半衰期,即激素的浓度或活性在血液中减少一半所需要时间来表示。各种激素的半衰期差异较大,如肾上腺素常以秒计算,而糖皮质激素和甲状腺素则以小时或天计算。

激素的失活主要是在靶组织发挥作用后被降解，也可在肝、肾等被酶解、破坏，随胆汁经粪和尿排出体外；极少量激素也可不经降解，直接随尿排出。

执业兽医资格考试真题

(1～3 题共用备选答案)【2009 年、2014 年】

A. 皮质酮　B. 胰岛素　C. 醛固酮　D. 甲状腺素　E. 甲状旁腺素

1. 促进机体产热的主要激素是(　　)
2. 促进机体"保钙排磷"的主要激素是(　　)
3. 促进机体"保钠排钾"的主要激素是(　　)
4. 胰岛中分泌胰岛素的细胞是(　　)【2010 年】

A. A 细胞　B. B 细胞　C. D 细胞　D. F 细胞　E. PP 细胞

5. 下丘脑-神经垂体系统分泌的激素是(　　)【2010 年】

A. 生长激素和催乳素　B. 抗利尿激素和催产素
C. 促性腺激素和促黑激素　D. 肾上腺素和去甲肾上腺素
E. 促甲状腺激素和促肾上腺皮质激素

6. 褪黑素对生长发育期哺乳动物生殖活动的影响是(　　)【2010 年】

A. 延缓性成熟　B. 促进性腺的发育
C. 延长精子的寿命　D. 促进副性腺的发育
E. 促进垂体分泌促性腺激素

7. 直接刺激黄体分泌孕酮的激素是(　　)【2010 年】

A. 褪黑素　B. 卵泡刺激素　C. 黄体生成素
D. 促甲状腺激素　E. 促肾上腺皮质激素

8. 属于糖皮质激素的是(　　)【2011 年】

A. 胰岛素　B. 醛固酮　C. 皮质醇　D. 肾上腺素　E. 胰高血糖素

9. 松果腺分泌的主要激素是(　　)【2011 年】

A. 松弛素　B. 褪黑素　C. 降钙素　D. 抑制素　E. 促黑激素

10. 属于含氮激素的是(　　)【2012 年】

A. 甲状腺素、胰岛素、前列腺素　B. 甲状旁腺激素、胰岛素、雌激素
C. 降钙素、肾上腺素、雄激素　D. 生长激素、去甲肾上腺素、孕激素
E. 生长激素、胰岛素、肾上腺素

11. 垂体分泌的促性腺激素包括(　　)【2012 年】

A. 促黑色激素与雄激素　B. 促黑色激素与孕酮　C. 促卵泡激素与促黄体生成素
D. 促卵泡激素与催乳素　E. 促黄体生成素与催产素

12. 细胞分泌的激素进入细胞间液，通过扩散作用于靶细胞发生作用的传递方式称为(　　)【2015 年】

A. 内分泌　B. 外分泌　C. 旁分泌　D. 自分泌　E. 神经内分泌

13. 下丘脑的大细胞神经元分泌的激素是(　　)【2015 年】

A. 生长抑素　B. 催产素　C. 促性腺激素释放激素
D. 促黑激素释放抑制因子　E. 催乳素

14. 前列腺素 E 的生理功能之一是(　　)【2015 年】

A. 抑制精子的成熟　　B. 抑制卵子的成熟　　C. 松弛血管平滑肌

D. 松弛胃肠平滑肌　　E. 促进胃酸分泌

(15～17 题共用备选答案)【2017 年】

A. 甲状腺激素　　B. 促甲状腺激素　　C. 促甲状腺激素释放激素

D. 生长激素　　E. 生长激素释放激素

15. 幼犬,生长迟缓、反应迟钝且呆滞,与该病症有关的下丘脑激素是(　　)

16. 幼犬,生长迟缓、反应迟钝且呆滞,与该病症有关的腺垂体激素是(　　)

17. 幼犬,生长迟缓、反应灵敏,该病犬分泌不足的腺垂体激素是(　　)

18. 可治疗某些不育症的激素是(　　)【2018 年】

A. 绒毛膜促性腺激素　　B. 降钙素　　C. 褪黑素　　D. 松弛素　　E. 抑制素

19. 对雌激素表述不正确的是(　　)【2018 年】

A. 主要由成熟卵泡和颗粒细胞合成　　B. 主要以游离形式存在于血浆

C. 促进输卵管上皮细胞增生　　D. 可加速骨的生长

E. 刺激乳腺导管和结缔组织增生

(20～22 题共用备选答案)【2018 年】

A. 抑制素　　B. 雄激素　　C. 黄体生成素　　D. 雌二醇　　E. 松弛素

20. 维持精子生成与成熟的激素是(　　)

21. 芳香化酶可将睾酮转变为(　　)

22. 睾丸支持细胞分泌的多肽激素为(　　)

(23～25 题共用备选答案)【2019 年】

A. TSH　　B. OXT　　C. FSH　　D. LH　　E. PRL

23. 绵羊,2 岁,颈部增粗,局部肿大,经检查为甲状腺增生,该羊最可能出现异常的激素是(　　)

24. 山羊,3 岁,发情期迟迟不见排卵,经 B 超检查卵泡发育正常,该羊最可能出现异常的激素是(　　)

25. 绵羊,3 岁,雌性,产羔后胎衣不下,泌乳严重滞后,可用于治疗该病的是(　　)

26. 调节血钙浓度的激素是(　　)【2020 年】

A. 促甲状腺激素　　B. 促甲状腺释放激素　　C. 甲状旁腺激素

D. 三碘甲状腺原氨酸　　E. 甲状腺激素

27. 属于盐皮质激素的是(　　)【2012 年】

A. 降钙素　　B. 抗利尿激素　　C. 醛固酮　　D. 皮质醇　　E. 肾上腺素

28. 褪色素对生长发育期哺乳动物生殖系统的影响是(　　)【2013 年】

A. 促进性腺的发育　　B. 促进副性腺的发育　　C. 促进垂体分泌促进性腺

D. 延长精子的寿命　　E. 延缓性成熟

29. 动物在怀孕期间一般不发情,其主要原因是血液中含有高浓度的(　　)【2013 年】

A. 卵泡刺激素　　B. 黄体生成素　　C. 雌激素　　D. 孕酮　　E. 松弛素

30. 临床上常将肾上腺素用作强心剂，其作用途径是（　　）【2014 年】

A. 肾上腺素与 a 受体结合　　B. 肾上腺素与 β 受体结合

C. 肾上腺素与 M 受体结合　　D. 肾上腺素与 R 受体结合

E. 肾上腺素与 N_2 受体结合

31. 由腺垂体分泌的激素是（　　）【2014 年】

A. 抗利尿激素与催乳素　　B. 抗利尿激素和催产素　　C. 生长激素与催乳素

D. 生长激素与催产素　　E. 催乳素与催产素

32. 参与甲状腺激素合成的元素是（　　）【2014 年】

A. 铁　　B. 铜　　C. 锰　　D. 锌　　E. 碘

33. 松果腺分泌的激素是（　　）【2014 年】

A. 促黑素　　B. 褪黑素　　C. 降钙素　　D. 抑制素　　E. 松弛素

项目二十四　能量代谢与体温调节

【学习目标】

了解能量的来源和利用。掌握不同动物的体温；机体产热和散热的方式；理解体温调节的规律。

能正确测定不同动物的体温。

【学习内容】

任务一　能量代谢

新陈代谢是机体生命活动的基本特征，在新陈代谢过程中，一方面动物从周围环境中摄取营养物质用于合成体内新的物质，同时将摄入的能量经过转化贮存于体内；另一方面，机体不断分解自身原有物质，释放能量供给各种生命活动需要。动物体内伴随物质代谢而发生的能量的贮存、释放、转移和利用的过程，称为能量代谢。

一、能量的来源与利用

（一）能量的来源

饲料或组织中糖、脂肪、蛋白质是机体能量的主要来源，它们氧化分解时会释放出大量的能量，其中 50% 以上以热能形式释放出来，用于维持体温，其余以化学能形式转移到 ATP 的高能磷酸键中，作为细胞各种活动的能源。

1. 糖

糖是体内最主要的供能物质，一般情况下，机体能量约 70% 来自糖类的氧化。在氧供应充足的情况下，机体绝大多数组织细胞通过糖的有氧氧化获得能量。在氧供应不足时，某些组织（如骨骼肌）还可通过无氧酵解获得少量能量。

2. 脂肪

脂肪是体内主要的储能物质，机体内脂肪贮存量比糖多得多，可占体重的20%左右。在短期饥饿时，由于糖原的大量消耗，脂肪则成为主要的供能物质。

3. 蛋白质

一般情况下，蛋白质用于分解供能的量很小，只有在长期饥饿情况下脂肪几乎耗竭时，机体才会利用蛋白质分解供能。

（二）能量的去路

营养物质所释放的能量中，热能不能被利用，但对维持体温非常重要，贮存在ATP中的化学能可被机体利用来完成各种生理机能活动，如合成、生长、肌肉收缩、腺体分泌、神经传导、主动转运等。

二、基础代谢和静止能量代谢

（一）基础代谢

动物在维持基本生命活动条件下的能量代谢水平称为基础代谢。所谓基本生命活动条件是：①清醒。②肌肉处于安静状态。③最适于该动物的外界环境温度。④消化道内空虚，即要经过一段时间的饥饿。一般基础代谢是在清醒、静卧、空腹12 h以上，室温20～25 ℃条件下测定的。基础代谢的高低通常用基础代谢率来表示。基础代谢率是指动物在基本生命活动条件下单位时间内每平方米体表面积的能量代谢。

（二）静止能量代谢

动物在一般的畜舍或实验室条件下，早晨饲喂前休息时（以卧下为宜）的能量代谢水平称为静止能量代谢。

三、影响能量代谢的主要因素

（一）影响能量代谢的因素

1. 劳役和运动

肌肉活动对能量代谢的影响最为显著。肌肉活动越强，能量代谢越强。

2. 精神活动

精神活动越剧烈，能量代谢越强。

3. 食物的特殊动力效应

动物在采食后一段时间内，虽然同样处在安静状态，但其产热量却比采食前有明显增加，这种由于摄食使机体产生“额外热量”的现象，称为食物的特殊动力效应。研究发现，若饲喂全是蛋白质食物，则额外产生的热量可达30%；以糖和脂肪为主的食物，产热可增加4%～6%，一般混合食物可增加10%左右。

4.环境温度

环境温度的明显变化对机体代谢有重大影响，环境温度显著升高或降低均可使能量代谢水平升高。当环境温度显著降低时，寒冷刺激反射性地引起肌肉紧张性增加，甚至发生寒战，产热增多。试验表明，环境温度每下降 1 ℃，机体代谢率就会提高 2%～5%；当环境温度显著升高时，机体由于散热困难而使体温升高，从而使体内酶活性增强，新陈代谢加快，发汗机能旺盛以及循环、呼吸机能增强而产热量增加，机体必须通过进一步增加散热来维持体温相对稳定。当环境温度上升到 30～45 ℃时，代谢率将逐渐上升。

（二）影响基础代谢率和静止能量代谢率的主要因素

1.个体大小

家畜的产热随个体大小而变化，但不直接与体重成比例。

2.年龄

幼年动物代谢率较高，成年后逐渐下降。

3.性别

性成熟时开始出现性别差异。

4.品种

生长迅速的品种一般比生长较慢的品种代谢水平高，而瘦肉型比肥胖型品种代谢要强。

5.生理状态

母畜发情期间代谢加强，妊娠后期代谢加强更为明显。

6.营养状态

营养良好的家畜的代谢水平较高。

7.季节

春季的静止能量代谢最高，夏季降低，秋季又稍增高，冬季最低。

8.气候

生长在热带地区的哺乳动物比温带和寒带地区低。

任务二　正常体温及其变动

一、动物的正常体温及其生理变动

所谓体温就是机体的温度，它来源于机体在新陈代谢过程中所产生的热量。动物体各部分的温度并不是完全相同的。机体内部的温度一般比体表的温度高些，机体内各器官因机能不同温度也有差异。在实际工作中，一般都是以测量直肠的温度作为动物机体深部的体温指标。常见动物的平均体温及变动范围见表 24-1。

表 24-1　常见动物的平均体温及变动范围(直肠温度)　℃

动物种类	平均体温	变动范围	动物种类	平均体温	变动范围
黄牛	38.3	36.7～39.7	骆驼	37.5	34.2～40.7
水牛	37.8	36.1～38.5	驴	37.4	36.4～38.4
乳牛	38.6	38.0～39.3	犬	38.9	37.9～39.9
绵羊	39.1	38.3～39.9	猫	38.6	38.1～39.2
山羊	39.1	38.5～39.7	兔	39.5	38.6～40.1
猪	39.2	38.7～39.8	鸡	41.7	40.6～43.0
马	37.6	37.2～38.1			

此外，动物的体温具有个体、品种、年龄及性别差异性，同时受环境温度、活动状况等因素的影响。家禽体温比家畜高；幼畜的体温较成年家畜略高；公畜较母畜略高；母畜在发情期和妊娠期的体温较平时稍高，排卵时则有体温降低现象；肌肉活动时代谢增强，产热增多也可使体温升高，动物采食后体温可升高 0.2～1 ℃并持续 2～5 h 之久；长期饥饿后体温降低，大量饮水也能使体温降低。

体温还表现明显的日周期性变动，通常是白昼体温逐渐升高至午后达高峰，然后逐渐下降至清晨最低，即清晨 2:00～6:00 时体温最低，午后 13:00～18:00 时最高。这种昼夜周期的波动称为昼夜节律。来自不同地域的动物体温也有差别，如热带种牛与温带种牛在同样的气温条件下体温可相差约 1.5 ℃。

二、体温相对恒定的意义

在正常情况下，畜体温度是相对恒定的。体温的相对恒定是保证畜体新陈代谢和各种功能活动正常进行的一个重要条件。因为代谢过程中都需要酶的参与，而最适宜酶活动的温度是 37～40 ℃。过高或过低的温度都会影响酶的活性，或使其活性丧失，致使机体的各种代谢发生紊乱，甚至危及生命。体温的变化对中枢神经系统的影响特别显著，如发高烧时，中枢神经的功能就会发生紊乱。所以在兽医临床上，体温往往作为动物健康状况的一个重要标志。

三、机体的产热和散热过程

家畜体温的相对恒定，是机体内产热与散热两个过程取得动态平衡的结果。

(一)产热

1. 主要产热器官

体内各组织器官中进行分解代谢时都会产生热，由于代谢水平的差别，各组织器官的产热量也不同。肌肉、肝脏和腺体产热量较多，肝脏的代谢旺盛，产热量最大，在劳役时，骨骼肌代谢加强，产热量明显增加。草食动物的饲料在消化管发酵，产生大量热能，也是体热产生的重要来源。

2. 机体的产热形式

动物在寒冷环境中，散热量明显增加，机体要维持体温的相对稳定，可通过战栗产热和非战栗产热两种形式来增加产热量。

(1)战栗产热。战栗产热是骨骼肌不随意的节律性收缩,特点是屈肌和伸肌同时收缩,所以不做外功,产热量很高。机体在寒冷环境中,在战栗前通常先出现寒冷性肌紧张(又称战栗前肌紧张),此时代谢率就有所增加,随着寒冷刺激的继续作用,便在此基础上出现战栗,产热量大大增加,有利于维持机体在寒冷环境中体热平衡。发生战栗时,代谢率可增加4～5倍。

(2)非战栗产热。非战栗产热又称代谢产热,指机体处于寒冷环境时,除战栗产热外,体内还会发生广泛的代谢产热增加现象。在增加的代谢产热中,以褐色脂肪组织的产热量最多,可占非战栗产热的70%。

(二)散热

1.散热途径

散热途径主要是通过体表皮肤散热,经这一途径散发的热占全部散热量的75%～85%,另外机体还可通过呼吸器官、消化器官和排尿等途径散热等。例如对较低温度的吸入气体、饮水和食物进行加温,以及随粪、尿排泄等可散失一部分热。

2.皮肤散热的方式

机体通过皮肤散热的方式有辐射、对流、传导和蒸发4种。

(1)辐射散热。体热以热射线(红外线)的形式向外界散发的方式称为辐射散热。在常温和安静状态下辐射散热是机体最主要的散热方式,约占机体总散热量的60%。辐射散热量的多少主要与皮肤和周围环境之间的温度差、有效辐射面积等因素有关。如皮肤温度高于周围环境温度,且温度差越大,则辐射散热量就越多;而周围环境温度高于体表温度时,机体不仅不散热反而会吸收周围环境的热量。动物舒展肢体可增加有效辐射面积,散热量增加,而身体蜷曲时,有效辐射面积减少而使散热减少。

(2)对流散热。机体通过与周围流动的气体进行热量交换的一种散热方式,称为对流散热。对流散热是传导散热的一种特殊形式。对流散热与风速有关,风速越大散热越多。在畜牧业生产中夏季注意通风可增强散热,冬季则要注意防风以减少散热,这些措施均有利于动物维持体温。

(3)传导散热。机体的热量直接传递给与其接触的温度较低物体的一种散热方式,称为传导散热。传导散热量的多少与接触物体的导热性能、接触面积、体表与接触物体的温度差等有关。畜牧业生产中,在冬季力求保持地面干燥能防止动物散热,而在夏季水牛要下水,以冷水淋浴或水浴促进散热,可以有效地防止中暑。

(4)蒸发散热。蒸发散热是指机体通过体表和呼吸道水分蒸发来散发体热的一种散热方式。当环境温度等于或高于体表温度时,机体已不能通过辐射、传导和对流等方式散热,蒸发散热便成为唯一有效的散热方式。这时汗腺发达的家畜如马可见汗分泌增加,显汗蒸发散热急剧增加,而汗腺不发达的动物如牛、猪、犬等主要表现热性喘息和唾液分泌增加,以通过呼吸道和唾液水分蒸发来散发热量。据测定,1 g水在体表蒸发时可散发2.43 kJ的热量。

四、体温调节

恒温动物主要通过神经和内分泌系统调节产热和散热过程,使两者在外界环境温度和机体代谢水平经常变化的情况下,保持动态平衡,使健康动物的体温能维持在一个正常范围之内，实现体温的相对稳定。体温调节由温度感受器、体温调节中枢、效应器共同完成。

(一)温度感受器

温度感受器是感受机体各个部位温度变化的特殊结构。按其感受的刺激可分为冷感受器和热感受器；按其分布的部位又可分为外周温度感受器和中枢温度感受器。

1. 外周温度感受器

皮肤、黏膜和内脏中广泛分布着此种感受器，包括冷感受器和热感受器，它们都是游离神经末梢。这两种感受器各自对一定范围的温度敏感。当局部温度升高时，热感受器兴奋，反之，冷感受器兴奋。皮肤的冷感受器数量较多，为热感受器的 4～10 倍，因此皮肤温度感受器在体温调节中主要感受外界环境的冷刺激，防止体温下降。

2. 中枢温度感受器

中枢温度感受器指分布于脊髓、延髓、脑干网状结构以及下丘脑等处对温度变化敏感的神经元。根据它们对温度的不同反应，可分为热敏感和冷敏感神经元。在局部组织温度升高时发放冲动频率增加的神经元，称为热敏感神经元，主要分布在视前区-下丘脑前部(PO/AH)；在局部组织温度降低时发放冲动频率增加的神经元，称为冷敏感神经元，主要分布在脑干网状结构和下丘脑的弓状核中。当局部脑组织温度变动 0.1 ℃，这两种神经元的放电频率就会发生变化，而且不出现适应现象。

(二)体温调节中枢

体温调节中枢是一个多层次的整合机构，存在于从脊髓到大脑皮层的整个中枢神经系统内，最基本的体温调节中枢位于下丘脑。大脑皮层在体温调节中起重要作用，行为性体温调节主要是通过大脑皮层实现的。

试验证明，PO/AH 是体温调节中枢的关键部位，根据如下。

(1)PO/AH 是接受机体各部位温度传入的汇聚之处，既能感受局部的微小变化，也可以引起相应的体温调节反应。

(2)致热原等化学物质直接作用于 PO/AH 区的温度敏感神经元可引起体温调节反应。

(3)破坏 PO/AH 区，体温调节的散热和产热反应都将减弱或消失。来自外周温度感受器或者脊髓、延髓等中枢的温度敏感神经元的信息均汇聚于该区域进行信息的综合处理，然后通过多种传出途径下达中枢的指令性信息，产生相应的产热和散热效应从而实现体温的相对恒定。

(三)信号传出途径与效应器

由 PO/AH 区发出的传出信号可通过植物性神经系统、躯体神经系统和内分泌系统 3 种途径以维持体温的稳定。

(1)植物性神经系统主要通过对心血管系统、呼吸系统、皮肤和代谢等的影响，改变机体的产热和散热过程。如寒冷刺激可使交感神经兴奋，引起代谢增强，增加产热，同时皮肤血管和竖毛肌收缩，引起体表温度降低，被毛耸立，以减少散热。而在热应激时，一方面，交感神经兴奋性降低，皮肤小动脉舒张，动-静脉吻合支开放，皮肤血流量大大增加，于是较多的体热从机体深部被带到机体表层，皮肤温度升高，散热作用增强。另一方面，交感神经控制汗腺，兴奋时引起大量泌汗，使蒸发散热增加；副交感神经支配唾液腺，唾液分泌增加也有利于蒸发散热。

（2）躯体神经系统主要控制骨骼肌的紧张性和运动，引起机体的非战栗产热和战栗产热。此外还控制动物的行为变化，如炎热时动物寻找阴凉处并展开肢体以增加散热，加强热辐射；而在寒冷时则身体蜷缩，拥挤在一起或寻找较温暖的环境以减少散热，防止体温下降。

（3）内分泌系统下丘脑还通过垂体分泌促甲状腺激素和促肾上腺皮质激素控制甲状腺和肾上腺激素的分泌，调节机体的产热和散热过程。甲状腺激素加速细胞内的氧化过程，促进分解代谢，使产热量增加。肾上腺素和去甲肾上腺素促进糖和脂肪在体内的分解，也可增加产热；肾上腺皮质激素促进糖原异生和脂肪分解，也有增加产热的作用。

（四）体温调定点学说

它是借用恒温器控温操作中预置某一温度界限的提法。体温调定点学说认为，在 PO/AH 区中有一个控制体温的调定点，而 PO/AH 区的温度敏感神经元可能是起调定点作用的基本结构。体温调定点的作用是将机体温度设定在一个恒定的温度值，调定点的高低决定着体温的水平。当体温处于这一温度值时，热敏神经元和冷敏神经元的活动处于动态平衡，致使机体的产热和散热也处于动态平衡状态，体温就维持在调定点设定的温度值水平。当中枢的温度超过调定点时，散热过程增强而产热过程受到抑制，体温因而不至于过高。如果中枢的温度低于调定点时，产热增强而散热过程受到抑制，因此，体温不至于过低。

在正常情况下，调定点虽然可以上下移动，但范围很窄。某些中枢神经递质，如 5-羟色胺、乙酰胆碱、去甲肾上腺素和一些多肽类活性物质，可影响调定点。5-羟色胺引起典型的对热应激体温调节反应，即刺激散热；而乙酰胆碱引起典型的对冷应激体温调节反应，即刺激产热。在高温环境中，去甲肾上腺素抑制热性喘息，而在低温条件下，则抑制寒战。当细菌感染后，由于致热原的作用，PO/AH 区热敏神经元的反应阈值升高，而冷敏神经元的阈值则下降，调定点因而上移。因此，先出现恶寒战栗等产热反应，直到体温升高到新的调定点水平以上时才出现散热反应。

【学习要求】

识记　体温；非战栗产热；辐射散热；传导散热；对流散热；蒸发散热。

理解　不同外界环境散热的方式及途径；能量代谢的来源和去路；维持体温相对恒定的生理意义。

应用　机体散热的方式是什么？生产实践中应注意采取哪些相应的温度控制措施？

【知识拓展】

动物对环境温度的适应

一、家畜的耐热与抗寒

绵羊也有较强的耐热能力，在 43 ℃下可坚持数小时，主要调节方式是喘息，通过呼吸道蒸发散热等。马有发达的汗腺，热应激时，主要靠出汗散热，因而有一定的耐热能力。牛的耐热能力不如羊，役用牛耐热能力强于乳牛。水牛汗腺不发达，皮肤色深而厚，对热应激主要反应是水浴，依靠水介质传导散热。猪的耐热能力较弱，外界温度 30～32 ℃时，直肠温度就开始上升。猪对热的耐受力还取决于湿度，当湿度高于 60%时，猪不能耐受 35 ℃高温。当外界温度上升到 40 ℃时猪就不能站立，直肠温度大于 41 ℃时极易发生虚脱。仔猪耐热能力更弱。

家畜的抗寒能力一般较强。马、牛和羊在气温－18 ℃时仍能保持体温稳定。猪的抗寒力低于其他动物，成年猪在 0 ℃气温中难以持久保持正常体温，1 日龄仔猪在 0 ℃环境中 2 h 就将陷入昏睡状态。

二、家畜对高温与低温的适应

家畜较长期地处于寒冷或炎热环境中，或一年中季节性温差变化，或由寒带(或热带)地区迁入热带(或寒带)地区时，初期可通过各种体温调节机制保持体温恒定，随后则发生不同程度的适应现象。适应可分为 3 类。

1. 习服

动物短期(通常数月)生活在超常环境温度(寒冷或炎热)中所发生的适应性反应。主要表现为与糖、脂肪代谢有关酶的活性和代谢率的变化，使产热过程适应已变化的温度环境。

2. 风土驯化

随着季节性变化机体发生的对环境温度的适应。表现为被毛厚度和血管收缩性发生变化等，以增强机体对外界温度变化的适应能力。如在夏季经秋季到冬季的过程中，动物的代谢并没有增高，有的甚至反而降低，但被毛增厚，皮肤血管的收缩性改善，增强了机体的保温性能，故在冬季仍能保持体温。

3. 气候适应

经过几代自然选择和人工选择，动物的遗传性发生变化，不仅本身对当地的温度环境表现了良好的适应，而且能传给后代，成为该品种的特点。如寒带品种的动物有较厚的被毛和皮下脂肪层，保温效率高，在极冷的条件下无须代谢增高，体温也能保持正常水平并很好地生存。所以极地动物和热带动物虽然生长在温度截然不同的环境中，但它们的体温相差不大。

执业兽医资格考试真题

1. 动物维持体温相对恒定的基本调节方式是(　　)【2009 年】

A. 体液调节　　B. 自身调节　　C. 自分泌调节
D. 旁分泌调节　　E. 神经体液调节

2. 寒冷环境下，参与维持动物机体体温稳定的是(　　)【2015 年】

A. 冷敏感神经元发放冲动频率减少　　B. 深部血管舒张　　C. 体表血管舒张
D. 甲状腺激素分泌减少　　E. 骨骼肌战栗产热

3. 外周温度感受器是分布于皮肤、黏膜和内脏的(　　)【2017 年】

A. 腺细胞　　B. 环层小体　　C. 血管内皮细胞
D. 游离神经末梢　　E. 神经元细胞体

4. 在气温接近或超过体温时，马属动物最有效的散热方式是(　　)【2011 年】

A. 传导　B. 对流　C. 辐射　D. 蒸发　E. 热喘

5. 构成中枢温度感受器的是(　　)【2013 年】

A. 神经节　B. 神经元　C. 神经胶质细胞　D. 神经突触　E. 环层小体

6. 恒温动物体温调节的基本中枢位于(　　)【2014 年】

A. 脊髓　B. 延髓　C. 下丘脑　D. 小脑　E. 大脑

7. 动物组织中的酶，其最适温度大多在(　　)【2014 年】

A. 20～24 ℃　B. 25～34 ℃　C. 35～40 ℃　D. 41～45 ℃　E. 60 ℃以上

模块七
家禽生理学

项目二十五　家禽生理

【学习目标】

理解家禽血液、循环、消化、吸收、呼吸、泌尿、生殖、内分泌的生理功能特点。掌握家禽与哺乳动物生理功能的区别。熟记家禽正常的生理指标。

【学习内容】

任务一　家禽血液特点

一、血液理化特性

(一)黏滞度、相对密度和总渗透压

公鸡全血的黏滞度为3.67,母鸡为3.08,阉鸡为2.47,鸭为4.0,鹅为4.6。家禽相对密度为1.045～1.060,并有明显的性别差异。血液的总渗透压相当于0.93%的氯化钠溶液,与哺乳动物相似,但是血浆的胶体渗透压则由于白蛋白含量较低故明显低于哺乳动物,仅为1.50 kPa左右。

(二)血液的化学组成

1.血浆蛋白

血浆内含有白蛋白(A)、球蛋白(G)和纤维蛋白原。血浆蛋白含量较哺乳动物低,母鸡产蛋与停产期虽未见血浆蛋白总量有显著差别,但停产期由于白蛋白含量下降,A/G比例似有降低的趋势向。

2.血浆的非蛋白质含氮物(NPN)

家禽血浆中的NPN含量与哺乳动物相似,每100 mL血浆中NPN含量为20～30 mg。

但是成分有很大的区别，家禽主要是氨基氮(8～9 mg)和尿酸氮(1.5～5.5 mg)，尿素氮含量很低(0.4～1.2 mg)，几乎没有肌酸。在哺乳动物中，尿素和肌酸都是 NPN 的主要成分(尿素氮 10～20 mg，肌酸氮 1～2 mg)。

3. 血糖

家禽血液中糖类与哺乳动物相同，也是 *D*-葡萄糖，但血糖的水平较高，平均每 100 mL 血液含量为 230～300 mg。

4. 血脂

家禽血浆内的总脂肪含量因生理和营养状态变动而在 450～1 600 mg 之间变化，产蛋的母鸡较公鸡、停产母鸡和雏鸡显著增高。

5. 无机盐

与哺乳动物比较，家禽血浆中含有较多的钾和较少的钠；血浆的总钙含量与哺乳动物相似，但产蛋的雌禽较雄禽和未成熟的雌禽要高 2～3 倍。

二、血细胞

家禽的血细胞分为红细胞、白细胞和凝血细胞 3 种。

1. 红细胞

家禽的红细胞有核，呈椭圆形，大小为(10.7～15.8) μm×(6.1～10.2) μm，较哺乳动物大，数量则较少。几种家禽血液中红细胞数和血红蛋白含量的正常值见表 25-1。

母鸡血液中红细胞比容约为 30%。

红细胞在骨髓内生成的过程与哺乳动物相类似，不过家禽的红细胞继续保留核。家禽的红细胞生成具有种属特异性，与哺乳动物不能交互替代作用。

家禽红细胞在循环血液中的生存期较短，一般为 30～45 d，其中鸡为 42 d，鸽为 35～45 d。

表 25-1　家禽血液红细胞和血红蛋白的正常值

家禽	性别	红细胞数/(万个/mm^3)	每 100 mL 血液中血红蛋白含量/g
鸡	公	380	11.76
	母	300	9.11
鸭	公	271	14.2
	母	246	12.7
鹅		271	14.9
鸽	公	400	15.97
	母	307	14.72
火鸡	公	224	12.5～14.0
	母	237	13.2

2. 白细胞

家禽的白细胞可区分为 5 种类型，即嗜异性粒细胞、嗜酸性粒细胞、嗜碱性粒细胞、淋巴细胞以及单核细胞。大多数家禽白细胞的总数为 2 万～3 万个/mm^3，其中淋巴细胞的比例较高，达 40%～70%；其次为嗜异性粒细胞，为 20%～50%(表 25-2)。幼雏较成年鸡的白细胞总数低，嗜异性粒细胞和嗜碱性粒细胞的比例较高，但性别的差异并不显著。应激状态或者注射促肾上腺皮质激素（ACTH），或注射肾上腺皮质激素，会引起嗜异性粒细胞显著增加和淋巴细胞减少，而对于哺乳动物来说，则引起嗜酸性粒细胞降低。

表 25-2　家禽血液白细胞的总数和分类比例

禽类	性别	数量 /(个/mm^3)	淋巴细胞 /%	嗜异性细胞 /%	嗜酸性粒细胞 /%	嗜碱性粒细胞 /%	单核细胞 /%
鸡	公	16 600	64.0	25.8	1.4	2.4	6.4
	母	29 400	76.1	13.3	2.5	2.4	5.7
鸭	公	24 000	31.0	52.0	9.9	3.1	3.7
	母	26 000	47.0	32.0	10.2	3.3	6.9
鹅		18 200	36.2	50.0	4.0	2.2	8.0
鸽		13 000	65.6	23.0	2.2	2.6	6.6

3. 凝血细胞

家禽的凝血细胞大小和形状差异较大，典型的凝血细胞呈卵圆形，大小为(3.9～5.9) μm×(8.1～10.0) μm。在清晰的细胞浆中央有一个圆形的核，在细胞的一端有 2～3 个嗜酸性染色小颗粒。一般认为参与血液的凝固过程凝血细胞与血小板相似。

鸡血中凝血细胞的数量约为 26 000 个/mm^3，鸭血中约为 30 700 个/mm^3。

家禽的凝血细胞由凝血原细胞发育而来。

三、血液凝固

参与家禽血液凝固过程的因子与哺乳动物相同，凝血过程和机理似乎也无重大的差异。但是鸡血液中凝血因子Ⅴ和Ⅶ可能很少甚至缺乏，血液的凝固似乎主要取决于组织损伤引起组织凝血致活酶释放的外源性凝血系统。

家禽血液凝固较为迅速。全血的凝固时间为 2～10 min，平均为 4.5 min。

任务二　家禽循环特点

一、心脏生理

家禽的心脏按比例较哺乳动物大，同样分为左、右心房和左、右心室 4 个部分。心壁内有特殊的传导系统，但房室束周围没有纤维鞘围绕，来自心房的冲动易于广泛地沿束扩散到心室各部，认为这与家禽心率较高有关。

（一）心动周期

与哺乳动物一样，家禽的心动周期包括心房收缩期、心室收缩期和间歇期，不过各期的持续时间要短得多。在心动周期中发生心房和心室容积以及压力的变化。家禽的特点是在心房充盈期，心房内压有 2 次升高，第一次可能与房室瓣关闭，血液向心房方向返回同时发生，第二次出现在心房充满达最大程度时。

(二)心率及其影响因素

家禽的心率一般高于哺乳动物。幼禽的心率较高,随年龄增长,心率有下降的趋势;公鸡的心率比母鸡和阉鸡低,但鸭和鸽的心率性别差异不显著。

(三)心输出量

成年的公鸡较母鸡心输出量高,但按每千克体重计算,通常母鸡较高。运动、环境温度和代谢状态对心输出量有显著影响,饥饿或限制食物量可使心输出量减少。虽有报道说短期的热刺激最初可能引起心输出量增加,但长期的热适应(夏季)往往使心输出量降低。

二、血管活动

(一)循环时间

家禽的循环时间较哺乳动物短,鸡平均为 2.8 s,鸭为 2～3 s,潜水时血流速度明显减慢,循环时间可增至 9 s。

(二)血压

成年公鸡收缩压约为 25 kPa,舒张压约为 19 kPa,脉压约为 5.4 kPa;成年母鸡收缩压约为 21.3 kPa,舒张压约为 18.6 kPa,脉压约为 3.3 kPa,较公鸡低 15%～25%。鸽和鸭的血压无性别差异。

对哺乳动物具有加压和降压作用的药物和激素大都对家禽有同样的作用,但异丙去甲肾上腺素对鸡则有降压作用。

家禽对催产素和加压素的反应与哺乳动物不同。鸡在注射催产素时几乎都表现降压作用,加压素在有些情况下虽可获得升压反应,但在另外的情况下也有降压作用出现,而哺乳动物对这 2 种激素都表现为升压反应。

三、心血管机能的调节

(一)心血管的神经支配作用

与哺乳动物相似,调节家禽心脏和血管活动的基本中枢位于延髓。中枢通过迷走神经和交感神经支配心脏活动。血管除少数接受交感神经和副交感神经的双重支配以外,大多数都只接受交感神经的支配。

迷走神经对家禽心脏的作用强度,不同种类有很大差异。鸽、鸭等心脏与身体相对比例较大的家禽,迷走神经对心脏的抑制作用较强,切断两侧迷走神经可见心率显著加快;而鸡的迷走神经对心脏的抑制作用较弱。

安静时家禽的心脏除接受迷走神经的紧张性影响外,交感神经也表现出明显的紧张性,而且两者的作用比较均衡,不像哺乳动物在安静时心脏的活动主要受迷走神经的控制。

(二)心血管活动的神经反射

家禽的颈动脉窦与颈动脉体并不位于颈上部相当于哺乳动物颈外动脉与颈内动脉的分支处,而在靠近胸腔入口、颈总动脉起始端的附近。虽有实验指出,家禽的压力感受器和化学感受器也参与血压的调节,但是与哺乳动物比起来,这些感受器的敏感性较差,它们在血压调节中的作用似乎并不重要。

任务三　家禽消化吸收特点

家禽的消化器官包括口、咽、食管、嗉囊、腺胃、肌胃、小肠、大肠、泄殖腔以及胰腺和肝脏。家禽没有牙齿但有喙，没有结肠但有一对盲肠。

一、口腔内消化

家禽主要靠视觉和触觉寻找食物，用角质喙采食。

家禽采食后不经咀嚼，借助舌很快咽下。口腔壁和咽壁分布有丰富的唾液腺，它的导管直接开口于黏膜，主要分泌黏液，有润滑食物的作用。

唾液呈弱酸性反应，平均 pH 为 6.75，含有少量淀粉酶。

家禽吞咽食物主要靠头部上举，在食物的重力和反射活动作用下，食管扩大，经食管的蠕动推动食物下移并进入嗉囊或食管的扩大部。

二、嗉囊内消化

嗉囊是由食管扩大而形成的，主要功能是储存食物。鸡的嗉囊较发达，鸭、鹅没有真正的嗉囊，仅在食管颈段形成一纺锤形扩大部以储存食物。嗉囊壁的构造与食管相似，黏膜内有丰富的黏液腺分泌黏液，使饲料湿润和软化。嗉囊内的温度、含水量以及经常保持中性至弱酸性反应(pH 为 6.0～7.0)，不仅为唾液淀粉酶，也为植物性饲料本身所含的酶的作用提供了适宜的环境。

鸽的嗉囊腺能分泌一种乳状液称为“嗉囊乳”或“鸽乳”，含有大量的蛋白质、脂肪、无机盐、淀粉酶及蔗糖酶等，用以哺育幼鸽。

嗉囊的肌层由外纵肌层和内环肌层组成。嗉囊的运动主要有 2 种形式：一种为蠕动，始于食管扩展至嗉囊，再达腺胃和肌胃，常成群出现。一般 2～15 次为一群，每群间隔 1～40 min。另一种为排空运动，与食管的收缩相配合，扩展至整个嗉囊。这种运动为 1～1.5 min/次，每次均伴有嗉囊紧张度的增高。嗉囊运动使食物混合并间断地向胃内排入。

嗉囊运动受迷走神经和交感神经支配，迷走神经使嗉囊强烈收缩，食物排放加快。

嗉囊内的环境条件适宜于微生物的栖居和活动。成年鸡嗉囊的微生物区系中乳酸菌占优势，能对饲料中的糖类进行初步发酵分解，产生有机酸。这些有机酸一部分可经嗉囊壁吸收，大部分随食物下行至消化道后段再被吸收。

三、胃内消化

(一)腺胃消化

家禽腺胃的机能相当于哺乳动物的胃底部，分泌含盐酸和胃蛋白酶的胃液。但家禽胃腺没有壁细胞，盐酸和胃蛋白酶都由主细胞所分泌。

家禽的胃液呈连续性分泌，鸡的胃液分泌量为 5～30 mL/h，饲喂可提高分泌水平，饥饿则使其降低。按每千克体重计，家禽胃液分泌量和盐酸的浓度高于人、犬、大鼠、猴等，胃蛋白酶的产量也较哺乳动物高。

胃液分泌受神经反射和体液因素的调节，假饲引起胃液分泌增加。饲料对嗉囊和胃壁的机械刺激作用引起较多的胃液分泌。迷走神经使胃液分泌量和胃蛋白酶含量增加，而交感神经则引起少量的分泌。家禽的胃液分泌也存在促胃液素的体液机制。但促胰液素有显著的抑制作用。

腺胃虽然分泌胃液，但因为体积小，食物停留时间短，所以胃液的消化作用并不在腺胃，而主要在肌胃内进行。

(二)肌胃消化

禽类肌胃的主要机能是靠胃壁肌肉强有力的收缩磨碎来自嗉囊的粗硬食物。肌胃的内容物相当干燥，含水量平均占44.44%，pH为2～3.5，适于胃蛋白酶的消化作用。

禽类肌胃具有周期性运动，平均每隔20～30 s收缩1次，饲喂时及饲喂后半小时内收缩频率增加。肌胃收缩时内压很高，鸡的内压为13～20 kPa，鸭为24 kPa，鹅为35～37 kPa。家禽采食时所吞食的沙砾，在肌胃内有助于磨碎较坚硬的食物。

禽类肌胃的收缩受迷走神经和交感神经支配，迷走神经兴奋，肌胃收缩增加，交感神经兴奋，反射性抑制肌胃收缩。

四、小肠内消化

家禽的小肠前接肌胃，后连盲肠。小肠消化与哺乳动物基本相似。

(一)胰液的分泌

家禽胰腺分泌的胰液经胰导管输入十二指肠。纯净胰液的性状、组成以及消化酶种类与哺乳动物相似。

鸡的胰液呈连续性低水平分泌。饲喂后急剧升高，持续9～10 h，然后逐渐下降至原来水平。

促胰液素促进含水丰富的胰液分泌，而血管活性肠肽(VIP)的作用更强。促胰酶素使含水和酶的胰液持续分泌。迷走神经参与胰液分泌调节尚缺乏直接证明。

(二)胆汁的分泌和作用

家禽的肝脏连续不断地分泌胆汁。不进食期间，肝胆汁一部分流入胆囊而浓缩，另有少量直接经肝胆管流入小肠。进食时胆囊胆汁和肝胆汁输入小肠的量显著增加，持续3～4 h。迷走神经参与家禽胆汁输出的神经反射性调节。

家禽的胆汁呈酸性(鸡pH为5.88，鸭pH为6.14)，含有淀粉酶。家禽胆汁中所含胆汁酸主要是鹅胆酸、胆酸和别胆酸，而缺乏哺乳动物胆汁中普遍存在的脱氧胆酸。胆色素主要是胆绿素，胆红素很少。胆色素随粪排泄，而胆盐大部分被重吸收，由肠肝循环促进胆汁分泌。

(三)肠液的分泌和作用

家禽的小肠黏膜分布有肠腺，但没有哺乳动物的十二指肠腺。肠腺分泌弱酸性至弱碱性的肠液，其中含有蛋白酶、脂肪酶、淀粉酶、多种糖酶和肠激酶。机械刺激和促胰液素能引起肠液分泌显著增加。刺激迷走神经可促使肠液变稠，但对分泌率影响很小。

(四)小肠运动

家禽的小肠有典型的蠕动和分节运动。逆蠕动比较明显，食糜常在肠内前后移动，往往将食糜由肠返回肌胃。由于受胃液流入的影响，十二指肠内容物常呈弱酸性反应并继续胃液的消化作用。

食糜由十二指肠移送入空肠和回肠后，由于混合了胰液、胆汁及肠液，可对各种营养物质进行比较全面而强烈的消化作用。

五、大肠内消化

家禽的大肠有2条盲肠和1条短的直肠。饲料经小肠消化后，部分可进入盲肠，继续消化，其他则进入直肠。

（一）盲肠内消化

直肠的逆蠕动使食糜进入盲肠，再借盲肠本身的蠕动，食糜从盲肠颈部向顶部推送。直肠逆蠕动时，回盲括约肌紧闭，所以直肠内容物不会逆回小肠。

盲肠消化主要是将饲料中的粗纤维进行微生物的发酵分解。鸡对饲料中粗纤维的消化率为0～43.5%（取决于粗纤维的来源及日粮中粗纤维的含量），几乎全部是在盲肠内被消化的。对于以吃草为主的家禽，盲肠消化尤为重要。

盲肠内容物营养丰富，pH为8.5～7.5，严格厌氧，食糜充满盲肠后一般要经6～8 h才排出，这些都适宜微生物的生长繁殖。每克内容物盲肠内的细菌数超过10^9个，其中主要是严格厌氧的革兰阴性菌。

粗纤维经细菌发酵的终产物是较简单的挥发性脂肪酸，总含量占内容物的0.2%～1.0%。其中乙酸的比例最高（约61%），丙酸次之（27%），丁酸最少（1%），还有少量较高级的脂肪酸。这些有机酸可在盲肠内被吸收，进入肝脏内代谢。除挥发性脂肪酸外，还产生CO_2和CH_4等气体。在盲肠内细菌还能分解饲料中的蛋白质和氨基酸。产生氨并能利用日粮中的非蛋白质含氮物合成菌体蛋白质。还能合成B族维生素和维生素K等。

（二）直肠消化

家禽的直肠很短，食糜在其中停留时间也不长，因此消化作用不重要。主要是吸收一部分水和盐类，形成粪便后排入泄殖腔，与尿混合后排出体外。

六、营养物质的吸收

家禽对营养物质的吸收与哺乳动物并无多大区别。主要通过小肠绒毛进行。家禽的小肠黏膜形成“乙”字形横皱襞，因而扩大了食糜与肠壁的接触面，延长食糜通过的路径，使吸收充分。

糖类主要以单糖，蛋白质主要以氨基酸在小肠内吸收进入血液。

脂肪一般需分解为脂肪酸、甘油或甘油一酯、甘油二酯才能被吸收。不过由于家禽肠道的淋巴系统不发达，绒毛中没有中央乳糜管，因此脂肪的吸收不通过淋巴途径，而是直接进入血液。

任务四　家禽呼吸特点

家禽呼吸系统包括鼻腔、咽、喉、气管、支气管、肺和气囊。气管在鸣管处分出左、右支气管，支气管入肺前为肺外一级支气管（初级支气管）；进入肺后支气管形成纵贯全肺的肺内一级支气管(初级支气管),肺内一级支气管又发出二级支气管(次级支气管),即腹内侧、背内侧、腹外侧、背外侧二级支气管。背内侧和腹内侧二级支气管,向肋面分布,并分出三级支气管互相连接,形成原肺;背外侧二级支气管网形成新肺。鸡的新肺发达,通过其表面的小孔与各气囊相通。因此,家禽肺内支气管分布形成互相连通的管道,而不是像哺乳动物形成支气管树和肺泡。总之,它们形成特殊的气体循环通道,使气囊内的气体在呼气时,可再次回肺,进行二次气体交换。这是家禽呼吸生理最突出的特征,其意义在于提高肺换气效率。

肺是进行气体交换的器官,家禽肺的弹性较差,在一次呼吸周期中不像哺乳动物那样扩张和收缩,而是气体经肺运行,并循环肺内管道进出入气囊。气囊容积大,是肺容积的5～7倍,是一级支气管和二级支气管黏膜突出肺外形成的。其中腹气囊与一级支气管相连,其他气囊与二级支气管相连。此外,大多数气囊还有返支气管回肺,与肺内的支气管相通。气囊壁薄富有弹性,易于扩张和收缩,在呼吸运动中气囊除了作为气体储存库外,还有下列重要功能。

(1)气囊的空气在呼气和吸气时能进入肺,增大了肺通气量,从而能够适应禽体旺盛的新陈代谢需要。

(2)对于水禽,气囊内储存有大量空气,在其潜水寻觅食物呼吸暂停情况下仍可利用气囊的气体在肺部进行气体交换。

(3)气囊的位置都偏向身体背侧,既可调节飞禽在飞翔时的重心,又利于水禽在水上漂浮。

(4)在呼气时能呼出气囊内的一定水汽,可带走一定的体热,协助调节体温。

(5)对雄禽,腹气囊紧贴着睾丸,能降低睾丸的温度,有利于精子的形成。

一、呼吸运动

家禽不具有像哺乳动物那样明显完善的膈肌,膈肌为不发达的质膜,基本没有收缩机能。胸腔内的压力与腹腔内压几乎完全相等,不存在经常性负压,即使造成气胸,也不像哺乳动物那样导致肺萎缩。家禽的肺比较小,嵌在肋骨之间,只能随着肋骨做相应的吸气和呼气运动。家禽的呼吸运动主要靠强大的吸气肌和呼气肌的收缩来完成。

吸气肌主要是肋间外肌和肋胸肌,吸气肌收缩时引起肋骨向前运动,胸骨下移,胸廓的上下径、横径和前后径都增大,胸腔容积加大,气囊容积也加大。肺受牵拉而稍有扩张,肺内压也下降,气体进入肺,再由肺进入气囊,产生吸气动作。

呼气肌主要是肋间内肌和腹肌,呼气肌收缩时,使肋骨和胸骨回位,胸腔容积缩小,肺和气囊容积缩小,内压增大,气体经呼吸道排出体外,产生呼气动作。平静呼吸时,呼气也是主动过程。故家禽的呼吸运动主要靠胸骨、肋骨的运动来完成。

二、气体交换与运输

(一)气体交换

家禽的肺无肺泡,只有发自三级支气管的毛细气管。每个三级支气管可发出多条盲端毛细气管,并与肺内毛细血管相贴而行。形成了气体交换的有效区。家禽三级支气管以前的呼吸道不能进行气体交换,为气体交换的无效区。气囊虽然能容气,但由于气囊的血管分布较少,因此不进行气体交换。

毛细气管气体中的 P_{O_2} 高于血液,而 P_{CO_2} 低于血液,于是毛细气管中的 O_2 向血液弥散,

血液中的 CO_2 向毛细气管弥散。通常 CO_2 的弥散能力比 O_2 高 3 倍，使 CO_2 更容易向毛细气管弥散。

（二）气体运输

家禽气体运输方式大体上与哺乳动物相同。家禽的 Hb 与 O_2 结合的饱和度较高，可达 96%～97%，但鸡相对较低，为 88%～90%。由于组织中 P_{O_2} 较低，到达组织的 HbO_2 中的 O_2 迅速解离释放。各种家禽对 O_2 的利用率：鸡为 54%，鸭和鸽为 60%，鹅仅为 26%。

三、呼吸运动的调节

（一）神经调节

1. 感受器

位于原肺和新肺气体交换有效区的 CO_2 感受器，能“监测”肺部静脉血液中的 CO_2 含量。当血液中 CO_2 浓度升高时，可降低 CO_2 感受器抑制性信号的传入，最后使呼吸增强；在血液 CO_2 浓度降低时，又可增强 CO_2 感受器抑制性信号的传入，最后使呼吸减弱。此外，位于颈总动脉分支处的颈动脉体，也能“监测”动脉血中气体含量的变化。

2. 传入中枢

肺部的呼吸性传入纤维分别存在于迷走神经、舌咽神经和交感神经干中。颈动脉体处的传入纤维则分别存在于迷走神经和舌咽神经中。

3. 呼吸中枢

家禽的呼吸中枢位于脑桥和延髓的前部。在紧靠脑桥的后部切断脑时，呼吸完全停止，这说明仅保留延髓的完整性并不能维持呼吸运动。家禽中脑前背区有喘气中枢，受到刺激时出现浅、快的急促呼吸。肺和气囊壁上存在着牵张感受器，如有牵张刺激时，可经迷走神经传入中枢，引起吸气和呼气之间的转换。

（二）体液调节

血液中 CO_2、O_2 含量以及酸碱度是最重要的调节因子。在动脉血内 P_{O_2} 降到 8 kPa 以下或 P_{CO_2} 升高，都能增加潮气量以及肺和气囊的通气量。若吸入 CO_2 的浓度为 6%～12%时，可引起呼吸中枢麻痹或使上呼吸道感受器受到伤害，从而出现呼吸抑制或通气障碍。此外，环境温度也影响呼吸，家禽体温升高能引起热性喘气。

任务五　家禽泌尿特点

家禽的泌尿器官由一对肾脏和两条输尿管组成，没有肾盂和膀胱。生成的尿液经输尿管直接排入泄殖腔，随粪便一起排出体外。

家禽的尿液一般是黄色，较浓稠，饮水多时变稀薄些。尿 pH 为 5.8～8.0，变动范围较大。泄殖腔中尿液的水可被重吸收，渗透压较高。禽尿成分与哺乳动物比较，主要区别在于禽尿内尿酸含量大于尿素，肌酸含量大于肌酸酐。尿酸的毒性小，微溶于水，每升只溶解 6 mg 左右，一般以糊状沉淀形式排出。鸟类粪便中的白色半固体部分即是尿酸。

家禽肾小球有效滤过压低于哺乳动物，为 1～2 kPa，生成尿液过程中滤过作用不如哺乳动物重要。小管液中的99%的水，全部葡萄糖，部分氯、钠和碳酸盐等成分可被重吸收。

家禽肾小管的分泌与排泄作用在尿生成过程中较为重要。90%左右的尿酸是由肾小管分泌和排泄的；家禽肾小管还能分泌马尿酸、鸟便酸、对乙氨基苯甲酸等代谢产物。

在鸭、鹅和一些海鸟等水禽中，具有一种称为鼻腺的组织。鼻腺并非都位于鼻腔内，多数海鸟是位于头顶或眼眶上放，只是其分泌液是从鼻腔流出而已。鼻腔能分泌大量的氯化钠，可以补充肾脏的排盐功能，对维持体内水盐和渗透压平衡起重要作用。

任务六　家禽生殖特点

一、雄禽生殖生理

雄禽的生殖生理活动由其生殖系统来完成。其特点是睾丸位于腹腔内，形成精子和分泌雄激素；精子主要在输精管中成熟和储存；没有副性腺，外生殖器一般发育不全。影响雄禽生殖的因素主要有光照、环境温度、年龄、遗传性、营养等。

(一)精液

精液由精子和精清组成。

1. 精子

精子与哺乳动物相比，家禽的精子呈细长的纤维状，体积较小。精子在细精管形成后，即进入附睾管和输精管，主要在输精管中成熟和储存。公鸡一次排出的精液量平均为0.12～1 mL。家禽频繁交尾时，射精量和精子数都会减少。家禽的精子射出后，在体外有较强的活力，对温度变化的耐受范围较宽(2～34 ℃)。家禽的精子在雌禽生殖道内保持受精能力可达数周之久。

2. 精清

精清是精液的液体部分。雄禽没有副性腺，其精清主要是阴茎海绵组织中的淋巴滤过液。

(二)交配和受精

就雄禽而言，交配对于雌禽产蛋并非必需。但为了繁殖后代，则一定要通过交配或人工授精形成合子，才能孵化出幼雏。

雄禽卵受精的部位仅局限于输卵管漏斗部，卵排入输卵管漏斗部后，如在15 min内与精子相遇，即可受精。鸡在交配或受精后的2～3 d内受精率最高，在最后一次交配或受精后的5～6 d内仍有良好的受精率。一般认为，鸡在下午进行交配或受精较适宜，有利于提高受精率。

二、雌禽生殖生理

雌禽生殖生理活动由雌禽生殖系统来完成，其突出特点是卵生。雌禽为适应卵生的需要，在蛋的形成过程中发生一系列显著变化，主要表现为：没有发情周期；只有左侧卵巢和输卵管发育完全；胚胎不在母体内发育，而在体外孵化，没有妊娠过程；在一个产卵周期，能连续产卵；卵泡排卵后不形成黄体；卵中含有大量卵黄和蛋白质，可满足胚胎发育的全部需要，卵外包有坚硬的卵壳。

(一)卵的形成、发育和排卵

1. 卵的形成和发育

雌雏在胚胎孵化的中期,卵巢生殖上皮就开始增殖,并生成许多卵原母细胞。雌雏出壳后,形成初级卵母细胞,至排卵前形成次级卵母细胞。处于次级卵母细胞阶段的卵排出后,在输卵管漏斗部与精子相遇并受精,则次级卵母细胞转变为成熟卵。

2. 排卵规律及其调节

在自然光照条件下,排卵常在早晨进行,午后排卵现象较为罕见。此外,排卵时间都在上次产蛋之后,母鸡一般在产蛋后的 15～75 min 开始排卵。

排卵受腺垂体所分泌的黄体生成素调节。鸡在排卵前 6～8 h 血浆中黄体生成素含量出现高峰。此外,孕酮对排卵也有一定的调节作用,小剂量孕酮能引起垂体分泌黄体生成素,诱发排卵;大剂量孕酮对垂体释放黄体生成素起负反馈作用,使排卵延迟或受到抑制。

(二)蛋的形成和产蛋

1. 蛋的形成

蛋黄是在卵巢形成的,蛋白、壳膜和蛋壳是在输卵管各段形成的。

(1)蛋黄。它是由肝脏合成,经血液循环转运到卵巢的卵泡中逐渐蓄积形成的卵黄物质。主要成分是卵黄蛋白和磷脂。卵黄物质在卵中以同心圆的成层排列方式沉积,每昼夜可形成相间排列方式沉积,与体内物质代谢尤其是叶黄素含量的昼夜间差异有关。在排卵时,输卵管前端的伞状漏斗开始活跃,将卵巢排出的卵细胞卷入,并将卵细胞沿输卵管向后端移送。卵在漏斗部停留 15～25 min,此处也是受精部位。在输卵管壁肌肉收缩的作用下,卵黄被后移。在此过程中,卵黄外依次形成蛋白、壳膜和蛋壳。

(2)蛋白。卵到输卵管膨大部,并在此处停留 3 h,膨大部的大量腺体,分泌浓稠的胶状蛋白围绕在卵黄的四周,构成蛋的全部蛋白。

(3)壳膜。在输卵管推动下至峡部,并在此处停留约 1.25 h,形成主要由角蛋白和少量碳水化合物组成的内外壳膜。在蛋白的钝端部,两层壳膜互相分离,形成气室,其内储有空气,满足禽胚在早期发育阶段对氧的需求,同时也是蛋新鲜度检测的标准。

(4)蛋壳。卵在子宫部停留 19～20 h。子宫部黏膜下有壳腺细胞,能分泌大量钙盐和少量蛋白质。在壳膜上有许多小突起,是钙盐沉积的部位。当卵到达壳腺部后,壳腺细胞即开始从血液中转运钙,沉积在壳膜上形成蛋壳。蛋壳的色素在子宫部内最后 4～5 h 形成。

(5)壳外膜。前述形成的蛋,当其通过阴道产出时,在蛋壳上被覆一层薄的透明角质,称为壳外膜。有防止蛋内水分蒸发,阻止蛋外微生物侵入和润滑阴道部等作用。

从卵黄进入输卵管到蛋完全形成,大约需要 24 h(表 25-3)。

2. 产蛋

家禽产蛋大多数是连续性的。连续多天产蛋后,停产 1～2 d。然后又连续多天产蛋,又停产 1～2 d。如此循环就称为产蛋周期。

蛋在输卵管中完全形成后,在输卵管的强烈收缩作用下很快产出,家禽神经垂体所释放的 8-精催产素能激发子宫部收缩,是引起产蛋的主要激素。蛋在输卵管内停留期间,蛋的尖端始终朝后,在即将产出时,蛋在壳腺部旋转 180°,钝端向后产出。蛋产出时,阴道部和泄殖腔外翻，蛋不直接与泄殖腔接触，避免粪便对蛋的污染。

表 25-3 蛋的形成

部位	蛋的形成	需要时间
卵巢	蛋黄	7～9 h
输卵管	所有非蛋黄部分	23～25 h
漏斗部	受精	15～25 min
膨大部	形成蛋白	3 h
峡部	形成壳膜	1.25 h
子宫部	形成蛋壳	19～20 h
阴道部	形成保护膜、蛋的产出	1～10 min

(三)抱窝

抱窝也称就巢性，是多数雌禽的母性行为，表现为愿意孵卵和育雏，在抱窝期间，卵巢萎缩，停止产蛋。

就巢性受激素刺激控制，催乳素能引起就巢。注射雌激素或雄激素能终止抱窝。但随着现代育种业的发展，家禽的就巢性正在逐渐消失。

任务七 家禽内分泌特点

一、下丘脑-垂体系统

家禽的下丘脑-垂体系统与哺乳动物有大体相似的结构和功能，但也有其特点。

家禽垂体有前叶和后叶，没有中叶。垂体前叶是腺垂体，为重要的激素分泌部位，它接受来自下丘脑的各种信号，并调节相关靶器官的功能，构成生理功能的调节轴。后叶是神经垂体。

(一)腺垂体

腺垂体主要分泌生长激素和催乳素。

1. 生长激素(GH)

生长激素参与家禽的生长调节，但鸡的生长很大程度上并不依赖于 GH 水平，而受控于肝脏产生的促生长因子(IGF-I)。例如，蛋鸡的 GH 水平要高于生长速度快的肉鸡，而肉鸡血浆中 IGF-I 的浓度也显著高于蛋鸡。因此肝脏的受体及受体后机制是调节鸡生长的关键因素。

2. 催乳素(PRL)

家禽催乳素的分泌与性周期密切相关。以火鸡为例，抱窝期内 PRL 明显增加，而静止期内较低。PRL 能促进鸽嗉囊乳的分泌，对雌禽则表现为抱窝和性功能的抑制。此外，腺垂体还分泌促甲状腺激素、促性腺激素以及促肾上腺皮质激素等，其功能和分泌与哺乳动物一样。

(二)神经垂体

下丘脑视上核和室旁核伸进神经垂体内的神经纤维末梢能释放催产素(OXT)、8-精催产素(AVT)、8-异亮催产素和加压抗利尿激素(ADH)。催产素和8-异亮催产素均有促进输卵管收缩的作用,但前者的作用较强。AVT能诱导母鸡产蛋和公鸡的爬跨行为,并能降低泌尿活动。

二、甲状腺

家禽的甲状腺位于颈部腹外侧气管两旁。家禽甲状腺生成的是T3和T4,总体上与哺乳动物相似。T3和T4的分泌受控于腺垂体分泌的TSH,T3和T4能促进肝、肾、心和肌肉内糖原的分解,提高血糖;加强细胞呼吸,增加耗氧量,提高代谢率。甲状腺激素调节家禽换羽,换羽能诱发甲状腺分泌,而分泌的激素又能促进换羽。甲状腺参与生长发育的调节。例如,鸡甲状腺有重要的生理功能:它的大小,与总体重成正比,而且随性别、年龄等因素而变化。

三、甲状旁腺

甲状旁腺分泌甲状旁腺激素(PTH),它能促进禽体破骨细胞的分化。破骨细胞的水解酶能使骨骺端、骨内板和骨髓溶解,引起血钙升高。PTH也能增强肾小管对钙的重吸收和磷酸盐排出,进而提高肾脏羟化酶的活性,以形成1,25-$(OH)_2$-D_3,促进肠管对钙的吸收,以供给母鸡产蛋所需的钙,以及维持禽体钙的正常代谢。

四、鳃后腺

家禽有单独的鳃后腺,其C细胞产生的降钙素能促进钙在骨质中沉积,并可抑制骨钙的溶解,降低血钙、磷酸盐和镁的浓度。

五、性腺

(一)雄性激素

睾丸间质细胞分泌的睾酮能刺激雄性性器官发育,促进雄性鸡冠的生长,出现第二性征。睾酮对视前区的刺激,可诱发公鸡的交配行为。光照可引起下丘脑释放促性腺激素释放激素(GnRH),使腺垂体分泌促黄体生成素(LH),通过LH促进睾酮释放。

(二)雌激素

雌禽卵巢分泌的激素主要有雌激素(雌二醇和雌酮)和孕酮,其分泌受光照和温度的影响。

1.雌激素

能促进母鸡卵黄磷脂蛋白生成,增加脂肪沉积,有助于育肥;增加血脂、血钙和血清蛋白的含量;增加羽毛色泽,促进第二性征的发育;并能促进输卵管生长发育。

2.孕酮

家禽无黄体,其孕酮由卵泡内颗粒细胞产生,可直接作用于腺垂体,引起LH的释放,诱发排卵。

任务八　家禽体温特点

一、家禽的体温

家禽体温比家畜高，正常的成年家禽直肠温度为：鸡 39.6～43.6 ℃，鸭 41.0～42.5 ℃，鹅 40.0～41.3 ℃，鸽 41.3～42.2 ℃，火鸡 41.0～41.2 ℃。刚出壳的雏禽，体温较低，在 30 ℃以下。体温随着雏禽的生长发育逐渐升高，至 2～3 周时达到正常体温范围。成年鸡的体温有昼夜规律，下午 17:00 时体温最高，可达 41～44 ℃，午夜最低，为 40.5 ℃。

二、家禽体温调节的特点

成年鸡的等热范围是 16～26 ℃。在通常情况下，家禽对体温升高有较强的耐受性，致死体温可高达 46～47 ℃。家禽的正常体温受气候、光照、禽体的活动和内分泌等因素的影响。

家禽喙部、胸腹部有温度感受器，丘脑下部有体温调节中枢。家禽没有汗腺，体表又被覆羽毛，散热能力差。当外界温度过高时，会出现翅膀下垂、站立、热喘息、咽喉颤动等异常表现，以加强散热，减少产热。当外界温度过低时，家禽出现单腿站立、坐伏、头藏于翅膀下、相互拥挤、争相下钻、肌肉寒战、羽毛蓬松等表现，以减少散热，加强产热。幼禽的体温调节能力较差，在育雏时，应特别注意温度的控制。

家禽的耐寒能力一般比耐热能力稍强些。

【学习要求】

识记　家禽正常的生理指标；家禽血液、循环、消化、吸收、呼吸、泌尿、生殖、内分泌的生理功能特点。

理解　家禽的正常体温范围、体温调节特点及家禽的生活习性。

应用　(1)家禽消化有什么特点？在饲喂过程中应注意什么？(2)家禽和哺乳动物呼吸的区别是什么？家禽有几个气囊？作用是什么？(3)如何通过冠判断鸡的成熟度和健康状况？(4)雄禽和雌禽生殖生理各有什么特点？如何完成交配？

【知识拓展】

蛋的品质及影响因素

随着现代化养鸡业的发展，蛋的品质越来越被人们所重视。蛋的品质是一个综合性的问题，它包括蛋重、蛋形、蛋壳颜色、蛋壳质量(包括蛋的比重、蛋壳厚度和蛋壳强度)、蛋的内部质量(包括哈氏单位、血肉斑率和蛋黄色泽)等方面，它们既受到外界条件影响，也受到鸡的遗传因素所制约。现综述如下。

一、蛋重

蛋重是一个很重要的生产指标，鸡的品种、性成熟期和日粮营养成分是影响蛋重的三个主要因素。由于蛋重是一个高度遗传的性状(遗传力为 0.45)，育种对蛋重有重要的影响，因此，平均蛋重因鸡种而异。

影响蛋重的主要营养成分是必需氨基酸、能量、必需脂肪酸、水及某些维生素(如核黄素和烟酸)与矿物质。水是影响蛋重最重要的成分,其他物质如某些高粱品种中的顺芥子酸、菜籽油和丹宁酸,被熏蒸剂、溴乙烷或尼卡巴嗪药物污染的饲料都能减轻蛋重,应避免使用。

另外,环境因素如温度、光照等都会影响蛋重。据报道,在炎热气候下,可利用上午光照来增加蛋重,用晚上光照来减少蛋重。鸡舍中的风速及应激等也会影响蛋重。

二、蛋形

蛋形是以蛋形指数来表示的,据报道,蛋形与种蛋的孵化率有关。蛋形也是一种高度可遗传的性状,遗传力为0.45,易受鸡的遗传性影响,育种对它有较大的作用。此外,鸡龄、营养、环境因素等均对蛋形有一定的影响。

三、蛋壳颜色

蛋壳颜色(壳色的深度和均匀度)是品种特征之一,为高度遗传性状,遗传力为0.40。由于壳色的遗传力较高,故受遗传性的影响较大,品种对壳色起决定性作用。环境条件也可影响壳色,某些疾病(如传染性支气管炎)或抑球虫药尼卡巴嗪等可使壳色变白。壳色也受鸡龄的影响,正常情况下,开产时壳色较浅,然后逐渐加深,至32～33周龄就开始褪色。蛋壳颜色与蛋壳强度呈正相关。另外,营养成分、应激和骚扰也会影响蛋壳颜色。

四、蛋壳质量

蛋壳质量乃一综合性问题,它反映在比重、蛋壳强度和蛋壳厚度等指标上。无论在工业化养禽还是在育种工作中,蛋的品质很大程度上取决于蛋壳质量,所以提高蛋壳质量已成为当前十分重要的问题。

1.蛋的比重

它是一个高度遗传性状,遗传力为0.3～0.9。蛋的比重与蛋壳强度和厚度呈强正相关。根据蛋的比重,可估测蛋壳强度和厚度。

蛋的比重受鸡龄、营养状况、环境条件、蛋的大小及鸡的不同品系等因素的影响。

2.蛋壳强度

这是一个非常复杂的性状,可受鸡种、鸡龄、营养、环境及疾病状况等因素的影响。

3.蛋壳厚度

它也是一个高遗传力性状,既受鸡遗传因素的影响,又受下列因素影响。

(1)鸡龄。蛋壳厚度和强度随母鸡周龄的增长而降低。

(2)营养。影响蛋壳质量的主要营养因素是钙、磷、锰和维生素D。某些研究认为,一昼夜内随饲料进入机体的钙的不均匀性是蛋壳质量差的原因之一,另外,补钙时间和补钙原料的形状也会影响蛋壳质量。据报道,在下午补钙以补粉状、粒状混合钙为好。日粮中磷含量过高或过低都对蛋壳品质不利。产蛋鸡日粮中含磷量超过了鸡的生理需要量(0.45～0.65 mg/kg)就会对蛋壳质量产生不良影响。鸡在一天中的摄取磷的时间也对蛋壳质量有影响。当日粮中锰的含量低于20 mg/kg时,蛋壳质量降低。

(3)环境。在炎热的夏季,蛋壳质量降低。当温度超过 31 ℃时,可使蛋壳质量降低。

(4)疾病。输卵管炎、新城疫、传染性支气管炎和慢性呼吸道疾病等,都会使蛋壳变薄甚至产软壳蛋。产蛋鸡如患镰刀菌(属)的真菌毒素中毒病,其蛋壳质量会下降,黄曲霉毒素中毒病同样可间接影响蛋壳质量。

五、蛋的内部品质

蛋的内部品质包括哈氏单位、血肉斑率和蛋黄色泽等。

1.哈氏单位

哈氏单位是蛋白品质的一种单位,哈氏单位越高,表示蛋白黏稠度越好,蛋白品质越高。它是一个遗传力较低的性状,主要受鸡的品种、产蛋期、贮存条件、贮存时间、鸡龄及某些疾病的影响。

2.血斑和肉斑

血斑和肉斑都是高度可遗传的性状(遗传力为 0.50),且会影响鸡蛋的食用和经济价值,还会降低种蛋的孵化率。据国内外资料表明,影响鸡蛋血斑、肉斑发生率的因素很多,除遗传因素外,一切环境因素如鸡龄、开产日期、产蛋季节、气候条件、饲料、营养水平等都有所影响。就鸡种来说,一些地方鸡种血斑、肉斑率较高。白壳蛋鸡和棕壳蛋鸡的血斑率相差不大,但棕壳蛋鸡的肉斑率要高得多。据报道,一般笼养鸡血斑、肉斑率较平养鸡为高。

3.蛋黄色泽

蛋黄的色泽来自像鸡所食饲料中的氧化类胡萝卜素。影响蛋黄色泽的因素较多,诸如遗传因素、饲养方式、脂类化合物和抗氧化剂、高水平维生素 A 和钙、抗生素和药物、光照及其他蛋黄色泽抑制因子等。蛋黄色泽的遗传力为 0.15,是低遗传力性状,受遗传因素影响较小。有的学者发现,笼养鸡的蛋黄色泽比平养的蛋黄色泽深,开放式鸡舍比无窗鸡舍的蛋黄色素沉着能力强。有报道,在日粮中添加植物油效果更明显,在贮存饲料或日粮中添加抗氧化剂(如乙氧喹等)可提高蛋黄色泽。

二维码 26-1 执业兽医资格考试真题参考答案

执业兽医资格考试真题

1.鸡法氏囊是产生(　　)【2019 年】

A.T 淋巴细胞的初级淋巴器官　　B.T 淋巴细胞的次级淋巴器官

C.B 淋巴细胞的初级淋巴器官　　D.B 淋巴细胞的次级淋巴器官

E.NK 淋巴细胞的次级淋巴器官

2.成年鸡分泌淀粉酶的器官是(　　)【2020 年】

A.肌胃　　B.肝脏　　C.胰腺　　D.腺胃　　E.嗉囊

(3~4 题共用备选答案)【2014 年】

A.峡部　　B.膨大部　　C.漏斗部　　D.子宫部　　E.阴道部

3.产蛋期呈乳白色,黏膜内有丰富的腺体,分泌物形成蛋白的输卵管部位是(　　)

4.黏膜内具有壳腺,分泌物形成蛋壳的输卵管部位是(　　)

模块八
相关技能训练

项目二十六　相关生理功能观察与测定

【学习目标】

熟悉动物消化、呼吸、泌尿、心血管活动和体温变化规律等生命活动现象及其特征。

掌握心音、呼吸音、胃肠蠕动音的听诊，学会脉搏检查和体温测定等各项生理指标的测定方法。

【学习内容】

生理学属试验性学科，要学好它，就必须细心观察，同时结合大量科学的动物试验，详细记录、分析和总结其规律，才能从感性认识上升至理性认识，进而探究出生命活动规律，揭示其本质。

任务一　家禽血液样品的采集

一、实训目的

了解家禽血样采集的方法。

二、材料设备

鸡、干棉球、酒精棉球、采血针、注射器、抗凝剂等。

三、方法步骤

(1)鸡冠采血法。用于需要少量血液的采血，用采血针或针头刺破鸡冠吸取血液，然后消毒即可。

(2)翼下静脉采血法。先将鸡侧卧保定，露出腋窝部，拔去该部羽毛，可见翼下静脉。压迫翼下静脉的近心端，使血管怒张，消毒后，用装有针头的注射器，由翼根向翅膀方向沿静脉平行刺入，见回血后抽出血液。一只成年鸡可采血 10～20 mL。注意抽血时一定要缓慢，采完血后要压迫止血。

(3)鸡心脏刺入采血法。将鸡仰卧保定，穿刺部位是从胸骨脊前端到背部下凹处连接线的 1/2 点，选“心跳最明显的部位把注射针头垂直刺入心脏 2～3 cm，血液即流入针管。心脏采血时所用的针头应细长些，以免发生采血后穿刺孔出血。

任务二　红细胞形态观察与计数

一、实训目的

观察红细胞形态并掌握计数的方法。

二、材料设备

血细胞计、显微镜、采血针、酒精棉球、95%酒精、75%酒精、生理盐水、蒸馏水、乙醚、1%氨水或45%尿素。

三、方法步骤

1. 检查血细胞计中计数室及吸血管是否清洁，如有污物应先洗涤干净。对吸血管中的血迹先用自来水洗去，再用蒸馏水洗3遍，然后用95%酒精洗2次以除去管内的水分。最后，吸入乙醚1～2次，以除去酒精。每次排出管内洗涤液时不要用嘴吹，以免吹入水汽，通过橡皮管折叠法挤压数次，便可驱尽。如果血迹不易洗净，还需用1%氨水或45%尿素浸泡一段时间，血迹溶解后再按上述方法操作。计数室只能用自来水和蒸馏水相继冲洗，然后以丝绢轻轻拭净。切不可用酒精和乙醚洗涤。检查及洗涤完毕后，置计数室于低倍镜下，先熟悉计数室构造。

血细胞计的构造：血细胞计由血细胞计数板和特制的红白细胞稀释吸管组成，计数板为一块特制的长方形厚玻璃板，中间有4条平行板沟，在中间的2条板沟之间有一条横槽沟，使其构成长方形的平台。平台比整个玻璃板的平面低0.1 mm，所以当盖上一块盖玻片后，平台与盖玻片之间距离（即高度）为0.1 mm。两平台中心部分各有1计数室，为每边3 mm长的方格，并划分为9个大方格，每个大方格面积为1 mm^2，体积为0.1 mm^3。四角的大方格又各分为16个中方格，适用于白细胞计数。中央的1个大方格则由双线划分为25个中方格，每个中方格面积为0.04 mm^2，体积为0.004 mm^3。每个中方格又分为16个小方格，适用于红细胞计数（有的计数室划分为16个中方格，每个中方格也分为16个小方格，且其小方格的面积均相同）。

2. 以75%的酒精棉球消毒动物的采血部位，待其干燥后，用消毒过的采血针刺破皮肤，使血液流出，第1滴血液用干棉球拭去，当第2滴血液积聚较多时，迅速以红细胞吸血管吸血至刻度0.5或1处，用干棉球擦去吸血管外侧的血液，立即吸取稀释液（生理盐水）至刻度101处。然后用手指按住吸血管的上、下两端，轻轻摇动使血液与稀释液充分混合均匀。

3. 计数室上的盖玻片放妥后，弃去吸血管中流出的第1、第2滴稀释血液，然后滴半滴于计数室与盖玻片交界处，稀释血液可自动均匀地渗入计数室。放置1～2 min，待红细胞下沉后，就可将计数室置于低倍镜下进行观察和计数。

4. 计数时要注意显微镜的载物台应绝对平置，不能倾斜，以免红细胞向一边集中。光线不必太强。计数时要选定中央的1个大方格的四角及中间共5个中方格（80个小方格）里的红细胞数，将所得的红细胞数乘以10 000或5 000，即为要求的每1 mm^3 血液中的红细胞总数。

5. 完毕后，洗净所用的仪器。

任务三 血液凝固

一、实训目的

了解血液凝固的基本过程及影响血凝的一些因素。

二、材料设备

试管、试管架、吸管、秒表、3.8%柠檬酸钠、新鲜血、1%氯化钙、5%草酸钾、烧杯、酒精灯、肝素、液体石蜡、温度计等。

三、原理

血液流出血管后，迅速发生凝固。血液凝固是一系列复杂的生化过程，大致可分为3个主要步骤：①凝血酶原激活物的形成；②凝血酶原激活物催化凝血酶原转变为凝血酶；③凝血酶催化纤维蛋白原转变为纤维蛋白，从而形成血块。在这3个主要步骤中都需要Ca^{2+}的参与。

四、方法步骤

(1)影响血凝的物理因素。取试管3支，第一支内加入少量棉花，第二支内壁涂少量石蜡，第三支为对照。在3支试管中分别加入新鲜血液2 mL，放置30 s。轻轻倾斜试管1次，分别记录3个试管的凝血时间。

(2)温度对血凝的影响。取试管2支分别加入新鲜血液2 mL，一支放在常温中，另一支放在冰箱中，比较2支试管的凝血时间。

(3)钙离子对血凝的影响。

①取试管3支，第一支加入3.8%柠檬酸钠3滴，第二支加入5%草酸钾3滴，第三支为对照，然后各加入1 mL新鲜血液，观察血凝情况。

②将加入柠檬酸钠和草酸钾的试管各加入1%氯化钙1～2滴，混合后观察血凝情况。

(4)肝素的作用。取一支试管放入肝素8 IU，再加入新鲜血液1 mL，混合后观察血液情况。

(5)割断动物的血管，将血液放入烧杯中，同时用试管刷迅速搅动，以除去血中的纤维蛋白；将除去纤维蛋白的血液静置后，观察其能否凝固。

五、讨论分析

分析影响血液凝固的各种因素及其原理。

任务四 蛙心活动观察

一、实训目的

观察蛙心搏的起点及心脏各部自律性的高低，观察肾上腺素和乙酰胆碱等对心脏活动的影响。

二、材料设备

蛙或蟾蜍、探针、蛙板、解剖用具、0.1%肾上腺素、0.01%乙酰胆碱、线、解剖玻璃针、秒表。

三、方法步骤

(1)制备脊蛙。取蛙(蟾蜍)2只，用探针由枕骨大孔处插入脑和脊髓并破坏脑和脊髓，放在蛙板上，剪开胸腔暴露心脏。

(2)认识蛙(蟾蜍)心各部分的构造和名称。

(3)观察蛙(蟾蜍)心各部分收缩的顺序。静脉窦→心房→心室，并记录每分钟收缩的次数。

(4)肾上腺素的影响。用滴管向一只蛙(蟾蜍)心脏静脉窦滴加0.1%肾上腺素1～2滴，勿碰到静脉窦，观察心脏活动有何变化?

(5)乙酰胆碱的影响。用滴管向另一只蛙(蟾蜍)心脏静脉窦滴加0.01%乙酰胆碱1～2滴，勿碰到静脉窦，观察心脏活动有何变化?

四、讨论分析

(1)上述实训中，药物对心脏活动有明显的影响，为什么?

(2)在实训中提到勿损伤静脉窦，为什么?

任务五 心音听诊

一、实训目的

能够听取各种家畜的正常心音，初步掌握听诊的方法。

二、材料设备

试验家畜(牛、马、羊和猪)、听诊器。

三、方法步骤

(1)听诊部位。各种家畜心脏的位置一般都在第3～6肋之间，稍偏左侧，所以听取心音时一般均站在动物的左侧来进行。

(2)牛、马心音的听诊。使动物处于自然站立的姿势，并做适当的保定，以免动物走动和踢咬。将动物左前肢向前移半步，实验者以右手放在动物的肩部做支点，左手持听诊器，将听诊器听筒紧贴在心区，然后听诊，注意区别第一心音和第二心音的特征，同时记录心率。

(3)羊、猪心音的听诊。方法与牛、马心音的听诊相似。可使动物站立或取右侧卧姿势。

四、讨论分析

(1)动物的第一心音和第二心音是如何产生的？有什么区别？

(2)听诊心音在临床上有什么意义？

任务六　脉搏检查

一、实训目的

掌握各种家畜的脉搏检查方法，并测定其频率。

二、材料设备

常见家畜如牛、马、羊等。

三、原理

随着心脏的收缩和舒张，血液间断地被射入动脉，动脉管壁表现出周期性的起伏，即为脉搏。用手指在较大的浅层动脉处能触摸到，也可用仪器记录脉搏曲线。

四、方法步骤

(1)马的脉搏检查。检查部位以颌外动脉为最好。检查时，人站在马的左侧，以左手紧握马笼头，右手以食指、中指和拇指沿下颌骨的下缘，前后触摸。在血管切迹附近，可摸到颌外动脉似一条橡皮管在手指下滑动，并可感到它的跳动，即为脉搏。记录其频率。

(2)牛的脉搏检查。检查部位以尾中动脉为佳。检查者站在牛的正后方，左手将牛尾略微提起。在尾的上半部，用右手的食指和中指伸入尾的腹部，拇指放在尾的背部，轻压腹面正中的尾动脉，记录其频率。

(3)羊的脉搏检查。检查部位以股动脉为最好。检查者蹲在动物的后方，一只手握住其后肢，另一只手伸入股内侧，可摸到股动脉，记录其频率。

五、注意事项

在检查脉搏之前要将动物适当保定，注意检查者的安全。

六、讨论分析

脉搏是如何产生的？在临床诊断上有何意义？

任务七　胃肠运动观察

一、实训目的

观察胃肠运动的各种形式及其影响因素。

二、材料设备

兔、手术台、手术器械、注射器、电疗机、保护电极、10％水合氯醛、丝线、生理盐水、0.01％肾上腺素、0.01％乙酰胆碱等。

三、原理

胃肠道由平滑肌构成，胃运动呈蠕动及紧张性收缩；肠运动呈蠕动、分节运动及钟摆运动。其调节主要受神经和化学介质的作用。如在迷走神经和交感神经（末梢分别释放乙酰胆碱和肾上腺素）作用下，其活动分别增强和减弱。

四、方法步骤

（1）兔称重，用10％水合氯醛溶液按每千克体重500 mg进行耳缘静脉注射。麻醉后，仰卧固定于手术台上，剪去颈部与腹部被毛。切开颈部皮肤，分离出一侧迷走神经，并于其下穿线备用。

（2）沿腹中线切开皮肤暴露腹腔，先熟悉一下各种脏器的正常位置，而后将腹腔中的脏器推至右侧，在其左侧肾上腺附近找出内脏大神经，于其下穿一提线备用。手术完成后应立即将兔体腹部剖开部分，用浸有温生理盐水（37 ℃左右）的纱布蒙住所有外露部分，并不时地向纱布上滴加温生理盐水，以保持其接近正常体温。同时，用止血钳夹住创口两侧皮肤向四周扯开，露出胃肠便于观察。

（3）实验观察。

①胃肠的正常运动观察：术后首先观察一下正常时胃肠运动的形式和速度，特别是小肠各段的各种运动，以便与刺激后相比较。

②用感应电流刺激颈部一侧的迷走神经的离中枢端，观察胃肠运动有什么变化？

③用感应电流刺激内脏大神经，观察胃肠运动有什么变化？

④以镊子轻夹胃肠的任何一处，观察胃肠运动有什么变化？

⑤在胃肠表面滴加0.01％的乙酰胆碱数滴，观察胃肠运动有什么变化？

⑥用温生理盐水冲洗胃肠等器官，待胃肠运动恢复原来状态时，再向胃肠表面滴加0.01％的肾上腺素数滴，观察胃肠运动又有什么变化？

⑦切断内脏大神经，观察胃肠运动有什么变化？

五、讨论分析

试分析肾上腺素和乙酰胆碱对胃肠运动影响的机理。

任务八 小肠吸收观察

一、实训目的

了解小肠吸收与肠内容物渗透压间的关系。

二、材料设备

兔、手术台、手术器械、10%水合氯醛、饱和硫酸镁溶液、0.7%氯化钠溶液、注射器、棉线绳等。

三、原理

肠内容物的渗透压是制约肠吸收的重要因素，同种溶液在一定浓度范围内，浓度越高，吸收越慢。浓度过高时，反而会出现反渗透现象，使内容物的渗透压降低至一定程度后，再被吸收。

四、方法步骤

兔称重后，用10%水合氯醛溶液按每千克体重500 mg进行耳缘静脉注射。麻醉后，仰卧固定于手术台上，剪去腹部被毛，沿腹中线切开皮肤暴露腹腔。

取出长约16 cm的一段空肠，在其中点处用棉线结扎，另在距中点前、后各8 cm处分别结扎，于是把空肠分为两段等长的肠腔，分别注入等量的饱和硫酸镁溶液与0.7%氯化钠溶液，注射完毕后将肠置入腹腔中闭合腹壁或用浸有温生理盐水的纱布覆盖。

30 min后检查前后两段小肠中各有什么变化？分析一下变化原因。

五、注意事项

结扎时应注意不要把血管扎上以免因妨碍血液循环而影响吸收，另外时刻注意用温生理盐水纱布覆盖外露部分，以免因温度降低而影响实验效果。

六、讨论分析

试分析高渗环境和低渗环境对小肠吸收机能的影响，进而解释硫酸镁的泻下作用原理。

任务九　呼吸运动的调节观察

一、实训目的

理解呼吸运动的神经和体液调节过程。

二、材料设备

家兔4只、手术台、手术器械、粗注射针头、气管套管、橡皮管、生物信号采集系统、水检压计、20%氨基甲酸乙酯溶液等。

三、方法步骤

教师指导学生分组操作。

(1)将家兔麻醉,仰卧固定于手术台上,剖开颈部皮肤,分离出气管和两侧迷走神经,穿线备用。

(2)切开气管,插入气管套管,用棉线结扎固定。

(3)将生物信号采集系统的换能器固定于胸壁上,开动生物信号采集系统,描记一段正常呼吸曲线,并观察呼吸运动与曲线的关系。

(4)用止血钳夹闭气管套管上的橡皮管约20 s,观察呼吸运动有何变化?

(5)用橡皮球套在气管套管上,让其在橡皮球内呼吸,观察呼吸运动的变化?

(6)切断一侧迷走神经,观察呼吸运动有何变化?切断另一侧迷走神经,观察呼吸运动有何变化?分别刺激迷走神经的中枢端、外周端,观察呼吸运动有何变化?

(7)在家兔右侧胸壁第4肋间隙剪毛,切开皮肤约1 cm,然后插入以橡皮管连接水检压计的注射针头,观察水检压计的液面波动情况。

结果讨论:比较实验项目(4)与(5)变化的区别;分析迷走神经对呼吸运动的调节和胸内负压对维持动物正常呼吸运动的作用。

四、注意事项

每项实验做完后,待呼吸恢复后再做下一项实验。

任务十　尿的分泌观察

一、实训目的

了解一些生理因素对尿分泌的影响及其调节。

二、材料设备

兔、注射器、手术台、手术器械、膀胱套管、生理多用仪(或计滴器、电磁标、感应圈)、保护电极、10%水合氯醛、0.9%氯化钠溶液、20%葡萄糖溶液、0.1%肾上腺素、垂体后叶激素、烧杯。

三、原理

尿是血液流经肾单位时,经过肾小球滤过、肾小管的重吸收和分泌而形成的。凡是影响肾小球滤过作用和肾小管重吸收机能的因素都可引起尿量的改变。

四、方法步骤

(1)动物在实验前应给予足够的饮水(或多给予青绿多汁饲料)。

(2)麻醉:耳静脉注射10%水合氯醛溶液,按每千克体重500 mg,麻醉后背位固定于手术台上。

(3)颈腹部剪毛,切开皮肤,找出迷走神经、颈动脉和内脏大神经,分别穿线备用;并在颈静脉或股静脉备以输液装置。

(4)尿液的收集可选用膀胱套管法或输尿管插管法。

①膀胱套管法:在耻骨联合前方找到膀胱,在其腹面正中作一荷包缝合,再在中心剪一小口,插入膀胱套管,收紧缝线,固定膀胱套管,并在膀胱套管及所连接的橡皮管和直套管内充满生理盐水,将直套管下端连于计滴装置(对于雌性动物,为防止尿液经尿道流出,影响实验结果,可在膀胱颈部结扎)。

②输尿管插管法:找到膀胱后将其移出体外,在膀胱底部找出两侧输尿管,在输尿管靠近膀胱处分离输尿管,用细线在其下打一松结,在结下方的输尿管上剪一小口,向肾脏方向插入一条适当大小的塑料管,并将松结抽紧以固定插管,另一端连至记滴器上以便记滴。

(5)项目观察。

①记录正常情况下每分钟尿分泌的滴数。可连续计数5～10 min,求其平均数并观察动态变化。

②静脉注射38 ℃的0.9%氯化钠溶液20 mL,计数每分钟尿分泌的滴数。

③静脉注射38 ℃的20%葡萄糖溶液10 mL,计数每分钟尿分泌的滴数。

④静脉注射0.1%肾上腺素0.5～1 mL后,计数每分钟尿分泌的滴数,注意观察注药初期和后期的尿滴数差异。

⑤切断右侧迷走神经,用保护电极以中等强度的电刺激连续刺激右侧迷走神经的离中枢端,观察每分钟尿分泌的滴数有无变化?

⑥刺激内脏大神经,每分钟尿分泌滴数又有什么变化?

⑦静脉注射垂体后叶素 1～2 IU，计数每分钟尿分泌的滴数，并观察何时开始出现抗利尿作用。

⑧颈动脉放血约 20 mL，观察尿量有何变化？

五、注意事项

在进行每一实验步骤时必须待尿量基本恢复或者相对稳定以后才开始，而且在每项实验后，要有对照记录。

六、讨论分析

讨论实验结果，分析其原因。

任务十一　家畜体温的测定

一、实训目的

熟悉家畜体温的测定方法，了解健康家畜的体温状况。

二、材料设备

家畜（马、牛、羊等）、水银体温计。

三、原理

动物机体各部的温度并不相同，但直肠温度相对稳定，接近动物的体内温度，故多数情况下测量动物的直肠温度来代表动物体温。

四、方法步骤

（1）对家畜进行保定，防止走动或伤人。

（2）将体温计中的水银柱甩至 35 ℃以下，并在外面涂以少量的润滑油。

（3）实验者站在动物的后肢左侧（马）或动物的正后方（牛），用左手提起尾根，右手持体温计旋转插入直肠中，并用铁夹固定体温计，3～5 min 取出。

（4）读数，记录该动物的体温。

五、注意事项

（1）甩水银温度计时要防止碰到物体而将温度计损坏。

（2）家畜一定要保定好，操作过程中注意人员所站立的位置，以确保人员的安全。

参 考 文 献

[1] 尚学俭,敬淑燕.动物解剖生理[M].北京:中国农业大学出版社,2016.
[2] 董玉兰.动物解剖及组织胚胎学彩色实验教程[M].北京:中国农业大学出版社,2018.
[3] 杨倩.动物组织学与胚胎学[M].2版.北京:中国农业大学出版社,2018.
[4] 张立春,苗丽娟.动物解剖生理学[M].延吉:延边大学出版社,2017.
[5] 李剑.动物解剖学实验指导[M].杭州:浙江大学出版社,2016.
[6] 艾略特·古德芬格.牛津艺用动物解剖学[M].毕竞,译.上海:上海人民美术出版社,2018.
[7] 孟婷,尹洛蓉.动物解剖生理[M].北京:中国林业出版社,2015.
[8] 杜护华.动物解剖生理[M].武汉:华中科技大学出版社,2013.
[9] 周其虎.畜禽解剖生理[M].2版.北京:中国农业出版社,2009.
[10] 曲强,程会昌.动物解剖生理[M].北京:中国农业大学出版社,2012.
[11] 张庆茹.动物生理[M].北京:中国农业出版社,2010.
[12] 陈功义.动物解剖[M].北京:中国农业出版社,2010.
[13] 程会昌.动物解剖学与组织胚胎学[M].北京:中国农业大学出版社,2007.
[14] 朱金凤,陈功义.动物解剖[M].重庆:重庆大学出版社,2007.
[15] 周元军.动物解剖[M].北京:中国农业大学出版社,2007.
[16] 陈杰.家畜生理学[M].3版.北京:中国农业出版社,2002.
[17] 马仲华.家畜解剖学及组织胚胎学[M].3版.北京:中国农业出版社,2002.
[18] 内蒙古农牧学院,安徽农学院.家畜解剖学[M].2版.北京:农业出版社,1991.
[19] 范作良.家畜解剖[M].北京:中国农业出版社,2001.
[20] 董常生.家畜解剖学[M].3版.北京:中国农业出版社,2001.
[21] 沈霞芬.家畜组织学与胚胎学[M].3版.北京:中国农业出版社,2000.